厦门大学校长基金专项项目成果
中央高校基本科研业务费专项资金资助
（Supported by the Fundamental Research Funds for the Central Universities）
项目编号：20720151102

中国海洋文明专题研究

ZHONGGUO HAIYANG WENMING ZHUANTI YANJIU

第三卷
厦门湾的崛起

杨国桢 主编　余　丰 著

人民出版社

《中国海洋文明专题研究》
总　序

改革开放以来,中国的海洋发展取得令人瞩目的进步,有力地推动中国现代化进程。进入 21 世纪,随着中国海洋权益的凸显,海洋意识的提升,中国海洋发展战略上升为国家战略,这是现代化建设的本质要求,也是中国历史发展的必然选择。

现代化是现代文明的体现。西方推动的现代化依赖海洋而兴起,海洋文明成了现代文明的象征,随着大航海时代崛起的西方大国不断对海外武力征服、殖民扩张,海洋文明成了西方资本主义文明、工业文明的历史符号。20 世纪,海洋文明又进一步被发达海洋国家意识形态化,他们夸大"海洋—陆地"二元对立,宣扬海洋代表西方、现代、民主、开放,而大陆代表东方、传统、专制、保守。在这种语境下,海洋文明的多样性模式被否定,中国的、非西方的海洋文明史被遗忘,以至在相当长的时期内,人们相信:中国只有黄色文明(农业文明),没有蓝色文明(海洋文明)。直到今天,还严重制约我们对海洋重要性的认识。

文明是人类生活的模式。文明模式的类型,一般可以按生产方式,或按经济生活方式,或按精神形态或心理因素,或按社会形态来划分。我们按经济生活方式的不同,把人类文明划分为农业文明、游牧文明、海洋文明三种基本类型。现代研究成果证明,海洋文明不是西方独有的文化现象,西方海洋文明在近现代与资本主义相联系,并不等同资本主义社会才有海洋文明。海洋文明也不是天生就是先进文明,有自身的文化变迁历程。濒海国家和民族的海洋文明表现形式不同,都有存在的价值。海洋文明是人类海洋物

质与精神实践活动历史发展的成果,又是对人类历史发展产生重大影响的
因素,既有积极作用,又有消极影响。树立这样的海洋文明观念,是理解、复
原人类海洋文明史,提出中国特色海洋叙事的基础。

不以西方的论述为标准,中国有自己的海洋文明史。中国海洋文明存
在于海陆一体的结构中。中国既是一个大陆国家,又是一个海洋国家,中华
文明具有陆地与海洋双重性格。中华文明以农业文明为主体,同时包容游
牧文明和海洋文明,形成多元一体的文明共同体。海洋文明是中华文明的
源头之一和有机组成部分,弘扬海洋文明,不是诋毁大陆文明,鼓吹全盘西
化,而是发掘自己的海洋文明资源和传统,吸收其有利于现代化的因素,为
推动中国文明的现代转型提供内在的文化动力。在这个意义上,中国海洋
文明史研究是中国现代化进程提出的历史研究大题目。只要中华民族复兴
事业尚未完成,中国海洋文明史研究就一直在路上,不能停止。

中国海洋文明博大精深,留存下来的海洋文献估计有近亿字,缺乏全面
的搜集和整理;20世纪90年代兴起的海洋史学,还在发展的初级阶段,而
中国海洋文明的多学科交叉和综合研究还在起步,缺乏深厚的文化累积,中
国的海洋叙事显得力不从心,甚至矛盾、错乱。在这种状况下,基础性的理
论研究和专题研究任重道远,不能松懈。面对这个现实,我从20世纪90年
代开始呼吁开展中国海洋社会经济史和海洋人文社会科学研究,主编出版
了《海洋与中国丛书》("九五"国家重点图书出版规划项目,获第十二届中
国图书奖)、《海洋中国与世界丛书》("十五"国家重点图书出版规划项
目),做了奠基的工作,但距离研究的目标还相当遥远。

2010年1月,在我主持的教育部哲学社会科学研究重大课题攻关项目
《中国海洋文明史研究》开题报告期间,教育部社科司领导和评审专家希望
我做长远设计、宏大设计,出一个精华本,一个多卷本,一个普及本。于是我
设想五年内主编一本40万字的精华本,即该项目的最终成果《中国海洋文
明史研究》;一个多卷本,即《中国海洋文明专题研究》(1—10卷),250万
字,已经申请获批为"十二五"国家重点图书出版规划项目,并列入创办海
洋文明与战略发展研究中心的规划,得到厦门大学校长基金的资助;一本
20万字的普及本,后来取名为《中国海洋空间简史》,将由海洋出版社出版。

精华本由该项目的子课题负责人编写,他们都是教授、研究员、博士生导师;多卷本和普及本则由年轻博士和博士研究生撰写。目前这项工作进入尾声,三个本子都有了初稿,虽说修改定稿的任务还很繁重,总算看到胜利的曙光。

最先定稿的是这套 10 卷本。策划之初,考虑到编写中国海洋通史的条件尚未成熟,如果执意为之,最多是整合已有的研究成果,不具学术创新的意义,故决定采取专题研究的方式,在《海洋与中国丛书》和《海洋中国与世界丛书》的基础上,扩大研究领域,继续进行深入探讨。由于中国海洋文明的议题广泛,涉及众多领域,不可能毕其功于一役,我们的团队实际上是"铁打的营盘流水的兵",有进有出,人力有限,一次 5 年 10 册的规模便达到了极限。因此,研究必须细水长流,以后有机会还会延续下去。

由于专题研究需要新的思路、新的理论、新的方法、新的资料,投入与产出性价比低,许多人望而却步。而在那些善用行政资源和学术资源,追求"短平快、高大全"扬名立万的大咖眼里,这只是个"小儿科",摆不上台面。改变这种局面,需要有志者付出更大的努力。所幸入选的 9 位博士年富力强,所领的专题以博士学位论文为基础,驾轻就熟,且先后所花时间长则 8 年,最短也有 4 年,尽心尽力,克服了种种困难,不断充实、修改,终于交出了一份比较满意的答卷。至于各个专题是否都能体现学术研究"小题大作"的精神,达到这样的高度,有待读者的评判。

杨国桢

2015 年 9 月 23 日于厦门市会展南二里 52 号 9 楼寓所

目　　录

第一章　绪　论

第一节　研究缘起

从地球上看,厦门湾不过是我们所居住的蓝色星球上的一个小点,是东亚大陆肚腹上的一个脐扣。这个离北回归线稍稍偏北的海湾,直面台湾海峡与澎湖列岛,几乎位于中国南北海域的中间位置。这里也是每年的东北季风、西南季风以及热带气旋的交汇地。

说到厦门湾,不得不提及的是厦门作为岛屿、城市、经济特区的发展历程。

厦门原是福建东南沿海一个普通但却特别的小岛,位于九龙江入海口,背靠漳州、泉州平原。自20世纪70年代末以来,厦门成为令全国以至世界瞩目的经济特区、开放城市。对于厦门及其周边地带所构成的厦门湾的发展,自改革开放以来,一直受到各方人士的关注。如何对这一以厦门为中心的地区进行研究并有利于决策参考,也一直是本地政府关注的问题。

早在20世纪70年代,福建省政府就作出"大念山海经"的战略决策;进入90年代,福建省又作出"全面开发海上田园,加快水产事业发展"的战略部署;1995年福建省提出了建设"海洋大省"的战略构想,力图建设海峡西岸繁荣带,[1]厦门由此被摆在龙头的位置,进入快速发展期。

---

① 赵鹏:《福建大念"山海经"》,《人民日报(海外版)》2002年4月13日。

2000 年 11 月,国务院批准厦门市城市总体规划,确定厦门作为东南沿海重要中心城市、港口及风景旅游城市的性质定位,要求加快建设厦门枢纽港,完善九龙江口港口体系,构筑以厦门港为始发点向大陆、海洋和全球全方位辐射的立体交通网络。①

2001 年 2 月,厦门市在国民经济和社会发展第十个五年规划中,提出推动厦门城市形态和城市功能的转变,逐步实现由海岛型城市向海湾型城市转变的建设思路。在"十五"期间构建"城在海上,海在城中"的海湾型城市框架;大力发展航运业,从而确立厦门港作为沿海集装箱运输主枢纽港的地位。可以说"海湾型城市"概念的提出,是对原有"海岛型城市"模式的突破,成为厦门迈进世界海洋城市行列的一个过渡阶段。2002 年 2 月,厦门市十一届人大第五次会议通过的《政府工作报告》指出,政府在当年的一项主要工作是推进海湾型城市建设,拓展城市发展空间,同时积极开辟新的国际航线和内航支线,大力发展中转业务,形成有较强集聚效应的物流平台,加快构建厦门区域舶航运中心。②

2004 年,着眼于区域经济一体化和国际产业竞争的大格局,以及福建省政府的战略构想,厦门市提出了"建设海峡西岸经济区重要中心城市"(简称"海西")的目标,这正是省政府战略发展思路的继续和延伸。按照福建省政府的战略意图,是要在海峡西岸形成了一个东临台湾,西接赣湘,北承长江三角洲、南连珠江三角洲的城市经济带,即以福州为中心的闽江口都市带,以厦门、泉州为中心的闽南金三角城市带。这两个城市带不仅可与长三角、珠三角经济板块实现"对接",同时还可向省内腹地和周边地区延伸。其中,位于长江三角洲和珠江三角洲之间的厦门,可谓中国大陆沿海城市群与台湾海峡两岸城市群的过渡节点和桥头堡。作为海湾型城市的厦门,可以充分发挥特区辐射作用,带动影响近及金门、漳州、泉州、三明、龙岩等地,亦可依托腹地交通进一步辐射闽北、赣东南、湘南、粤东南等地区,成为带动

---

① 许路、吴岩松:《厦门海湾型城市与港口发展关系总论》,《中国港口》2002 年第 11 期。

② 许路、吴岩松:《厦门海湾型城市与港口发展关系总论》,《中国港口》2002 年第 11 期。

东南沿海发展的龙头城市。①

至 2006 年 1 月 1 日起，漳州的招银、后石、石码三个港区与厦门港已有东渡、海沧、嵩屿、刘五店以及其他几个客运港区合并，统一称为厦门港。而厦门市港务管理局则更名为厦门港口管理局，作为全厦门湾港口、航道以及水路运输实施行政管理的交通主管部门。② 2007 年 3 月 9 日，"福建厦漳大桥有限公司"在招商局漳州开发区举行创立大会，它标志着工程投资估算总金额为 30 亿元的厦漳跨海大桥建设开始实质性运作。③ 厦漳跨海大桥是福建实施"海西"战略的重要项目，北连厦门海沧投资区，南接招商局漳州开发区。其建成，将打破九龙江的阻隔，极大地改善厦漳两地的交通条件，有利于整合厦门湾港口资源，推进厦漳城市带一体化建设，加快厦门湾经济产业集群的建设发展。

2010 年 4 月 26 日，中国大陆第一条海底隧道——厦门翔安海底隧道建成通车。这条全长 8.695 公里的隧道，从厦门岛到达对岸翔安区的大陆端，比原来整整节省了 82 分钟。此隧道成为厦门岛第五条出入岛外的交通要道，兼具公路和城市道路双重功能，它的建成通车使厦门出入岛形成了陆、海、空全天候立体交通格局。④ 同一天，时速 250 公里的福(州)厦(门)铁路也正式开通运营。两地铁路运行时间从原来中转绕行所需的 11 个小时缩短到 1.5 个小时。这是继温(州)福(州)铁路后福建开通的第二条高速铁路。北起福州，经福清、莆田、泉州、晋江，南达厦门。⑤ 福厦高铁的贯

① 参见百度百科:《海峡西岸经济区》，2016 年 5 月 5 日，http://baike.baidu.com/view/377230.htm 以及新华网:《〈国务院关于支持福建省加快建设海峡西岸经济区的若干意见〉正式发布》，2009 年 05 月 14 日，http://news.xinhuanet.com/fortune/2009-05/14/content_11374933.htm。
② 厦门港口管理局:《港口概况》，2006 年 4 月 9 日，http://www.portxiamen.com.cn。
③ 参见福建省人民政府办公厅:《厦漳跨海大桥可望"9·8"前动建》，2007 年 3 月 10 日，http://www.fujian.gov.cn/html/20070310/993943.html。
④ 参见百度百科:《厦门翔安海底隧道》，2014 年 7 月 5 日，见 http://baike.baidu.com/view/2356164.htm。
⑤ 参见人民日报:《福厦高铁开通运营——运行时间从 11 小时缩短到 1.5 小时》，2010 年 04 月 27 日，见 http://paper.people.com.cn/rmrb/html/2010-04/27/nw.D110000renmrb_20100427_7-01.htm。

通,拉近了厦门、漳州与泉州城市间的距离,使厦、漳、泉三地同城化有了实质性进展。

2011 年 7 月 29 日,厦漳泉大都市区同城化第一次党政联席会议在厦门举行。会议提出了涉及基础设施、信息服务、基本公共服务、要素市场建设、产业融合发展等 5 个方面共 18 个同城化重大项目。2012 年 10 月 10 日,厦漳泉大都市区同城化第二次党政联席会在漳州召开,审议并原则通过各有关事项。在首批 18 个同城化项目顺利实施的基础上,又筛选确定了第二批 39 个同城化项目,其中基础设施项目 14 个、公共服务项目 16 个、产业项目 9 个。与第一批项目相比,合作项目更多、范围更广、层次更高。① 只可惜,其后几年,三城因诉求不同造成同城化的进展举步维艰。② 不过就三地发展的总体趋势来看,融合的大趋势是阻挡不了的。

以上是各级地方政府从决策的角度来对厦门湾的发展所作的最新定位。从地方政府的对厦门的城市发展设计来看,我们看到厦门区划的不断变迁及扩展,即由岛中部分地区扩展至全岛,更扩至岛外;自 2000 年以来,更进一步向整个海湾进行城市带整合的大辐射大拓展过程。

所谓天下大势,分久必合,合久必分。其实,对于整个厦门湾的思考并非空穴来风,从历史发展的脉络去考察,就能明白其肇始。从明代以来厦门及其周边地带成长、发展的历程来看,厦门的发展过程也是与整个海湾的发展相辅相成的。环厦门的周边地区,内联漳泉,外通四海,自古以来就"兴鱼盐之利,行舟楫之便",成为著名的海上贸易聚集区,其中有以海外私人贸易闻名的月港,有历史悠久的同安,还有同样积淀深厚的南安和晋江,它们与厦门的发展一起起伏跌宕,见证了厦门的古今历史。厦、漳、泉三地,包括今日台湾当局管辖的金门县,原本就是一相互紧密关联的生命共同体。

以金门为例,其行政归属就曾在泉邑、同邑以及厦门之间来回数次。

---

① 参见人民网:《厦漳泉同城化进程再次提速 第二批 39 个项目敲定》,2012 年 10 月 11 日,http://www.chinadaily.com.cn/hqgj/jryw/2012-10-11/content_7208787.html。

② 参见《福建日报》:《厦漳泉同城化 3 年 3 城诉求不同进展举步维艰》,2014 年 11 月 16 日,http://fj.qq.com/a/20141116/015659_all.htm#page1。

早在晋代金门已有人烟,史载唐德宗贞元十九年(803)闽观察使柳冕奏置万安监,以滋养马匹地五处,金门即为其一。王审知在闽时编为泉州属邑,"凡山川海岛不科征税"。宋太平兴国三年(978),岛居者始输纳户钞。至熙丰年间,始立都图,为四都,统九图,属同安县绥德乡翔风里。嘉定十年(1217),真德秀知泉州府,巡海滨、屯要害,尝经略料罗战船。咸淳间,复税弓丈量田亩,给养马。元大德元年(1297),始建场征盐。① 元至正六年,置管勾司,后改为司令司。明洪武元年,改为踏石司,旋改为盐课司。明洪武二十年(1387),置金门守御千户所,以及峰上、官湾、田埔、陈坑四巡检司。清顺治三年(1646),为郑成功所据。康熙十三年(1674),为郑经所据。②

在职官设置上,明洪武间置烈屿巡检,康熙十九年(1680),改驻同安石浔;官澳巡检则在康熙十九年移驻踏石,乾隆十三年(1748)移马家巷。康熙十九年置仅次于提督的金门镇总兵官,雍正元年(1723)置浯洲盐场大使,又置烈屿盐场大使,嘉庆七年(1802),并入浯洲场。雍正十二年(1734),移同安县丞驻金门,乾隆三十一年(1766)又移至灌口,又以晋江县安海通判移驻金门;到四十五年又复置县丞;至乾隆四十年,又移通判至马家巷(马巷),金门田赋归马巷分征。③ 同治七年(1868),裁金门镇,改置协镇副将以及中军都司。民国三年(1914),撤废清制,析厦门为思明县,隶金门于思明,裁撤并废县丞,改设分治员。民国三年七月奉准按金门岛原有区域置县,归厦门道管辖,为二等要缺。④

再如历史上的台厦兵备道,康熙二十三年(1684)清廷在台湾设立台湾府,又设福建分巡台湾厦门兵备道,简称"台厦道",兼理学政。由于台湾后

---

① 从近年有关学者如陈炳容、黄振良等人对金门族谱的研究来看,金门盐业生产的历史应该早于元代,可以上溯至五代时期。参见郭哲铭:《金门乡土研究中谱牒资料运用情况略述》,2011 年 6 月 10 日,http://mtxsyl.com/mtxsyl/news_shows.aspx? NId = 89f18555-14e5-4195-90b9-492bd0304911&TId =。

② 参见(清)林焜熿:《金门志》卷2《沿革》,台北大通书局 1984 年版。

③ 参见(清)林焜熿:《金门志》卷6《职官表·国朝职官》,台北大通书局 1984 年版。

④ 参见左宗棠:《左文襄公奏牍·奏稿(六)》以及左树夔、刘敬:《金门县志》卷1《沿革》,民国十年(1921)版。

来发生"朱一贵事件"，所以在康熙六十年（1721），清圣祖决定将台厦道的兵备衔去掉，同时将原来隶属于台湾厦门道的绿营兵力分散到南、北两路防守，并将战船拨归台湾镇总兵管理，故其正式称谓改为"福建分巡台湾厦门道"。台厦道所属范围，为清朝特殊的行政区划，行政区域地位介于省与府之间，台厦道隶属福建管辖，地位略低于省的级别，但高于府（如泉州府或漳州府）的建制。至雍正五年（1727），经福建总督高其倬奏请改福建分巡台湾厦门道为福建分巡台湾道，将福建兴泉道加上巡海道衔并移驻厦门，同时添设台湾府通判一员驻澎湖，裁澎湖巡检一员。至此，结束了台厦同属一个行政区长达四十余年的历史。① 从此，道署衙门从厦门移至台南，台湾与厦门地区分而治之。

再来看几个厦门湾内民间互动维系的例子。

时至今日，位于晋江安海镇和泉州市南安水头镇之间的安平桥上仍有一方特殊的石刻，上书"浯洲屿颜达为考妣施此一间"，据《浯江颜氏族谱》考证，颜达为浯洲颜氏三世祖九郎公，是金门颜氏开基祖颜必和的孙子，其父颜五郎为柳州同知。浯江颜氏二十二世孙振凤曾记载："九郎公讳达，五郎公次子也，住下厝，葬坑东，婆葬庙林下，子三曰十六郎、十七郎、十八郎。"②这说明早在宋代建桥时已有金门的颜氏族人捐助修造。而且，

图 1　安平桥上石刻

① 参见《清实录·圣祖实录》卷 115，康熙二十三年四月，《清实录·圣祖实录》卷 297，康熙六十一年四月，以及《清实录·世宗实录》卷 53，雍正五年二月，中华书局 1985 年版。

② 孙振凤：《修浯江颜氏族谱序》，载《浯江颜氏族谱》，乾隆二十三年（1758）。

据当地人称,建桥的石头来自金门以及与南安和金门邻近的大佰岛。①

图 2 安平桥

2009 年,一方明朝泉籍将军的墓志铭现身厦门,有关专家解读这方据说出土于 20 世纪 80 年代的墓志,认为可资证明朝曾有泉州籍将军在鼓浪屿居家,且在死后安葬于当地的史实。②

现存厦门湾的诸多族谱表明,因人口增加、灾祸战乱、婚姻维系或是经营生意等诸多原因,明清两代不少家族在厦门湾之内互迁的案例不胜枚举,尤其以金门、同安两地互迁为最。③

———————

① 据《延平故里志》记述,大佰岛东侧,有一大片露出地面的花岗岩白石,"长环全岛,宽达百丈,潮来淹之,潮退裸矣,质地坚硬,适于采运。"安平桥上的石桥板,大部分是从大佰岛开采的。参见泉州历史网:《安平桥》,2004 年 7 月 1 日,http://qzhnet.dnscn.cn/qzh99.htm。

② 参见罗剑生、林达鑫:《明朝泉籍将军墓志铭现身厦门》,2009 年 6 月 17 日,http://news.artxun.com/yuping-1478-7389777.shtml。

③ 参见陈金城:《古代金门同安之移民互迁》,2011 年 5 月 15 日,http://www.chens.org.cn/xs/news/? 140.html。

　　例如金门陈氏,始祖陈福寿系唐代太子太傅陈邕的后裔。明嘉靖后期避倭患迁居同安翔风里十二都浦尾村开基繁衍,自创灯号"浯浦",意即由浯洲(金门)迁入浦尾。其后陈氏在当地繁衍,形成多个房角,后代中有不少人移居海外,成为各方翘楚。①

　　再比如石塘谢氏族谱就记载了家族中有多人移居厦门湾各地、台湾以及海外的历史,在后文中将会有详细叙述。

　　至于从厦门湾分香到各处的神祇则带动了厦门湾、海峡两岸以至海外信仰方面更多的互动。比如白礁、青礁的慈济宫,马巷的池王宫等等。

　　正是由于历世历代,漳、泉两地与厦门的同呼吸共命运,托举起了整个厦门湾地区,使得今日的海湾型城市以及海峡西岸中心城市的厦门由此得以构造。而环顾整个海湾,各部分不仅在历史进程中相互作用,在地理区域上相互毗邻,行政归属上互相交错环叠,形成"你中有我,我中有你"的局面;在文化上也相互依承、影响,从最早的"海滨邹鲁"、"紫阳过化",继之以枭雄群起,叱咤半壁,到如今的才俊辈出,拼搏崛起,因此,从整个海湾的历史进程为根基,从大厦门湾海洋主体去展拓出发,跳出现有的区域范畴,从

---

①　中国近代文化奇人辜鸿铭本姓陈,是清代浦尾十二世祖之五世孙,属浦尾陈氏十六世"叔"字辈。辜鸿铭的先祖名陈敦源,系清代乾隆间人,属浦尾十二世"敦"字辈,居尾厝角。其先世乃书香门第,小康之家,不想传至敦源一代已家道中落。后敦源因酒后与人争执出了命案,举家南逃。直至抗战前,陈敦源后裔不断以先祖之名号写信回浦尾寻亲认祖,村人才知其去向。原来陈敦源南逃后辗转到了马来亚吉打,成为当地开辟蛮荒的华人前驱,且早于英国殖民者入侵马来半岛数十年。事过境迁,陈敦源因对自己的过错难以释怀,遂改"陈"为"辜",以示忏悔之情,从此子孙皆为辜姓。其子辜礼欢(列浦尾十三世"光"字辈)在马来吉打州经商成功,被英殖民者任命为华人"甲必丹"(即侨领),后迁居槟榔屿,任英殖民政府首届市议员。礼欢生八男三女,次子辜安平(列浦尾十四世"世"字辈)自幼回国念书科举,中进士第,林则徐湖广、广东禁烟时在其麾下为官,后奉调台湾,遂家于台,成为台湾辜姓的重要基祖之一(台湾企业家、海基会会长辜振甫即其后裔)。长子辜国彩,曾任暹罗拿督,后随英国东印度公司要员莱佛士爵士的舰队开拓新加坡殖民地,成为星洲华侨先驱。三子辜龙池,在吉打州任公职,获吉打苏丹赐授拿督勋衔。龙池生两子,长子辜紫云,字岑云(列浦尾十五世"泽"字辈)在英商布郎的槟城牛汝莪橡胶园中任司理,与葡萄牙籍姑娘结婚,生有三子,次子小汤生(Tomson,即辜鸿铭,列浦尾十六世"叔"字辈)于清咸丰七年(1857)出生于槟榔屿,后成为享誉中外的文学奇才。参见陈金城、陈荣林:《辜氏鸿铭本姓陈 祖籍同安浦尾村》,2002年5月23日,http://www.fjql.org/qszl/xsyj6.htm。

经济、政治、文化等方面对这一地域进行全面整体、多角度的研究,是很有必要且具有现实意义的。

在这样的背景下,本书试图通过对整个厦门湾周边的历史文化发展过程作一回顾,对其变迁形态进行研究并作一展望,作为今日社会经济文化发展走向海洋、走向世界的论证与参考,以期服务于当今社会的发展。本书以19 世纪中叶以前的厦门湾的发展历程作为研究的时段,在空间上则以整个厦门湾为范围。

第二节 学术研究背景

一、学术回顾

以往关于厦门及其周边地区的研究已有不少成果,在涉及本论题之初,有必要对这一领域的国内外研究状况及相关资料进行一番梳理。

国外关于厦门湾的资料记录较早出现于明代。欧洲方面,据杨国桢教授引用葡萄牙官方文献的记载,葡萄牙商船在 1516 年到达广州湾沿岸,1518 年才首次来厦门湾沿岸的漳州(Chincheo),并在漳州九龙江出海口的浯屿岛与漳州、泉州商人进行交易,这种隐藏式贸易(Trade Under)时间长达 30 年之久。因此漳州地方与葡萄牙的海上交易应该始于正德十三年(1518)。葡萄牙人东来,在厦门湾的浯屿建立了"居留地",进行走私贸易。继之荷兰人窃取台湾,也以厦门为主要贸易地。葡萄牙、荷兰文献和海图上的"Camcheo"、"chincheo(漳州)"即指的是厦门湾;文献中集中记录荷兰与厦门湾关系的有《巴达维亚城日志》《热遮兰城日志》等。清代英国人东来,厦门湾也是其蓄意打开通商门户的目标之一,相关的记录有传教士郭实腊(Charles Gutzlaff,或译郭士立等)所著的《环中国沿海三次航行,1831、1832及 1833,包括对暹罗、高丽和琉球群岛的观察》①,该书对包括厦门在内的

---

① Karl Friedrich August Gutzlaff. *Journal of Three Voyages along the Coast of China in* 1831, 1832, & 1833 *with notices of Siam*, *Corea*, *and the Loo-Choo islands*, London: Frederick Westley and A.H. Davis, 1834.

中国南部沿海城市有一定的描述记录。当然，一些旅居厦门湾沿岸的外国人也对本地区进行了较有系统的研究，不过大都集中于晚清至民国，如荷兰人高延（De Groot）的《中国宗教体系》（1892—1910），①美国归正会传教士腓力普·威尔逊·毕（Philip Wilson Pitcher）所作的《厦门方志》②等等，可资一定参考。

东亚地区，明清以来有关厦门湾沿岸相关记录及研究的主要有日本学者，有关论著如日本口岸官员记录的风闻信息汇编之《华夷变态》，另有川口长孺《台湾割据志》、《台湾郑氏纪事》等。其中不少已被台湾学者收入《台湾文献丛刊》中。此外，朝鲜李朝实录也提供了部分明清时期厦门湾的材料。

当代国外其他学者在论文和著作中涉及厦门的也有不少，但对厦门进行专题研究的当推新加坡学者吴振强。吴氏所著《厦门的兴起》，③主要是研究清初厦门港的历史，对本书的写作有重要的参考价值。吴振强在《厦门的兴起》中提到新航路发现之后，亚洲贸易的发展变化对中国大陆本土的影响。在书里谈到整个经贸的改变，厦门整个腹地及其兴起的状况，他还关注到在城市中地方社会组织以神庙为中心的活动具有重要意义。为此，本应由士绅承担的道德与社会义务都由商人承担起来，使得商人得以与官府、士绅的私交更为密切，以利其商务活动。

日本学者滨下武志的研究对本书也颇有启发，其《近代中国的国际契机：朝贡贸易体系与近代亚洲经济圈》④一书，以中国传统的朝贡贸易体系为基点，运用国际经济圈的理论，分析论述了以中国为中心的近代亚洲经济圈的状况，兼及亚洲经济圈与西欧美国经济圈的关系，开创了新的研究领域。滨下武志的观点有别于以往西方学者的"西方冲击论"，而是立足于东

---

① J.J.De Groot.*The Religious System of China*（six vols.），Leiden：E.J.Brill，1892—1910.

② Rev.Philip Wilson Pitcher.*In and About Amoy*，Shanghai and Foochow：The Methodist Publishing House in China，1910.

③ Ng Chin-Keong，*Trade and Society/ The Amoy Network on the China Coast* 1683—1735，Kent Ridge，Singapore 0511：Singapore University Press，1983.

④ ［日］滨下武志：《近代中国的国际契机：朝贡贸易体系与近代亚洲经济圈》，朱荫贵、欧阳菲译，中国社会科学出版社1999年版。

亚自身的立场,从中国和亚洲内部的传统因素中寻找中国和亚洲近代化的前提条件及其影响,较好地处理了传统与现代的关系问题。该书还探讨了这些近代以前的传统经济因素和经济圈对当前中国现代化的影响问题。该书在视野、理论和资料采用上都有较大的启发和参考价值,对朝贡贸易以来的近现代中国与亚太经济圈和世界市场关系的研究具有一定的参考价值。

德国学者安德烈·贡德·弗兰克(Andre Gunder Frank)的《白银资本》①一书则对明郑时期的中国对外贸易也作了相应的评价。弗兰克作为当今世界最负盛名的左派学者之一,对于东方世界相当推崇。透过弗兰克的视角,资本主义的合法性遭到前所未有的质疑,他实际上否认了"现代性"的存在,颠覆了西方社会的"欧洲中心主义神话"。弗兰克认为从航海大发现直到18世纪末工业革命之前,是亚洲时代,而中国和印度曾是当时全球经济体系的中心。欧洲之所以最终在19世纪成为全球经济新的中心,是因为欧洲征服了拉丁美洲并占有其贵金属,由此获得了进入以亚洲为中心的全球经济的机会,最终站在亚洲的肩膀上。

由于学界长期以来的西方中心思想,难免给亚洲研究带来不少单一视角的影响。以上两位学者的研究,提供了一种更广阔的学术视野,将中国的海洋经济贸易活动纳入东亚及世界的大潮中去分析,可以之为参照。

国内关于厦门湾周边地区的资料较为分散,多见于针对某一地的研究,对于整个厦门湾作整体研究的尚未有先例。部分研究成果集为文集或重新校注的方志,例如,相关的方志如《漳州府志》、《海澄县志》、《龙溪县志》、《同安县志》、《鹭江志》、《马巷厅志》、《厦门志》、《泉州府志》、《安海志》②、《安平志校注本》③、《金门志》④等;又有明清实录以及《宫中档案》、《福建沿海航务档案》、《历代宝案》、《硃批奏折》、《皇朝文献通考》、《皇政政典类纂》、《清文献通考》等。不少文人才俊的著作以及相关材料也颇引人注目,如夏琳《闽海纪要》、阮旻锡《海上闻见录》、郁永和《裨海记游》及《海上纪

① [德]贡德·弗兰克:《白银资本》,刘北成译,中央编译出版社2001年版。
② 安海志修编小组:《安海志》,福建晋江《安海志》修编小组1983年版。
③ 安海乡土史料编辑委员会:《安平志校注本》,中国文联出版公司2000年版。
④ (清)林焜熿:《金门志》,台北大通书局1984年版。

事》、施琅《靖海纪事》、徐怀祖《小方壶斋舆地丛钞》、《台湾随笔》、阮旻锡《海上见闻录》，杨英《先王实录》、张燮《东西洋考》、朱纨《甓余杂集》、胡宗宪《筹海图编》，司德福《闽政要领》，顾炎武《天下郡国利病书》，蓝鼎元《鹿州初集》，徐继畬《退密斋文集》，黄叔璥《台海使槎录》，江日升《台湾外纪》等。

　　相关本书研究的当代书籍也相当丰富，比如关于月港研究的《月港研究论文集》①，关于龙海的《龙溪风物志》②《龙海文史资料》系列③《龙海文物》④《龙海县标准地名录》⑤《龙海县志》⑥等。有关金门研究的书籍颇为丰富，除传统的方志外，有台北稻田出版有限公司出版的金门学丛刊系列⑦；又如《金门蔡献臣研究》⑧、《金门史稿》⑨，金门县政府于1992—2001年出版的《金门学》丛刊系列等等。有关石井郑氏的研究，如《郑成功历史研究》⑩，《郑成功研究论文集》⑪、《郑成功研究论文选》系列⑫，《郑成功研究论丛》⑬，《郑成功研究国际学术会议论文集》⑭，《郑成功研究》⑮，《南明

　　① 中共龙溪地委宣传部、福建省历史学会厦门分会：《月港研究论文集》，中共龙溪地委宣传部、福建省历史学会厦门分会编印1983年版。
　　② 龙溪风物志编辑小组：《龙溪风物志》，《龙溪风物志》编辑小组1980年版。
　　③ 中国人民政治协商会议福建省龙海县委员会文史资料组：《龙海文史资料》，1981—1995年版。
　　④ 倪合福：《龙海文物》，香港联合出版社1993年版。
　　⑤ 龙海革命委员会：《龙海县标准地名录》，1980年版。
　　⑥ 黄剑岚主编，福建省龙海县地方志编纂委员会编：《龙海县志》，东方出版社1993年版。
　　⑦ 台湾稻田出版有限公司的《金门学》丛刊系列丛书。
　　⑧ 张建胜：《金门蔡献臣研究》，出版地不详，出版者不详，2004年版。
　　⑨ 谢重光等：《金门史稿》，鹭江出版社1999年版。
　　⑩ 陈碧笙：《郑成功历史研究》，九州出版社2000年版。
　　⑪ 厦门大学历史系：《郑成功研究论文集》，上海人民出版社1965年版。
　　⑫ 郑成功研究学术讨论会学术组：《郑成功研究论文选》，福建人民出版社1982—1984年版。
　　⑬ 郑成功研究学术讨论会学术组：《郑成功研究论丛》，福建教育出版社1984年版。
　　⑭ 厦门大学台湾研究所《历史研究》室：《郑成功研究国际学术会议论文集》，江西人民出版社1989年版。
　　⑮ 方友义：《郑成功研究》，厦门大学出版社1994年版。

史》①以及有关的档案史料、评传等。有关安海研究的著作如《安海港史研究》②，另有新中国成立后编修的有关厦门湾各地的文史资料系列，如《厦门文史资料》以及《同安文史资料》、《漳州文史资料》、《泉州文史资料》，特别是 1959—1972 年在台湾陆续出版的原台湾大学周宪文先生主持，由多位台湾史方家耗费十五年共同编辑的多达数百种的台湾文献丛刊系列，为本书的写作提供了宝贵而丰富的资料。此外，20 世纪 80 年代以来有关闽南文化、厦门湾各地的文化丛书系列，涉及厦门湾海外移民等书籍和资料也为本书提供了充实的资料来源。

此外，厦门湾沿岸众多家族的族谱以及相关碑刻资料，可以说为本书的写作提供了翔实的第一手地方史资料。本书所引用之家族史资料，大部分为本人在整个厦门湾沿岸市镇以及乡村进行田野调查、访谈时所得。不少涉及地方史的碑刻资料也为本人亲自搜集。

本书的写作，受惠于恩师杨国桢教授及诸多同门前辈的系列海洋史研究，如《海洋与中国丛书》、《海洋中国与世界丛书》。这些丛书中有不少涉及厦门湾，对本书的写作颇有启发。杨先生对中国的海洋经济、文化等领域的研究，可以说提纲挈领，高瞻远瞩，他为中国海洋文化的研究划定了宏伟的蓝图，成为中国海洋史系列研究总的指导原则。而笔者的研究，也以此为纲。此外，厦门当地学者的研究，如陈在正、颜立水等先生的宗族研究，何丙仲、郑振满先生关于厦门、泉州地区的碑刻资料③等亦为笔者的研究提供了更深层次的参照。

二、基本思路

本书主要研究厦门及其周边海岸带崛起的过程，研究的重点是厦门湾如何由传统走向现代的进程，这也是陆地如何走向海洋的一个文化过程。对这一转变的阐述应该涉及多方面，因此材料的获取和分析则相当关键。

---

① 顾诚：《南明史》，中国青年出版社 1997 年版。

② 安海港史研究编辑组：《安海港史研究》，福建教育出版社 1989 年版。

③ 何丙仲：《厦门碑志汇编》，中国广播电视出版社 2004 年版；郑振满、丁荷生：《福建宗教碑铭汇编·泉州府分册》，福建人民出版社 2003 年版。

研究的难点在于,厦门湾当地的民间材料,主要是能提供翔实资料的海洋社会资料很难获取,例如族谱材料就不易搜集,所获者又有大部分没有关联或是不够信实,再有,对于文本的解读会带有不同阅读者的偏好,所以理解中的歧义在所难免。此外,写作过程中还发现,由于一些资料具有不可再生性,所以一旦遭到毁损,则无法挽救。

由于本书研究的范围是厦门湾,而以往的历史学、社会学或人类学研究多侧重于某一方面,比如个别的城市,个别的专题,对于海湾的整体研究则几乎是一片空白。因此本书力图以当地史料为主,以历史为基础,结合人类学田野调查,进行厦门湾海洋文化的研究。这也是对整个海湾经济、文化、社会生活等各方面进行研究,探讨当地的家族如何从内陆走向海洋,如何向国内及国外移民,如何发展海洋经济并向外传播自己的文化,并进一步总结从传统向现代化转型初期的得失,作为今天建设新厦门湾的借鉴与警示。

从整个海湾来看,作为社会经济活动肇始的先锋——西海域的月港,应该是本海湾最早兴起的地方。早在明代成化、弘治间(1465—1505),月港就已成为闽南一大都会,自嘉靖三十年(1551)设置靖海馆,四十五年(1566)设海澄县后,明朝廷又于隆庆元年(1567)取消海禁,开设"洋市"。至万历年间(1573—1620),月港的海外交通与贸易达到鼎盛。在此一时期,月港的社会经济获得了高度的发展。不过,与宋元时期的泉州港相比,漳州的月港在此时是以民间贸易为主。而进入17世纪,由于荷兰殖民者称霸海上,不断骚扰我国东南沿海。天启年间,先后侵占我国澎湖、台湾,又封锁九龙江,横行台湾,掳掠我国沿海船只及人口,致使月港元气大伤,加之港道壅塞,日渐萧条。比之月港,稍后有厦门湾东岸安海的崛起,同样也经历了一番兴衰沉浮。明末清初,月港、安海等地成为郑成功与清朝争夺之地,当地贸易活动因战事也大受影响,而郑成功又以厦门为中心开展海外贸易,厦门及其周边海港地位逐渐上升。至平定郑氏,清朝廷又厉行"海禁",实行"迁海",九龙江以东皆为弃土,月港遭到重大打击。这样,取而代之的便是港阔水深的厦门港。伴随着西方资本主义的兴起,东西方经济贸易的交汇,文明的交接表现为经济上的互利与冲突。在此情境下,由于当时的政治情境及自身的港口条件,厦门脱颖而出,超越月港、安海港成为当时中国东、西洋贸易的主要港口。厦门的这种优势,在清初表现为福建的通洋正口及台运的专门口岸中,一直主导对南洋和台湾的贸易,成为闽南及福建的贸易中心。与其相应,也带动了周边地带港口渔村的发展。

再有,厦门作为一个岛屿,其开发史就贯穿了海上交通和海洋捕捞以及一系列的海洋经济贸易活动。唐代移民社会的繁衍,使厦门岛与闽南陆地的发展连为一体。明代中叶以后,厦门以及周边地区成为移民台湾的主要迁出地。至明末清初,厦门及其周边海湾地区在我国海洋经济史以及海外移民史上占据了重要的地位。

从海防史来看,宋元时期,厦门已初步确立其军港地位。明末清初,更成为郑成功抗清、驱荷、统台的基地。其周边的不少渔港,如西海岸的马銮,同安湾的刘五店、澳头等地,也同样兼为商港及军港。自明清以来,厦门湾沿岸各地不仅抗击过倭寇,也抗击过荷兰、英国等侵略者,成为东南中国的海上长城。郑氏时期对厦门及其周边地区的开拓,实际上在政治、经济层面上对厦门湾进行了最初的整合,也为现今的发展打下了一定的基础。只可惜进入清代,这一整合未能持续下去,由于受到了时局影响,产生了发展中的倒退。这也是今日厦门湾发展中应引以为戒之处。

不难看出,从整个厦门湾的发展来看,实际上依托的正是明末朝廷的局部对外开放背景。正是明末朝廷对月港有限度的开放,使得月港成为厦门湾初期发展的左翼,辅之以安海的发展,拓展了右翼;继之则为厦门岛的发展,成为引导周边各港口发展的领头羊,托起了整个清代本地区的经济。

本卷力图通过考察厦门及其周边海港、渔村的发展历程,研究它们是如何从传统走向现代,如何由陆地走向海洋;其传统与现代的磨合、国内与国际的交错,在厦门湾是如何得以展现;同时探讨以往厦门湾发展的传统和经验,及其对当今厦门湾现代化的进程有什么样的启示。

本卷研究方法以历史学方法为主,辅以人类学田野调查方法,力图做到在历史资料的基础上,将历史学方法与人类学方法加以结合,本着历史学注重实证、力求严谨的风格,发挥人类学注重田野调查、擅长乡约民俗的优势,力图从历史人类学的角度,勾勒出整个海湾的走向现代化、走向海洋的发展风貌,并以此分析出厦门湾海洋文化自身发展的特点,以供有关方面参考。

　　本卷作者在写作的数年中曾多次到厦门湾沿岸各地进行田野调查、访谈,搜集了相当多第一手史料,拍摄了数千张相关图片,为了增强读者的感性认识,特选用实地拍摄图片若干,书中图片除注明外均为笔者所摄。

第二章　厦门湾概况

第一节　自然地理状况

一、自然地理范围

本书既然研究厦门湾,则应给这一称谓作一定义,这必然包括自然地理的厦门湾和历史意义的厦门湾。

首先,考察厦门湾,必然要涉及有关海湾、海岸带等描述。

所谓海湾,指海洋伸入陆、海水深化度逐渐减小的海或洋的部分水域。通常三面为陆,一面为海。海湾与外海的分界线一般以湾口附近两个对应海角的连线划分。按《联合国海洋公约法》规定:"海湾是明显水曲,其凹入程度和曲口宽度的比例,使其有被陆地环绕的水域,而不仅为海岸的弯曲。但水曲除其面积等于或大于横越曲口所划的直线为直径的半圆形的面积外,就不视为海湾。"而历史性的海湾则不受此限制。① 简言之,指海洋伸入陆地所形成的水曲,当其面积大于或等于以其封闭线为直径所作的半圆面积时,即为海湾。

而海岸带,是指由海岸线向陆、海两侧扩展一定宽度的带开区域。即海洋与陆地的交接地带。中国在全国海岸带和海涂资源综合调查中规定,海

---

① 　国家海洋局科技司、辽宁海洋局《海洋大辞典》编辑委员会:《海洋大辞典》,辽宁人民出版社 1998 年版,第 214 页。

岸带调查的宽度为海岸线向陆侧延伸 10 千米,向海侧延伸 10—15 米水深
线。① 海岸带可分为三个部分,即陆上部分、潮间带和水下岸坡,其中,陆上
部分即海岸,它是高潮线至波浪作用上限之间的狭窄的陆上地带;潮间
带,它是界于高潮线与低潮线之间的地带,通常也称为海涂;水下岸坡则
是低潮线以下至波浪有效作用于海底的下限地带。波浪有效作用于海底
的下限,一般相当于当地海浪波长 1/2 的水深处,在近岸海区,约为 30 米
深的海底。② 厦门湾的范围,从海洋学去考量,包括环厦门地区的整个海岸
带。③ 有学者曾分之为东起晋江围头,西至漳州港尾的厦门环海湾的沿海
地区。④

　　本卷所指厦门湾,包括了厦门周边海湾及岛屿,即周边海岸村落、城市、
水体及岛屿。厦门湾又分为大厦门湾及小厦门湾。明代的大厦门湾,杨国
桢先生早有表述,他认为,从漳州河口(九龙江口)至安海河口(石井江口)
之间的厦门、金门岛周边海域即广义的大厦门湾。虽然在行政区域上曾分
属漳、泉两府,而在东西洋贸易制度运行上,实际是作为一个整体,同属于漳
州港区。⑤ 本书大厦门湾主要指以下范围,即西起福建九龙江下游,东至围
头,北至同安湾沿岸,南至镇海卫的滨海及海岛区域。其主体包括漳州东
部、同安、翔安以及南安、晋江南部,厦门岛、金门岛及其附属岛屿等部分。
由于自然地理以及历史、经济、文化等成因,这一地区不断发展,逐渐整合构
成了今天的厦门湾。本书在论述时,也重在以其海岸带的历史、经济及文化
等事项。小厦门湾则指南起漳州龙海屿仔尾,北至厦门翔安区澳头的沿海

---

　　① 国家海洋局科技司、辽宁海洋局《海洋大辞典》编辑委员会:《海洋大辞典》,辽
宁人民出版社 1998 年版,第 214 页。
　　② 国家海洋局人事劳动教育司成人教育中心:《应用海洋学基础》,海洋出版社
1998 年版。
　　③ 据周定成观点,认为海岸带指自陆上距海岸 10 公里至水深 20 米的海陆边缘地
带。此外,沿海 10 公里以外的陆域,由于交通、经济与海岸带有密切关系,亦属广义的海
岸带。周定成:《福建海岸带自然资源开发对策》,载赵文澄主编:《论福建海洋开发》,福
建科学技术出版社 1988 年版,第 107 页。
　　④ 杨益生:《建构厦门湾现代城市群》,《城市发展研究》8 卷 2001 年第 3 期。
　　⑤ 杨国桢:《十七世纪海峡两岸贸易的大商人——商人 Hambuan 文书试探》,《中
国史研究》2003 年第 2 期。

以及海岛区域,即今厦门市管辖的海湾范围。

本卷行文所涉及的区域拟以海域来划分,即西部海域、北部海域、东部海域以及厦门金门诸岛,具体而言,西部海域是指嵩屿、象鼻咀、沿鼓浪屿北侧至厦港避风坞连线以北,集美以南海域,即包括九龙江下游今漳州的市区及龙海、南靖以东和长泰以南的部分地区,以及厦门的海沧、集美区;北部海域指今同安、翔安地区、附属岛屿及海域;东部海域指泉州西南的南安与晋江以南及其沿海地区;整个海湾中间部分则指厦门岛、金门岛及其附属岛屿和海域。

其中,厦门湾所包含岛屿具体而言即龙海以东的燕屿、浯屿、浯垵、白屿、青屿、小破灶屿、破灶屿、石坑屿仔,龙海县北端九龙江下游的小猫屿、目屿、海门岛、大涂洲、玉枕洲、乌礁洲、浒茂洲等岛屿,厦门岛以及西岸的鸡屿、钱屿、鼓浪屿、大屿、龟屿、冬共屿、白兔屿、小兔屿、乌鸦屿、大兔屿、火烧屿、虎屿、中屿、象屿、镜台屿、猫屿、红屿、乌贼屿、宝珠屿,厦门岛以北的大离浦屿、鳄鱼屿、泇洲岛,同安、翔安区及南安、晋江县以南的大嶝岛、小嶝岛、角屿、内白屿、圭屿、小白屿、大白屿、内白屿、白洋屿,厦门岛以南海域邻近金门县的大担岛、二担岛、三担岛、四担岛、五担岛、狮球、兔屿、虎仔屿、木佛头、乌仔尾、龟山头、三屿、黄屿、青屿、鼠屿、后头屿、金门屿、小金门岛、金门岛、复鼎屿、马粪坑、后屿、东割、草屿、寒舍花、东桥、北碇头、北碇岛、母屿、大路东等。①

此外,另有诸多礁石,包括自镇海角以东的鸡屎礁、姑嫂礁、好命礁、南滩礁、麦穗礁、三秀礁、苦横礁、白水波礁、鼓浪核礁、过矿礁、东礁、燕前礁、小澳尾礁、蛤仔礁、白网礁,浯屿附近的小礁、大礁、深井礁、狗螺礁、九节礁、重礁、土埋礁、堡代礁、二盘礁、红烛礁、沉鸡笼礁、头礁、鸟屎礁、大盘礁、平礁、长礁、培信礁、龟礁、网尾礁、沉礁、斌贡礁、浪沫白礁、南礁,龙海深澳以北的外刷礁、内刷礁、鸳鸯礁、七洋礁、屋角礁、横礁、澳口礁、草梳礁、鸡笼礁、内外出礁、乌礁、白带礁、双礁、子色礁、马鞍礁、下平礁、五牲礁、三抛礁、

---

① 福建省地名委员会,福建省地名学研究会:《福建省海域地名志》,广东省地图出版社1992年版,第42—49页。

鸟站礁、蚝仔礁、青蚶礁、后沙礁、靠山礁、内狗螺礁、七星礁、百亩田礁、龟尾礁（小青礁），海门岛附近鸡冠礁、内大礁，鸡屿附近土礁、东礁，嵩屿以南大礁、桥尾礁、猫公礁、万金礁、鸬鹚礁、墓前礁，鼓浪附近鸡罩礁、将军礁、官柴礁、外线礁、鸟粪礁、鸟崎礁、红牛礁、牛灶礁、水尺礁、江心礁、面前礁、章鱼礁、狗头礁、牛蹄礁、黄礁、旁石、内户碇礁、沉底礁、中礁、寿杯礁、外剑礁、印斗石、漳福建礁、外户碇礁、右眼石、左眼石，大屿附近蛇礁，大屿以北薄只礁、鸟站礁、大潜礁、尖煞礁、鳗尾礁、蚝酱礁、港路礁、公婆礁、黑礁，火烧屿以北牛粪礁、鸡母礁、酒瓮礁、小镜台礁、牛仔坪礁、小猫礁、鼠礁、西双礁、大牛礁、土尾礁、红孩子礁、小牛礁、梅花礁、虎头礁、搭碇礁、鹰礁、西赤礁、大菰礁、二菰礁、三菰礁，厦门岛以南的大粗楠礁、七星礁、怀信礁、石桥礁、绊子礁、榄核礁石、墩子石、鸳鸯石、船路礁、加北礁、雷劈石、大戳盘石、和尚坩礁、蒸笼礁，厦门岛东北部包括东咀港及浔江港的香炉礁、石鼓礁、牛心石、屿头礁、虎头孔礁、屿尾礁、涵口礁、青兰礁、小青兰礁、小金柱礁、金柱礁、小离浦灯桩、西笠成礁、笠成礁、西潮围礁、潮围礁、东笠成礁、草鞋礁、小石虎礁、尖石、大石虎礁、煎盘礁、宝珠礁、北寮礁、石后礁、崎驳礁、长礁、沙裹礁、乌礁、塔礁、长尾礁、水考孙礁、剥礁、东剥礁、双礁、南坎礁、雁煞礁、大尖礁，同安及翔安以南的西礁头、大马礁、小马礁、长礁、土地公礁、土中礁、欧厝礁、路边礁、尾坝顶礁、鲨尾礁、和尚礁、七星礁、三礁石、荔枝礁、鲨鱼礁、大石、杀狗石、黑石堡礁、塌子礁、沙螺礁、升礁、南鲨鱼礁、笼床礁、魁礁，小嶝岛附近的观音礁、毒礁、港心礁、虎背礁、大礁、白礁、前礁、白哈礁、琴尾礁、户头礁、角屿西礁、大冇头礁、内灶礁、外灶礁、大屿头礁、家婆髻礁、东礁、小屿头礁、白头礁、小嶝东礁、华礁、倒牛礁、港心毒礁、蚝头礁、卡仔礁、掌形礁、小掌形礁，南安以南至围头的抹头礁、鸡蛋石、土坡礁、牛港礁、棺材礁、独石、菜包礁、枪城尾礁、金锭礁、分流礁、吕坂礁、猴仔头礁、鱼补搭礁、加礼笼礁、中门礁、中礁、酵屿礁、大般礁、头挡石群礁、印仔礁、大毒石、草鞋礁、鸟屎礁、百平礁、赤屎礁、双干礁、九担礁、五屿礁、九沙担礁、澎鞍担礁、双叠礁、下屿礁、毒石礁、牛礁、西姑房礁、东礁、双仙礁、六耳担礁、大石、印礁、鼻尾礁、乾仔礁、五乾头礁、前头礁、网尾礁、错盘礁、鼓仔礁，大、小金门岛附近的大拨、小拨、大仙礁、前白礁、照西礁、大墩、王公印、后头屿、乌礁、鸡屎礁、石牛礁等。①

二、海岸带简况及区划地质特征

关于厦门湾的海岸带状况,可以通过对整个海湾的地形进行了解。

按自然地形划分,厦门湾的海岸带地形可分为陆域、海域以及两者之间的过渡地带,即滩涂及海洋岛屿。从厦门湾的基本组成来看,大体上是由一系列的海湾组成的,比如马銮湾、杏林湾、同安湾、安海湾、围头湾、金门湾/料罗湾等等,而厦门湾海岸带的开发基本上也以各海湾为单元。从整个厦门湾海岸带来计算,其大陆岸线长度近338公里②。

厦门湾海岸为构造断层海岸,海底岸坡较陡,入海河流短小,泥沙含量较小。由于台湾海峡强烈的风浪和海流作用,使得福建海岸滩涂不甚发育,厦门湾沿岸滩涂也与此类似。其中,厦门湾滩涂面积约为400平方公里。③从海域面积来看,整个厦门湾大约有1360平方公里。海岸带陆域则指大陆海岸线向内延伸10公里的范围,包括各类陆地、淡水水面、江涂以及河口界内的岛屿。从海岸带陆域面积来看,厦门湾包括了大约2500多平方公里的范围。④

本海湾海岸带背山临海,地势由西北向东南倾斜,地貌类型多样,从内陆中低山、高丘陵、低丘陵、台地、冲积海积平原至沿海潮滩,形成多层次分布。

由于海岸带多为人口密集处,具有开发历史悠久,经济基础较好的特

---

① 福建省地名委员会,福建省地名学研究会:《福建省海域地名志》,广东省地图出版社1992年版。

② 其中晋江海岸因只算至围头,以折半计,金门县海岸资料暂缺,故未录入,福建省海岸带和海涂资源综合调查领导小组办公室:《福建省海岸带和海涂资源综合调查报告》,海洋出版社1990年版。

③ 晋江折半计算,参见福建省海岸带和海涂资源综合调查领导小组办公室:《福建省海岸带和海涂资源综合调查报告》,海洋出版社1990年版。

④ 本数据包括金门县,参见福建省海岸带和海涂资源综合调查领导小组办公室:《福建省海岸带和海涂资源综合调查报告》,海洋出版社1990年版。

点,但也同时存在盲目围垦,破坏海涂资源的现象。①

从地质基础来说,厦门地区的地质构造位于"闽东火山断坳带"东缘,为"闽东南沿海变质带"的东南部。其中广泛分布着燕山期岩浆及侏罗纪火山岩,另有暴露的中生代侏罗纪和新生代第四纪的地层。如侏罗纪地层主要分布在厦门岛中部的仙岳山至嵩屿一带,以下侏罗纪梨山组为本区最老的地层,如火烧屿和嵩屿梨山组地层;而下侏罗纪南园(J_3n)组地层则呈北东向带状分布于仙岳山—海沧嵩屿一带。新生代中,厦门未发现由白垩纪到第三纪地层,不过其后的第四纪地层在厦门有广泛的分布。如上更新世(Q_3)地层在厦门岛北部、东部和西部上去有出露,在地貌上形成二、三级阶地。中部筼筜港区则被掩埋在全新世之下。另外,厦门岛在晚更新世未见早、中期沉积,仅见晚期沉积,位于柯厝附近。而在厦门大学、筼筜港、钟宅、杏林、嵩屿等地则广泛分布着第9纪地层,包括海积、冲—洪积和湖积三种成因类型。即从厦门沿岸至岛内台地——丘陵区、下全新统三种类型的沉积建造呈相变关系。②

从海岸线变迁来说,台湾海峡西岸包括福建沿岸以及粤东部分地区,自第四纪以来曾经历了五次陆海变迁及海面变化,即更新世的鄱阳冰期、中更新世的大姑冰期、晚更新世初期的庐山冰期、晚更新世后期的大理冰期、全新世的最后一次冰期和各次冰期的间冰期与冰后期。在距今约5000年左右,随地壳上升,海面下降,加之沿岸带来的泥沙堆积,厦门港沿岸和九龙江口平原逐步形成。以后,厦门成陆开始稳定,直至今日。而厦门的海陆位置在大约距今5000—6000年则与今天的海陆界线接近。加之与金门富国墩遗址、闽侯沙头村遗址以及平潭岛南垅壳丘头遗址的对比研究,专家认为厦门的成陆年代与金门及福建沿海其他地区成陆稳定年代相一致,也就是说

---

① 所谓海涂资源,指分布在平均高潮线以下(由岸至0米线范围),仍处在潮水约束下,正在不断沉积堆高的陆海过渡地带的潮间带滩涂。参见福建省海岸带和海涂资源综合调查领导小组办公室:《福建省海岸带和海涂资源综合调查报告》,海洋出版社1990年版,第239—242页。

② 参见吴诗池:《厦门考古与文物》,鹭江出版社1996年版,第1—3页。

厦门及其沿岸地区早在距今 5000—6000 年成为人类生活生活的空间。①

从地形地貌来说,厦门湾西部,漳州部分的地形地貌及地质特征是,丘陵分布在低山外延、盆地平原周围和沿海地带;台地分布在九龙江下游、东溪下溪及沿海半岛、岛屿地区;平原分布在各河流的下游、河口、海湾内侧湾顶及山间谷地的河流两岸。② 地处厦门湾湾口的龙海市、漳浦县滨海地带,实为西太平洋新生代火山岩带的重要组成部分,在地质构造上属欧亚板块东缘裂陷带,由火山喷发的玄武岩构成了典型的火山地质地貌景观。其喷发序次清楚,火山口典型且保存完好,有罕见的无根喷气口群、气孔柱群及由 140 万根巨型六边形玄武岩柱组成的柱状节理群,有各种海蚀地貌和多处优质沙滩,还有 8000 年前的古森林炭化木层等,是一处极为宝贵的火山地质遗迹。③

海湾北部的同安地区,北临安溪、南安,南临集美,东连翔安西接长泰,与金门隔海相望,是厦门历史最为悠久、地域面积最大的行政区。同安最早于西晋太康三年(282)置县,不久废。五代后唐长兴四年(933)复置。1997 年 5 月撤县设区。2003 年 9 月,厦门市区划调整,原同安区一分为二,拆为同安区和翔安区。民国三年(1914)以前,其辖域包括现在的厦门市、金门县及龙海市东北部。当地人自豪地称之为"古同安,今厦门"。后几经变动,至 2005 年底,现在的同安下辖新民、五显、洪塘、汀溪、莲花、西柯等 6 个镇,大同、祥平等 2 个街道办事处以及竹坝、凤南、白沙仑、祥溪、汀溪 5 个农林场和 81 个行政村、42 个社区居委会。同安区全境地势西北高,东南低。全区陆域面积 657.59 平方公里。④

2003 年 5 月,经国务院同意,厦门市调整了部分行政区划。将原同安

① 参见吴诗池:《厦门考古与文物》,鹭江出版社 1996 年版,第 3—8 页。
② 参见漳州市人民政府:《批转市环保局关于漳州市酸雨控制区二氧化硫污染综合防治规划的通知》,1999 年 8 月 25 日,http://218.83.152.122/policy/38999252004532010849994285156.html。
③ 参见曾春乐:《鬼斧神工地质奇观》,2005 年 8 月 12 日,http://www.dahuawang.com/dsb/20050613/GB/dsb^2143^15^aDS13001.htm。
④ 参见农业部都市农业(南方)重点实验室:《福建厦门简介》,2013 年 1 月 11 日,http://ua.sjtu.edu.cn/specialsubject/36city/xiamen.htm。

区所辖的新店、新圩、马巷、内厝、大嶝5个镇和大帽山农场划归出来,组成翔安区,与同安区成为厦门湾北部的主体。地形地貌上,翔安依山傍海,辖有同安湾、大嶝海域及诸多岛礁,厦门市154公里的海岸线翔安就有75公里,占了全市近50%。翔安区东临泉州南安市,西至同安城区和同安湾,北至大帽山体,南至大嶝海域。其陆域面积共351.6平方公里,全区可用于工业和城市建设的土地面积在200平方公里以上,占厦门全市总面积的近30%。①

厦门湾东部,则包括了泉州市属南安市和晋江市的一部分,即围头湾、安海湾周边地区,为低丘陵台地侵蚀地貌以及沿海地带的堆积地貌。

海湾中的厦门岛,具有独特的花岗岩风化地貌和海蚀地貌,加之火成岩地质构造,形成独具特色的山水景致。

金门诸岛以大、小金门为主,其地形均以低平的台地以及丘陵为主干,辅以低地、浅流及曲折海岸。其地形地貌均为花岗片麻岩、花岗岩及其风化后沉积物形成。其中以大金门岛东部太武山为出露花岗岩之最高山峰,小金门南部海岸颁有玄武岩;红土台地主要出现于金门岛中央地带南侧、西北侧以及烈屿以北,由花岗片麻岩经侵蚀而成的台地则颁于该岛的东半部;至于平地、盆地、山谷以及蚀沟等低洼地状貌则散布于岛屿各角落,与沿海白色石英沙滩、海湾构成优美景致。②

三、气候

厦门湾地区位于北回归线以北,欧亚大陆的东南部,地处北温带接近热带地区。属南亚热带海洋性季风气候,全年温差不大,冬无严寒,夏无酷暑。春季湿度大,三四月初春时多雨,雨日多但量不大,局部范围会出现强对流天气,偶发寒潮或倒春寒;五六月为梅雨季,降水集中,暴雨频繁,易出现洪涝灾害天气。七至九月夏季太阳辐射最强,海岸带地区多受海洋暖气团影

---

① 参见农业部都市农业(南方)重点实验室:《福建厦门简介》,2013年1月11日,http://ua.sjtu.edu.cn/specialsubject/36city/xiamen.htm。

② 参见吴启腾、林英生:《金门地质地貌》,台湾稻田出版有限公司1998年版。因台湾与大陆在文字表述上有所差异,本书对其中一些表述稍有修改。

响。受西太平洋副热带高压的影响,本区以晴热天气为主,亦少酷暑。夏季台风活动盛期,台风雨为主要降水来源,易出现局部洪涝及短期干旱。十至十一月秋季,太阳辐射渐弱,因海洋作用,本区气温下降缓慢。秋季气温高于春季气温,但由于降水少,蒸发强,时有干旱发生。因冷空气周期性南下,加之台风影响,沿海地区风力加大,多东北风。十二月至二月为冬季,太阳辐射最弱,初冬较干燥,至季末偏阴冷。沿海多持续性偏北大风,比之内陆,厦门湾地区气温较高,极少出现严寒天气。从全省范围来看,也是厦门湾地区光、热资源最为丰富,大部地区多年极端最低气温在 0℃以上。有较丰富的太阳能及风力资源。① 整个厦门湾内各港口,四季多春夏,不冻不淤,均适合于航运贸易。

西部龙海部分,地处福建第二大河九龙江河谷地带,地势南北较高,中间低缓。最高峰大尖山海拔 953.6 米。附近有岛屿约 20 个。当地年平均气温为 21.5℃,年降水量 1563.2 毫米,无霜期年平均 337 天。② 龙海浮镇以北与海门岛附近海域有红树林自然保护区。

九龙江北岸的沿海部分,由杏林湾和马銮湾分隔而成集美、杏林、海沧三个小半岛。地属亚热带气候,夏无酷暑,冬无严寒,温和多雨,年均气温在 21℃左右。同安及翔安区,地处南亚热带海洋性季风气候区,气候温和,雨量充沛,热量充足。冬短(25 天)无严寒,夏长(152 天)无酷暑,春暖晴雨多变,秋凉气爽怡人。年平均气温 21℃,最冷月元月平均气温 12.8℃,最热月 7 月平均气温 28.4℃,年平均降水量 1467.7 毫米,年平均日照时数 2030.7 小时,年平均蒸发量 1685.2 毫米,年积温 5767—7717℃。有着丰富的发展农林牧渔的气候资源。③

南安部分,主要河流流入石井江(五马江)的九溪。年平均气温

① 福建省海岸带和海涂资源综合调查领导小组办公室:《福建省海岸带和海涂资源综合调查报告(内部发行)》,海洋出版社 1990 年版。

② 参见龙海市政府网:《地理环境》,2014 年 1 月 30 日,http://www.longhai.gov.cn/cms/html/lhszfw/dlhj/。

③ 参见农业部都市农业(南方)重点实验室:《福建厦门简介》,2013 年 1 月 11 日,http://ua.sjtu.edu.cn/specialsubject/36city/xiamen.htm。

20.9℃,年降水量 1603 毫米,无霜期 336 天。晋江部分,年平均气温 20.4℃,年降水量 1094 毫米,无霜期 360 天。[①]

厦门岛气候属亚热带季风型海洋性气候,温和多雨,年均降雨量在 1100 毫米左右,5—7 月雨量最大;风力一般 3—5 级,年平均风带为 3.4 米/秒,常年主导风向为东风;由于太平洋温差气流关系,每年平均受台风影响 5—6 次,且多集中在 7—9 月份。厦门夏无酷暑,冬无严寒,年平均气温在 21℃ 左右。[②] 当地平均年降雨日数为 122.8 天,多年平均相对湿度为 77%,日照时数达 2233 小时。温度雨水适中,气候宜人。[③]

金门与厦门、同安遥遥相对,纬度相同,均属亚热带海洋性气候。全年降雨多集中于 4—8 月,台风多生于七八月。地区年平均气温 22.8℃,极端最高气温 38℃,极端最低气温 2℃。年平均降水量 900 毫米,大多集中在 4—8 月。干湿季明显,使得植物呈现明显的季节变化。全年有雾日 20 余天,多在 3—5 月。当地潮汐为半日潮,实为为赏鸟、观潮好去处。[④]

本海湾在夏秋季较多暴雨,多由台风引起。在厦门湾历史上,曾多次发生因海水倒灌、台风等引起的灾害。

至于下雪天,只在光绪十八年(1892)有记载,"夏六月大风雨三日,平地水深三尺,坏衙署房屋商船,五谷无收。八月(风台)风下咸雨,是年地瓜薄收。十一月天大寒,内地、金门、厦门大雪盈尺,为百年来所未有,澎湖无雪,而奇寒略相等"。[⑤] 可见,历史上由气候引起的灾害也会对当地生产、生活及经济活动造成很大的破坏。不过,如遇得当,台风等亦可带来适当的降雨,起到缓解当地旱情的作用。至今,沿海地带因海洋活动产生的气候影响仍是生产生活中不可小觑的一个重要方面。

---

① 参见王秀斌等:《福建省地图册》,福建省地图出版社 2004 年版,第 23、26 页。
② 厦门示范计划领导小组办公室:《厦门海岸带综合管理》,北京海洋出版社 1998 年版。
③ 厦门市地方志编纂委员会:《厦门市志第一册》,方志出版社 2004 年版,第 118 页。
④ 参见:《来去金门【古迹】》,《东南早报》2004 年 12 月 13 日。
⑤ 杨承藩、魏肇基:《同治台湾府志》;潘文凤、林豪:《澎湖厅志》,光绪十五年版。

第二节　行政区划变迁

一、厦门湾西部

厦门湾之西部地区,涵盖了今天漳州龙海市的东部沿海及厦门市的海沧区。

现在的龙海市,由龙溪和海澄两县组成,时为 1960 年。关于龙溪,从其历史归属来看一直较为纷杂,曾"隶闽隶粤,属福属泉",可谓"历数朝而靡有定"。据县志记载,其地为禹贡扬州之域,周为七闽地,春秋为越地,秦为闽中郡地,汉为冶县及侯官县地,属会稽郡,隶属扬州,又隶江州。梁天监(503—519)中,析晋安地置南安郡,属之。晋代(265)龙溪县属同安管辖。南朝梁武帝大同六年(540),析晋安郡,即置龙溪县。隋为建安郡,四县之一。县志载隋初改丰州为泉州,废建安、南安二郡为县。隋大业三年(607)复建安郡,领有四县,即闽、建安、南安、龙溪。当年复省绥安县,并入龙溪。唐武德初年属建州,六年(623)复属泉州(今福州)。嗣圣(684)间,属武荣州,即泉州。景云二年(711),改泉州为闽州,改武荣州为泉州,移府治于晋江。"至唐开元二十九年(741)改属漳州",以后,"左郎将陈元光疏请建州泉潮,间以抗岭表诏从之,州治在今漳浦。"当时州治隶属岭南经略使。天宝元年(742)改漳州为漳浦郡。后又隶属福建经略使十年,又改隶属岭南。乾元二年(759)复改漳浦郡为漳州。上元元年(760)还隶福建。兴元元年(784)刺史柳少安请移州治于龙溪,未报。贞元二年(786),摄州事陈谟请于观察使庐慕,以状闻,始以邑为州治。宋隶威武军,又隶福建路。元属漳州路,隶福建行中书省。至治(1321—1323)中,析七都置南胜县(南靖)。明属漳州府,隶福建布政使司。至隆庆元年(1567)析五都置海澄县,由龙溪和漳浦县划成。①

---

① （清)吴宜燮、黄惠、黄畴纂:《乾隆龙溪县志》卷 1《建置沿革》,乾隆二十七年修。

　　至于海澄，县志记载其地在漳东南，距县郡五十里，本龙溪八九都地，旧名为月港。自唐宋以来为海滨一大聚落。至明代"生齿益繁，正德年间豪民私造世舶扬帆他国，以与夷事。久之，诱寇内讧，所司法绳不能止"。嘉靖九年（1530），巡抚都御史胡琏建议移驻巡海道驻漳州加以弹压，在海沧置安边馆，每年择诸郡别驾一员爰镇其地，半年一换。二十七年（1548），巡海道柯乔建议在月港设立县治，都御史朱纨、巡按御史金城均为之上疏，不过以后当地稍为安宁，暂作停止。三十年（1551），又在月港建靖海馆，以郡卒往来巡缉。至三十五年（1556），海寇谢老突犯波心，屠掠甚惨，都御史阮鹗告诫晓谕当地居民筑土堡防御。次年，都御史王询也提议设县，但仍未就。不久倭寇入侵，庐舍田土煨尽荒芜，有号称"二十四将"的当地顽民乘机谋反，盘踞其间，如同化外之地。四十二年（1563），都御史谭纶下令招抚，以羁縻之计请设海防同知以颛理海务，改靖海馆为海防馆。至四十三（1564）年，巡海道周贤设计擒拿巨魁张维等人，又有官员申请设县。至四十四（1565）年，知府唐九德建议割龙溪一都至九都，二十八都之五图以及漳浦二十三都九图合为一县。都御史汪道昆、御史王宗载均上疏。朝廷下旨赐名海澄。隆庆元年（1567）县治告成，辖三坊五里，东抵镇海卫，西至龙溪县，南至漳浦，北抵同安。①

　　1958年割海沧为厦门郊区，1960年并县后，割浦南、天宝两个公社又三大队为漳州市郊。1985年撤龙溪地区，设地级漳州市。龙海县于1993年撤县，设省辖县级龙海市，归漳州市管辖。海澄为原县人民政府驻地，并县改市后，降格为海澄镇。②

　　现今的海沧区，2003年7月由原杏林区更名而来，该区位于厦门市区西部，东与厦门岛相邻，西接龙海市，北临集美区、长泰县，下辖海沧、东孚两镇以及天竺山林场、海沧农场、第一农场。其中，海沧镇唐宋时始为海滨聚落，因三面环海，故以海名之，初称"海口"，后改为"海沧"，又作"海仓"，有

①　参见（明）梁兆阳等：《崇祯海澄县志》卷1《舆地志》，书目文献出版社1990年版。
②　参见龙海县革命委员会：《龙海县标准地名录》1980年版；（乾隆）吴宜燮、黄惠等，（光绪）吴联薰：《龙溪县志》光绪五年（1879）增补重刻本；陈瑛等：《乾隆海澄县志》，台北成文出版社1967年版。

临海富裕之意。明初,为龙溪县新恩里一都、二都、三都。嘉靖十三年(1534)设十五都。海沧为一二三都,统图十三。嘉靖四十四年(1567)析设海澄县后,为第四里第三都,统图七。明清时期,三都置永昌、集兴上半、集兴下半、崇隆、新垵五保。

嘉靖九年(1530),巡抚都御使胡琏在海沧设安边馆,筑土堡防御;嘉靖四十五年(1566)十二月割龙溪、漳浦部分辖地置海澄县,海沧镇由此归属海澄县四里三都。民国时划海沧为第四区署,设沧江镇、金钟乡和新霞乡。1949年废乡镇保甲,设区村。1950年实行以区管乡,海沧为海澄县第四区,下辖12乡。1958年8月,拆海澄县海沧、新垵两乡为厦门市郊区管辖。1984年改为海沧乡,1987年改海沧镇。1995年,海沧镇与东孚镇由原集美区划归海沧投资区管委会管理。2003年7月,杏林区更名为海沧区,海沧镇属之。①

至于东孚镇,则位于海沧西部。自后唐长兴四年(933)同安建县以后,东孚即属之。宋时同安设永丰、明盛和绥德三乡,东孚属明盛乡积善里的十七、十八都。十七都统11保,辖今东孚镇漳泉公路以北地区以及山边、莲花、凤山、贞岱;十八都统6保,即祥露、东埔、后柯、鼎美、芸尾、东瑶。从五代至明清,近千年的时间里,其隶属关系基本不变。民国时的1940年,由东坂、中孚两保合为一保,取两地中各一字合称为"东孚保"。民国初归积善里,含白礁、沈宅、角尾、山边、莲花、林岱、鼎美、后柯等地,至1943年,改为乡、镇、保建制。1949年同安解放后,仍属晋江地区同安县管辖;至1955年设东孚区,1956年并入灌口区,1957年灌口区从同安县划出,归入厦门市郊区;1991年改为东孚镇;1995年,从集美区划出,归杏林区管辖;2003年,杏林区更名海沧区后,东孚镇属之。②

二、厦门湾北部

厦门湾北部地区,主要指沿集美大桥一线以北的同安(包括今翔安)③

---

① 海政协文史委:《海沧区的历史沿革》,《厦门政协》2005年第1期。
② 海政协文史委:《海沧区的历史沿革》,《厦门政协》2005年第1期。
③ 因本论文时间以19世纪中叶为限,故从史籍记载考虑,在历史论述时,将目前有关翔安的论述仍并入原同安范围。

部分。同安,在三国时属吴,永安三年(260)增置东安县;晋太康三年(282)为同安县,属晋安郡,后并入南安县;唐贞元十九年(803)析南安县西南部置大同场;五代南(后)唐长兴三年(932)王延钧以大同场州置同安县,属泉州。宋建炎年间(1127—1130),设通判军州事,属清源军、平海军、泉州;景炎元年(1276)十一月元兵入福州,益王昰航海驻跸北门处,复渡海至嘉禾屿;庆元年间(1195—1200),添差通判军州事。元属泉州路。明属泉州府。雍正五年(1727)二月,加福兴泉永道巡海道移驻厦门;四十一年(1776)泉州府属通判移驻同安县马家巷。[1]

关于同安的都图设置,宋时设有四乡领30里,即永丰乡、明盛乡、绥德乡、武德乡。以后又以武德为场,不久改为长泰县,仅存三乡,并为27里,后为11里,即长兴、同禾、民安、从顺、翔风、感化、归德、仁德、安仁、积善、嘉禾等里。元代改为44都。明洪武元年添设在坊里,分二隅,共12里,而都仍袭前代。洪武二十年(1387),迁徙大嶝、小嶝二都百姓于腹里,墟其地。永乐元年(1403),并从顺里五都为三都,感化里三都为一都,长兴里三都为一都,归德里二都为一都,共35都。成化六年(1470),有两都百姓上奏复其旧,共37都,统领图53个,内分东西为界。清代图甲仍照旧。乾隆四十年(1775)分割翔风里、民安里及同禾五、六、七都等保归马巷通判管辖。[2]

三、厦门湾东部

厦门湾之东部地区,主要指南安与晋江的南部区域。

南安,为古百越地。南朝梁天监中(502—519)析晋安郡南部置南安郡。至隋开皇九年(589)改郡为县,属泉州。唐武德五年(622),析南安县置丰州,县为州治。贞观九年(635),省丰州入泉州。嗣圣(684)间,析置武荣州,县仍为州治。开元六年(718),析南安东南地置晋江县。贞元十九年(803),析南安西南四乡置在同场,为同安。宝历(825—827)间析南安西北

---

① 林学增、吴锡璜、万友正:《民国同安县志》1929年版。
② 林学增、吴锡璜、万友正:《民国同安县志》卷6《城市·都图》1929年版。

二乡置桃林场,即后之永春。咸通(860—874)中析南安西二乡置小溪场,为后之安溪。① 1993 年撤县设省辖县级市,由泉州市代管。

南安县在宋时分八乡,统 32 里,其乡分别是唐安、从政、德教、怀德、金鸡、归善、唐兴以及太平八乡;其里分别是修文、昭文、崇化、遵教、灵感、嘉禾、趋庭、崇和、太平、清风、崇安、由风、民寿、崇仁、丰年、依仁、礼顺、清歌、仁德、经善、崇顺、归化、崇善、田和、兴集、钦风、清化、长乐、常安、崇教以及福兴。元代改为 46 都。明初分附邑,为三坊,都省为 44;万历中复分坊为五,辖县城内外八铺,都仍旧且各统一图,十甲。清顺治年间迁濒海居民于内地,甲图稍减。康熙十九年(1680)复旧,乾嘉后生齿殷繁,村居稠密,每都增至一二十乡,甚至三四十乡。

开元六年(718),析南安县东南部置晋江县,以其地临晋江,因江得名。②

安海属晋江市管辖,古名湾海,因其海九十九曲也。唐开元时,安金藏之后安连济居此,故名。又传说,宋开宝间,有唐名臣安金藏之后安连济,徙居湾海,易湾为安,安海之名自此始。③ 至宋,安海为晋江县开建乡修仁里安海市。"其港通天下商船,贾胡与市民互市。"宋元祐二年(1087),泉州设市舶司,凡舟客至此,州遣吏榷税于此,号为石井津。南宋建炎四年(1130),因东西两市竞利,创石井镇。朱熹之父朱松为镇官。此为安海建制之始。绍兴二十六年(1156),海寇骚扰,镇官方玺倡筑土城以御敌,安海始有城池。由于南宋时,当地为朱熹父子过化之地,安海有"闽学开宗"之誉。泉州明伦堂有楹联曰:"圣域津梁,理学渊源开石井;海滨邹鲁,诗书弦诵遍桐城。"元改乡里为都,安海隶属晋江县第八都。至正年间,东西两海湾筑为埭田,客舟不通,监镇遂废,乃移石泉门巡检司镇廨。④ 1951 年划县

---

① 戴希朱:《民国南安县志(泉州泉山书社铅印本)》,南安县志编委会 1989 年版。
② 周学曾等:《道光晋江县志·建置沿革志》,福建人民出版社 1990 年版;《乾隆泉州府志·名胜·卷三》,编辑出版者不详。
③ 安海志修编小组:《安海志》卷 1《沿革》,安海志修编小组(福建晋江)1983 年版,第 2 页。
④ 安海乡土史料编辑委员会:《安平志校注本·安平志·卷之一》,中国文联出版社 2000 年版。

城及近郊置泉州市（今鲤城区），县政府迁青阳镇。1987年析置石狮市。1992年撤县设省辖县级晋江市，由泉州市代管。①

四、厦门湾内的主要岛屿

（一）金门

金门岛地处东经118度28分,北纬24度25分;极西在东经118度08分,北纬24度22分;极南在东经118度19分,北纬24度24分;极北在东经118度20分,北纬24度32分。为厦门湾内第一大岛,全岛东西向约二十公里,南北向约十五公里,中部狭窄处约三公里,形似银锭。②

金门旧名浯州,又名仙州,此外尚有吴洲、浯江、浯岛、浯海、沧浯等别称,其岛北有小嶝屿,西北有大嶝屿,西南有烈屿诸岛。晋朝时中原动荡,有苏、陈、吴、蔡、吕、颜六姓逃居于此,是为金门最早居民。唐德宗贞元十九年（803）,闽观察使柳冕上奏置万安监,以滋养马匹,泉地置五处马区,金门即为其一。至五代闽国永隆元年（939）,置同安县,归其管辖。后历宋、元、明、清,均沿袭。宋太平兴国三年（978）,岛上居民开始输纳户钞。至熙丰③间开始建立都图,为四都,统九图,属同安绥德乡翔风里。嘉定十年（1217）,真德秀知泉州府,巡海滨、屯要害,尝经略料罗战船。元大德元年（1297）,始建场征盐。明洪武二十年（1387）,置金门守御千户所。清顺治三年（1646）,为郑成功所据。康熙二年（1663）,毁其城,迁其民于界内,其地遂墟。康熙十三年（1674）至十九年（1680）,为郑经所据。归清后,置金门镇总兵官,辖中、左、右三营。雍正元年（1723）,置浯洲盐场大使。十二年（1734）,移同安县丞驻金门。至乾隆三十一年（1766）,县丞移至灌口,又以晋江县安海通判移驻。四十一年（1776）,复移通判至

---

① 周学曾等：《道光晋江县志》，福建人民出版社1990年版；福建省晋江县人民政府：《福建省晋江县地名录》，福建省晋江县人民政府编1982年版,第1页。

② 参见厦门在线：《金门辟邪信仰》,2005年7月15日,http://tw.xmok.com/view.asp? NewsID=62&classID=3。

③ 按史上并无熙丰年号,此处疑为熙宁（1068—1077）间。

马巷,金门田赋归马巷分征。四十五年(1780),复设县丞。同治七年(1868),裁金门镇,改置协副将以及中军都司。民国三年,裁撤并废县丞,改设分治员,由思明县派驻理事。民国三年七月,奉准置金门县,归厦门道管辖。① 1949 年以后,大嶝、小嶝等岛屿解放,归属同安县(今属厦门市翔安区)。金门、烈屿、大小担等岛屿,现属台湾当局管辖的福建省金门县。

(二)厦门

厦门岛,为湾内第二大岛。唐代时已有大陆移民居住,在族谱及民间传说中留下"南陈北薛"一说。② 1997 年厦门文管会发掘的唐代"薛瑜墓",是年代最早的墓葬之一。《鹭江志》有云"自唐薛君珍、陈希儒以儒术介起,历宋迄明,人文辈出"。③ 据 1973 年在泉州发现的《唐许氏故陈夫人墓志》云:"曾祖(陈)喜爱仁好义,博施虚怀,俊义归之,鳞萃辐辏,故门有敢死之士,遂为闽之豪族。""时闽侯有问鼎之意,欲引为谋,乃刳舟剡楫,罄家浮海,宵遁于清源之南界,海之中洲,曰新城,即今嘉禾里是也。"又说:"屹然云岫,四向沧波。非利涉之舟人所罕到,于是度地形势,察场优宜,可以永世避时,贻厥孙谋,发川为田,垦原为园",从此"终生不仕,以遂高志"。④ 这也证明了在唐代,已有人烟繁衍于厦门岛。

---

① 左树夔、刘敬:《金门县志》卷 1《沿革》,民国十年(1921)版。

② 关于"南陈北薛",学界有诸多说法,有指开发厦门的陈姓始祖陈夷则、薛令之者;有指陈氏家族第十代子孙陈黯,龙溪尉薛沙者。在《颍川南陈族谱》里记载着这样一段故事:唐建中二年(781)的某一天晚上,在现在漳州的某一间屋子里,一名男子(指陈夷则)大梦初醒,久久不能入睡。他做了一个梦,梦见自己睡在一个四处长满稻谷的岛上。为了寻找梦中的这个"禾岛",陈夷则带着自己的儿子陈俦和全家大大小小 300 多人来到了"禾岛"(也就是现在的厦门)。另一则传说则称:陈夷则的父亲陈邕在唐中宗时中了进士,做官做到了太子太傅,后因和当时的宰相李林甫不和,被迫举家迁到了福建省漳州南厢山。不过,陈夷则在唐文宗时又当上了宰相,此后子孙兴旺,在福建发展成"太傅派"陈氏。也就是在陈夷则任宰相年间,他花了 300 万贯钱买下了当时还只是一座孤岛的世外桃源,也就是现在的厦门岛。参见吴晓平、卓阳萍:《谁是开发厦门第一人》,《海峡导报》2005 年 1 月 9 日。

③ 薛起凤:《鹭江志(乾隆三十一年)》,鹭江出版社 1998 年版。

④ 许元简:《唐许氏故陈夫人墓志铭》,载何丙仲主编:《厦门碑志汇编》,中国广播电视出版社 2004 年版。

图 3　唐许氏故陈夫人墓志①

天宝年间,汉族人陆续从福建内陆迁徙入岛,代宗大历二年(767)厦门称新城,属泉州清源郡的南安县。五代后晋天福四年(939),闽王王延钧析升大同场为同安县,厦门归隶同安县辖。宋太平兴国年间,因岛上产稻"一茎数穗",又名"嘉禾屿";当时岛上已有不少村落,为同安县嘉禾里,隶属绥德乡。元朝时,这里曾设有军政机构"嘉禾千户所"。至明代洪武二十年(1387),江夏侯周德兴经略福建,始筑厦门城,移永宁卫中、左二所兵戍守,称之为中左所。② 其城"周四百二十五丈九尺,高连女墙一丈九尺,阔八尺五寸,窝铺二十二,垛子四百九十六,门四:南曰洽德,北曰潢枢,东曰启明,西曰怀音,上各建楼"。③

清顺治六年(1649)郑成功驻兵厦门,十二年(1655)改中左所置思明

① 该碑现存于泉州海外交通史博物馆。
② 参见明万历《泉州府志》,以及(清)周凯:《厦门志》载,"厦门城在嘉禾屿,明洪武二十七年江夏侯周德兴筑"。
③ 薛起凤:《鹭江志(乾隆三十一年)》,鹭江出版社1998年版。

图4 绘制于明万历三十年(1602)的中左千户所图①

州,州下设知州及吏、户、礼、兵、刑、工等六官。1662年5月郑成功病逝台湾,郑经继位,于1663年1月改思明州为思明县,而南明政权也已名存实亡;康熙十九年(1680)清军攻取厦、金,清朝廷取消思明县,恢复厦门称谓,重归同安县管辖,同时将福建水师提督衙门移驻厦门;二十三年(1684)设台厦兵备道,道尹驻台湾府治,同时厦门设立海关,正式成为对外贸易港口;二十五年(1686)以泉州府同知分防设厅;雍正五年(1727)兴泉道(后为兴泉永道)自泉州移驻厦门。道光二十年(1840),厦门成为中英《南京条约》后被迫对外开放的五个通商口岸之一。光绪二十九年(1903),鼓浪屿被辟为公共租界。②

民国元年(1912)四月析同安县嘉禾里(厦门)及金门、大嶝、小嶝置思明县,九月升思明府,1913年三月,废府仍恢复思明县。1915年大小金门、

---

① 此图为目前所见最早的厦门地图,原图存美国国会图书馆。
② 参见(清)周凯:《厦门志》,台湾大通书局1984年版。

大嶝、小嶝从思明县划出单独设置金门县，思明县仅辖厦门本岛。同年置南路道，1914 年改名厦门道，废于 1925 年。1935 年四月厦门及鼓浪屿等七个岛屿设厦门市，撤销思明县设禾山特种区。1950 年，厦门为省辖市，设开元、思明鼓浪屿、厦港（后废）、禾山五区。1953 年，同安县集美镇归厦门管辖，1958 年八月同安县由晋江专区划归厦门市。

1966 年 8 月开元、思明区更名东风、向阳区（1979 年 10 月复原名），1970 年 2 月同安县划属晋江专区（地区），1973 年 6 月再归厦门市。1978 年 9 月设杏林区。1980 年第五届全国人大常委会第十五次会议决定在深圳、珠海、汕头、厦门设置经济特区。其后的 1981 年，湖里划出 2.5 平方公里设立经济特区。1984 年邓小平视察南方之后，厦门经济特区扩大到全岛（包括鼓浪屿）。① 1987 年 8 月增设湖里区，郊区改名集美区。1989 年，杏林、海沧地区划为台商投资区，厦门经济特区由岛内拓展至岛外。1992 设立集美台商投资区。1997 年同安撤县改为同安区。② 2003 年，厦门行政区划有多项变更，其一，撤鼓浪屿区和开元区，将其行政区域划归思明区。其二，杏林区的杏林街道办事处和杏林镇划归集美区管辖。杏林区更名为海沧区。其三，设立翔安区，将原同安区所辖新店、新圩、马巷、内厝、大嶝 5 个镇划归翔安区管辖。③ 至此，厦门全岛以及周边城市带一起，构成了厦门经济特区全方位开放的格局。

2014 年 1 月，厦门市第十四届人大三次会议审议通过了《美丽厦门战略规划》，重新规划了厦门岛内的各区产业架构及文化功能。④ 这成为近年厦门社会、经济、文化发展的纲领性文件。

---

① 参见厦门方志网：《厦门市志·第一册·总述》，2008 年 5 月 8 日，http://www. fzb.xm.gov.cn/sqz/xmsz/。

② 参见行政区划网：《厦门市历史延革》，2015 年 7 月 14 日，http://www.xzqh. org/html/show/fj/9631.html 以及厦门方志网：《厦门市志·第一册·总述》，2008 年 5 月 8 日，http://www.fzb.xm.gov.cn/sqz/xmsz/。

③ 参见行政区划网：《厦门市历史延革》，2015 年 7 月 14 日，http://www.xzqh. org/html/show/fj/9631.html。

④ 参见厦门网：《〈美丽厦门战略规划〉全文》，2014 年 3 月 4 日，http://news. xmnn.cn/a/xmxw/201403/t20140304_3734736_11.htm 以及中国城市发展网：《美丽厦门战略规划》，2014 年 03 月 06 日，http://www.chinacity.org.cn/csfz/fzzl/138721.html。

　　好的愿景需要有相关的行动以及努力作为支撑,也期待厦门的发展带动整体海湾的腾飞,期待厦门的前景更加美好。以下,我们将从历史的角度来回溯厦门湾发展的曲折过程。

第三章　明代以前的厦门湾

第一节　开发历史与移民简况

一、史前时代

厦门湾地区很早就有人居住。以往,整个海湾地区有关史前的资料不多,不过近些年亦有不断的斩获。据 1989 年底考古学家在漳州市北郊近100 平方米的更新世台地上,寻找到石器地点 17 处,标本 300 件。其后通过研究断定其红土堆积层中的石英晶体石器年代约为晚更新世中期(约距今 40000—80000 年),红土层之上的红黄色砂土中的燧石石器则年代稍晚,约为晚更新世晚期至全新世早期(距今约 9000—13000 年)。以后,考古人员又在附近进行了较大规模的发掘,勘查出旧石器地点两外,属"漳州文化"的石器地点 118 处。① 漳州地区旧石器文化遗物的发现,填补了以往福建史前考古的一项空白。由此,为探索史前闽台关系提供了十分重要的实物资料。同时也有别于过去以洞穴为主要探测目标的方法,使露天堆积物包括红土冲积、坡积层也成为发掘古人类化石及古文化的重要场所,为寻找史前遗物展拓了新的途径。②

1998 年经考古发现,厦门岛近万年前就有古人类居住。在厦门岛东北区采获古制品 467 件,证明厦门确实存在旧石器。据考证,这些石器中最早

---

① 尤玉柱:《漳州史前文化》,福建人民出版社 1991 年版,第 3 页。
② 参见尤玉柱:《漳州史前文化》,福建人民出版社 1991 年版,第 3—4 页。

的年代可追溯到近万年前。与此同时,在厦门海沧也发现了丰富的打制石器。20 世纪 30 年代,厦大林惠祥教授等曾在厦门本岛发现商周时期的磨制石器。调查证明厦门岛远在旧石器时代即有人类活动。① 而关于厦门湾的新石器时代遗址,则有 20 世纪 50 年代发现的灌口漳厦公路西部的临石寨山遗址、60 年代发现的灌口杨厝遗址,②位于漳州海积平原西侧、九龙江西溪北岸的覆船山遗址。1986 年在漳州龙海市榜山镇发现万宝山贝丘遗址,遗址面积约 250 平方米,断面上有贝壳堆积及少量的石器,陶器残件。采集有石锛、石斧、石凿、石戈和夹砂灰陶片、夹砂红陶片等。陶片纹饰有方格纹、绳纹、曲折纹、叶脉纹等,可辨器形有豆、罐等。同年,还在龙海市九湖镇发现青铜时代的枕头山遗址。该遗址面积约 1.5 万平方米。清理出墓 1座。出土和采集有石戈、锛石、石凿、石斧、石铲、石矛、石镞、网坠和夹砂灰陶片、灰硬陶片、釉陶片等。陶片纹饰有竖蓝纹、斜方格纹、绳纹、乳钉纹、弦纹等,可辨器形有大口尊、圈足尊、豆、平底罐、高领罐、浅盘、盆等。③

二、商周至汉唐五代

进入历史时期以来,厦门湾沿岸早则有商周时代的墓葬、遗址为证,如1972 年在同安新圩出土的石戈、陶器等墓葬器物,具有西周的墓葬特征。遗址则有灌口的李林遗址、田秋遗址、虎空山遗址、荷山遗址,后溪乡珩山墩上村的狗肚山遗址,海沧鳌冠村的坩仔壳山遗址等。④ 另有商代中晚期至西周初分布于粤东至闽南沿海一带的浮滨文化,其在福建境内的中心区域为九龙江下游流域。⑤ 自 2001 年以来,经过厦门湾西岸的漳州市郊以及厦深铁路沿线区域多次考古调查,发现从旧石器、新石器、商周、唐代至明清时

---

① 参见王宪政:《厦门考古新发现———近万年前即有人类居住》,1998 年 7 月 31日,http://www.66163.com/fujian_w/news/.../cb06.html。

② 参见吴诗池:《厦门考古与文物》,鹭江出版社 1996 年版,第 10—11 页。

③ 参见福建漳州文物管理委员会办公室:漳州文物网,2007 年 2 月 11 日,http://fjzzww.com/info.asp? fl=14&classid=26。

④ 参见吴诗池:《厦门考古与文物》,鹭江出版社 1996 年版,第 13—15 页。

⑤ 陈兆善:《试论浮滨文化》,《南方文物》1996 年第 4 期。

期的各种遗存。①

厦门湾东岸的安海，本属泉郡重镇，当水陆要冲，是海外贸易的天然良港。因港湾深浚，海舶可直接深入。由于优越的地理环境，当地很早就开始了通洋的历史。三国时，东吴黄武元年（220）遣任交州（越南河内）太守，船至海面遇风暴，曾转泊东石畲家寨避风险。隋代，炀帝遣史开发当时称为夷州的台湾，曾两度碇泊安海港东石澳，并募船引航以达台澎。② 据说晋朝元帝建武年间（317），金门已出现人烟，永嘉之乱时，中原义民随晋室南渡，逃居浯洲者有六姓，曰：苏、陈、吴、蔡、吕、颜。③

同安《许氏族谱》记载，许氏迁至同安的有三支，④最早进入古同安的许姓祖先，首推汉武帝时的许濙。许濙，字符亮，谥武靖，河南许州（今许昌市）人，汉武帝时为左翊将军，驻师于营城（即今大同镇许氏宗祠后）。后来奉旨永镇斯土，铜符虎节，于是定居五炉山（葫芦山）下，故当地民谚曰："未有同安，先有许督"。许濙之墓，葬地在今新民镇西山后，世代有子孙祭扫。⑤

隋唐以来，厦门湾沿岸由于人烟增加，一些宗教寺庙也得以建立。如位

---

① 2007 年 4 月，福建博物院考古队、漳州市文物管理委办公室联合发布龙厦、厦深铁路漳州段沿线文物普查、考古勘探报告时指出，厦深铁路沿线发现共计 16 处古代文化遗存，其中新石器时代 1 处、商周时期 8 处、战国—汉代 1 处、明清时期 1 处，另有旧石器至新石器、商周、唐代、明清时期混合 5 处。龙厦铁路文物普查中，共发现了 12 处重要的商周文化遗址、唐宋元窑址和明清古建筑群，其中通坑窑遗址、茶米山遗址、圩后沟山遗址、后土地公山遗址等 11 处位于漳州界内。参见黄国华、蔡建斌：《商周遗迹再现3000 年前先民背影》，2007 年 4 月 18 日，http://www.huaxia.com/wh/kgfx/2007/00609032.html，以及文化在线：《漳州郊区出土商周时期文物》，2001 年 8 月 22 日，http://htzl.china.cn/txt/2001-08/23/content_5053141.htm，东南早报：《漳州又发现一处商周遗址》，2001 年 11 月 21 日，http://www.66163.com/Fujian _ w/news/qzwb/gb/content/2001-11/21/content_342881.htm，以及中国收藏网：《福建漳州出土商周早期文物》，2004 年 5 月 14 日，http://news.socang.com/2004/05/14/315181070.html。

② 安海志修编小组：《安海志》卷 12《海港》，安海志修编小组 1983 年版。

③ 参见林焜熿：《金门志》，台北大通书局 1984 年版。

④ 其三支分别是许濙公一派，许爱公一派以及桐山一派，参见许嘉立：《许氏大宗族谱》，许氏族谱文献资料珍藏室 1981 年版。

⑤ 许嘉立：《许氏大宗族谱》，许氏族谱文献资料珍藏室 1981 年版。

于同安城区东北二里处大轮山麓的梵天寺,创建于隋朝开皇元年(581),原名"兴教寺",有庵72所,后改名为"梵天禅寺",乃八闽最古老的佛教寺庙之一。① 海沧霞杨村石室院内至今仍有碑刻记载,"窃谓玳瑁山下之有石室院也,由来久矣。闻诸父老曰:'此院建于垂拱二年(686),自唐迄今千有□岁',时代星移,盛衰棋弈,或兴或废,碑版湮没……"②

图5　始建于隋朝开皇元年(581)的梵天寺

至于金门,唐朝贞元十九年(803)柳冕为闽观察使时,曾奏置万安监,泉中置牧马五处,浯岛(金门)为其一。以陈渊为牧马监,随从至浯岛者,有将佐李俊、卫杰、钱、王二舍人及蔡、许、翁、李、张、黄、王、吕、刘、洪、林、萧等

---

①　厦门文化信息网:《梵天寺》,2004-6-16,http://www.xmculture.com/whgy/fts.htm。

②　参见海沧区霞杨村石室禅院所存之明隆庆五年(1571)《皇明石室禅院碑记》以及杨鹤龄:《重修石室院碑记》,光绪二十八年(1902)立。

图6 始建于唐垂拱二年（686）的石室院

民户12姓。①

　　唐代中叶，厦门岛有"南陈北薛"、"东孙西倪"之说。"南陈"即唐代开漳圣王陈政、陈元光后裔，"其世云公先河东人，乃商均胡公满之胄，汉太丘长实仲弓之后，世居于光州之固始县浮光山，远不能尽纪。溯高祖讳继任，梁为合浦太守，有业珠蠙丁赈饥祷雨之异，政濂（廉？）州，故有陈王祠。曾祖讳霸，汉即陈武皇帝霸先之从弟也，为大宗正封公加九锡，不受，著有《省心录》，自匾小筑曰'归政轩'。祖讳欲得，为守嘉兴请蠲通，负泣谏。炀帝不从，以死。州人立庙，号谓隋司徒。考讳犊见，隋室之乱，倡义平纷，率所部诣神尧，有扈跸功，特赐锦旗，绣字为'开国元勋'，盖其先世之功德有自来矣"。②

――――――――――

①　参见林焜熿：《金门志》，台北大通书局1984年版。

②　陈氏族人编撰：《颍川陈氏族谱》，厦门图书馆藏清乾隆版。

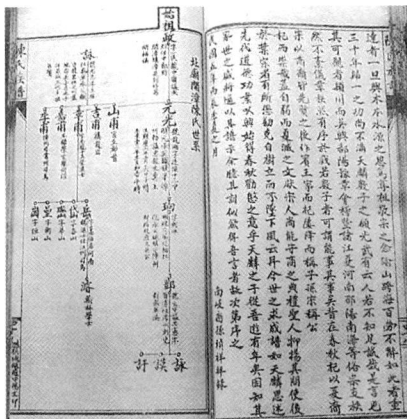

图7　陈元光家族族谱中的世系图

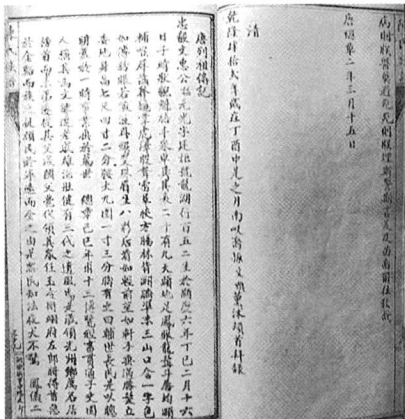

图8　陈元光家族族谱中的
《唐列祖传记》

至于集美陈氏，虽言"吾考陈氏乃黄帝八代孙舜之后，传至胡公满，封于陈，是以为姓。世居河南光州固始县第，因朝久代迁蕃殖众多，或遭兵燹而流转，或为官谋生而移徙，繁遍国内外"。不过也承认"难以稽考其详矣。查阅闽漳南院陈氏，初由吴兴移居江西，辗转入闽，是以为开漳之始焉"。查其入闽经历，倒还没有其他族谱的炫耀。其漳州南院陈氏世系谱也只是简单地说："陈祖名严，寄居吴兴。后因战乱，避地江西饶州府万年县属洪故乡。所居之处，多植桂，是以命名胄桂里。严祖生次子亮，亮生子锜，锜生子范，范生子忠，忠生子邕，而邕举唐中宗神龙初进士，至玄宗开元廿四年（736），公被谪入闽，初居兴化，后分泉州之惠安县杜坛，再后择漳州之驿路南厢山，所造旅舍土名海洋角尾等，嗣后蕃殖分枝矣。"①

厦门《鹤浦石氏族谱》记载，"其唐入闽卜居泉州银同鹤浦始祖讳蠡鼍，字振乡，先江南寿州人。年十六，以武勇征黄巢有功，授福建部尉。光启二年（886）入闽。分南北二部，公始为都尉。因移驻于高浦"。② 石氏二世祖

---

①　陈厥祥：《集美志》，（香港）侨光印务有限公司1963年版。
②　参见石氏族人：《（光绪）鹤浦石氏族谱》（厦门）。鹤浦即今厦门高浦，该谱未详记末次修谱年份，据其中最后一次修理漳州宗祠年份为光绪三十一年（1905），后为洪水浸坏于光绪三十四年（1908）七月而推断其末次修谱应记于光绪年间。

"讳琚号正庵,居仁福里苧溪。登后唐明宗天成三年(928)进士第,与永春陈保极同年。官拜司勋郎中,卒葬苧溪安民铺路下塝坛"。其生于唐景福元年二月十九日(892),卒于晋天福六年(941)十一月廿日,琚被尊为石氏同安高浦发祥祖,也即石氏二世祖。其三世祖讳绍芳,为唐都指挥使;四世祖讳元教,为唐国子助教。当时与家居邑东之黄氏家族同为同邑望族,并称为"东黄西石"。①

据《蔡氏族谱》记载,河南蔡氏因五胡乱华时于两晋末南下,先至仙游,后迁泉州五店市(青阳),子孙分散居于闽南各地。其中有蔡大亚者于江陵(南京)任萧氏(梁朝)左民尚书,其子蔡允恭与十八学士登瀛洲之选,任唐太宗秦府将军,除太子洗马。允恭敬卒于龙溪新恩里屿头(海澄县属),时间为贞观年间,至今其墓尚存,屿头上蔡祠堂祀之。御史关燧曾大书"登瀛"二字于左右大石上,故屿头又名登瀛澳。蔡氏子孙环居其左右。②

同安卢氏开基祖卢邹为唐朝官侍御中丞,于唐僖宗乾符元年(875)自河南光州固始县游宦入闽。初居同安瓮内,生齿日繁,又外徙卢岭(今属汀溪镇)。③

同安苏氏,自唐末进入同安始,即才俊辈出。其一世益公,字利用,任隰州刺史,于"宋(唐)僖宗光启元年乙巳(885)自光州固始县同五潮王绪入闽,居同安葫芦山之下。赠指挥安国侯"。④ 若族谱记录足信,则葫芦山冶炼时期当始于唐末。

浯阳陈氏始祖陈达,于五代后梁乾化三年(913),闽王王审知榜求元光后裔,达与兄通同往见,王留麾下,任达为承事郎,领父命奉镇同安浯洲盐场,后即在浯洲择地定居,并沿用祖居地村名为阳翟,创堂号浯阳。其后达生三子,洪济、洪进、洪铦。陈洪济任承事郎,管盐场事;生三子绖、纲、统,绖

---

① 参见石氏族人:《(光绪)鹤浦石氏族谱》(厦门)。

② 参见蔡云山:《漳浦同安海澄晋江蔡氏源流考》,载《蔡氏族谱》砂越蔡氏公会、新山蔡氏济阳堂1988年版。

③ 颜立水:《金门卢氏宗亲同安祖地认亲》,载颜立水《金同集》,中国文联出版社2005年版。

④ 苏功成:《同安苏氏族谱》,道光六年(1826)重修版。

袭孙事郎,生子定;定亦袭祖业管盐场,生子彬,仍承盐场事;至达六世,彬长子大灿仍任职承事郎。成为管理盐场的世家。①

晋江紫云黄姓始祖黄守恭(629—712),父黄崖,隋末自侯官迁南安,卜居县丰州东南郊(今泉州鲤城区),生守恭、守美。唐垂拱二年(686)守恭因感桑莲肇瑞,遂舍宅建寺,初名紫云大殿,又称莲花道场,开元二十六年(738)始称开元寺。守恭元配李氏,生四子:曰经、曰纪、曰纲、曰纶;长子经居县北芦溪(今属南安市);次子纪居县东黄田(今属惠安县);三子纲居县西葛磐(今属安溪);四子纶居县南坑柄(今属同安县);继配司马氏生五子,纬居漳浦南诏(今属诏安县)。共以"紫云"为堂号。裔孙遍布厦门湾及泉属各县,为八闽名族。而同安紫云派黄氏,其开基祖黄纶,又名肇纶(669—755),字彬夫。唐垂拱二年(686),黄纶迁入县南坑柄(今同安金柄),遂为同安紫云派始祖。②

按族谱记载,晋江钞岱郭氏入闽始祖名郭淑,字里之,号览溪,河南光州固始人,唐高宗总章年间随陈元光入闽平乱,定居漳州榴阳。③

三、宋代

宋代,福建内地向厦门湾的移民,厦门湾地区内部的移民,都有加速的趋势。

同安萧山许氏,在南唐保大年间已有家族之户帖,其八代祖东宣修谱作序说:"父兄之所传谓吾,祖自光州固始县南迁于泉之晋江围头,再迁于同安之萧山。初亦不得其详。及绍熙癸丑(1193)搜求得南唐保大十年(952)与我宋太平兴国六年(981)之户帖、至道二年(996)之遗嘱,于是始知吾祖

---

① 参见陈加锥、林勤石:《同安文史资料·同安姓氏专辑》,政协厦门市同安区委员会文史资料委员会 2000 年版。
② 黄鸿源:《晋江黄姓源流》,2005 年 11 月 17 日,http://www.jinjiang.gov.cn/szx/wszl/。
③ 粘良图:《晋江郭姓源流》,2006 年 5 月 10 日,http://www.jinjiang.gov.cn/szx/wszl/20060510805387.shtml。

宗自前岗迁于王溪,再迁于萧山,晓然在人耳目。"①

据颜振凤撰《同安浯江颜氏谱序》称:"自唐真卿公玄孙讳普洎公入闽,居德化,徙永春。同安浯江,派出永春仁贵公之裔……同之始祖,系仁贵公之六季子,必和公是也。宋世携子讳禧(四郎公)自永春达埔洋头,迁同之浯江。复举丈夫子柳州同知讳若佐(五郎公),俱于贤厝乡前居住焉。嗣而支分衍派,族属繁衍,代有闻人,翔风十九都十甲占其七。……四郎公派裔,多迁居散处,五郎公派德泰公,遂自浯择居县南,名卿桥溢前街。未几,同元公,即五郎公派也,复自浯再卜迁后塘荷炉。生齿日繁,星罗棋布,叔兄弟侄,有亲睹面亦不能识者。……顾自浯而之澎(澎湖),而之台,复有迁埔头,坂头,又自荷炉而去广东,自居唐而回永春,自前街而迁山窑,所居不一,谱序颇繁。"②另外,颜氏《齿序录》亦有资料补充说,"有自前街,后塘,荷炉,而散居漳之巩溪、凤塘,泉之安溪、坂头,回于永春之祖居者,逾于广之惠来者"。③

最早迁居厦门湾西岸海澄的颜氏祖先,为教授公颜愭。颜愭,"字汝实,号朴菴,宋恩贡,庆历四年(1042)以又章德行膺辟为漳州路教授,遂家龙溪之青焦村,自号曰游翁。时海滨文教未兴,公倡道讲学,教授生徒,人皆化之为一世儒宗。卒祀名宦、乡贤二祠。娶许氏太孺人,公生于宋大宗祥符二年(1009),己酉正月丁六日,卒于熙宁十年丁巳(1077)八月十五日。……"④《龙溪县志》中亦载,"颜愭,初与蔡襄为金石交。读书西湖白莲院,以文章德行相高。庆历间(1041—1048)襄为郡幕,辟本州教授,倡和颇多。及襄迁京职,愭遂卜隐于青礁。时海滨文教未兴,愭倡明道学,教授生徒,人皆化之。卒祀名宦"。⑤ 又有支谱记载说,"宋仁宗庆历年间……襄

①　许伯诩:《八代祖临江通守东轩公编家谱序》,嘉定二年(1209),载许氏族人:《(同安)萧山许氏宗谱》。

②　参见新加坡颜氏公会:《颜氏先人繁衍华南地方之经过》,载新加坡颜氏公会:《新加坡颜氏公会十周年纪念特刊》1976年版。

③　参见新加坡颜氏公会:《颜氏先人繁衍华南地方之经过》,载新加坡颜氏公会:《新加坡颜氏公会十周年纪念特刊》1976年版。

④　青礁崇恩堂理事会编:《(青礁)颜氏族谱》1989年版。

⑤　(清)吴宜燮等:《乾隆龙溪县志》,台北成文出版社1967年版。

行异政,公力居多焉。及襄擢为京端明学士,公遂纳履,卜居于岐山青礁,自号'八遯老翁'。时漳属文教未兴,公倡道讲学,漳郡悉尽教化"。① 颜氏自同安县而南,迁至漳属诸县;先至海澄青礁,立基后再西迁龙溪,南至漳浦诸地。于漳属各县中,颜姓族人"科甲最盛,人才辈出。青礁一地,丁众族旺,公支南入广东,东渡台湾,率以是地为起点"。

台湾《下营颜氏族谱》谱载,"漳称先颜者,起自归德场,出派青礁以来,开支鼎峙,一居府治,在坊之西桥也,一居本处之青礁岐山前也,一居龙溪南门外之凤塘也,一居漳浦二十三都之白沙也。四者科甲并出,气节齐名,可谓子孙不愧于父祖创作,可垂而继述者矣"。② 由此看来,颜氏自青礁一宗又分出府治西桥、青礁岐山、龙溪凤塘及漳浦白沙四支派。自青礁以后,谱中提到愲公下第六世中,有一维魁者,为"宋进士,官司开封府尹,随高宗南渡回至连江",隐居。而族中子弟自十四世者,有迁居至海丰、诏安、凤塘、后沟、瀛店、仙门田寮浦、长乐、营前、灵店、东山、莲池、塘迁、院前、白沙、潭尾、颜前、铁口店、钱宅、浙山、西桥、过岭、霞尾、浙江瑞安街渡、瓜园、港头、峙后、东头洲尾、东溪、井头、溪头、南靖等处。③

庄氏本为同安一大姓,据《泉南庄氏重修族谱序》记载,其先世为"固始人,前唐间迁泉州永邑之桃源里,宋南渡后,远祖祐孙号古山,祐孙公与曾叔祖讳夏公者,自永春徒(徙)居郡城,爱青阳山地胜优美,遂择徙之,由兹子孙蕃衍星散,夫银同、清漳、潮阳、乌土、武荣、下吾、陈江诸处,万有余数"。④ 祐孙,号古山,为开基青阳的一世祖。生于宋嘉定四年(1211)辛未六月四日子时,卒于咸淳元年(1265)丁丑七月十一日申时,享寿五十五岁。传子

---

① 新加坡颜氏公会:《颜氏先人繁衍华南地方之经过》,《新加坡颜氏公会十周年纪念特刊》1976年版。
② 下营颜氏宗亲会:《(台湾)下营颜氏族谱》,1994年版。
③ 合参青礁崇恩堂理事会编:《(青礁)颜氏族谱》1989年版,以及下营颜氏宗亲会:《(台湾)下营颜氏族谱》,1994年版。
④ 该碑文写于嘉定二年(1209)。杨志为嘉定元年进士,此文载于《海澄县志·卷二十·艺文志》。青礁慈济宫始建于南宋,绍兴二十一年(1151)曾经为官的龙溪县青礁人颜师鲁倡导为吴夲设庙,由其堂叔颜发提供基地。后其堂弟颜唐臣以及其子敏若,其孙畿三代人扩建,青礁慈济宫始(东宫)成规模。颜唐臣扩建东宫后二十五年,其外孙杨志撰写此碑。

图 9　宋代颜氏三代人所建的青礁慈济宫

图 10　颜唐臣外孙杨志所写的《慈济宫碑》

五,长子公哲公分居同安,而"蔡婆祖妈随长子公哲公来同安,因见同安地阔优美,爱而定居"。①

第十三世祖公哲公,字英毅为两祥露鼻祖,古山内参派系第二世祖,生于宋绍定四年(1231)十二月四日辰时,卒于元大德三年己亥年(1299)十二月廿四日,寿六十九岁,传子一,邦宁公。据谱载:

"宋景炎三年(1278),公哲公年四十八岁,值端帝南巡,舟泊泉州海港时,蒲寿庚(泉州刺史)暗通元朝,许以降城。帝至不迎驾,故帝不入城而舟泊海港。寿庚作乱,公兄弟五人怀抱韩之志,倾财募壮士于泉南七里接驾,即今下辇埔,遂从张世杰等卫帝入潮州迁崖州,端帝崩,帝昺立,复随至广州新会崖山,宋亡,公兄弟避同安,初居东市,后居亨泥(今潘塗村),又二十二年卒。"②

由此段记载可知,庄氏至十三世公哲公时,已届宋末元初,当时庄氏已是家声显赫、财力充足,不然不可能与弟兄五人一起倾财募壮士而接驾,而事后又卫帝"入潮州迁崖州"。由此可以推测,至宋末,庄氏已俨然成为泉郡大家。③

据当地《谢氏族谱》及《谢氏家乘》所言,谢氏入闽始祖为申伯传世76代孙"四五郎公,讳澄源,世居河南固始县。宋时公周祖由光州迁福建汀州甯化县石壁溪之乡"。其海澄开基祖为伯宣公,字希圣,为澄源公之曾孙。"宋时卜居龙溪九都。熙甯六年(1073)登进士,官至尚书都官郎。秩满乞归,筑海成田,疏通九十九坑之水(今称九龙江),以灌溉之。邑人蒙麻,建祠塑像以祀之。"④

谢氏开基海沧石塘的始祖则为"铭欣公,号东山,由九都迁三都石塘社。生理宗绍定六年(1233),配宣徽孺人周氏……合葬畬坑真武踏龟"。谱载当东山公时,因宋季"际寇分扰,家室靡宁,难以聚众,乃志切迁徙,托

---

① 祥露庄氏祥溪堂:《同安县锦绣祥露庄氏族谱》,1994年版。
② 祥露庄氏祥溪堂:《同安县锦绣祥露庄氏族谱》,1994年版。
③ 祥露庄氏祥溪堂:《同安县锦绣祥露庄氏族谱》,1994年版。
④ 谢氏族人:《(厦门石塘)谢氏族谱》及《(厦门石塘)谢氏家乘》,清代编撰。

牧鸭为业,历相土宇,后见石塘河水如带,群山若砺……堪称得所",①故而在此定居。

又有曾氏,入闽后分籍多处,有同安嘉禾里曾处垵(今曾厝垵)及海澄三都新安保新江社(今新垵)等处。据曾氏家谱记载,曾处垵(今曾厝垵)一派是由光绰公入闽肇基,是为始祖。《新垵邱曾氏族谱》谱载光绰为榜眼会公次子大丞相太师鲁国公公亮公九世孙宋枢密院使,由常熟县入闽,肇基曾处垵,是为曾氏始祖。至其后代,有"光绰见元伯颜、董文炳屠常州,挈家随端宗皇帝入闽。景炎元年(1276),择居同安县之南嘉禾里之南高浦村。今志曰,曾家澳幕天席地,帽石钓鱼,自乐其地,原名高浦村。世虽变乱,曾氏到此亦得安,故名曾处安,别号禾浦"。② 其后,分脉传下,至其第五代,分别

图11　厦门曾厝垵曾氏祠堂(后代有移居新垵为邱曾氏)

---

① 谢氏族人:《(厦门石塘)谢氏族谱》及《(厦门石塘)谢氏家乘》,清代编撰。
② 邱氏族人:《分籍同安嘉禾曾处垵世系录》,载邱氏族人:《新江邱曾氏族谱》2003年版。

由长子曾博开基龙溪十一都普边社、宫仔前、溪埭社,由二子曾厚开基儒山、厚宝以及由三子曾高开基龙溪十一都五伦保、高美社,四子曾明开基新江等地。而第六代则有魁梧分籍海澄的厚境、秋租。

唐朝末年,杜姓中有杜让能者任山南节度使,遇乱后迁居越州山阴(今浙江绍兴市)。至南宋末年,其裔孙杜仁避乱又迁福建同安安仁里马銮乡,谱称马銮杜氏始祖。据《晋安杜氏族谱》①记载,"……初,吾先君仁公宋末自浙入闽,卜居同邑马銮乡"。②

集美大社陈氏,其始祖名煜,号素轩,原籍"河南固始县人,因宋末扰乱、屡遭兵革之大变,听主司迁到福建省泉州府同安县居住。祖乃择地乡下苧溪上庐(村)安身。娶丁氏,生男一,讳基。夫妇拮据理家颇得殷足,置创田租、种子约有捌拾石大,至今永为后代蒸尝。春秋二祭,照房分取讨"。③陈煜之子陈基,号朴庵,也就是陈氏二世祖,娶厦门嘉禾里林氏女为妻,选择集美渡头角租屋暂住,后又向东坛陈、曾两家买来一块宅地,盖间草寮居住。④

据说,集美当地曾住过陈、蔡、曾、杨、郭、庄、王诸杂姓。五代至宋时,集美有陈姓四支派群居于此。以后,形成以陈氏为主体的村落。陈姓四支派,即其一,据《集美志》记载,集美大社陈姓,族谱于清代遗失,残存资料称:祖名陈煜谥素轩,原籍河南固始县。"缘宋末兵乱,屡遭兵革之大变,听主司迁都至福建……";其二,据《颍川大成谱》载,为岑头、郭厝、内头陈姓,南院派谱称之为港口派,住过集美港口(内头称内头派);其三,为集美林柄陈姓,其始祖名陈洪岗(京),五代人,宋时由漳州江东桥下迁来集美林炳。建祖祠名"唐阳堂"。因祸骨肉分散,后建祠于同安豪岭称"金墩堂",《南院派谱》称其为金墩之祖;其四,集美东坛陈姓。《俗称东祖厝》传说其略早于现

---

① 杜蓬时:《晋安杜氏族谱》,民国二十五年(1936)杜氏申江排印本。
② 孙君珍:《同安杜氏增建宗祠续修族谱序》,清乾隆十三年岁次戊辰冬十月,载杜氏族人:《晋安杜氏族谱》,清代编撰。
③ 陈厥祥:《集美志·颍川开集美族谱》,(香港)侨光印务有限公司1963年版。
④ 陈厥祥:《集美志》,(香港)侨光印务有限公司1963年版。

在集美大社的陈姓迁来集美，以后又迁居他处。① 据有关专家的考证，当地大社陈氏尊陈煜为其一世祖，估计是当年随随王绪入闽的一支，既不是陈元光的"将军系"，也不是陈邕的"太傅系"。②

据《兑山李氏家庙简介》③记载，"兑山李氏先世祖仲文公（称三十三郎）系君怀（字贞孚）公裔孙。相传乃河南光州固始县人，当唐末梁初（907）之时随闽王王审之入闽。兄弟叔侄散处闽地分居五山。仲文公遂卜居于同安县南人得里地山保。始尤时相往来，一二世后遂不相闻焉。仲文公下四世尚未有闻。至克忠公之子光禄公等始拓田产，族日以大，径四变叶，子孙繁衍几百人。允若为吾同一族也。各就所出之地建立宗祠，自立谱系后人不能稽覈古迹各以其始也。"李氏始祖南宋时从同安南山迁至地山（今兑山），授命于太祖贞孚公，称："惟吾始至闽中依山立家，后世子孙分居，无忘山字。是吾言之凡以山为号者，皆吾宗人也。"④

谱载其李氏居同安仙店之南山（杏林东孚镇坂村）者为肇南公讳谕，有兄弟四人，即诠、诚、谊、谕。谕居同安仙店南山后，生五子，即君安、君怀、君博、君道、君逸，称大五山。后裔在南山盖有"南山大宗"祖祠，门联曰："五山分歧由周仙祖派，山灵毓秀自唐帝王家"。谕次子君怀亦生五子，长子汝谆分居南安雄山，次子汝谨分居财安南山，三子汝海，其后裔分居兑山，四子汝谟分居漳州渐山（又称已山），五子汝谦分居漳郡金山，称小五山。以后原居南山之君怀随五子汝谦同住金山，又随长子汝谆同住雄山。⑤

君怀三子汝海生子致曲，致曲生二子，仲文和仲进。后仲文迁兑山，仲进迁小东山。仲文即后来的兑山开基祖，生有二子，长子子祥，次子子玄

① 参见厦门市集美区政务信息中心：《集美镇古今杂谈》，2006 年 1 月 10 日，http://www.jimei.gov.cn/myoffice/documentComm.do…。

② 龚洁：《集美陈氏始祖探源》，2006 年 4 月 3 日，http://bbs.chens.org.cn/showtopic.asp? TOPIC_ID＝2。

③ 即李氏族人：《陇西李氏族谱·兑山族谱》，清代编撰。

④ 陈良策：《同安地山李氏家谱引序》，载李氏族人：《兑山李氏烟墩兜房族谱》，光绪年编修版。

⑤ 陈在正：《同安兑山李氏宗族的发展及向台湾移民》，《台湾研究集刊》1995 年第3—4 期。

(贤)。子祥生二子,长汝顺,次汝长出继子玄,传西山南寮一派。汝顺生三子,长克忠,次克敏,三克厚,称兑山大三房。自仲文以下至四世克忠,生卒年月多失记。

自仲文至四世克厚之间有不少代际不明之处,不过自五世以后多有明确生卒年月,世系较为可靠。谱载李氏自仲文以下数世"尚未有闻",至克厚始"广创基业,自盖房屋,与诸侄同居"。至五世光禄、光爵、光成、光荣时,"始拓田产,族日以大。经四奕叶,子姓繁衍几百人,允为吾同一巨族"。①

同安苏氏,有宋一代族中数代均以进士入仕。其二世祖光海,字缵明,"随父入闽,举兵诛叛黄绍有功,官漳州府刺史,赠上将军武陵侯"。其三世祐图,字良谋,"官漳州司马御史大夫,赠司空代国公"。其四世苏仲昌,字嗣之,"宋仁宗天圣九年(1031)辛未进士,官兵部尚书兼枢密使,赠太师福国公";同辈仲敏则"因子缄死节赠侍郎"。其五世苏绂,服甫,"仁宗景祐四年(1037)丁丑科进士,官京府司理参军,赠尚书";同辈苏绅,字仪甫,"真宗天僖三年(1019)己未科进士,官礼部尚书,龙图阁直学士,因次子颂赠太师魏国公"。这位苏绅即是后来著名的宰相、科学家兼文人的苏颂的父亲。至其六世,三子均为进士。苏衮,字子颜,"仁宗庆历六年(1046)丙戌科进士,官集贤殿学士";苏颂,字子容,"仁宗庆历三年(1043)癸未科进士,官吏部尚书左丞右仆兼中书门下侍郎,观文殿大学士,太子少师加太子太保,魏国公";苏兖,字子光,"癸丑科进士,知漳州,历仕光禄大夫"。② 其后,苏氏一门又有多人为进士。如七世中,有苏遇中神宗熙宁六年(1073)癸丑科进士,官至太子中允太常侍丞;同辈苏驹中元丰年进士,知漳州给事中;八世中有苏象先中哲宗元祐六年(1091)进士,官南雄观察推官。苏氏自其七世后有多人移居他处,如七世中有5人移居润州、十一世颐移居青礁等地。其后代又有多人中进士。如苏颐移居青礁后被尊为苏氏青礁一世祖碧溪公,其后三世肖竦与四世推节公溥均分别于宋宁宗庆元五年(1199)和宋嘉定十

①　陈良策:《同安地山李氏家谱引序》,载李氏族人:《兑山李氏烟墩兜房族谱》,光绪年编修版。

②　苏功成:《同安苏氏族谱》,道光六年(1826)重修版。

三年（1220）中举入仕。其青礁三、四世子孙所娶女子亦为当地名门颜姓之女。如青礁三世苏竦所娶为绍兴十六年（1146）进士颜唐臣之女,四世苏溥则娶进士颜敏若之女,唐臣孙女。甚至,其后两代继娶者亦为当地进士之女。①

图12　苏氏祠堂芦山堂

　　同安高浦石氏,亦是一门科甲簪缨。两宋时期同安一县共有47名进士,高浦石氏占了9名,其中3人官至尚书。他们或兄弟连登,或叔侄同榜,或父子皆尚书,难怪高浦的石氏祠有"宋室尚书府,银同甲第家"、"日间千人拜,夜里万盏灯"的联语。如其五世祖讳遵,登宋皇祐元年（1049）进士;六世祖讳廈,亦登皇祐元年（1049）进士,官拜大理寺卿,入祀乡贤,载入县志;同辈石亘,亦登嘉祐八年（1063）进士,官拜司农卿,户部尚书。七世中又有石洪庆,字子余,中进士,为宋室名贤,朱熹门生。著有《子余语录》、《陈北溪文集》、《祭子余文》等著作。②《鹤浦石氏族谱》中还记载有晦庵朱

①　参见苏功成:《同安苏氏族谱》,道光六年（1826）重修版。
②　参见石氏族人:《（光绪）鹤浦石氏族谱》。

子为石家所写的文章,据《晦庵朱夫子修泉州同安鹤浦祖祠堂记》记载
如下:

　　环浦皆山也,襟浦皆水也。山水合则龙聚,龙聚则地真,岂多觐哉!
惟同有浦,乃山水之最佳者也。浦之西曰西湾,即石尚书府。又其中南
向宝珠屿,北枕仙旗山,有一广厦,华丽完壮,丹赤黝垩,魏然临于其上
者,石家祖祠也。其龙自大版山、仙旗山而来,大断十余里,顿起凤山,
复西转市头山,仍数里,复右转白鹤山,遵星角落,延逶至高浦而始聚。
余至其地,观其旧制,甚不当意。遂择吉日,将地翻架三堂,后堂架阴
厅,砌满漏岭阶脱煞,开玉尺井制左边风,隔正堂,架阳屋阴厅。天井内
作日月井,用石盖密,制辰劫曜,并高迫撞煞。外作阳庭,以纳生气。将
中堂开涵,对中宫直出天井。水吞啖,用内厅底直出至□(巽?)方蟠龙
沟。此余之作法也! 至其龙,后乐丰美高耸,前案秀丽,贵有卿相。水
口龟(蛇?)相会,宝珠耀灵,富有陶倚之隆。圆山拱照,功名后先而联
续;玄武水缠,钱谷可久而可大。万水环绕,人丁众多;御屏高列,地灵
人杰。余莅同日久,见世家巨族有好地,而往往起盖不合法者多矣。兹
以鄙陋之见,参两大之权,为石家造将来之福云。

　　宋朝奉政大夫、文华阁待制赠室漠阁直学士、通议大夫朱熹仲晦氏
记并叙。①

---

　　①　查《(光绪)鹤浦石氏族谱·晦庵朱夫子修泉州同安鹤浦祖祠堂记》,其后又有
一附记如下,"余登第五十载,仕于外仅九考,立朝才四十六日。家贫,依父执刘子羽,寓
建之崇安。年十八贡于乡,旋登进士第,立泉同安主簿。每公暇,立苏丞相祠于学宫之
傍。复因到文圃山,有高人石洪庆者,宿学多闻望,请谒,与之语,恂恂然,德业学问,充溢
眉宇,所谓和顺积中而荣华发外者也! 爰到室访之,见其祖祠轩豁,龙脉甚佳,于作法不
甚合,略改正之。至里美宅尚书府,龙真穴的,但多落阴,欲复正之而不果,已而去官。窃
谓自此去同人甚远。今上绍兴(熙)元年十二月,除江东转运使,改知漳州府。辛亥二年
至漳。越二年,因议经界法,将往省请行,复到高浦,观其所改石尚书祖庙者,而似之讳起
宗石先生已成进士矣。不觉欣然喜色,所谓地灵即人杰者,非耶? 若以居功,则恐逊谢不
敏。"据泉州师范学院林振礼先生考证,正文确为朱熹所作,其观点与朱熹风水观的环境
与阳宅理论一致,该文当写于绍兴二十六年至二十七年(1156—1157),时为朱熹同安
主簿秩满候批之际。附记则属伪托,是与正文写作时间不合,二者显非一体。从附记"余

据正文看来，当时朱熹与石氏一家应当有着不一般的交情，故而才为其"设法"，期以阴阳之势造福将来。

高浦石氏，即宋人《石赓传》中所记"东黄西石，并为甲族"①的"西石"。"东黄"则指当时同安县城之东原长兴里的金柄村。当地辜宅村后壁山有"十八弯"，为古代同安通往泉州府的通道。至今仍存有宋代景定元年（1260）的石刻，"郑公祥化忌经并自舍，又僧妙谦十千，足计（钱）乙伯贯足，铺修此路，计八百余丈，以济往来"。② 说明早在宋代，

当地就已有繁荣的景象，为此才有义士与僧侣捐钱修路，以利商旅行人。

同安刘氏家族，据其乾隆十六年（1751）重修的轮山派同纂辑《刘氏家谱》记载，刘氏一族出自河南汝宁光州固始。唐天佑开平间，鼻祖显斋公避地入闽，居建安，又居莆阳，数传而生皇祖极。祖极公生子二，长即制置公锜。刘锜因功绩与韩世忠、岳飞齐名，卒赠太保，封吴王，谥武穆，后葬泉之清溪场旧尊贤里乌济院山，被尊为一世祖。以后因金虏乱华，刘氏二世祖虽曾居金陵、镇江，其后仍迁葬武穆公于泉州。至三世祖，刘氏逊公始入晋江芝山，敬读书、重礼仪，被宋代名士邱钓矶誉为"汉之南阳，宋之眉山"。③ 至五世，文聚公（1212—1259）因出生时百种灵芝俱发，故更名长箕为祥芝，近世谱以之为拓基祖并以此为号。刘氏发展至六世，已届宋末元初，其中有称君辅公（1251—1321）者，始"置田于南安、同安等处，共三十六庄，计租八万四千石"。另有山林地税，人称之陶朱公。其建书塾于芝山，延请丘钓矶、林兴祖诸名师授课，每年捐租谷三百石为塾廪。后又与人联构慈济宫、金沙接待院、海会堂等九处寺庙，重修虎岫寺，再造平城桥等公益事业。自六世君辅公起，刘家逐渐发达富裕，在泉州以外多置田产，同时刘氏开始向同安

登第五十年，仕于外仅九考，立朝才四十六日"看，写作时间在其生命的最后几年，其时朱熹正值"庆元学禁"之祸，备受政治迫害，追忆40年前的此类同安旧事，不可能如此仔细。由于附记的真伪性尚有疑问，故暂且搁置。参见林振礼：《新发现朱熹佚文真伪考辨——兼谈〈泉州同安鹤浦祖祠堂记〉的研究价值》，《泉州师范学院学报（社会科学版）》2003年第5期。

① 林学增修、吴锡璜纂：《同安县志》卷28《石赓传》，民国十八年（1929）铅印版。

② 参见颜立水：《"东黄"史迹源远流长》，载颜立水：《金同集》，中国文联出版社2005年版。

③ 刘氏族人：《乾隆十六年（1751）重修轮山派同纂辑》，载清代《同安刘氏家谱》。

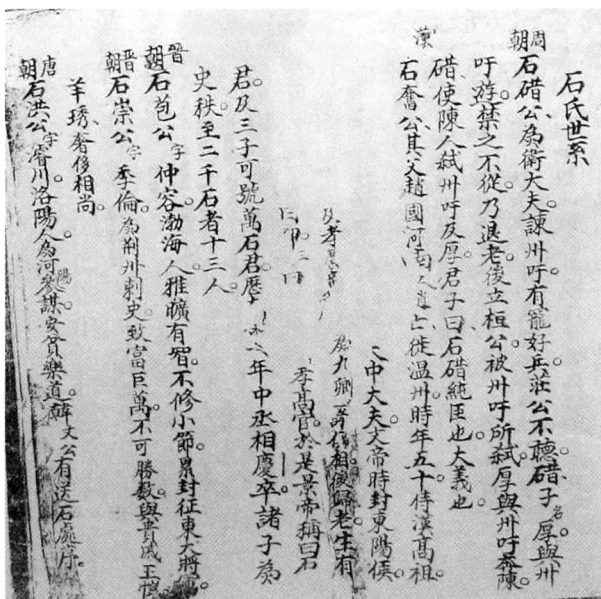

图 13　石氏族谱之一页①

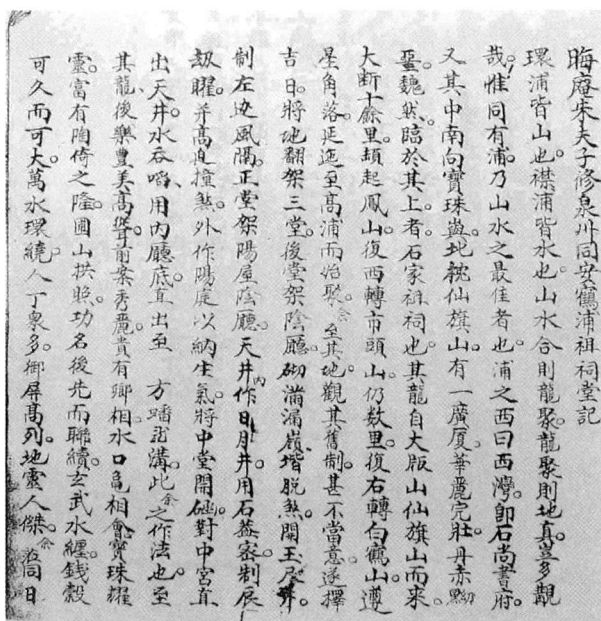

图 14　《晦庵朱夫子修泉州同安鹤浦祖祠堂记》

① 笔者所见《石氏族谱》规格约为 27×23 厘米。

等地发展。①

同安洪塘镇后𪩘村纪姓来源于龙安纪姓。龙安即惠安，为其开基祖忠简公居所，祖祠亦在当地。六大祖宫以泰公为一世祖。据晋江县锦江里十七世孙均进与同安县龙江里十五世孙元勋合著的《龙安纪姓族谱》记载，始祖忠简公"本金陵（即南京江南省附国江宁府也），生自山左（即山东省也），为北宋左枢密院右丞相，尝因抗疏九重，批龙鳞于北阙，遂致投荒万里，卜鹩积于东安。……古道夕阳，过客争传丞相墓；长堤芳草，乡人犹识正己堂"。忠简公讳曰公，登宋进士北，官至裴军节度使陞参知政事，左枢密右丞相，赐谥忠简。其妪李氏，赐谥端穆，祖坛在山东。生三男一女，长骏公，奉命回籍伺母；次网公，居漳州；三季子公，居龙安（惠安）守公坟。②

又按《纪氏南安遗后埔编》云，"网公为忠简公次子也，授锦衣卫指挥使。公官虽卑，宪宗皇帝是其甥也，称公为国舅。是以赐建磁灶焉，遂籍焉"。磁灶在漳州地区漳浦县，后属海澄，郑成功曾于顺治八年（1651）五月廿二日，督师海澄磁灶，与清军漳州总镇王邦俊所率海澄马步兵数千对垒。是役"郑军……把清军杀伤遍野，获其马匹辎重而回"。③ 纪氏谱中还因"国舅"一事进行考证，磁灶太学生纪氏瑞和叔认为，"宋纪妃系他省非本省……忠简公只闻有一女，嫁与王家，不闻入宫，网公何由为国舅而以国舅闻者？或者忠简公之妾所生，故略之不传欤？抑或伯父、叔父所生之女，故网公亦得以称之欤？"④不管怎样，至少可以肯定，纪氏在宋代开基于漳州当地。磁灶公以下生三子，国辅、国明、国兴，后长子次子均生三子，国兴生五子，共衍十一派而开族于漳州当地。据同安后𪩘派旧谱又云磁灶乃泰公次子之后，故纪氏亦可能有多派移居漳州。

至纪氏六世中，有用公，号业园，登南宋宁宗嘉定元年（1208）戊辰科进士，诰赠朝议大夫，钦赐祭葬，坟茔在南安（石井）金鸡山。七世以后，纪氏

① 刘氏族人：《乾隆十六年（1751）重修轮山派同纂辑》，载清代《同安刘氏家谱》。
② 纪氏族人：《同安后𪩘六大祖宫》，载纪氏族人：《同安纪姓族谱》1982年重修本。
③ 杨英：《从征实录》，台湾银行《台湾文献丛刊》第6辑1987年版，第16—18页。
④ 纪氏族人：《同安后𪩘六大祖宫》，载纪氏族人：《同安纪姓族谱》1982年重修本。

"古谱流落于元季之兵焚(燹?),续辑旧章播□于国初之迁徙。是以二世以下,世系难稽,昭穆莫考"。尽管如此,"至若阖族茂荣世美,子孙蕃衍,地窄不能容,此必择其便于业者,散而就处焉"。由于自然环境的限制,纪氏在宋代以降就有宗支迁徙、分居各处,有延平府尤溪县葛竹、福州西门、仙游县海洋尾、晋江县的庵上、车桥、蚶江、笋江、福山腰、芝山、泉州后山、清铺、同安后麝、南安新塘、诗山、龙浔、后埔客树、清溪内苏等地、漳州南靖县、漳浦县、龙溪县、安溪五里埔、永春路兜、东瓯(温州别号)永嘉县、浙江温州府横阳十八都、广东鸥汀(潮州府海洋县或平阳县)、广东丹霞等28派。① 由此纪氏"自炎宋而分支,或曰自元明而开址"。

同安黄氏传至二十三世孙名曰宏隆(即黄护)开基晋江县安海镇黄墩。黄护勤劳经营成为富商,生平为人急公重义,乐善好施,宋建炎四年(1130)舍地建安海镇鳌头精舍(石井书院)即今之朱子祠,宋绍兴八年(1138)首倡建"安平桥",又称"五里桥",历七载厥功未竟而逝,卒后被追赠为文林郎晋江县尉。其子黄逸,时新任兴化令,继承父志,续建斯桥,其仲孙黄仕南,于景炎二年(1277)组织募兵抗拒元兵,掩护宋幼主端宗南迁,功封散骑千户侯,旋肇基桐林,尊黄护为一世祖。自后子孙繁衍昌盛,人才辈出。②

宋隆兴元年(1163)至淳熙十六年(1189),有泉州梁克家、傅自德,庆元元年(1195)至嘉泰元年(1202),有曾从龙兄弟等,发众至浯(金门),设堰筑埭,划海为田,遂化斥卤为膏腴,兴农于当地。③

据同安阳翟村《浯阳陈氏家谱》记载,金门始祖陈达(898—933)系陈元光十一世孙,原籍河南光州固始县阳翟村,入闽投王审知麾下为承事郎。朱梁乾化三年(913)奉令镇浯洲盐场,开基繁衍。长子陈洪济为五代时同安县令,始创浯阳分堂号,并以河南颇有祖籍阳翟村冠金门居地名,以志不忘。至七世,陈姓人口居浯大半,遂分立仁义礼智信五房,于宋乾道元年(1165)建五恒房。又有同安《吕氏族谱》载,五代河南人吕竟茂入闽,居泉州相公

① 纪氏族人:《同安后麝六大祖宫》,载纪氏族人:《同安纪姓族谱》1982 年重修本。
② 黄鸿源:《晋江黄姓源流》,2005 年 11 月 17 日,http://www.jinjiang.gov.cn/szx/wszl/。
③ 参见许嘉立:《金门珠浦许氏族谱》,1981 年版。

巷。其七世孙吕琦迁南安朴兜村。琦曾孙吕廷元于宋光宗绍熙元年（1190）迁居金门西仓开基。据《桐山许氏家谱》记载，唐许天正随陈元光父子入闽，镇守南诏（今诏安）。宋末许治远、许宗辅由南诏迁居金门，命名新居地为"丹诏"，后讹为"山灶"。宋时杨逸斋迁居金门湖下官澳村，后入赘彤庭吴姓。其四世孙杨宜宾中举后复姓杨。宋高宗时中丞辛炳裔孙，于宋末元军陷福州后举族避居浯洲西门内，部分族裔又迁同安同禾里龙窟西。①

曾氏入闽后，曾运生宏，宏生瓒，瓒生峤，峤生穆，穆生会、愈、介、俅，至此为龙山衍派八世祖。晋江市区域龙山衍派的曾氏族人均为会、愈、介、俅的后裔，俗称"曾氏四大房系"。其中曾会（952—1033）字宗元，五代至北宋时人，榜眼，刑部郎中，集贤修撰，赠太师中书令兼尚书令，封楚国公。会生六子：长子曾公度：进士出身，襄州钟离主簿；次子曾公亮：进士，从知会稽县到宰相；三子曾公立：官大司空，四子曾公奭；进士都官员外郎；五子曾公望；虞部郎中，光禄大夫；六子曾公定：进士，秘书丞、集贤殿校理。其中曾公亮生曾孝宽（官资政殿大学士，太师枢密使），宽生诚（秘书少监），诚生怀（右丞相），怀生宁（通判），宁生洁（宣议郎）至此为龙山衍派第十四世祖，肇基于晋江内坑。曾愈（960—1043），字于义，居晋江，宋大中祥符四年辛亥（1011）登榜进士，官秘书丞，此房系后裔分居于泉州、安海、西畴、青阳、陈埭和内曾、外曾等地；曾介（967—1054），字两举，官秘书丞，曾介生有一子曾公敏，字省悟，号毓琼，官衢州录事参军，晋长史封大中大夫，肇基于晋江池店御辇，还徙居于泉州、紫帽、池店、洋茂、陈埭等地；曾俅（970—1060），字振兴，官司禄参军，将仕郎，曾俅生有一子曾公稔，字平叔，居晋江，后徙南安白石，官将仕郎，肇基于上曾，为龙山曾氏九世祖。其后裔分衍于晋江东海岸及围头湾各处，另居泉属各地及厦门、漳州、福州、江西、浙江等地，分布广、人口多。②

---

① 陈金城：《古代金门同安之移民互迁》，载政协厦门市同安区委员会文史资料委员会：《同安文史资料同安姓氏专辑》，2000年版。

② 参见曾添辉：《晋江曾姓源流》，2005年11月2日，http://www.jinjiang.gov.cn/szx/wszl/20051102759796.shtml。

四、元代

宋末元初兵荒马乱,盗寇四起。这在本地族谱中也有一定的反映。同安《萧山许氏宗谱》中记载,"自宋端宗戊寅(即景炎三年、至元十五年、1278年)春,兵方息而瘟疫继之,及其示几而长甲继之。吾族受祸甚惨,痛不忍言,谨具于此。又惧来者之无所考,忍死□事录于其后,天乎,痛哉!"①至元十七年(1280),有"剧贼陈吊眼、陈桂龙陷漳州"。②

至元十九年(1282),元朝廷在厦门岛上设"嘉禾千户所",加强了军事控制,这是历史上首次在厦门设置的军政机构。当时还设有驿站,以利交通往来。著名的驿站有江东驿、深青驿、大轮驿等分别通漳州府、泉州府及福州府等地。

此期,厦门已出现地契交易,如莲坂出土的地券记载元至正二十一年(1361),莲坂人叶丰叔向人购地一坵以作寿域,"立契一本,与亡人收讫为用"。③

早在南宋绍兴二十三年(1153)朱熹就曾任泉州府同安县主簿,并在同安开创讲学之风。同安贵为朱熹首仕之地、过化之区,虽有南宋嘉定年间(1208—1224)知县毛当时于学宫之左创建的朱文公祠,但却没有正式官办的书院。鉴于此,元至正十年(1350),同安县尹、孔子的五十三世孙孔公俊便在学宫之东创建文公书院,前奉先圣,后祀文公,制如邑学,海宪使许覃怀为之请额,赐名"大同",称"大同书院"(因唐贞元十九年置大同场,故名)。越四年(1354),闽地动乱,书院毁于寇,至明代方才重建。④

---

① 许宗友:《十代祖牧隐家谱序题后》,至元庚辰(1280),许氏族人:《(同安)萧山许氏宗谱》,编撰年代不详。

② (清)李维玉等:《光绪漳州府志》卷47《灾祥》。

③ 厦门市文化局:《厦门历史陈列展览大纲》,2004年12月20日,http://www.xm-culture.gov.cn/whyszx/厦门历史陈列展览大纲。

④ 其后,明成化十二年(1476)知县张逊择地东门内重建文公书院。后来书院变为府馆,名存而实亡。嘉靖年间,理学名宦林希元曾向督学邵锐建议将文书院迁于大轮山梵天寺后。后县宫数易,未能竣事。隆庆二年(1568),洪朝选又向知县王京提出增修书舍建议,王侯甚以为是,便市材募工,增修学舍十四间,并筑仰止亭为学者游息之地。至此,大轮山文公书院历经二十五年,方初具规模。参见颜立水:《同安文公书院的历史延革》,2013年8月28日,http://www.docin.com/p-694546253.html。

图 15　同安文公书院（紫阳书院）外景

图 16　同安文公书院（紫阳书院）内景

有元一代,厦门湾周围的闽南各地,家族势力得到进一步的加强。

同安刘氏家族,自六至九世历经宋末至元末明初,如六世君辅公(1251—1321),"置田于南安、同安等处,共三十六庄,计租八万四千石"。自六世君辅公起,刘氏逐渐发达富裕,在泉州以外多置田产。至八世,又有元举公自芝山迁居同安治之南,再迁古庄,而后人则因以为号。另有元真公(1337—1388),因"豪右专制,避地沙堤"。① 尤其自其九世起,刘氏宗族中有多房迁居同安。如元长公长子俊(1348—1386),葬同安同禾里五都东山之原;公次子权,配沟西林氏,合葬同禾里荫山之原;四子哲(1357—1389),葬同禾里五都东山之原;元举公子安生(更名恭)(1346—1374),自古庄赘屋窑头村,故号曰瑶山先生,子四,晋温、晋辰、晋同、晋澄徒居同安县前。元真公次子谩(1345—1420)移居同安十一都西林,后移往对面大溪墘,因名曰刘溪。② 值得一提的是,族谱记载,元真公四子刘宁继承了祖辈的传统,"因经商置五铺于十三都海滨,故其地名曰刘五店"。③

新垵村位于厦门西港马銮湾南侧,据《新垵邱曾氏族谱》记载,新垵村在元朝时称为郑墩,自曾明(字永在,号迁荣)"于元末避乱……后迁居海澄三都新安",④入赘邱家后,邱姓渐成为当地大姓。当地至今有俗语"要吃饱穿烧,来去新垵霞阳给人招"。新垵明、清时又称新江。邱曾氏元代在当地已有埭田,谱载"海埭创始于元时,乃漳之龙溪东都人也。姓谢名实夫,来都诱集乡人共筑。其埭上无泉源,下生醎卤,耕种少收,唯望雨而畊,收其二三"。以后,至元末,"红巾倡乱,同邑庄江刘均玉、弟均和乘机作耗,起动干戈,据同安、龙溪地方。称为大小相公。占夺人家妻女、田地,尽掳掠劫夺,不可胜数。将实夫埭田歃标占夺。时二世祖讳晚成公,父字永在公乃泉郡会府公亮公裔也,逃乱来居同安十八都山平洪,后移来龙溪三都郑墩村塩墩社,置屋居住。附近田所是均和用。晚成公管催租谷,均和因私报怨,欲将

①　刘氏族人:《乾隆十六年(1751)重修轮山派同纂辑》,载清代《同安刘氏家谱》。
②　刘氏族人:《乾隆十六年(1751)重修轮山派同纂辑》,载清代《同安刘氏家谱》。
③　温陵芝山刘氏大宗谱牒编委会:《温陵芝山刘氏大宗谱牒》1997 年版。
④　邱氏族人:《分籍同安嘉禾曾处垵世系录》,载邱氏族人:《新江邱曾氏族谱》2003 年版。

乡人尽行剿杀。晚成公自诣帐下，诉劝乞免。均和曰除尔一家无事，余人不饶。晚成公危言再告曰：'枉杀无辜，田土何人耕种？'均和曰：'罢，罢，饶了。'"由此，因晚成公一席话，救了当地无辜百姓的命。

以后，又有"右丞罗良守据漳城。江西省平章陈友定就封均玉署漳州府同知事。均玉兄弟所势日焰，掳掠甚多。友定攻陷漳城，罗良计死友定。班师，委总管张衡留镇漳城，改筑城垣，人民遭害，受苦不胜。海沧巡检薛君详为罗良报仇，起兵攻城，不克，驾船逃走。潮州乡人受累、受灾家计扫荡云霄，巡检张子明构潮人共杀之，家无遗类。那知大明兵压境，天下混一，四海归附。戊申改元洪武。张衡将金帛卷收而去。均和气势日促。天下已定，均玉、均和连家起遣，天之所报也。其田没于官"。① 以后，本曾姓的晚成公报作邱添姓立户，代当报恩里长，是为曾氏改姓之缘由。邱姓在当地继续繁衍发展。

霞阳村以杨姓为主，乃长安弘农衍派，始祖为元代乡进士杨德卿。元末社会动乱，德卿随父母从河南光州固始县入闽。德卿原先择地集美后溪，后来才迁入霞阳。霞阳村西路旧称"马厝"，原为马姓聚居处。村老相传，马姓人家原系回族，曾自西北逃荒至此繁衍生息，到元代已相当发达。又有一说马姓乃从漳州而来，先在集美灌口，后来才迁居霞阳。这些马姓回人建造有闽南特色的红砖房，与当地人通婚结好，早已融入当地的民风民俗，成为地道的闽南人。②

元初，泉州元将蒲寿庚奉命诛灭宋赵贵族，株连皇亲国戚，同安叶姓郡马府被烧，一时阴风凄雨，叶氏家族四散逃难。东石世美开基始祖懿德，讳以宣，字恭甫，号敬台（1314—1398）。系同安佛岭夏卿（兵部侍郎）长子，于元朝至顺元年（1330）由十世分居而成的东石叶氏一世祖，配黄氏公卿堡女谥慈正（1316—1399）。因耕地少，世代以航船、讨海为生，据族谱记载，从第四世起，先后有众乡裔孙由东石迁居八闽各地及台湾和东

① 参见邱氏族人：《新江邱曾氏埭田志》，载邱氏族人：《新江邱曾氏族谱》2003年版。
② 参见中华国术论坛：《发现厦门最美乡村及厦门十大最美乡村评选》，2006年7月24日，http://www.wushu2008.cn/archiver/？tid-11788.html。

南亚国家。①

蒲寿庚之乱后，庄氏自泉南避居同安。此后，族谱中记载其丁四世祖邦宁公，即古山公派系第三世祖，讳守康者，生于宋景定五年，卒于元祐七年（1264—1320），在公哲公之勤王时，不过十五岁，而"厥后往居东市，广置田宅，荫子孙，占籍民户。"②其后，历经基第十五世祖采良公，第十六世祖则名公，至十七世祖毂祥公（1342—1395）时，已是元末明初。其长子再添，字永吉，为竹树派始祖；次早觞；而三子仙福字允畴，谥勤励，则为两祥露的始祖，时值明初。③

同安卢氏，至十四世有卢宗发字希颜，号复斋，于元初避难举家迁往浯岛（金门），是为卢氏迁浯始祖。④ 又有金门《金水黄氏族谱》记载，"金水始祖仲卿公为同安房纮公派下，元延祐二年（1315）因避胡元之乱入浯，执教于水头"。⑤

金门珠浦之许姓，始祖五十郎，讳忠辅公。因旧谱失传，据谱列三世祖子国公、子周公俱于明朝洪武九年（1376）从军，以此推算，当在元大德到至治年（1300—1323）间。许氏先世居诏安，后徙居同安浯洲丹诏村，再移居后浦，为陈姓赘婿，遂居后涂山（今后浦），为珠浦许姓始祖；再世而二子：有东西两菊圃之号，并有大小教谕之称。其后传之四世，始分为六房，其族蕃衍滋大，昭穆分明。⑥

颜氏晋江一支分派安平（即安海）西坡及型厝两乡，成为当地著名大姓。颜氏肇基当地的年代已无从稽考，不过据目前遗留下来的族谱记载，当地颜姓始祖系元初南安人张均安，谱载"一世祖为廿九处士讳德谅均安公，

① 叶海山、吴绵普、叶子清：《晋江叶姓源流》，2006 年 8 月 12 日，http://www.jin-jiang.gov.cn/szx/wszl/200604268053…。

② 祥露庄氏祥溪堂：《同安县锦绣祥露庄氏族谱》，1994 年版。

③ 祥露庄氏祥溪堂：《同安县锦绣祥露庄氏族谱》，1994 年版。

④ 颜立水：《金门卢氏宗亲同安祖地认亲》，载颜立水：《金同集》，中国文联出版社 2005 年版。

⑤ 参见颜立水：《"东黄"史迹源远流长》，载颜立水：《金同集》，中国文联出版社 2005 年版。

⑥ 许嘉立：《金门珠浦许氏族谱·银同浯江许氏考源》，1981 年版。

系出南安攀麟里田中村，原为甫实张公次子，入赘颜八郎之女（讳乙泰，谥闰璋），子孙因姓颜，占籍晋江县八都水陆坊尚贤里（即贤住，今型厝乡），寝昌分居聚奎坊（即今西垵乡）世世为颜氏。一世祖考及祖妣，生卒皆莫考，有二子。二世祖长师圆公，字景哲（三九处士）生于元大德九年乙巳（1305），卒元至正十年庚寅（1350）"。① 可见元初颜氏安海一系即定居当地，其后支分派衍，人丁渐旺，分上下两乡。至今两乡合计，人口已超过三千，而播迁海外如菲岛、印尼、台湾、马来西亚、新加坡、越南、缅甸、泰国诸地者，数亦达千人以上。菲律宾有"河源张颜同宗总会"，即由此组成。

同安吕氏五世吕朝兴于元代移居同安从顺里卿朴村，繁衍成宗，又分支大社、新厝、郭厝、溪头、下厝五村。元末明初金门蔡厝宋中宪大夫蔡景仁后裔由琼林迁入大陆沿海开基，仍称蔡厝，后分支同安新店后头村，大嶝崎口下、北门村、马巷坪边村、五甲尾山仔尾村，五显大溪村，小盈岭等地。②

晋江金墩派黄氏，出自莆阳黄氏，其十四世孙黄府，自兴化军城迁莆田黄石金墩村，为入闽金墩始祖，至四世孙（莆阳十七世）黄松、黄权再徙迁晋江，即有晋江金墩黄氏；黄松，少名元，字本茂，行千一，为元代隐士，其次孙元裕暨四孙元嗣迁安平（今安海金厝），衍安平金墩黄氏一族。③

元朝末期，曾氏"龙山衍派"一世祖曾延世之十六世孙曾彦卿（号海滨居士），自泉郡龙山徙居南安四十一都后房村（今南安市水头镇后房村），开基当地为始祖。世代相承，瓜瓞绵延，迄今已有六七百年之发展历史。④

元末，青礁颜氏已在当地建有宗祠，据颜氏家庙内的《皇明颜氏家庙从祀碑记》记载，"粤稽我青礁氏族发祥兖国。自始祖朴庵公传传克复，倡学东南，师表郡泮，俎豆宫墙，数传而冢宰师鲁公、承事郎唐臣公，递及学录雪

---

① 新加坡颜氏公会：《颜氏先人繁衍华南地方之经过》，载新加坡颜氏公会：《新加坡颜氏公会十周年纪念特刊》1976 年版。

② 陈金城：《古代金门同安之移民互迁》，载政协厦门市同安区委员会文史资料委员会：《同安文史资料同安姓氏专辑》2000 年版。

③ 黄鸿源：《泉台金墩黄氏亲缘考略》，2003 年 10 月 1 日，http://61.146.236.26/bk4/show.asp？id＝124。

④ 参见新华网南安在线：《曾姓源流》，2005 年 10 月 25 日，http://www.fj.xinhuanet.com/dszx/2005-10/25/content_5427130_24.htm。

岩希孔公、古田令希哲公、南胜尉贵来公,列祖后先甲第,卓然有声。至正甲申(1344),建有奉先祠堂,仍置田租以供岁祀"。

第二节　厦门湾社会的初创

唐至五代时期,整个福建的经济开发加速,厦门湾沿岸各地也因此得以展拓,我们可以从以上各地族谱资料中得以印证。两宋时期,福建经济跨入江南的先进开发区行列。自五代、两宋以来,厦门湾地区经济文化有了很大发展,有以下几个显著发展的特点。

一、人口增长,农田开发

唐代闽南各地尚属开拓期,北方移民迁入与固有的越人相结合,对当地进行了一定的拓展。

漳州地僻人少,尚未开发深入,常成为贬官的去所,如《旧唐书》记载,韩泰,贞元(785—805)中累迁至户部郎中,后"坐贬,自虔州司马量移漳州刺史";①元和末(820),谏官李景俭"乘醉诣中书谒宰相,呼王播、崔植、杜元颖名,面疏其失,辞颇悖慢,宰相逊言止之,旋奏贬漳州刺史,是日同饮于史馆者皆贬逐",包括郁弟朗等人,亦"出为漳州刺史"。② 天宝时泉州领县四,有23806户,人口160295人。③ 而当时,据出土的墓志铭显示,厦门被称为"新城",④金门则为牧马地。可见在唐代,厦门湾沿岸尚在开发初期。

唐末有刘日新驱逐黄巢至同安县,于宝胜山驻军,令士卒兴修水利,在同安建石陂,溉田1500顷;唐末至五代,据时任漳州司马的丁儒的记录,已

---

① (后晋)刘昫等:《旧唐书》卷135《列传》第八五,中华书局1975年版。

② (后晋)刘昫等:《旧唐书》卷171《列传》第一二一,中华书局1975年版。

③ 参见(后晋)刘昫等:《旧唐书》卷40《志》第二〇《地理三》,中华书局1975年版。

④ 参见(唐)许元简:《唐许氏故陈夫人墓志铭》,载何丙仲:《厦门碑志汇编》,中国广播电视出版社2004年版。

实行"嘉禾两度新"的早晚稻栽培。① 麦作也在同安兴起。

五代至宋，闽江、晋江、九龙江下游地区农业生产提高，福建经济开始由北向南推进。

北宋以后，福建人口增长很快，如北宋初至元丰初年，福建的六州二军，以漳州人口增长最快，增长率达 418.4%。而其余各州汀州、福州、南剑州、泉州、建州及邵武军和兴化军则从 339% 降至 164% 不等。② 漳州地方"自宋以后，民生日繁，鸟兽避迹"。③ 当地文人郑解元有诗曰，"又若埭田水足，农务方春，晚蓑披雨，晓立耕云（耘），白水青秧纵横，远近布棋局，平原旷野参差，高下叠龙鳞"。④

绍熙元年（1190），朱熹为泉之同安簿，"知三郡经界不行之害。至是，知漳州。会臣僚请行闽中经界，诏监司条具，事下郡。熹访闻讲求，纤悉备至"。次年，漕臣陈公亮会同朱熹协力奉行。"会农事方兴，熹益加讲究，冀来岁行之。细民知其不扰而利于己，莫不鼓舞，而贵家豪右占田隐税、侵渔贫弱者，胥为异论以摇之，前诏遂格"。⑤ 由于普通百姓获益，遂立生祠将朱熹请入奉祀。当时，宋廷命福建提点刑狱陈公亮、漳州知州朱熹二人同措置漳、泉、汀三州经界，以期达到"随产均税"的目的。此外，"光宗绍熙初，漳州守臣朱熹奏除属邑科茶七千余缗"，⑥说明当时漳州等地已有相当数量的茶叶种植，且需交纳茶税。

据《海澄县志》记载，"海澄壤地延袤，从四衡一益，以江北方十余里而为县，其先皆海也。海上之山蛇龙入之，趾山而处者，用隄师战波臣，而土之，而宅之。然后县之四封以内，陆与海往往争奇"。在宋代熙宁间，早有

---

① （唐末五代）丁儒：《归闲诗二十韵》，转引自厦门大学历史研究所、中国社会经济史研究室：《福建经济发展简史》，厦门大学出版社 1989 年版。

② 参见厦门大学历史研究所、中国社会经济史研究室：《福建经济发展简史》，厦门大学出版社 1989 年版，第 4—5 页。

③ （清）吴宜燮等：《乾隆龙溪县志》卷 21《杂记》，台北成文出版社 1967 年版。

④ （宋）郑解元：《鸿江赋》，载陆潜鸿：《乾隆镇海卫志》，台北成文出版社有限公司，1983 年版。

⑤ （元）脱脱等：《宋史》卷 173《志》第一二六《食货》上一，中华书局 1977 年版。

⑥ （元）脱脱等：《宋史》卷 184《志》第一三七《食货》下六，中华书局 1977 年版。

龙溪县谢伯宜在家乡以私资"疏通九十九坑之水,筑海成田。由是八九都皆成沃土,众祠祀之"。① 以后,从者日众,各地展开大规模的水利建设。至南宋初,颜若敏、傅伯成、丁知几等名士,都致力于修筑堰陂和开港,漳州附近有新渠、章公渠、郑公渠等水利设施。颜师鲁还为此作有《新渠记》,"计其所溉,无虑千顷"。至绍兴十九年(1149),沿浦凿渠者凡十有四,"向之所谓高平之田,悉沾其利,计其所灌,无虑千顷,上有以备天时,下有以尽地利"。由此,漳州地方遂成鱼米花果之乡。曾为同安县主簿、知漳州的朱熹、知泉州的真德秀,另有曾知漳州、隆庆府、福州的卫泾,曾知南剑州、漳州的陈宓等人,多在任上力劝民众务农,并总结推广先进的生产种植经验。

当时江浙一带常用的农具如犁、耖、秧马等在厦门湾沿岸也得到运用。朱熹在《漳州劝农文》中将保护耕牛作为重点,明确要求"不得辄行宰杀,致妨农务。如有违戾,准敕科决脊杖二十,第每头追偿五十贯文"。且在耕作技术上强调"顺天时"、"趋时早";②真德秀在任内也多次劝农强调务"勤",即"勤于耕畬,土熟如酥;勤于耘籽,草根尽死;勤修沟塍,蓄水必盈;勤于粪壤,苗稼倍长";又指出豆麦菜蔬等各宜及时而种;陂塘沟港,潴蓄水利则宜及时浚治,"此便是用天下之道"。③ 朱熹曾鼓励漳州民众"多往外路买置桑栽,相地之宜,逐根相去一二丈间,深开巢窟,多用粪肥,试行栽种"。④

引种于北宋大中祥符元年(1008)的占城稻,"粒小而谷无芒,不问肥瘠皆可种。……小谷得多米,价廉,自中产以下皆食之",⑤估计占城稻首先入泉州,后迅速推广至各地,扩大了水稻城种植面积与种植区。由于沿海航海贸易事业的发展,海外的植物花果被引进福建的有十余种,如除占城稻外,

① (清)李维玉等:《光绪漳州府志》卷28《人物》。
② 朱熹:《朱文公文集》卷100《漳州劝农文》,四部丛刊初编缩本,出版地、出版者、出版时间不详。
③ 真德秀:《真西山集》卷7《再守泉州劝农文》,转引自厦门大学历史研究所、中国社会经济史研究室:《福建经济发展简史》,厦门大学出版社1989年版,第12页。
④ 朱熹:《朱文公文集》卷100《漳州劝农文》,四部丛刊初编缩本,出版地、出版者、出版时间不详。
⑤ 舒璘:《舒文靖集·与陈仓论常平义仓》,转引自厦门大学历史研究所、中国社会经济史研究室:《福建经济发展简史》,厦门大学出版社1989年版,第18页。

有大秦鹰瓜、南海阇提、拂林和波斯的耶悉茗（素馨）、西域俱那异（夹竹桃）、越南蕃桂（指甲花）、九真余甘、西域菩提果，还有木棉和茉莉花等。生产工具有犁、耖、秧马，用于灌溉的桔槔、戽斗，此外大量使用以畜力、水力为动力的翻车、筒车，且知利用水力舂米。茶树栽培技术有所改进，人工栽培优质茶树取得成功。在荔枝种植上使用掇树法繁衍，是为园艺的进步。

朱熹曾说，"粟、豆、麻、麦、菜蔬、茄芋之属，亦是可食之物，若能种植，青黄未交得以接济，不为无补，今仰人户更以余力广行栽种"。①

甘蔗在宋代福建的作物中已经占有相当的地位。北宋嘉祐六年（1061），即宋仁宗在位时，原籍同安的宰相苏颂曾编有《图经本草》，记录了甘蔗中荻蔗、竹蔗等种类。其《图经本草》中记载有甘蔗的种类，"今江、浙、闽、广、蜀州所生，大者亦高数丈。叶有两种，一种似荻，节疏而短，谓之荻蔗；一种似竹，粗长，榨其汁以为砂糖，皆用竹蔗，泉、福、吉、广多作之"。②

宋代厦门湾的渔业有了一定的发展。在贡品中有了沙鱼、紫菜等海产和荔枝、柑、橘等果品。漳州一地海产极其丰富，有"泽房之牡蛎，持郭索之巨鳌，香凝石乳，腹满金膏，文鱼石拒，海蜃香螺，论鸿江之土产，实珍异之为多贡"。③

二、制造业的发展及科技的进步

唐代厦门湾沿岸已有不少考古发现，如晋江、南安、同安等地，分别发现了南朝或唐代的制瓷窑址。

烧造年代在南朝晚期至唐代的窑址有厦门湾东岸的晋江磁灶窑，经考古调查，在下官路村双溪山发现南朝窑址一处，窑址因造田破坏严重，遗物分布范围约 3600 平方米。1982 年试掘 3×4 平方米探方，出土青瓷及窑具

---

① 朱熹：《朱文公文集》卷 100《漳州劝农文》，四部丛刊初编缩本，出版地、出版者、出版时间不详。

② 参见李玉昆：《南安人发明黄泥盖糖脱色法》，2005 年 7 月 20 日，http://www.qzwb.com/gb/content/2005-07/20/content_1729661.htm。

③ （宋）郑解元：《鸿江赋》，载陆潜鸿：《乾隆镇海卫志》，台北成文出版社有限公司，1983 年版。

标本105件。青瓷器呈青绿色，釉层厚薄不匀，多流釉。器形有盘口壶、罐、盘、钵、瓮、灯盏等。窑具有托座、圆形垫饼及三角形支钉，产品使用叠烧工艺。①

　　滨海之东石，民众以扬帆出海贸易为传统。"唐开元八年（720），东石林知祥之子林銮，航海群蛮，试舟到渤泥……引来蕃舟，蛮人喜彩绣，武陵多女红，故以香料易彩衣"。② 后当地人多造海船远航渤泥、琉球、三佛齐、占城等地，国外番舶亦被吸引前来通贸。据清嘉庆年间东石人蔡永蒹所撰《西山杂志·王尧造舟》记载："天宝中，王尧于勃泥运来木材为林銮造舟。舟之身长十八丈……银镶舱舷十五格，可贮货品三至四万担之多。"其中"十五格"即为十五个水密隔舱。说明早在唐代，厦门湾沿岸已有了先进的造船结构和工艺，这不仅提高了船舶的坚固性和安全性也利于货物的分类装载。该书"麦园"条又说："涂公文轩与东石林銮航海至勃泥"。该书"盟仙宫"条又说："唐乾符时（875—879）林銮九世孙林灵仙，字灵素，经商航海台湾……真腊（柬埔寨）诸国，建造百艘大舟在鳌江（东石港），家资万贯。"③可见至中唐时期，东石等地造船业的兴盛以及当时海外贸易的规模已颇为壮观。

　　造船是沿海重要的行业。不过在唐代，厦门湾腹地还没有产生较大的造船基地。中唐时，厦门湾造船业以东部的东石等地为盛，而大规模的制造基地仍集中于福、泉二州。

　　中唐时，厦门湾沿岸已有很多瓷器生产基地，瓷器成为外销产品之一。瓷器形制较前代有很大进步，工艺更加复杂精致。当时同安内厝镇东烧尾村的瓷器生产已颇具规模。此外还有晚唐至北宋间的海沧上瑶村窑址，其窑址西北"打铁街"的宋代地层上还发现了两条铺设完整的圆筒状瓷质地下排水管，是为唐宋时期建筑业发达的见证。研究人员认为，在海沧古窑出

---

① 叶文程、林忠干：《福建陶瓷·第四章·上》，福建人民出版社1993年版。

② 参见福建省地方志编纂委员会：《易货贸易》，2005年7月7日，http://www.fjsq.gov.cn/showtext.asp？ToBook＝61&index＝42。

③ （清）蔡永蒹：《西山杂志》，转引自林金枝：《从族谱资料看闽粤人民移居海外的活动及其对家乡的贡献》，载《东南文化》1990年第3期。

土的陶瓷器具、建筑构件以及渔具曾在澎湖出土过，其中梭状网坠渔具还在泉州宋代沉船和印度尼西亚的古港发现过。海沧地区的考古发现，为唐宋时期澎湖的开发以及闽南与南洋贸易研究，提供了实物佐证。①

厦门市博物馆保存有一尊唐青釉执壶，该壶出土于厦门市集美区祥露村的晚唐—五代窑址。壶口沿外撇，颈部肥短，鼓腹，底部微外开，圆条形短柄，圆形短流（嘴），堆贴两个条形圆耳；胎质灰白较粗，施半身釉，釉色晶莹肥厚，光泽滋润。当时的祥露窑群以生产青瓷日用品为主，产品远销海外，是研究中国古代陶瓷史的重要窑址之一。② 祥露窑址位于杏林东孚祥露村西南，面积约15000平方米，其中可见窑炉残基处均为斜坡式龙窑，主要烧造青瓷器，如碗、盏、盘、壶、缸、罐、灯等；与祥露窑同期的，还有位于集美的许厝窑，面积约200平方米，可见斜坡式龙窑窑基，主要烧造青瓷碗、盏、壶等。晚唐至北宋的窑址，目前发现有海沧困瑶窑址，其遗物分布范围约799平方米，堆积厚达5米。1991年试掘，清理出斜坡式龙窑残基，出土壶、罐、盆、钵、甑、缸、储钱罐、圆饼形网坠和梭形网坠等陶器以及板瓦、筒瓦和莲瓣纹瓦当等。此外还见圆筒状、圆饼状和喇叭形垫柱、蘑菇状陶拍和研捶等窑具，有的窑具上有刻画符号和制瓷工匠的姓氏。这是一处烧制日常用具的民间窑场。③

至五代时期（907—960），厦门湾西岸的祥露、许厝、惠佐（古徽灶）等地的瓷器烧制，已形成规模生产。以后有闻名于世的宋元时期著名窑址汀溪窑。由于这一代表着同安窑系外销的青瓷器在海外大量发现，引起世界各国陶瓷专家、学者广泛关注。汀溪窑生产的器内饰划花纹、篦点纹、器外刻画条纹，釉呈淡黄色的青瓷器，被称为"珠光青瓷"，因日本高僧村田珠光生前喜爱而得名。另有葫芦山铁渣堆遗址，位于同安区大同镇环城中路南侧，因冶铁遗物久积成丘，形似葫芦，故名葫芦山。其山体南北长

① 参见吴诗池：《厦门考古与文物》，厦门鹭江出版社1996年版，第15—25页。
② 厦门在线：《博物展馆》，2006年2月14日，http://www.xmok.com/xmzl/xmculture/whdg/d101.htm。
③ 厦门市文化局：《厦门历史陈列展览大纲》，2004年12月20日，http://www.xmculture.gov.cn/whyszx/厦门历史陈列展览大纲。

110 米,东西宽 42 米,高 15 米。堆放物包括铁渣、铁砂、体残块、炉砖、木炭、瓷片等,其中铁渣凝结块大的可重达 50 公斤。从出土物看,遗址约为五代时期。[①]

宋元时期古窑址,还有集美东瑶窑址,位于厦门市郊东孚东瑶村。其窑址范围广阔,瓷片堆积层厚约 3 米多,发现两处窑炉基址残段,属斜坡龙窑,该窑以生产青瓷为主,器型有碗、盘、罐等,纹饰手法与汀溪窑所见相同;集美后溪碗窑窑址,位于厦门后溪坂头碗窑村,窑址主要分布于村东、北的四、五个小山头上,方圆达数百米,瓷片堆积厚约 3—5 米,地上可见几处龙窑窑基。主要生产青瓷和青白瓷,器型有碗、壶、罐、盅、盒等。[②] 值得一提的是,在厦门禾山昌厝还出土了宋代的青瓷骨灰罐一件,这是宋代的二次葬用具。骨灰罐有一大一小两件,造型相同,出土时小罐放在大罐中。大罐腹部雕刻有建筑图案,真实地显示当时闽南建筑形态。据其中文字记载,这套骨灰罐是宋代淳祐八年(1248)的火葬遗物。[③]

制盐业方面,唐代厦门湾已经较为发达。晋江、南安等地均有官盐盐场分布。至宋,同安也设有盐场。至于金门,元成宗大德元年(1297)建浯洲盐场。对于民生,自古以来在粮米之外则以盐为贵,《新唐书·食货志》唐代贞观初年发给官员的俸禄,"无粟则以盐为禄",当时左右卫上将军以下又有六杂给:"一曰粮米,二曰盐,三曰私马,四曰手力,五曰随身,六曰春冬服。"[④]可见盐之宝贵。

宋代,同安的冶炼业得到迅速发展,至今仍留下了多处遗址,如同安东桥头西部的葫芦山,整个山系铁渣堆成,东西宽 42 米,南北长 110 米,高 12 米。据关专家考证,同安冶铁业时间应在公元 942 年以前。而在同安发现

---

①　厦门市文化局:《厦门历史陈列展览大纲》,2004 年 12 月 20 日,http://www.xm-culture.gov.cn/whyszx/厦门历史陈列展览大纲。

②　参见厦门市文化局:《厦门历史陈列展览大纲》,2004 年 12 月 20 日,http://www.xmculture.gov.cn/whyszx/厦门历史陈列展览大纲。

③　厦门市文化局:《厦门历史陈列展览大纲》,2004 年 12 月 20 日,http://www.xm-culture.gov.cn/whyszx/厦门历史陈列展览大纲。

④　(宋)欧阳修、(宋)宋祁:《新唐书》卷 55《志第四五·食货五》,中华书局 1982 年版。

图17 同安宋代婆罗门佛塔

的"七墩八池"（即七处铁渣椎及八处洗铁沙场）以及在海沧"打铁街"的宋代地层发现的铁渣和熔铁液斗也为这一时期的例证。①

宋真宗天禧五年（1021），当时同安县首富许宜（字曰迈，号西安）就于哲宗元祐八年（1093）捐资翻造了东溪上的太师桥为西安桥。②

绍兴八年（1138）晋江安海华侨黄护与僧祖派捐资建安平石桥。桥未成，两人先后去世。绍兴二十一年（1151），知州赵令衿主持续建，次年竣工。桥长5里（故称"五里桥"），2255米，是全国最长的梁式石桥。它是国内，也是世界上现存最长的古代梁式石桥，有"天下无桥长此桥"之誉。③ 以后，又建西塔、东洋桥及东塔。宋代当地海外贸易的繁荣，主导了整个安海商业的繁荣。

宋代，厦门湾还出现了一些著名的科学家，而上文提到的苏颂就是其中著名的一位。

苏颂，字子容，厦门湾同安人，北宋庆历四年（1044）进士。《宋史·苏颂传》称他"自书、契以来，经史、九流、百家之说，至于图纬律吕、星历、算法、山经、本草，无所不通"。英国著名中国科技史专家李约瑟博士称苏颂是中国古代和中世纪最伟大的博物学家和科学家之一，是一位突出的重视

---

① 参见吴诗池：《厦门考古与文物》，厦门鹭江出版社1996年版，第26—27页。

② 许嘉立：《许氏大宗族谱》，许氏族谱文献资料珍藏室，1981年版。

③ 参见泉州教科研网：《泉州历代大事年表》，2013年3月13日，http://jky.qzedu.cn/zhsj/bei%3Djing/qzdsb.htm。

图 18　宋代安平桥历经历代修缮,至今屹立

科学规律的学者。苏颂对我国科技的贡献,主要表现在天文学、机械制造学、药物学三个方面。苏颂撰述的三卷本《新仪象法要》,是我国现存最详尽的古代天文仪专著;苏颂领导建造的水运仪象台也是世界上最早的天文钟;他还增补了《开宝本草》,并奉旨编撰了《本草图经》21 卷,不仅为辨识近似的药物而绘制了近千幅药图,还系统地收录了大量的单方、验方,详述其炮制、配制和用法,可以说,苏颂的医学著作,集中反映了北宋中期医学的最高成就。①

不仅如此,苏颂还是我国宋代著名的文学家和政治家。

三、海洋交通与贸易机构

唐代,厦门湾地区已交通海内外。而宋元时期,福建经济高涨。北宋元

---

①　参见福建广播电视大学:《科技》,2004 年 9 月 29 日,http://online.fjrtvu.edu. cn/media_file/2004_09_2。

祐二年（1087），朝廷设市舶司于泉州，以后又置来远驿。此一时期，受其影响，附属泉州的围头湾的晋江、安海地区也有所发展。

提及国内外交通，必然少不了途径。就陆路而言，首称驿站，厦门地区最早的驿站为宋代的鱼孚站，元代移至灌口深青，即今天的灌口镇深青村。建于宋代的五通渡，是厦门到泉州、福州等地必经的津渡要口及海防要地，南宋末帝赵正及弟昺曾由此登岸，辗转进入漳州。另有位于厦门岛西部狐尾山下的东渡古渡头，由于港湾水深，形势险要，因而早在宋代就辟为渡头，其后元、明、清各代官渡均设于此，是厦门岛与内陆交通的一个重要港口。南安自宋代以来在西溪上兴起了溪美古渡，在其后的明清时期得以兴盛，这曾是条古驿道，也是南安通往厦、漳、泉及内陆城镇的重要交通枢纽和必经之路，是当地的政治、经济、交通和商贸中心。而厦门附近大嶝岛的古码头，远在唐宋时期就已通航金门。

宋熙宁初（1068—1070），在晋江县永宁石湖设置四县同巡检寨，专管晋江、南安、惠安、同安陆路地方事务。《安海志》记载，宋元祐二年（1087），泉州设市舶司，海舶由此不需至广州，可直航泉州各港。州官遣吏在安海靠海处"清冽甘美之石井畔"设立津卡，榷客舟税，称"石井津"。安海由此成为朝廷认可的正式通贸纳税港口。因着宋元时刺桐港鼎盛，安海也受其影响而"港通天下商船，贾胡与居民互市"，成为刺桐港的"南港"。及至南宋，因东西市的利益争夺，发生械斗，榷税吏无法控制，请于朝，于建炎四年（1130）建石井镇。朱熹之父朱松为首任镇官，管理船舶出入海事务，公余则教化百姓，启迪文风。当是时，百舸千帆，万商云集，货物山积，店肆林立，市镇一派繁荣景象。①

宋乾道七年（1171）四月间，近千名菲律宾毗舍耶人犯晋江围头、水澳及惠安沿海。泉州知州汪大猷遣兵围击。俘敌400多名，余者皆击毙。同年，知州汪大猷在澎湖建造房屋200间，派水军长期驻守，并编管台湾户籍。乾道八年（1172）毗舍耶人再犯晋江沿海，始置水澳寨（官称永宁寨）

① 360doc 个人图书馆：《泉州历史文化》，2008 年 3 月 2 日，http://www.360doc.cn/article/3163421_397107743.html。

以为防御。① 宋代皇室赵汝适所著《诸番志》中，有关"毗舍耶"的记载曾提到澎湖："泉有海岛曰彭湖，隶晋江县，与其国（即毗舍耶）密弥，烟火相望，时至寇掠，其来不测，多罹生噉之害，居民苦之。"淳熙二年（1175）泉州大造战船。时任晋江知县的林是不忍按常规向百姓摊派，欲投檄辞职。寓居境内的各国商人钦佩他的仁义，慷慨捐助，结果"舰就而民不知"。绍定五年（1232）海寇王子清等泊舟晋江围头澳，知州真德秀遣将王大寿防备。双方猝遇，王大寿射杀海寇10余人，官军获胜。绍定间（1228—1233）海寇猖獗，知州真德秀巡海滨、屯要害，遣将击贼于料罗，经略料罗战船。②

曹永和先生在《早期台湾的开发与经营》中说："我们可断定澎湖史的开拓，始于闽南渔人用作渔场…吾以为澎湖近海自成闽人之渔场，澎湖当被利用为一时的操业根据地。继之，鱼种与渔期的关系之窥识，始进而成为季节性的渔户聚集地；甚后稍久，乃有渔户定居。自渔场的开阔，至于渔户定居，其时间当非短暂；而南宋始于澎湖记载。"又说："由于福建地瘠山地多，故住民不得不向海上求谋生之计，是以其实福建沿海居民，多从事贩海与业渔。为其时澎湖、台湾位于国际海上交通路线外，故未引起世人注意。至北宋、南宋之间，由渔民冒险犯难，为台海开拓先锋，锐意经营，澎湖已成为闽南渔人的作息场地，并且已有定居耕种于期间者。"③据曹氏考证，陆藻于北宋徽宗宣和二年，曾任泉州知府，所谓"三十有六岛"即指澎湖诸岛。以澎湖地理位置看，在大陆各省各地中，其距离厦门湾沿岸应当是最近的。相信早期开发澎湖者当有不少厦门湾沿岸居民。

元代，泉州对外贸易达到繁盛时期，为此也带动了厦门湾的晋江、南安等地沿海地区的发展。至元十四年（1277）元朝廷在泉州设立行宣慰司，兼领行征南元帅府事。在泉州设置市舶提举司。授蒲寿庚为昭勇大将军、闽

---

① 泉州教科研网：《泉州历代大事年表》，2013 年 3 月 13 日，http://jky.qzedu. cn/zhsj/bei%3Djing/qzdsb.htm。

② 泉州教科研网：《泉州历代大事年表》，2013 年 3 月 13 日，http://jky.qzedu. cn/zhsj/bei%3Djing/qzdsb.htm。

③ 曹永和：《台湾早期〈历史研究〉·早期台湾的开发与经营》，台北联经出版事业公司 1979 年版，第 71—156 页。

广都督兵马招讨使兼提举福建（泉州）、广东市舶事。同年,泉州置浔美、沙洲、惠安、浯洲盐场。至元二十六年（1289）,泉州所统的海船达1500艘。到泉州贸易的国家和地区近百个。至元间（1271—1294）在澎湖设巡检司,管辖澎湖、台湾等岛屿,隶属泉州路同安县。大德元年（1295）二月,为图流求（今台湾）改福建行省为福建平海等处行中书省,徙治泉州。大德三年罢。至正间（1341—1368）一股倭寇在金门登陆,于马坪附近各乡村大肆焚掠。因台风沉船,当地群众抗击,这股倭寇全部覆灭。①

四、文化上的勃兴

从文化教育来看,汉唐时,厦门湾沿岸还属于草创时期;到了宋代,由于朝廷的偏安,社会政治、经济中心南移,加之数次北方各地移民迁入本地区,也促进了教育的发展。

如上文提到的北宋宰相苏颂,出自同安苏氏芦山大宗六世。他在文学上的造诣也相当高,绍兴年间朱熹还为其著有《苏丞相祠堂记》、《苏丞相祠堂状》,"同安,公邑里也"、"自其高曾世居此县"。

一代理学大师朱熹于绍兴十八年（1148）时曾任同安县主簿,从此开始其仕途生涯。任职期间,朱熹进一步完善自己的理学思想,提出"天理"说,认为只有去发现和遵循天理,才是真、善、美;而破坏这种真、善、美的是"人欲"。因此,他提出"存天理,灭人欲",成为其客观唯心主义思想的核心。朱熹在学术思想史上的贡献,在于继承发展二程学说,建立起完整的理学体系,与二程合称"程朱学派"。朱熹有许多著作,如《周易本义》、《仪礼经传通解》、《孝经刊误》、《四书集注》、《四书音训》等。这些著作在他曾经涉足过的厦门湾沿岸广为流传。

由于朱熹曾任同安县主簿,作为地方官时不仅在当地有行政上的管理和改革,更重要的是在文化上对民众有相当的教育。厦门湾沿岸不少地方都有"海滨邹鲁"、"紫阳过化"之称。

---

① 泉州教科研网:《泉州历代大事年表》,2013年3月13日,http://jky.qzedu.cn/zhsj/bei%3Djing/qzdsb.htm。

　　由于朱子过化,人文由此兴盛。朱熹在厦门湾各地讲学与游历,传播了理学的种子,使闽南海滨成为传统理学的重要场所。朱熹的讲学以及在厦门湾各地倡行书院制度,直接推动了书院在闽南地区的发展,使书院应运而生,不断壮大,迅速成为福建乃至全国书院发展最为兴盛的地区之一。南宋闽南地区先后建有多所书院。厦门湾各地县学多在立县之初就有建立,而书院则多在宋或其以后建成。其中较为著名的有晋江安海的石井书院,漳州龙海的白云岩书院等。

　　龙海白云岩书院,位于漳州白云山下,为朱熹任漳州知府时所建。其间仍有"百草亭中留胜迹,白云岩上隔尘缘"的题词。① 石井书院,地址在安海鳌头境。宋嘉定间,由泉州通判朱熹之子朱在督建,仿县学规制建置。

　　总之,在明代以前,厦门湾就经历了一个初步的政治、经济、文化发展过程。至元末,各种迹象也表明,厦门湾沿岸正是一湾蓄势待发、富于潜力的沃土,在其各方力量积聚到一定程度后则会喷薄而出,引发社会的大变革。

---

　　① 360doc 个人图书馆:《名胜联集:福建(2)》,2014 年 11 月 10 日,http://www.360doc.cn/article/152409_424020364.html。

第四章　明代的厦门湾

第一节　厦门湾西岸

一、月港

永乐元年（1403），明朝复置宁波、泉州、广州三处市舶司，准许日本通贡宁波，琉球通贡泉州，但仍严禁民间海外贸易。但由于琉球国小力单，经济不够发达，"其进贡以三载"等原因，泉州的国际贸易陷于停顿，进而导致市舶司的迁移。《闽书》载，"市舶司，成化八年（1472）移置福州"。①　曾经辉煌一世的泉州大港，就此衰落。

宣德以后，明朝官方从海洋退缩，沿海民间海上私人贸易才悄然兴起。泉州以南的九龙江口海湾地区，濒海处天然港湾林立，地处一隅，为统治者鞭长莫及之处。当地居民利用通琉球、通南洋航道的环境优势，以及外国对中国商品的强烈需求，自然投入到私贩贸易活动中去。不仅普通百姓如此，当地官员也多有参与通番活动。如宣德五年（1430）八月，"巡案福建监察御史方端奏漳州府龙溪县，海寇登岸杀人掠财，巡海指挥杨全领军不救，全又受县人贿赂，纵往琉球贩鬻"；②宣德九年（1434）三月，"巡案福建监察御史黄振奏漳州卫指挥覃庸等私通番国，巡海都指挥张鬶、都司都指挥金瑛、署都指挥金事陶旺等及左布政使周克敬俱尝受庸金银帽带等物。庸已事觉

---

① （明）何乔远：《闽书》卷39，福建人民出版社1994年版。
② 《明宣宗实录》卷69，宣德五年八月癸巳，上海古籍书店1983年版。

籍没,赍等原受之物亦皆输官……";①正统三年(1438)十月,"福建按察司副使杨勋鞫龙溪县民私往琉球国贩货"②等等。

月港地处九龙江入海处,由于它的港道是由海澄月溪至海门岛,"外通海潮,内接山涧,其形似月,故名"。乾隆《海澄县志》记载,澄本龙溪八九都地,旧名月港。唐宋以来为海滨一大聚落。正统景泰年间(1436—1456),"居民多货番且善盗",③针对海洋贸易的兴盛之势不可遏制,明朝廷不得不于嘉靖九年(1530)在海沧设置安边馆,"岁择诸郡别驾一员镇其地",以便进行管理。至嘉靖二十六年(1547),有"佛郎机(葡萄牙)船载货泊浯屿,漳泉贾人往贸易焉"。虽然当时的巡海道柯乔发兵攻打夷船,但贩者仍不能禁止。次年,柯乔议设县治于月港,都御史朱纨、巡按御史金城均上疏,"开会地方,宁息事寝不行"。嘉靖三十年(1551),又在月港设靖海馆,以郡卒往来巡缉。嘉靖四十二年(1563),改名为海防馆。嘉靖四十四年(1565)知府唐九德提议"割龙溪一都至九都及二十八都之五图并漳浦二十三都之九图凑立一县"。后经福建巡抚都御使涂泽民上疏,取消海禁,于隆庆元年(1567)在月港设立海澄县治,寓意"海疆澄清"。其地"辖三坊五里,东抵镇海卫,西界龙溪,南界漳浦,北界同安。境内凡广八十里,袤五十里"。④

明代福建海商,以漳泉为多,其中"澄民习夷,什家而七"。⑤ 虽则在漳州八邑中,月港只是一边隅之地,但"论俗尚则民好斗,而衽革轻生,盗贼之渊薮也。盖地接岛夷,民习操舟通番倡乱,贻患地方者,已非一日也",⑥月港既是当时海商聚集最多的地方,自然也是竞争最激烈的地方。县志记载"月港自昔号巨镇,店肆蜂房栉箆,商贾云集,洋舶停泊,商人勤贸迁,航海贸易诸番"。"农贸杂半,走洋如适市,朝夕皆海供,酬醉皆夷产",为"闽南

---

①　《明宣宗实录》卷109,宣德九年三月辛卯,上海古籍书店1983年版。

②　《明英宗实录》卷47,正统三年十月壬子,上海古籍书店1983年版。

③　(清)陈锳、邓廷祚:《乾隆海澄县志·卷24·业谈》,台北成文出版社1967年版。

④　以上均参见(清)陈锳、邓廷祚:《乾隆海澄县志》卷1《舆地》,台北成文出版社1967年版。

⑤　(明)张燮:《东西洋考》卷10《艺文考》,中华书局1981年版。

⑥　(明)梁兆阳等:《崇祯海澄县志》卷1《舆地志》,书目文献出版社1990年版。

一大都会"。当时，漳州府属九龙江沿岸居民，出洋过番，大都沿江乘船至月港，再由此扬帆出海，所以，又有"闽人通番，皆自漳州月港出洋"之说。有诗赞月港："市镇繁华甲一方，古称月港小苏杭。"①

月港的发展大约自景泰四年（1453）发端，至隆庆元年（1567）明穆宗宣布解除海禁，始称"隆庆开关"，民间私人的海外贸易获得了合法的地位，至万历年间（1573—1620）达到最高峰。董应举《崇相集·闽海事宜》记载，万历年间，月港自身全盛期，斯时"四方异客，皆集月港"，由此成为福建的贸易大港。初期，依托月港的漳州海商成为东南海洋力量先锋，突破了明朝的海禁崛起，随着海洋交通事业的发展和相互间的贸易往来，打破了原来洲际阻隔的局面，海洋世界的经济互动突破了以往的传统模式，具有全球性意义。此期葡萄牙作为西欧海洋势力的代表东进亚洲海域，而东亚以倭寇为代表的日本海洋势力南下东海，由此，东南中国海洋区域成为东西方海洋竞争的舞台，在各方势力介入之下，一向由中国主导的海洋社会经济圈出现了动荡的局面。不过，在月港开放后的四十余年间，是漳州海商主导东亚贸易网络的黄金时代。②

颇有意味的是，"隆庆开关"后不久，位于京城的太仓所收纳的银两就在隆庆五年（1571）达到高峰，达至310万两。在历史的共时段中，"这场洪流恰好与明朝贸易限制的放松（1567）、日本长崎港的建立（1570）和马尼拉被选定为西班牙驻菲律宾的首府（1571）同时。此外，白银提纯技术的发展，也在这一时期使秘鲁总督辖区的波托西等中心地区的白银产量猛增至原来的三倍，随后又增至五倍。"③

探究这一时期月港之兴盛，主要在于当时社会经济发展至一定阶段后各种因素的综合促成，主要有以下几个原因。

其一，时机的恰当。早在正统（1436—1449）、景泰（1450—1456）年间，

---

① （明）梁兆阳等：《崇祯海澄县志》卷11《风土志·风俗考》，书目文献出版社1990年版。

② 参见杨国桢：《十六世纪东南中国与东亚贸易网络》，《江海学刊》2002年第4期。

③ 参见［美］魏斐德：《洪业——清朝开国史·导言》，江苏人民出版社1992年版。

月港就已成为走私活动的活跃地区之一,"居民多贷番且善盗"。成化(1465—1487)、弘治(1488—1505)之际,不少当地人已走私致富,已出现"风向帆转,宝贿填舟,家家赛神,钟鼓响答,东北巨贾竞湾争驰"的局面,"小苏杭"之誉就来源于此。① 明正统(1436—1449)年以后,国势日衰,朝廷不能保持宗主国的地位,导致"朝贡"贸易的局限与衰落。② 正德(1506—1521)年间,葡萄牙人东来,试图打开直接贸易的大门。他们在广东受阻后,转往福建,"有司自是将安南、满剌加诸蕃舶尽行阻绝,皆往漳州府海面地方,私自驻扎。于是利归于闽,而广之市萧然矣"③。此外,明初与月港同时兴起的港口还有浙江的双屿,但嘉靖末年在朱纨、胡宗宪等人对双屿的严厉打击下,当地以王直为首的民间海外贸易集团被一一剿杀。由于朝廷对广州沿海和浙江沿海的封锁,直接为月港的兴起提供了千载难逢的机会,月港从此一崛而为东南沿海的一颗贸易明星,在明朝经济融入世界贸易大潮的过程中扮演了一个重要角色。

其二,地理条件以及当地的经济基础。从地理位置来说,海澄地处福建西南,西临广东,远离中央朝廷,"僻处海隅,俗如化外",《海澄县志》记载当地"海滨一带,田尽斥卤"。由于耕地狭小,土地贫瘠,农事不兴,所谓"闽土素称下下,而澄又实逼海口,平野可耕者十之二三而已"。④ 故而"土之所产既不足食,其人民往往旁趋于山海鱼盐",其中"以海为生,以津舶为家者十而九也"⑤。由于可耕地少且瘠,加之土地兼并激烈,导致"耕者无可望岁,

---

① 参见(清)陈锳、邓廷祚:《乾隆海澄县志·卷11·风土志·风俗考》,台北成文出版社 1967 年版。

② "朝贡贸易",指朝贡国承认中国的王朝为"宗主国",遣使定期到中国朝贡,朝贡后朝廷给予优厚的"赏赐"。明朝是朝贡贸易的极盛时期,入贡各国在贡物之外"许载方物"与中国贸易,明朝设市舶司、提举官司加以管辖。但当时朝贡贸易多一年一次或三年一次,还有十年一次的,故远不能满足当时国内外经济发展的需要。朝贡贸易至清朝已经衰落,其朝贡关系的实质以政治性为主而非贸易为重,剔除了明王朝与边疆民族之间、周边国家之间的藩属关系.

③ 顾炎武:《天下郡国利病书》卷 120,齐鲁书社 1996 年版。

④ (清)陈锳、邓廷祚:《乾隆海澄县志·赋役志》,台北成文出版社,1967 年版。

⑤ 顾炎武:《天下郡国利病书》卷 93,齐鲁书社 1996 年版。

只有视渊若陵，久成习惯"且"以舟为田"。① 除此之外，月港当地港道也很浅。张燮《东西洋考》中记载，"此海水浅，商人发舶，必用数小舟曳之，舶乃得行"。就自然地理条件来说月港并不是很理想，但穷则思变，正因为自然产出的有限，才激发了当地人开拓海外，扬帆东西洋的决心。加之地僻遥远，朝廷鞭长莫及的地方，自然疏于对海洋的管控，采取滨海环境相应的生计活动，即渔盐生产和航海贸易，正是当地人应走的道路。所谓"海者，闽人之田也"，海洋为其命脉，一旦"海禁一严"，人民则"无所得食"。② 时人描述说，"澄，水国也，农贾杂半，走洋如适市。朝夕之皆海供，酬酢之皆夷产"。③ 贩洋与耕作同为谋生之道，这也是由彼时彼地的地理环境、物质资料生产状况以及社会经济背景所决定的。

月港兴起之时，也是厦门湾西岸民间海外贸易得到极大发展的时期。当时的月港，既有"内引"也有"外联"。此期的海外贸易已不同于宋元时期的输入海外奢侈品为主，而是以出口手工业品为主，主要以漳州地区的丝织品、布料、瓷器、铁器、茶、糖、水果制品、纸制品、漆器等为大宗。当时的漳州纺织业已经颇为发达，盛产各类绫罗绸缎以及苎、蕉、麻、葛、棉等多种布料，以纱、绢、绸缎最为精美，享誉海内外。明代被称为"漳绒"的绒织物就主要产于漳州。王世懋称，"凡福之绸丝，漳之纱绢，泉之蓝，福延之铁，福漳之橘，福兴之荔枝，泉、漳之糖，顺昌之纸，无日不走分水岭……下吴越如流水。其航大海而去者，尤不可计。皆衣被天下。所仰给它省，独湖丝耳。……闽人货湖丝者，往往染翠红而归，织之"。所以何乔远说当地人，"百工技艺不能为天下先，敏而善仿，北土堤嫌，西夷之鑫扇，莫不能成"④。对外来产品进行再加工和仿制，也成为当地人的一种谋生之道。其实，漳州原本产丝年

---

① （明）张燮：《东西洋考》卷7《饷税考》，中华书局1981年版。
② 《清一统志·台湾府·附录·崇祯十二年三月给事中傅元初请开洋禁疏》，台湾大通书局1984年版。
③ 张燮：《东西洋考·小引》，中华书局1981年版。
④ 何乔远：《闽书》卷38《风俗志》，福建人民出版社1995年版。

代久远,自古称"善蚕之乡"①,不过自明中叶开始,因为海外贸易的需要,本地丝货已经不足外贸所需,故采买大量湖丝、吴丝来进行加工。当时的漳纱"俱学吴中机杼强成者,工巧足复相当,且更耐久"。② 闽南手工艺人善于模仿,借鉴其他地方的产品,除了丝织品,还有瓷器等,如厦门湾沿岸的漳州窑、同安窑产品很多就是仿自景德镇。虽然工艺和窑土品质有差异,但贩运至国外后价格合理,所以也为很多欧洲人所青睐。当然,其中也不乏精品,如明代后期大量外销的定制式"克拉克瓷"产品。③

其三,月港开放的技术条件。

从月港的造船业及航运业特点来看,早在宋代,漳州的造船业已相当发达,与泉州、福州以及兴化并称为四大造船地。明代,漳州成为著名的战舰"福船"制造地。而商家们竞相制造的"贾客船",其性能更优于"福船"。一般"贾客船","费可千余金",每年修理费"亦不下五六百金"。月港当地不少积极从事海外贸易的豪门巨贾资金雄厚,拥众甚多。由于长期的海洋贸易活动,形成了一定的行业阶层,一般商舶,从上层的舶主至财副、总管、直库、阿班、头椗、二椗、大缭、二缭;另有舵工二人,火长及水手若干。船主与船工形成一种雇佣关系,所谓"盖富家以财,贫人以躯,输中华之产,驰异城之邦,易其方物,利可十倍"。④

16世纪,漳州船舶火长使用的、首页题为"顺风相送"的针路抄本,传抄自15世纪的古本,记录自月港门户浯屿、太武出发的往西洋针路7条,即浯屿——柬埔寨;浯屿——大泥(今马来西亚 Patani)、吉兰丹(今马来西亚 Kota Baru);太武——彭坊(今马来西亚彭亨州北干 Peken);浯屿——杜板(今印度尼西亚东爪哇厨闽 Tuban);浯屿——杜蛮(即杜板)、饶潼(地与杜

<hr>

① 参见许俊人等:《福建通志·福建物产志》卷一,民国十一年(1922年)版,第4页。
② 参见全汉昇:《自明季至清中叶西属美洲的中国丝货贸易》,载全汉昇:《中国经济史论丛(第1册)》,香港新亚研究所1972年版,第454页。
③ 参见陈立立:《克拉克瓷的由来及其特点》,2010年4月2日,http://www.dfsc.com.cn/2010/0422/39050.html 以及蔡文原:《"漳州窑"瓷器出水记"克拉克瓷"产地漳州引关注》,2010年6月12日,http://www.zz.chinanews.com/news/20100612/879.html。
④ (清)陈瑛等:《乾隆海澄县志》卷15,台北成文出版社1967年版。

板相连）；太武、浯屿——→诸葛担篮（今印度尼西亚加里曼丹岛苏加丹那 Soekedana）；太武、浯屿——→蓍维；往东洋针路 3 条，即太武——→吕宋（今菲律宾马尼拉）；浯屿——→麻里吕（今菲律宾马尼拉北部的 Marilao）；太武——→琉球（今日本冲绳县那霸）。另有自福州五虎门出发经太武、浯屿往西洋针路两条，即五虎门——→太武山、浯屿——→交趾鸡唱门（今越南海防市南海口）；五虎门——→太武山——→暹罗港（今泰国曼谷港）。这几条直接航线和中转的东亚东南亚局部短途航线相连接，基本上覆盖了马六甲海峡以东的传统东亚贸易网络。① 海船每自漳州出航，过了浯屿，再越过镇海卫②，就可通往外洋。

图 19　南太武附近的明代镇海卫城门

---

① 杨国桢：《闽在海中》，江西高校出版社 1998 年版，第 53—67、195 页。

② 镇海卫城位于太武山之南，鸿江之滨，始建于明洪武二十年（1387），系江夏侯周德兴所筑以备倭患，负山临海，地势险要，山峦俊秀，海涛汹涌，位立城中，可俯瞰整个隆教湾美景。至今仍存高达数丈石砌城墙。

图20　镇海卫雄伟的城墙

造船业的兴盛,针路的运用,为漳人海外贸易打下了坚实有力的交通基础。

其四,人心向背的总体社会趋向。

长期以来,滨海特殊的自然环境和社会环境,使得漳人养成了坚韧不拔、向海搏击的性情。"利商舶,轻远游","恬波涛而轻生死"。即使在明朝厉行海禁期间,不少闽南人仍为窥厚利而敢冒杀头之险,出海从事走私贸易。由于海外贸易的喜人之势,也促使不少漳人沟通国外,一些人甚至移居国外。张燮说,"顾海滨一带,田尽斥卤,耕者无所望岁,只有视渊若陵,久成习惯。富家征货,固得稇载归来;贫者为佣,亦扑升米自给。一旦戒严,不得下水,断其生活,若辈悉健有力,势不肯抟手困穷,于是所在连结为乱,溃裂以出。其久潜踪于外者,既触网不敢归,又连结远夷,向导以入"。①

———————

① 张燮:《东西洋考》,中华书局1981年版。

嘉靖年间黄堪的《海患呈》就提到"有日本夷船数十只，其间船主水梢，多是漳州亡命，谙于土俗，不待勾引，直来围头、白沙等澳湾泊"。乾隆《福建通志》说："福建遂通番舶，其贼多谙水道，操舟善斗，皆漳泉福宁人。漳之诏安有梅岭、龙溪、海沧、月港，泉之晋江有安海，福鼎有桐山，各海澳僻，贼之窝向船主喇哈火头舵公皆出焉。"所谓树挪死，人挪活。为了不至于等死，沿海数省之民大都投身于各种海洋贸易活动中去。因地理和生计使然，这类走私贸易俨然为沿海之民全力支持之业，并且逐渐向规模化程度发展。当时民风"以海为家之徒，安居城郭。既无剥牀之灾，棹出海洋，且有同舟之济。三尺童子，亦视海贼如衣食父母，视军门如世代仇雠"。[1] 可见当时沿海各省人心所向，各处走私规模已逐渐扩大。在如此的情境之下，夹杂在朝廷的内部斗争与沿海豪门的敌对势力中，一向以严厉打击走私贸易的浙闽海道巡抚朱纨最后只落得以自尽告终。此后，海禁松弛，嘉靖时期的海禁政策终于以失败告终。

到了嘉靖后期，倭寇问题得到基本解决，对外贸易进一步得以发展，此时海禁政策已完全成为一种障碍。不仅民间，上至地方官以至朝廷内部，都有不少人士主张开海。曾在朝为官并于万历四年（1576）出使琉球的谢杰对此颇有洞见，认为"寇与商同是人，市通则寇转为商，市禁则商转为寇，始之禁禁商，后之禁禁寇。禁之愈严而寇愈盛。片板不许下海，艨艟巨舰反蔽江而来；寸货不许入番，子女玉帛恒满载而去……于是海滨人人为贼，有诛之不可胜诛者"。[2] 福建巡抚谭纶也说："闽人滨海而居，非往来海中则不得食。自通番禁严，而附近海洋渔贩，一切不通，故民贫而盗愈起。"[3] 到明后期，甚至连朝廷中的文渊阁大学士、户部尚书丘浚也公开倾向支持开海。可见，"隆庆开海"的结果，正是社会发展的大势所趋，这一量变到质变的过程也是民间贸易与官方长期斗争的结果。海外贸易由官方全面控制终于一步步发展为向私营的转变。

这一时期，月港海外贸易有几个突出的特点。

---

① 朱纨：《皇明经世文编》卷 250，《朱中丞甓馀集一（疏）·海洋贼船出没事》。
② 谢杰：《虔台倭纂》上卷《倭原》二，明万历乙未年刻本。
③ （明）陈子龙等选辑《明经世文编》卷 332《善后六事疏》，中华书局 1962 年版。

1.以市民阶层为主,缉私变为督饷

比之宋元时期的泉州交易多奢侈品、多阿拉伯人往来贸易的特点,月港的贸易主要为民间的海外贸易,并且以当地的市民阶层为主。由于明廷限制朝贡体系以外的外商前来,故而多为商民主动驾船至东南亚等诸国贸易。"隆庆开海",使得小小月港由沿海港口变成了繁荣的城市,不仅"居民数万家"且"商贾辐辏",原本惯于走私贸易的民间商贸暗流此时如鱼得水,乘势喷薄而出。鉴于当时全国开放的港口仅限于月港,朝廷为了加强管理,隆庆元年(1567)海澄设县。从此,"县既以舶殷,舶亦以县繁"。① 并由此打通了海洋经济大通道,带动了整个县境的繁荣。而漳州城亦呈"城闉之内,百工鳞集,机杼炉锤"的繁盛局面。② 此前,由于嘉靖年间的走私贸易特别猖獗,明朝廷曾于嘉靖九年(1530)设有"安边馆"。嘉靖三十年(1551)撤安边馆,在月港另设"靖海馆"。嘉靖四十二年(1563),明廷将靖海馆改为海防馆,驻海防同知以稽查缉捕。隆庆开海后,海防馆转变成了对海商管理和征税的机构。万历二十二年(1594),为防止海防馆官员"所申报不实",命福建各府轮流抽佐官一人,往月港督饷,海防馆遂正式更名"督饷馆",以征收贸易税并管理海外贸易事宜。③ 由此,原本负责缉捕通番的朝廷机构转变为船舶收税和海洋管理机构。

2."天子南库"与通番并存

对朝廷而言,由此带来的每年饷税从"初仅三千"的税银,至万历三年"中丞刘尧诲请税舶以充兵饷,岁额六千",及至万历二十二年(1594)"骤溢至两万九千有奇"(即 29000 两)。万历二十七年(1599)"上大榷天下关税,中贵人高寀衔命入闽,山海之输,半搜罗以进内府,而舶税归内监委官征收矣"。由此,朝廷委派太监前来收税,朝廷直接获利。万历三十四年(1606),朝廷停止宦官监领月港关税,改由漳州府每年派出官员一人管理

---

① 王志道:《初修海澄县志序》,载陈瑛等:《乾隆海澄县志》,台北成文出版社 1967年版。

② 沈定均:《光绪漳州府志》卷 46,张燮:《清漳风俗考》。

③ 至崇祯六年(1633),明朝廷关闭"洋市",督饷馆才随之撤销。参见张燮:《东西洋考》卷 7《饷税考·公署》,中华书局 1981 年版。

征税事宜。① 万历四十一年(1613)，月港舶税为三万五千一百两，②据万历四十二年(1614)广东左布政使陈性学在条议请减奏章中称，"兹查各省税银，闽、浙各不过五万，楚不过六万……"③推断其后一年秘输税银大致相当，由此可知月港税银已占全省税银的大半。故而时人周起元回忆当时的情景说："我穆庙(隆庆帝)时，除贩夷之律，于是五方之贾……分布东西路。其捆载珍奇……而所贸金钱，岁无虑数千万。公私并赖，其殆天子之南库也。"④可以想见，在税收的背后，则是数额巨大的贸易额的支撑。可见，此时的月港贸易规模与实力已经超过传统的外贸港口泉州，当然，这还不包括更多的走私收入。同一时期，浙江、福建两市舶司于隆庆元年(1567)和万历八年(1580)分别被罢。可以说，此一时期，作为官方的港口，月港独得其利。

富裕之地，也往往为盗贼所觊觎。为加强对海域的管理和对沿海海盗的监控，当地官员修建了一些防患设施，晏海楼就是其中之一。该楼于万历十年(1582)建于海澄城东北角，用以瞭望海疆。初为两层，楼基底层设炮眼，值得注意的是其楼基还挖有一条地道直通县衙。⑤

虽然月港的开放也有不少限制，如地域上仅仅限于东西洋，不许贩往日本，而且在隆庆元年之后还有不同程度和地区的多次海禁⑥，但毕竟，这是明代中后期唯一的官方海外贸易港口。

月港时期，东西洋贸易时禁时开，但与日本的贸易却始终禁而未弛。据

① 张燮：《东西洋考》卷7《饷税考》，中华书局1981年版。

② 据《东西洋考》所言，"四十一年，上采诸臣议，撤案瓒还。诏减关税三分之一，漳税应减万一千七百"。则当年月港税收应在35100两。张燮：《东西洋考》卷7《饷税考》，中华书局1981年版。

③ (明)郭棐：《广东通志》卷7《藩省志·税课》，第85页。

④ 张燮：《东西洋考》周起元序，中华书局1981年版。

⑤ 清乾隆二年(1737年)晏海楼修为三层，民国八年增为四层，今存。参见福建省地方志编纂委员会：《漳州市志·海陆防》，2008年10月1日，http://www.fjsq.gov.cn/ShowText.asp? ToBook=3167&index=2477&。

⑥ 如万历二十一年(1593)、万历二十七年(1599)均是在日本侵略朝鲜后的第二年才开禁；崇祯元年(1628)，则是因葡萄牙人、荷兰人又先后东来，横行海上，劫夺船货，因而明廷再行海禁。

图 21　始建于万历十年的月港晏海楼

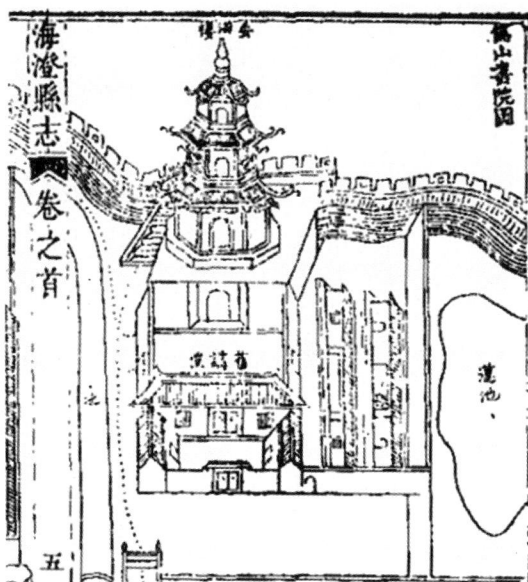

图 22　位于儒山书院里的晏海楼①

---

①　该图截取自乾隆《海澄县志》，为《儒山书院图》之一部分。

木宫泰彦的研究，丰臣秀吉执政以前，尽管实行海禁，但明朝的商船驶往日本平户等地仍源源不绝，"大唐和南蛮的珍品年年充斥，因而京都、堺港等各地商人，云集此地"。万历二十年（1592）日本入侵朝鲜，明廷对日防范更严，因而禁海程度较前更严，十年一贡的朝贡贸易事实上也已停顿。以后，明朝商船似乎一度完全绝迹。庆长十一年（明万历三十四年，1606）九月，萨摩的岛津义久在致琉球国王的信中说，"中华与日本不通商舶者，三十余年于今矣"。此后一年，才有明朝的船只前往日本贸易。① 直到万历三十七年（1609）后，才有较多的明朝商船赴日贸易，民间海外贸易活动重新恢复。

在朝廷屡屡禁令和法度之外，民间的智慧总能显示出巨大的弹性。相当数量的海外贸易活动潜藏于浙、闽、广沿海。据同时期史料记载，自嘉靖二十三年（1544）十二月至嘉靖二十六年（1547）三月的两年多里，因从事走私贸易至日本而被风漂到朝鲜，继而被解送回国的福建人就达千人以上。② 其中，仅嘉靖二十三年（1544）十二月一次被解送回国的漳州人李王乞等就有 39 人。③ 万历四十年（1612），吏部员外郎闽县人董应举听乡人说，"向时福郡无敢通倭者，即有之，阴从漳、泉附船不敢使人知，今乃从福海中开洋，不十日直抵倭之支岛，如履平地。一人得利，踵者相属。岁以夏出，以冬归"。④

对日本的走私贸易在万历四十年前后达到一个高峰，时人谢肇淛描述其盛况道："今吴之苏、松，浙之宁、绍、温、台，闽之福、兴、泉、漳，广之惠、潮、琼、崖，驵侩之徒冒险射利，视海如陆，视日本如邻室耳。"⑤ 万历四十年，福建巡抚丁继嗣说，"闽中奸民视倭为金穴，走死地如鹜"。⑥ 有关万历年间因风漂流至朝鲜的沿海居民也有不少，后期由海澄一直向北转移至嘉靖倭乱前的通番最多的宁波一带。据学者范金民的研究，万历间不少通番案，例如三十八年（1610）的沈文一案，表明地域者 29 人，来自福建、浙江 2 省 4 府

① 参见［日］木宫泰彦：《日中文化交流史》，胡锡年译，商务印书馆 1980 年版，第618—627 页。

② 《明世宗实录》卷 321《嘉靖二十六年三月乙卯》，上海古籍书店 1983 年版。

③ 《明世宗实录》卷 293《嘉靖二十三年十二月乙酉》，上海古籍书店 1983 年版。

④ 董应举：《崇相集》第一册《严海禁疏》，1925 年铅印本。

⑤ 谢肇淛：《五杂组》卷 4《地部二》，上海书店出版社 2001 年版。

⑥ 《明神宗实录》卷 497《万历四十年七月辛未》，台湾"中研院"史语所校勘本。

7县,来自漳州府龙溪县者 14 人、漳浦县 2 人、海澄县 2 人、南靖县 1 人,泉
州府同安县 2 人,福建共 21 人,占了四分之三;绍兴府山阴县 1 人,杭州府
仁和县 7 人,浙江共 8 人,占了四分之一。而其中,大部分皆为厦门湾人。
万历四十二年(1614)的韩江一案,通番者 95 人,浙江共 60 人,占了绝大部
分,福建仅漳州府长泰县 1 人。以往认为福建通番最多的趋势,此时已经向
浙江转移,大抵沿漳→泉→福→浙上溯。① 究其原因,还是因为江浙之地切
近日本,且国货在东瀛受到欢迎之故。时人姚士麟曾引华商童华的话说:
"大抵日本所需,皆产自中国,如室必布席,杭之长安织也。妇女须脂粉,扇
漆诸工须金银箔,悉武林造也。他如饶之瓷器,湖之丝绵,漳之纱绢,松之棉
布,尤为彼国所重。"②

　　3.月港参与建设的世界贸易体系

　　由于宋元两代对银的不断开采,原本不算富裕的银矿到明朝已经呈现
枯萎。明朝初年由于滥发"宝钞",导致其迅速贬值。另外所铸铜钱不仅量
少,质量也差,民间盗铸风盛,多倾向用价值比较恒定的白银。明英宗即位
之后,由于白银在民间流通中已经占据优势地位,朝廷对货币政策进行了部
分调整,"收赋有米麦折银之令,遂减诸纳钞者,而以米银钱当钞,弛用银之
禁。朝野皆用银,其小者乃用钱,惟官俸用钞,钞壅不行"。③ 成化时,官员
薪水已经很低,朝廷还要百般克扣,"减在京文武官员折俸钞先是米一石,
折钞二十五贯。后因户部裁省定为十五贯……尚书马昂又奏每石再省五
贯……时钞法久不行,新钞一贯时估不过十钱,旧钞仅一二钱,甚至积之市
肆,过者不顾"。此时的宝钞已变成类似奖状般的"弃币"。朝廷的货币政
策在官员中尚且无法通行,何况平头百姓? 至嘉靖年间,民间对外贸易暗流
涌动,已为白银货币化奠定基础。白银渗透到整个社会,从朝廷至乡野对于
白银的需求量日益增长,不少地方发生了"银荒"。《明史·食货志》记载,

---

　　① 参见范金民:《贩番贩到死方休——明代后期通番案》,http://ming.his.ncnu.
edu.tw/ming/speech/speech-FanCM960602.pdf。

　　② 姚士麟:《见只编》卷上《丛书集成初编·史地类》。

　　③ (清)张延玉等:《明史》卷 81《食货五·钱钞》,中华书局 1974 年版,第 1964
页。

仅军费一项，嘉靖三十年（1551）"京边岁用至五百九十万"，"岁入不能充岁出之半"。至隆庆三年（1570），明朝的财政已濒崩溃的边缘，"每年尚少银一百五十余万，无从措以"。① 地方官谭纶曾上疏说："夫天地之间惟布帛菽粟为能年年生之，乃以其银之少而贵也，致使天下之农夫织女终岁勤动，弗获少休。每当催科峻急之时，以数石之粟、数匹之帛不能易一金。"② 由于钞钱皆贱，助长了豪右蓄银之风。隆庆初年，当时的朝臣靳学颜上疏时说，"银之积在豪右者愈厚，而银之行于天下者愈少"，还提到"今去宋不远，故所用钱多宋之物"。③ 可见当时货币市场之混乱。

图 23 明代宝钞壹贯④

① 张居正：《江陵张文忠公全集·请停取银两疏》，华东师范大学出版社 2014 年版。
② （明）陈子龙等选辑：《明经世文编》卷 332，中华书局影印本 1962 年版。
③ （明）靳学颜：《讲求财用疏》，载（明）陈子龙等选辑：《明经世文编》卷 299，中华书局影印本 1962 年版。
④ 丁不二方舟：《纸币、债券、银行构建的金融江湖》，2014 年 9 月 29 日，http://www.ikexue.org/archives/21085。

好在不久,明朝廷在这一关键时期终于采取了开海措施,尽管只开了月港一口,也为整个朝廷的经济开通了输血通道。促使大量银币由日本和吕宋潮水般涌入,使得通往日本的唐船与来自南洋的大帆船贸易,刚好弥补了明朝太仓白银的亏空,促进了明朝中国国内市场的繁荣以及稳定。其中,以太湖流域的丝织品为主通过国内贸易送达月港,再由月港运至马尼拉,其后转向美洲国家,由此诞生了闻名于世的"大帆船贸易",即来往于马尼拉和墨西哥的阿卡普尔科之间的航线贸易,运入大量美洲国家银币;而厦门湾商人、葡萄牙人在吕宋、日本和月港、澳门的转口贸易,则将大量日本银币运到中国。

当然,除了西班牙人和葡萄牙人,荷兰人通过三角贸易也输入中国大量银币。荷兰铸币在明末开始流入我国。早在万历三十二年(1604),荷兰船队就到达澎湖,后被明朝军队驱离。天启二年(1622)荷兰东印度公司再度占据澎湖并不断地在闽南沿海进行骚扰。天启四年(1624)荷兰占领了我国的台湾,便以台湾为中转站,经营东西洋贸易。①

由于海外贸易的兴盛,加之银元重量恒定,易计算、便携带,促进了各类"番银"在月港以及明朝南方市场的流通。

据林南中先生研究,最早输入漳州(月港)的货币是一种西班牙属美洲国家制造的银币——楔型块币,又称"锄头钱"。②

其后,更多国家和不同种类的货币接踵而至。这一时期,流入月港及附近地区的外国货币以银币为主,尤其是来自美洲的墨西哥银币,此外,还有

---

①　参见(清)张延玉等:《明史》卷325《外国传·六·和兰传》,中华书局1974年版。

②　块币根据重量不同,分8R、4R、2R、1R、1/2R等5种不同币值,R是REAL(即西班牙货币单位瑞尔)的缩写,主币8R,重量在25—27克,成色91.7%。"块币"始铸于1535年,历经菲利浦二世(1556—1598)、三世(1598—1621)、四世(1621—1665)、卡洛斯二世(1665—1700)、菲利浦五世(1700—1724和1725—1746)、路易斯一世(1725年)一直到1733年止。铸造厂分布于西班牙在美洲的殖民地墨西哥、秘鲁、玻利维亚等地。高炳文:《漳州海丝"番银"赏析》,2013年4月7日,http://wenku.baidu.com/link? url = JCRrA1BEJEKaTBhXTLX4 _ rLH5XnrcguE2FAWLI _ ZDu81zeYMzykwbd-nMG2KLcjbm-NkaY6Zx54heLE0a-CHRN5D2cpF0h5WStWnHY1drSKK。

图 24　无年份西属墨西哥不同币值块币①

图 25　明末 1643 年尼德兰达尔德银币②

① 高炳文:《漳州海丝"番银"赏析》,2013 年 4 月 7 日,http://wenku.baidu.com/
link? url = JCRrA1BEJEKaTBhXTLX4 _ rLH5XnrcguE2FAWLI _ ZDu81zeYMzykwbd-
nMG2KLcjbmNkaY6Zx54heLE0a-CHRN5D2cpF0h5WStWnHY1drSKK。
② 高炳文:《漳州海丝"番银"赏析》,2013 年 4 月 7 日,http://wenku.baidu.com/
link? url = JCRrA1BEJEKaTBhXTLX4 _ rLH5XnrcguE2FAWLI _ ZDu81zeYMzykwbd-
nMG2KLcjbmNkaY6Zx54heLE0a-CHRN5D2cpF0h5WStWnHY1drSKK。

少量的金币。

月港地区外来货币流通时间之长、数量之大、国别之多、版式之繁在国内其他地区甚为罕见，形成了独具特色的区域性货币文化现象。由此带动了其后清末币制的改革，其结果就是由银两制逐渐变为银元制。

有关月港参与建设的世界贸易体系，本书将在后文明代的海洋贸易部分有更多论述。

4.生计模式、社会风尚的改变

由于东西洋贸易的兴盛，也改变了月港当地人的生计模式，"商民贩东西两洋，代农贾之利"。① 对百姓而言，因这种"番舶之饶……而见屋有新瓦，身有具衣，不致皆窳偷生"②，生活质量也有了相当的提高。甚至到了"贵贱皆越"、"民贱啬而贵侈"的地步③，如《漳州府志》中所记载，"田妇登机急"、"商人勤贸进"，"游业奇民捐生竞利"，整个地方社会出现了竞利局面。④ "市镇繁华甲一方，港口千帆竞相发"则生动地描绘了当时的盛景。

经济上的富足，也促进了当地民风的改变，借着天时地利，海澄形成"商人贸迁，巨舶兴，贩番货"的局面。舟楫衣冠，文物颇盛。据称"自设县后民渐向化"。⑤ 明代的左副都御史郡人王志道写道，"澄以舶故寇，寇故县。自县成，舶发于官而寇祸息。犀象、玳瑁、金刚、琥珀、沈木、檀楠、□魏、珊瑚以及未名未见之物如罹落间。天下推华腴地"。⑥

月港兴盛时期，不仅引导了漳州及其附近地区瓷器生产的兴盛，早期简单的传统瓷器在这一时期开始产生了根据需求外商定制的方式，漳州窑产品也成为国外的畅销货。

---

① 顾炎武：《天下郡国利病书》卷96，齐鲁书社1996年版。

② 何乔远：《闽书》，福建人民出版社1995年版。

③ 张瀚：《松窗梦语》卷4，中华书局1985年版。

④ 沈定均：《光绪漳州府志》卷15、卷44，上海书店2000年影印本。

⑤ 沈定均：《光绪漳州府志》卷38《民风》，上海书店2000年影印本。

⑥ 王志道：《初修海澄县志序》，载陈瑛等：《乾隆海澄县志》，台北成文出版社1967年版。

图 26　明代外销的漳州窑五彩印章纹大盘①

图 27　明末外销的漳州窑青花阿拉伯文大盘②

---

①　漳州广播电视报:《"海丝"精品联展 哪些文物值得一看》,2013 年 10 月 28 日,
http://www.zzgbdsb.com/shownews.asp? id=11729。

②　拍品为明代晚期漳州窑制品,该盘直径 37.7cm,盘型硕大,胎质灰白。盘内三
层纹饰带,皆为青花书写的阿拉伯文,青花沉稳淡雅,用笔流畅,为中外文化交流的典型
例证。月港兴盛时期,漳州窑瓷器成为其重要的输出产品,其独特的文化韵味和艺术魅
力蜚声海内外,曾被国内外学者称为"克拉克瓷"、"交趾瓷"、"华南三彩"等瓷器,其窑
址分布于福建平和、漳浦、南靖等县,以平和的南胜、五寨地区窑址最为集中和具代表性。
北京中汉拍卖有限公司:《1195 明末 漳州窑青花阿拉伯文大盘》,2013 年 11 月 17 日,
http://auction.artron.net/paimai-art0027661195/。

同一时期,随着海外贸易的发展,漳州还产生了以进口产品为原料的手工业,如牙雕。而农业生产中,传自吕宋的烟草由于普遍种植,且迅速商品化,不久,漳州的烟草便反销于吕宋。① 此外,当地糖蔗、柑橘、荔枝等水果也是主要的经济作物,均为主要的外贸产品。土产的丰富和商品贸易繁盛,为月港的海外贸易提供了充足的货源。

月港时期,吕宋等东南亚国家由于从月港贸易中输入中国先进的手工业品及先进生产工具,提高了当地农业和手工业的生产水平。如《天下郡国利病书》所载,"则我人百工技艺,有挟一器以往者,虽徒手无不得食,民争趋之"。② 当时加里曼丹、菲律宾等地的犁就取自中国样式。而日本也多从中国输入丝绸、瓷器、糖果、麻葛、药材、铜铁器皿等。③ 当时仅居住于吕宋的"唐人"就有数以万计,④16 世纪至 17 世纪初,中国的水手航行在从印度至日本的海船上,其中许多国家的海船驾驶人员都是福建人。⑤ 这些船主、水手将中国的航海、造船等技术传入其他国家,丰富了各国人民的航海科技知识。由于他们往来于各地,也将海外的生产技术、物种等传回我国,如番薯等物。据记载,"万历中,闽人得之外国。……初种于漳郡,渐及泉州,渐及莆,近则长乐、福清皆种之"。⑥ 由于番薯具有耐旱、抗瘠、高产等优点,使粮食产量大幅度提高,为闽、粤以及全国百姓提供了廉价粮食的来源,扩大了生存空间,在很大程度上刺激了明末至清代人口的增长。国外学者也认为,除此之外,马尼拉大帆船输送到亚洲的商品还有贸易价值不高但颇具生态意义的另外几种物品,那就是玉米、花生、土豆、辣椒等美洲作物。它们被引进中国后,同番薯一起引起了中国的"第二次农业革命",使中国的耕地面积和人口规模都增长了一倍,与种植水稻和谷子相比,美洲作物需要投入的劳动较少,因此中国人能抽出更多的劳动力生产丝绸、茶、糖等经

---

① 参见陈自强:《论明代漳州月港》,载《月港研究论文集》,中共龙溪地委宣传部、福建省历史学会厦门分会 1983 年版。

② 顾炎武:《天下郡国利病书》卷 93,齐鲁书社 1996 年版。

③ 顾炎武:《天下郡国利病书》卷 119,齐鲁书社 1996 年版。

④ (明)张燮:《东西洋考·吕宋》,中华书局 1985 年版。

⑤ 参见《清仁宗实录》卷 199,台北台湾大通书局 1984 年版。

⑥ 周亮工:《闽小纪》卷 3《蕃薯》,福建人民出版社 1985 年版。

济作物,同时由于人口增加和内部移民,边疆地区的重要性也得以提高。可以说,广义的银丝贸易从根本上改变了中国的经济结构和中国的历史进程。①

二、浯屿

浯屿,是地处厦门湾口的一个小岛,历史上属于泉州府同安县,今属漳州龙海市的港尾镇。

正史有关浯屿的记载始于明代,《明史》载,嘉靖三十六年(1557),"贼扬帆泊浯屿,纵掠闽海州县。闽人大噪,谓宗宪嫁祸";②三十七年(1558),都御史王询请"分福建之福、兴为一路,领以参将,驻福宁,水防自流江、烽火门、俞山、小埕至南日山;漳、泉为一路,领以参将,驻诏安,水防自南日山至浯屿、铜山、玄锺、走马溪、安边馆。水陆兵皆听节制";③嘉靖三十七年(1558),"新倭大至,屡寇浙东三郡。其在岑港者,徐移之柯梅,造新舟出海,(胡)宗宪不之追。十一月,贼扬帆南去,泊泉州之浯屿,掠同安、惠安、南安诸县,攻福宁州,破福安、宁德"。④ 万历十五年(1587)驻地官员许师古还为此重修岛上外关帝庙:

"万历丁亥正月朔,师古受命来知浯屿水寨事,求关公之神而造谒焉。神栖于路亭之旁,不可以成礼。乃出囊资七十金,撤莱食之庐舍八十椽,庀材鸠工以首庙事。四哨之官、捕目、兵弁(等)口人相率而助四十金。两班卫所之队若军,亦相率而助四十金。望老奉三金供酒食,游兵毛户侯以二金称花币,道人讳鸿宝输五金施绘事,遂入为司祝。逾年而庙貌奕然,甲八闽矣。古武夫不能文,直书其年月始末以诏来者。"⑤

① 参见 Dennis O. Flynn and Arturo Giraldez, *Cycles of Silver*, *Global Economic Unity through the Mid-Eighteenth Century*, Journal of World History, Volume 13, Number 2, Fall 2002.

② (清)张延玉等:《明史》卷205《列传》第93,中华书局1974年版。

③ (清)张延玉等:《明史》卷91《志》第67《兵三·海防》,中华书局1974年版。

④ (清)张延玉等:《明史》卷322《列传》第210《外国三·日本》,中华书局1974年版。

⑤ (清)薛起凤:《鹭江志》卷1《庙宇》,鹭江出版社1998年版。

据杨国桢教授的研究,诸多当今学者误将浯屿当作浯州屿(金门岛),不知其根据何在。两者仅一字之差,很容易使人产生前者是后者简称的错觉。杨教授认为,把浯屿与浯洲屿混淆,始作俑者似是清初学者顾祖禹(1631—1692年)。顾祖禹在《读史方舆纪要》卷九十九"同安县"下记述道:

> (浯洲屿)县东南大海中。……屿广袤五十余里,有山十数。最高者曰太武……又有海印岩、石门关诸胜,其地亦名五澳,实番人巢窟也。明初设浯屿水寨于此。
>
> (浯屿寨)在县东南,水寨也。……寨置于浯洲屿太武山下,实控泉州南境,外扼大、小担二屿之险,内绝海门、月港与贼接济之奸。成化中,或倡孤岛无援之说,移入厦门内港,仍曰浯屿寨。……旧浯屿弃而不守,番舶得据为窟穴。

就此看来,顾祖禹将浯屿寨视为建在浯洲屿之上,产生了误读。由于顾氏非闽人,而浯洲屿(金门岛)与远比它小得多的浯屿仅一字之差,故而易将其误认为同一岛屿。

嘉靖四十一年(1562)胡宗宪编纂的《筹海图编》卷四《福建事宜》云:"浯屿水寨:原设于旧浯屿,有以控大小担屿之险,内可绝海门、月港之奸,诚要区也。"万历三十二年(1604),内阁首辅叶向高的《改建浯屿水寨碑》记载说:"浯屿水寨故在大担、太武山外,后徙于中左所。"[1]而著于同年的郭惟贤的《改建浯屿水寨碑》亦云:"以予所闻,浯屿水寨与漳合戍,国初建自江夏侯周公,远在大担南太武山外。后有见为孤岛无援者,遂徙而内,即今之中左所是已。"[2]万历四十年(1612)刊刻的《泉州府志》卷十一《武卫志上》所载方位更为具体:"国朝洪武初……于大担、南太武山外建浯屿水寨,扼

---

① (明)叶向高:《改建浯屿水寨碑》,载沈有容:《闽海赠言》卷1,台北台湾银行经济研究室编印1959年版。

② (明)郭惟贤:《改建浯屿水寨碑》,载沈有容:《闽海赠言》卷1,台北台湾银行经济研究室编印1959年版。

大、小担二屿之险，绝海门、月港接济之奸。旧浯屿，在同安极南，孤悬大海之中。左连金门，右临岐尾，水道四通，乃漳州、海澄、同安门户，国初设寨于此。"何乔远的《方域志·泉州府同安县》仅说："浯屿，旧置水寨"，但又说："大担屿，周围五里，外连浯屿水寨"。其方位也说得很明确。此外，明代航海指南书籍《顺风相送》中"各处州府山形、水势深浅、泥沙地、礁石之图"一节亦记载浯屿："太武山内浯屿，系漳州港外，二十托水。"①说明浯屿水寨是置于南太武山以外的浯屿岛，明朝人将两者区分得很清楚。

葡萄牙人自 1518 年首次抵达 Chincheo，到 1549 年完全撤离为止，曾经在当地一小岛建立过居留地，规模仅次于浙江双屿，人数达五六百人。中外史家一般认同葡萄牙人在 Chincheo 的居留地在浯屿，建立居留地的时间大致在嘉靖二十一年（1542）或稍前。

杨国桢教授在《葡萄牙人 ChinCheo 贸易居留地探寻》②一文中，旁征博引、多方查证，对漳州、浯屿及其相关的地名作过精辟透彻的考证分析。他指出在 16 世纪上半叶，葡萄牙海盗式商人和航海探险家在Chincheo（漳州）持续进行长达三十年之久的隐藏式贸易（Trade Under），是西方东进亚洲海域的一个不可忽视的环节。但以往研究存在盲点。经过对中葡史料作了对照比较，杨先生同意 Chincheo 系闽南话漳州的记音，并进一步指出：葡萄牙人最早抵达 Chincheo 的"海岸城市"，很可能指月港，而不是漳州府城或泉州府城；Chincheo 葡萄牙居留地在同安极南的浯屿，而不是浯州屿（即现今之金门岛）；在漳州岬甲和漳州河口的陆地上建立葡萄牙居留地的可能性也不大，在月港建有葡萄牙居留地的说法则应予否定。

可见在 16 世纪，海外殖民者已染指浯屿。

查阅国内的文献，嘉靖二十六年（1547 年），葡萄牙人"寇漳州，私市浯

---

① 向达：《两种海道针经·顺风相送》，中华书局 1961 年版，第 32 页。
② 杨国桢：《葡萄牙人 ChinCheo 贸易居留地探寻》，《中国社会经济史研究》2004年第 1 期。

屿"。①　"佛郎机夷人先于嘉靖二十六年四月内入境,劫掠去来无常"。②　据《明实录》记载,嘉靖"二十七年,复至漳州月港、浯屿等处,各地方官当其入港,既不能羁留人货,疏闻庙堂,反受其私赂,纵容停泊"。③　又有《漳州府志》记载,"有佛郎机夷船载货在于浯屿地方货卖,漳泉贾人辄往贸易,巡海道柯乔、漳州知府卢璧、龙溪知县林松发兵攻夷船不得,通贩愈甚"。④　"番以货泊浯屿,月港贾辄往贸易,禁之不可。"⑤"有佛郎机船载货泊于浯屿,月港恶少群往接济,后被军门朱纨获接济之人,戮之,夷船方去。"⑥万历三年(1575)在马尼拉的西班牙人派遣使者到福建和明朝官方通报消灭海盗林凤之事。马丁·德·拉达修士(Fr.Martín de Rada)作为其中的见证人之一,出使福建,沿途对福建各地以及明朝的情况有很多记录。在《出使福建记(1575年6月至10月)》中,拉达修士分析了1550—1588年葡萄牙人的《旅行指南》,其中提到葡萄牙人常在厦门湾各个海岛进行贸易和驻冬,尽管他们把这个驻地"不加区别地叫做 Chinchou 港、Chinchen 港,或 Chincheo 诸岛、Chincheo 河……迪额郭·伯来拉曾和他的船在一个岛外过冬,这岛明显地是浯屿;尽管没有注明年代,仍可以断定是在1548年……这些旅行指南也清楚表明葡人和日本海寇一起经常去浯屿和其他海岛。"其后他还提到烈屿、海门岛和料罗湾等处。⑦　非常有意思的是,这位关注细节的拉达修士将葡萄牙人弄混的漳州、泉州和厦门等各名称一一区分后,认定葡萄牙人所说的 Chincheo 港/或岛/或河,实际上指的就是厦门湾!⑧　这说明当时葡萄

---

①　(明)陈仁锡:《皇明世法录》卷82,明崇祯八年(1635)版。

②　(明)朱纨:《甓馀杂集》卷6附,天津图书馆藏明朱质刻本,济南齐鲁书社1997年版。

③　《明嘉靖实录》卷363,嘉靖二十九年七月壬子,上海古籍书店1983年版。

④　(明)袁业泗等:《万历漳州府志》卷12,明万历四十一年(1613)刊本。

⑤　(明)袁业泗等:《万历漳州府志》卷18《寇乱》,明万历四十一年(1613)刊本。

⑥　(明)袁业泗等:《万历漳州府志》卷30,载《海澄县·杂志·兵乱》,明万历四十一年(1613)刊本。

⑦　参见[西]马丁·德·拉达:《出使福建记》,载［葡］伯来拉、克路士等:《南明行纪》,何高济译,中国工人出版社2000年版,第300页。

⑧　参见[西]马丁·德·拉达:《出使福建记》,载［葡］伯来拉、克路士等:《南明行纪》,何高济译,中国工人出版社2000年版,第300—303页。

牙人已经混迹于厦门湾各处，并且在浯屿有了留居点。同时在其窃踞之时，还和日本倭寇沆瀣一气。

据杨先生分析，当时葡萄牙人在 Chincheo 的停泊贸易地点，要发展成为有五六百人暂居的居留地，必须要有一定的条件。既要隐蔽、偏僻，久住而不易被发现，又要处于主航道旁，方便漳泉两地私商前来交易。浯屿位于同安极南，东北距大担屿 5.5 公里，西距漳州陆地岛尾 2.8 公里，是一座长 2.25 公里、宽 0.48 公里、面积 1.08 平方公里的小岛。屿首尾两门，船皆可行。浯屿澳在浯屿西，是天然避风港地，周围水深，上下不受潮汐限制，当地岛上渔民至今还称之为"内江"，说明其湾内海潮平稳；反之靠近外海的部分则被称为"外江"。明初在浯屿上设浯屿水寨，正统八年（1443），户部侍郎焦宏巡视福建时，建议将水寨移至嘉禾屿（厦门）中左所，仍称浯屿水寨，故此后人们俗称浯屿为"旧浯屿"、"外浯屿"。

图 28　浯屿之"外江"左侧

图29 浯屿之"外江"右侧

　　浯屿由于海道四通,又与沿海陆地和附近海岛隔开,因撤防而无官员监管,隐蔽性高,成为漳泉走私海商和海盗的据点。故而当年葡萄牙人东来,自然相中它作为居留地。朱纨曾在书中记录他们通过走私海商贿赂浯屿水寨官员,交纳买港费而得到默许之事,其中,浯屿水寨把总指挥佥事丁桐供认"纵容土俗哪达通番,屡受报水不啻几百,交通佛郎夷贼入境,听贿买路砂金,递已及千"。① 在《六报闽海捷音事》中,朱纨直接将浯屿斥责为"夷屿"、"夷岛",当时葡萄牙人还在岛上建有港口和防御工事,"兵船在外挑战不出"。以后胡宗宪、郑若曾编纂的《筹海图编》就载:"外浯屿乃五澳地方,番人之巢窟也"。崇祯六年(1633)的《海澄县志》也载:"有佛郎机夷船载货泊浯屿地方货卖,月港贾人辄往贸易⋯⋯朱纨厉禁,获通贩者九十馀人,遣令旗令牌行巡海道柯乔、都司卢镗就教场悉斩之,夷舶乃归";而其中《舆

―――――――――

① 朱纨:《甓馀杂集·卷六附》,天津图书馆藏明朱质刻本,齐鲁书社1997年版。

地志·山川·浯屿附》还记载："万历甲辰（1604），红夷求市，说渠锦囊载称，旧浯屿祖系彼国互市地。"①

图30　明代《重建天妃宫记》②

浯屿虽为一方小岛，但因明代葡萄牙人欲至漳州进行贸易而窃踞该岛，以后才引起朝廷的重视，转而在岛上驻军设防。

三、海澄三都等地的发展

明代，月港的兴盛带动了九龙江河口不少的乡村的发展，比如海澄三都的青礁、石塘、新垵、霞阳等地。由此兴起的民间海外贸易，促使不少三都的宗族都有族人相率出洋，移居东南亚，三都也为此成为著名的侨乡。

青礁村位于厦门海沧区南部沿海地区，九龙江下游北侧，海沧镇之西北 2.1 公里处。青礁村原属漳州府龙溪县（后改海澄县）第三都之永昌保。颜氏自北宋肇基海沧青礁后，历经数代发展，俊彦辈出。例如，族谱"世科"条目记

①　参见杨国桢：《葡萄牙人 ChinCheo 贸易居留地探寻》，《中国社会经济史研究》2004 年第 1 期。

②　该碑刻为明代抗倭抗荷名将沈有容所立。沈有容曾于万历三十年（1602）率 21 艘战舰拼死渡海，前往东番（台湾），大败倭寇，夺回被掳男女三百七十余人。随行的陈第为此写有关于当时台湾土著民风的《东番记》。万历三十二年（1602），沈有容又智退以韦麻郎为首的荷兰侵略者，保卫了澎湖列岛。万历四十四年（1616），倭犯福建。有容统帅水师，擒倭东沙。沈有容一生多次驱夷保台，可谓功勋卓著。参见（清）张延玉等：《明史·列传第一百五十八·沈有容》，中华书局 1974 年版。

图 31　万历辛丑年(1601 年)重建的浯屿天妃宫

载,入闽始祖泪公即取后唐武第,后为平闽副元帅,因功封建德侯;自愃公为宋庆历间恩贡,漳州路教授以来,族出了不少乡贡、进士;由宋至明,单是青礁颜氏,族中就出了 27 位中科举者,其中进士就达 25 人,如官至吏部尚书、漳浦郡侯师鲁公,古田令希哲公,有任怀安知府的用章公,作过靳州知州的朝彬公等等。至明末清初,颜氏已蔚为大宗。

据明万历年间之《青漳颜氏族谱序》记载:"出派青礁以来,开基鼎峙,一居府前坊之西桥也;一居本处青礁西桥也;一居龙溪南门外凤塘也;一居漳浦三十三都之白沙也;四者科甲并兴,气节齐明。"族谱称:"青礁愃公为四世,生峣实,而实生师鲁、师邹,乔居西桥,为始祖,派术青溪,金田,还集文昌乌泥。越九世,希孔又出继西桥,越十一世,乌陆公又从青礁移白沙。迨十四世,伯乾,伯旭,皆福清公派,迁居凤塘,瀛店,继而至渐山,水头,港头,浅店,潭尾,颜厝前,峙后,塘边,浅宅,鼎尾,及田寮,漳浦,南靖,福州,长乐,连江,古田……龙岩,云霄……俱系青礁公出。之后,西桥移居清溪乌泥(又返安溪)而西桥当中叶时,非希孔公,孰为之后?白沙当立祖之元,非鸣陆公孰为之始?而凤塘,双店,继祖传芳,无伯乾何能所出?则师鲁,师邹,希孔，鸣陆，伯乾，明属共派。此时以科绍科，以甲踵甲，师鲁，师邹居西桥，师义，师干，师孟在青礁，而西桥继有希孔，青礁继有希明，希禹，希周，希哲，希圣，希贤，希悯，希冑，正自不少。鸣陆之在白沙，伯乾之在凤塘，希孔之继西桥，诸派子孙，众星朗朗而耀灿也。"①

据青礁村颜氏家庙内的崇祯十年（1637）阖族所立的《皇明颜氏家庙从祀碑记》，其记载如下，

粤稽我青礁氏族发祥究国。自始祖朴庵公传克复，倡学东南，师表郡泮，俎豆宫墙，数传而家宰师鲁公、承事郎唐臣公，递及学录雪岩希孔公、古田令希哲公、南胜尉贵来公，列祖后先甲第，卓然有声。至正甲申（1344），建有奉先祠堂，仍置田租以供岁祀。迨鼎革之际，兵燹荐经，祠圯而租亦坐是寝薄。万历己丑岁（1589），十七代孙廷悦公追念水木，董我族人，鼎建祖庙于本家之东。虽时食频荐乎而陈设尚简也。兹岁复丁丑，天运一周，祖祜更笃。十八代孙起龙等顾瞻榱桷，怆然思成，不文捐赀置产，以似续而光大之。今日寝庙奕奕，笾豆静嘉，谁之力欤？按礼：有功于祖宗及与祖宗功德埒者，典得配享。则廷悦等诸公礼请从祀于典，协矣。而明初思陆公者迁于白沙，九世孙容暄公登庚戌进士，敭历四藩二千石，其惠民抗珰，诸循政难具悉，使得如范苏州昼锦以归，其中兴祠宇、广置义田，岂顾问哉？竟乃出守中都，天植完节，效家常山之殉忠，以对扬祖列，圣天子方将特庙褒旌，而吾家祀已典又恶可已，其子世荐复承先志，以清白之捐百金增益祀田，犹称纯孝。于是子姓欣然，相与涓吉制主，入庙配享，世世不祧焉。铭曰：猗欤列祖，保艾尔后。嗟尔孙子，丕绍纯嘏。岐山永峙，澄海长疏。勒之贞珉，秩秩斯祜。

容暄公号大屏，戊戌进士，历南阳、扬州、太平、凤阳四郡太守，充银壹佰两；廷悦公号少川邑廑旌善；可仰公号寿官，可嘉公号绘吾充七十两；起龙公号图南，乡武进士；谦公号亨吾；将士郎廷巍公号介翁，可哲

① 新加坡颜氏公会：《新加坡颜氏公会十周年纪念特刊·颜氏先人繁衍华南地方之经过》，新加坡颜氏公会 1976 年版。

公号□□，果口公号登吾征仕郎；厚公字□□；可焕公号□□，尚蔡公号业吾郡库生，可隆公□□□、仲琨公号锦池，□□□□□□，已上各充银伍拾两。

由碑文可知，颜氏祠堂复建于万历年间。从捐资的族人来看，金额都不在小数，可想见在颜氏于明末，族中已有不少富裕者。整个族群的经济实力在当地应属上乘。

万历时青礁颜氏重修家庙、族谱之时，大体上正是颜思齐海上贸易繁盛的阶段。

颜思齐(1589—1625)，字振泉，漳州海澄县人。海沧颜氏族人认为，颜思齐是颜愃第二十世孙，据说其体格魁梧雄健，生性豪爽，仗义疏财，精熟武艺，好打抱不平。万历四十年(1612)，颜思齐遭官家欺辱，怒杀其仆，逃亡日本，以裁缝为业，兼营中日海上贸易。不数年，渐富。其间，颜思齐与常往长崎的晋江船主杨天生结交，广结豪杰。日人川口长孺曾记载明天启元年，"南海盗起，海澄人颜振泉为魁。至是，振泉称日本甲螺……甲螺犹头目也"。① 为此，因颜思齐的影响，日本平户当局任命他为在当地螺(头目)。天启四年(1624)，颜思齐等人因不满日本德川幕府的统治，密谋起事造反，与杨天生、陈衷纪(海澄人)、郑一官等28人拜盟为兄弟，以颜思齐为盟主。后不幸事泄，幕府搜捕，思齐率众乘13艘船出逃，后率队抵台湾，在笨港(北港)靠岸，从此筑寮立寨。同时，颜思齐又遣人能好土番，商定疆界，互不侵扰。在笨港东南岸的平野(新港)，成为颜思齐的指挥中枢，他还派杨天生率船队赴漳、泉故里招募移民，前后计三千余众。颜思齐将其分为十寨，发给银两和耕牛、农具等，开始了台湾最早的大规模拓垦活动。

关于颜氏拓殖台湾的经过，据台北市颜氏宗亲会出版之《复圣颜子2493周年诞辰纪念集》中有《台湾颜氏世系考》，该文认为"……颜姓之莅台湾也，当以思齐公为第一人，时在万历年间(1573—1620)。其发源地，为

① 川口长孺：《台湾郑氏纪事》，台湾大通书局1987年版。

图 32　位于台湾北港的颜思齐登陆纪念碑①

嘉南一带。然我子孙后代，流传情形，史乘均无记载。逮至明末清初，清泉民众，始陆续移民台澎。盖郑氏开拓东宁，义民跟随来台，为数甚众。我颜氏之东渡，大有其人。然系统复杂，难以考证。据有谱乘可稽者，以台湾县下营乡颜氏，为海澄青礁恺公之裔，始祖世贤公于明末东渡来台，至今传十四世，在红毛厝建有宗祠。……"由于颜思齐本人复杂的身世，族谱中并未加以录入其详细谱系及字辈。一般而言，为了避免家族受到株连，凡是族人有作奸犯科的，一律要从族谱中除名、避讳；因此，在颜氏族谱中记载青礁二房这一支，到第19、20代，即到颜思齐父子以后就中断了，以后谱中找不到这一支的任何记载。

不过，连横所著《台湾通史》记载，"天启元年，海澄人颜思齐率其党入居台湾，郑芝龙附之……于是漳、泉人至者日多，辟土田，建部落，以镇抚土番，而番亦无猜焉。居无何，思齐死，众无所立，乃奉芝龙为首。芝龙最少，

①　腾讯大闽网：《颜思齐：开拓台湾比郑成功还早》，2014 年 3 月 31 日，http://view.inews.qq.com/a/FJC2014033101470307？refer=share_relatednews。

才冠其群,陆梁海上,官军莫能抗"。该书在为台湾历史人物所立传中,列颜思齐为首,对他的功绩是非常肯定的。

明朝建立后,为了防止倭寇侵扰,曾撤废澎湖巡检司,尽徙岛屿居民返回内地。然而至明代中叶以后,台、澎地区逐渐成为海上武装集团的潜聚之所。当时与台、澎关系最密切的有林道乾、林凤、曾一本、李旦、颜思齐、郑芝龙等人。颜思齐、郑芝龙在台湾设有据点,召集泉、漳移民屯垦。

天启五年(1625),颜思齐死后,以厦门为根据地的许心素从海上崛起,许心素即青礁附近充龙村人。

自明末以来,青礁派以下的子孙就因不断流播而迁居台湾,如十三世嘉祯时,"派居东山。明末、国初繁衍最盛,科甲踵起,今皆散处,派有分于福州及台湾者"。而同为十三世之嘉助经广绪所传下的十五代华轸者,言其迁居田寮后代孙辈"有迁于台湾卿仔潭者"。① 台湾嘉义县新港乡地方人士经过多方考证后,确定新港就是"开台先锋"颜思齐登陆台湾的地方,为表达对这位开台英雄的敬仰之情,他们还耗资在新港乡妈祖宫前,兴建了"思齐阁",作为纪念先贤颜思齐率众来台湾拓荒垦殖的历史。②

总之,无论是有关家庙创建的久远,对地方文化建设的力度,还是向各地及海外人口播迁的过程,无一不展现了颜氏对传统的继承,族中才杰的辈出,以及雄厚的经济实力。

原属龙溪、海澄的三都的新埭、霞阳,对外交通便利,航路众多,明清以来商埠林立。《海澄县志》记载:"新埭在同安竣,水师前营目兵二十员,属桥梁尾把总兼辖。"民国版《同安县志·交通志》也有新埭、霞阳作为漳属航路的记载。以前当地存有数座商埠码头,今日霞阳的一些地方,还称为"船仔头",仍保留着古代下海的台阶。至今去到当地,村民们仍然会历数祖辈们早已形成"流黑水"(下南洋)的传统,自元末明初以来,先民们多从水路漂洋过海,远至东南亚一带谋生,靠经商发家致富。

《同安县志》的记载,早在元末明初,就有新埭村邱毛德等人渡洋"通

① 青礁崇恩堂理事会:《(青礁)颜氏族谱》,1989年版。
② 卢志明等:《青礁颜氏祖祠遗址:一段深埋地下的开台王传奇》,载《厦门日报·海峡周刊·地理》2006年6月30日。

番"经商；明嘉靖、万历年间，邱姓族人又陆续前往马来半岛、吕宋（今菲律宾）和交趾（越南）谋生。邱姓原本姓曾，至洪武十三年（1381），邱曾氏有晚成公者，"报作邱添姓立户，将米收户内，代当报恩里长"。是为曾氏改姓之原由。邱姓族谱中至今还有一段关于家族垾田由来的记录。当地曾有垾田一片，原本无人管理，后于元代经龙溪人谢实夫的创立，土匪刘均玉、均和弟兄的掳掠，其后明朝廷加以接管。以后，又有"晚成公已故男大发，字元亨；正发字元忠，接管官田，催讨各佃米价，封纳军储"。尽管邱曾氏为官家管理垾田，催讨佃米，但却因此遭来祸患。谱载"元亨公因无毛德诣军门招抚，被蛮军私杀之，死于田边大井上"。其后，元亨公之弟"正发公立户田，归佃人耕种，空受户米当差。至父广温公计将垾田送与大户周政，当头照佃分科讨租。各佃听纳，不敢有违。三年付还，各佃仍又执拗不纳，照纳旧米，结党告争，将田欲行分散"。① 可见，由于在租佃关系中，邱曾氏曾与当地佃户们发生争执，产生过一些矛盾。据弘治六年（1494）其家族五世孙拱辰所撰之文回忆说：

　　是父亲出头与争，各佃退息。至永乐宣德将垾田两平均分，计种贰拾余石。官职米分科浩重。宣德五年（1431），蒙福字勘合，官职米减科二三分。今为定则。子孙得其口食。至正统十四年（1450）己巳，改元景泰（1450—1451）庚午，垾□发漏，众议抽田八斗与堂兄孟乾专治补塞十余年。既故，男文蕃不能接管，退还别与姪文密，补塞不固，漏入低田，淹浸无收。又经秋潮泛涨，垾□皆陷。至弘治二年（1490年）乙酉是辰，与堂弟惠乾、绍乾、泰乾等会各弟姪兴工雇匠，砌筑内□，通天下闸。至壬子年外□通修，揭起旧址石版，再下牛树，重新砌筑，增起一尺，工夫完固，大小咸欢。嘱余（拱辰）立记，使后继之子孙知祖宗创守艰难，抑亦知其田有自而来，今当保守无废。

其中，除垾田外，另包括"鱼塘壹口，坐许家屋后，连带垾田系晚成公买

---

① 参见邱氏族人：《新江邱曾氏族谱·新江邱曾氏垾田志》2003年版。

得本都叁拾图丁子辅池;其泥泊壹所,特因埭田告争,共典费用。后父同叔父广忠、广让、文道等私赀赎回"。①

由此可见,由于明代收佃租人员在邱曾氏家族内的传递,经过邱曾氏族人的数次修缮并买赎,埭田最后成为邱曾氏的私家产业。

特殊的地理位置使新垵、霞阳在古、近代成为远洋运输业和海上贸易业者的聚居地。而且,这里盛产高岭土,又曾是繁荣的商埠,故窑业自唐代已大规模发展,至明代仍留有遗存。②

新垵的尚武之风自古有之,至明代仍英雄辈出,如隆庆年间的武举人邱一莳、抗倭名将李良钦、小刀会的主要组织者邱光勖等人。

当地另有一堂称"大觉堂",为400多年历史的抗倭民间堂会。是为阳宅,并非神庙。据《重修大觉堂碑记》载,大觉堂创修于明代隆庆年间,由隆庆丁卯科武举邱氏一莳公号召族人"以防外吏(逆)入侵"而修。堂会供奉保生大帝、土地爷爷、送花娘娘,以庇祐乡民安居乐业。明嘉靖年间,由漳邑候旌团练长邱一亮继任堂主,组织民众防御外吏(逆)。与著名的俞大猷俞家军共同防倭、抗倭,保卫疆土。其中,邱一镇公因捕倭寇有功而受赏。③

与三都毗邻的同安县鼎美辖区之下的祥露村即下祥露,以庄氏为大姓。庄氏明代就有一些族人分居金门及台湾,如勤励祖五世孙、崇仁公之曾孙惟力公,于明中叶渡海去浯洲(金门),开基西埔头数村,为金门始祖;勤励六世尧枝、尧辉二兄弟往台湾,后不详;大乘公,勤励公裔孙,泰昌庚申(1620)同妻陈氏二娘同英往台湾;尔凝公,讳锡祖名添,天启年间同妻徐居台湾。公卒,葬于台湾凤山川台右边坑上,子贯亦卒于台,葬台湾南路。④ 由庄氏族五世孙渡海开基金门约在明朝中叶,可推测其六世尧枝、尧辉二兄弟前往台湾的年代约在嘉靖年间,且族中另有两例大乘与尔凝均于明末携妻前往

①　参见邱氏族人:《新江邱曾氏族谱·新江邱曾氏埭田志》2003 年版。

②　参见中华国术论坛:《发现厦门最美乡村及厦门十大最美乡村评选》,2006 年 7 月 24 日,http://www.wushu2008.cn/archiver/? tid-11788.html。

③　参见邱大昕:《重修大觉堂碑记》。该碑现存于厦门新垵村大觉堂内,该堂复建于 2004 年农历二月,于当年六月竣工。

④　参见祥露庄氏祥溪堂:《同安县锦绣祥露庄氏族谱》1994 年版。

台湾。由以上材料可知，庄氏一族入台开拓时期远早于荷兰人据台之时。综合庄氏新旧谱统计，在明代庄氏有大约 10 人移民台湾。

明末祥露庄氏又有弁机公于崇祯年迁居澎湖、马祖等地；庄德公，勤励祖之子崇德公之裔孙，永历十五年（1661）随郑成功入台，前往台湾佳里镇营顶开基，为佳里庄氏始祖，入垦台南县佳里镇等。①

与三都一湾之隔的马銮村，现今由马銮、后尾、碑头、岑尾、扶摇五个自然村组成，总人口近 4000 人，其中马銮、扶摇两个自然村以杜氏为主，人口近 2000 人。马銮西与西滨村为邻，东接曾营的吴仔尾，北面是杏林镇，历史上归泉州府同安县管辖，宋为安仁里统于明盛乡，沿及明代，所属几无改变。

杜氏祠中有康熙五十一年（1712）的碑刻《马銮杜氏清理海利屯地等税碑记》，该碑记载：

> 我祖自唐入闽，卜居同之海滨清銮里，遂昌炽而聚国族、建祠宇有年矣。置屯德化，奉春秋涅把，后以隔远，为豪强霸踞，赖日严控回，次崖先郭文以纪其事，族人为之立石于祖祠之侧。祖宇前代皆有更新，至明隆庆、万历间，鹏南公、明湖公相继出仕。鹏南公重建，厥后光参公节钺邦，又重修之，鸠众置祖坟前后左右地，种盖以充笾豆，亦虑后有冲伤焉。

又据明代任广东按察司佥事、前两京大理寺丞的林希元所撰的《马銮杜氏复业记》记载：

> 安人杜氏之先，有曰得禄者，从戎远卫，宣德中寄操吾泉，出屯种于德化。其田在德化万山中，土豪虎食其地，吏治弗能究，屯田没者什之六，屯军郭良观绝。正德十有三年，军余杜楚又顶种其田，田尽没于豪右，实则空名。二田税粮，每岁族人轮输，有因之倾产者，后先胥沿，莫能改也。嘉靖一十九年，其家之老曰曰严者毅然曰："田在豪右，税在

---

① 参见祥露庄氏祥溪堂：《同安县锦绣祥露庄氏族谱》1994 年版。

吾家,国法谓何? 杜氏子孙谁任其咎? 子不能甘而食矣。"乃选其族之才者三人,曰乔绎、曰汝椿、曰庸朝,以修复之事责成之,以亲杨旺为之相,三子欣然惟命,相与谋曰:"田不复,咎诚在我。然讼形靡常,费不可豫,族产贫富弗一,头会门敛不亦艰乎?"曰严曰:"必待众举,终弗举矣。吾四人者当任之耳。"乃以身先之,于是咸捐囊以应,遂讼于屯道金宪曾公。公受牒,下县推理,土豪机变,事沿之,枉羁累三年,匪特糜财,几亡其身。曰严语三子曰:"功不成,匪特吾家世受其敝,且取笑于人。子其勉之。"乃益励志,恳诉于曾公,案行二府尹侯,始执其豪,鞠还荒熟田壹百三十六亩。由是故物始复,官租岁输,无空贩之患。房长曰信将相与议曰:"非四人,不及此。吾侪受其敝,宁有既乎? 今其免矣,功不可泯,盍以田历年与之,其租所入皆归焉,匪特偿费目,酬功也。"曰严与三子曰:"始议复田,本为门户除敝耳。受若田,是商贾也。"固让不可。曰信等曰:"田复而赏不受,匪特有功,义可尚也,其可忘乎?"乃相与诣予,乞言勒之石,以彰其功。

……四子其贤乎! 复百有余年之业,劳己之力,费己之财,而不自以为功,非贤而能之乎? 昔鲁仲连却帝秦之议,下聊城之将,封爵不受,万世高之。予观四子其闻仲连之风而兴者乎? 昔孔子相鲁,齐人惧,乃归所侵鲁郓汶阳、龟阴之田以谢过,鲁筑城于此,以旌孔子之功,因名谢城。今勒石以记严及四子之功,亦鲁人意也。予奚辞? [1]

杜氏族人,以房长杜曰信率曰忠、曰华、曰灿等 15 人于嘉靖二十五年(1546)十月也曾立碑记录此事。两者记录情况有所差异,前者只简略记录宋代杜氏至德化,而后者则载其因先世杜得禄在明代宣德中从戎至当地屯田。即便如此,我们也可断定,至少在明代杜氏已经在内地的德化屯田,且后田尽没于豪右,而族人却轮输其税粮。嘉靖十九年(1540),因族老杜曰严号召族人,故有乔绎、汝椿、庸朝三人共同出力去诉讼此事,历经羁累三年

---

[1] 杜祖贻等:《晋安杜氏族谱马銮续编》,晋安杜氏族谱续编编辑委员会 1990 年版。碑存杏林镇马銮村杜氏家庙内,现状基本完好。

艰难终于夺回被占土地。所失租金亦得以补偿。

据台湾学者吴遐功先生的研究，在台湾二层行溪流域下游的文贤、永宁里，即今台南市区湾里、喜树、鲲鯓各部落，台南县仁德乡大甲、二行村，高雄县茄萣乡及湖内文贤地区，其可能于荷兰殖民时期来台者，计有湾里的杜、叶二氏，鲲鯓的陈氏、薛氏，喜树的蔡氏，大甲山仔头的陈、许二氏，二行村土库的宗氏等八例；其中，湾里的杜氏，原籍泉州府同安县马銮乡十九都，墓碑显示其入台祖杜高銮卒于永历元年（1647），推断其入台时间应在荷兰据台时期，甚或荷兰人据台之前。① 这可以说是马銮杜氏较早的有确切例证向台湾的移民。

从杜氏的基本材料来看，比较确证的线索是，杜氏先世先居同安海滨清銮里，以后逐渐繁盛，聚族、建祠；再有族人至德化，屯田置产，后为豪强霸踞，以后经族人诉讼控回；至明代杜氏迁居台湾。从杜氏族人在宋代聚族立祠，且至少在明代至外地屯田置产来看，当时家族已有相当强的经济实力。

从海澄三都所包括的几个村子以及邻近的祥露、马銮在明代的发展来看，当时厦门湾西岸的不少地区，不仅有兴建祠宇、广置义田，且有宗族至内地屯田置产，显示出明代大宗族的兴起及其经济实力；而此期有关向台湾的播迁，则有宗族的碑刻及族谱材料显示出其移民台湾时间明显早于荷兰人，这也从物证上显示出早期厦门湾先民对台湾的开发。

第二节　厦门湾北岸

明代厦门湾北岸也得到了进一步发展，此期，山林开发，埭田扩展，社会生产有了进一步发展；人丁滋长，科举兴盛，移民迁移活动更为频繁。不少家族在此期都得到较大较快的发展。当然，时局的不靖的影响也在家族发展中得以呈现。

---

①　参见吴遐功：《荷兰时期二层行溪流域的汉人移民》，2005 年 3 月 24 日，http://lib.chna.edu.tw/e_resource/chnabulletin/P...。

一、同安桥东刘氏

同安《桥东刘氏世谱》于2002年在金门被发现,谱中记录了自洪武十八年(1358)至民国甲戌年(1934)年间550余年的历史。

所谓"桥东"即指东桥以东,该桥位于同安县城鸿渐门(东门)外,《闽书》称之为北宋时"刘从效所建,故又名太师桥"。桥东刘氏因"寇(指倭寇)毁之后,券契谱籍皆灰烬,以故先系莫详",故只得尊刘雄为一世祖。刘雄原居同安县积善里十七都后浦(今海沧区东孚镇),因抗击"沙尤寇"而卒。刘氏世谱记载"正统十三年(1448)正月二十七日,沙尤寇袭同,公拒战被杀",另外"同时被害尚有家僮七人,故正月二十七日设末席从祀于左右"。① 当年刘雄全家遇害,惟有其妾吴氏携三岁幼子宏渊前往邻乡母亲家得脱,刘氏香火由此得以传递。

明代刘氏一族生活于同安的年代,也是倭寇侵扰的时期。嘉靖年间,倭寇久屯浯屿,明政府罢市舶之后私商很是活跃;倭寇则多次掠动;为此,同安人民奋起抗倭。据嘉靖四十三年(1564)同安《纪邑父母谭公功德碑》②记载:

> ……明德克类,奄覆无外,倭夷匪茹,肆其弗靖,非诚有志于中国者。初以岛民私其市易,诱置内地,多所侵谩,以致其究志,至于攻剿践踩之变成,则揭竿之子又起而从乱,蔓延郡邑,芟薙不施,动有损军陷城之虞,是谓中国人胁夷狄以祸中国耳。论者易之而不知事势所难,非周比也。盖猃狁以夷狄侵中国,待之以夷狄可也,来则同仇,去不穷追,以三公莅其军,尽民力而饷之,以为当然,中国胁夷以逞,虽御之以夷狄,而终不可失其待中国之意。欲究其武,是仇民也;欲含其辜,是纵逆也。劳及卿士,即守令失其官;费及正供,则大农亏其藏。古人所谓不患夷

---

① 参见颜立水:《金门发现的同安〈桥东刘氏世谱〉》,《金同集》,中国文联出版社2005年版。

② 此碑位于同安南门外岳口漳泉驿道旁,参见刘存德:《纪邑父母谭公功德碑》,载何丙仲:《厦门碑志汇编》,中国广播电视出版社2004年版。

狄者，以"名义"与"势"皆得也。而今皆失之矣。当此者，不亦难乎？

同安介于漳、泉，负山襟海，盗贼常家薮其间以伺进退。公至于嘉靖已未冬十月，时倭饶二寇纵横境上，漳民林三显、马三岱、黄大壮、洪治、杨三诸逆乘机倡难，所在窃发，皆能雄长万夫，助倭为乱，以辛酉夏五月大举围晋安。……复结倭首阿士机尾、安哒进薄浯州屿，意公必阻海不至也。而公攻之愈急，遂得其酋以归。逾岁，贼复拥众突犯，挫衄尤甚，故解而向晋安，马三岱负其智狡，谓晋既受敌则同必懈，乃率倭杂其所部，直趋同安。公出民兵击之，擒斩殆尽。三岱仅以身免，自是胆落，不复再至。公曰："维是可以战，而后可以抚，不抚则黩矣。"于是，条请当道广布怀柔，得侦者辄释不杀，令归谕意，且宽及从乱家众……自是日就解散，林三显首以部众自诣，用其策破杨三、擒黄大壮，奔郑大果、王子琪于安溪，馘之。独马三岱骁绝负固，且有宿怨于同，怀之不至。公闻其妻与母尝力贫，不有所掠。三岱甚以为念。乃致而遗之，至则涕泣不食。誓以必死。岱为动其天性，且愧且悔，夜以数骑携母妻偕遁，达旦伏辜庭下。时值疫作，民怯于战。朝处岱城中，暮则贼攻其南关，莫不以为变生不测矣。公下令，令勿疑，且以兵授岱，立解其围。晋安剧寇数万所以效顺于一朝者，皆风声所被也，岂功在于同而已哉。

由于嘉靖年间，倭寇多次侵犯同安，这则功德碑详尽记载了当时明朝罢市舶之后的情况，当时海上私商很是活跃且多次肆掠同安；同安人民奋起抗倭的情形也跃然其间。谭维鼎在抗倭斗争"筑堡百十"，又以"什五之法"、"相助守望"，将匪徒各个击破，且智取马三岱，既晓之以理，又动之以情，遂使数万匪寇归顺。而刘氏世谱也记载了相关的一些内容，"嘉靖戊午（1558）间，海贼（倭寇）横发攻城，肖沂公与邑令谭维鼎划备御之策，捐资筑堡为掎角，世争依之，全活甚众"。①

无独有偶，当时的同安望族苏氏，其族谱也记载，"嘉靖辛酉（1561），乡

---

① 颜立水：《金门发现的同安〈桥东刘氏世谱〉》，载颜立水：《金同集》，中国文联出版社 2005 年版。

不执之徒乘夷乱,聚党以攻苏氏之堡,杀岳伦、岳镇等九十余命。遂火其居而剽其赀,毁其宗庙而耕种其田亩。五百年一旦变为邱墟。时贼方獗,士奋诉,父仇竟,坐以激乱,屈死于械。自是,冒死复仇自相接踵而卒,莫能白也"。① 苏氏一门本在仙游,而后迁居同安田头,徙居青礁;宋季分虎溪,洪武时分太江合浦,其后又分漳浦、南靖、广东海丰、兴化等处。"凡霞城以东顺流而下福河、厦浒皆其族姓",至嘉靖时已在同安蔚为大宗,故其族建有堡垒。然寇乱之时,即便堡垒也不能确保其平安,苏氏一门 90 余人被灭,可谓惨烈! 当年十一月,巡按福建御史李延龙奏报,"福、兴、泉三府苦于'海贼'"。②

同安刘氏自刘雄以下,单传刘宏渊为二世,至四世时为刘大受(1486—1554),讳恭,生活于成化至嘉靖年间。因奉母命而择居同安东桥铁岗之下,故自号"铁山"。而铁山实为五代时的冶炼遗址,即后称为葫芦山的铁渣堆。其后刘恭生二子,存德、存业。刘存德(1508—1578),字至仁,号沂东,嘉靖十七年进士,为明代同安县显宦名儒,曾官历浙江道御史、松江太守、浙江按察副使、广东海道兼诸番市舶,进阶中宪大夫,有政绩,祀乡贤,万历时曾于太师桥左侧立有"三吴持斧,两越扬旌"的石牌坊。刘存德以下有五子,世代簪缨,科甲联芳,因同安古属泉州府(别号温陵),故为温陵三十三家的"父子进士"之一,亦属其二十二家"祖孙进士"之一。其子梦松于万历二十三年(1595)与金门人蔡复一同中进士,梦潮则于万历四十七年(1619)与金门人苏寅宾为同榜进士。明清之际,其后裔中尚有举人、钦赐副举人、贡士、国学生、生员等 60 余人。③

此外,贵为大姓的刘氏,其联姻范围自然多为名门望族。如刘存德妾韩氏讳青扬为北京人,为锦衣卫指挥韩荣之女;其媵妾吴氏为金门烈屿人;刘存德堂兄刘存义之妻柯氏为安平人;刘梦龙的妻兄欧阳模为都指挥欧阳深

① 林士章:《赠功君士奋两赴阙复仇概膺冠带序》,万历丙子(1576),载《同安苏氏族谱》,出版年代不详。
② 《明世宗实录》卷 503,嘉靖四十年十一月丁亥,上海古籍书店 1983 年版。
③ 参见颜立水:《金门发现的同安〈桥东刘氏世谱〉》,载颜立水:《金同集》,中国文联出版社 2005 年版。

之子;刘梦熊娶三郡知府、金门阳翟人陈健之女;刘梦松娶宋丞相苏颂裔孙、乐昌知县苏澜之孙女。刘存德次女适潮州令李春芳之子李璋,李璋之女则嫁与五省经略的金门人蔡复一。刘存德孙梦熊之子刘叔瑶娶礼科都给事李献可之女,叔瑶之子光先又娶烈屿庠生林梦得之女;而梦龙之子则娶晋江进士王龙贲之女。此外,据颜立水先生推测,刘存德与官至兵部左侍郎署尚书事、进阶通议大夫的洪朝选还有亲戚关系,两人母亲堂姐妹,两人则为姨表亲关系。刘、洪二人在抗击倭寇时有相当紧密的合作,嘉靖四十三年(1564),在为同安知县谭维鼎立碑树传时,就是由刘存德撰文,洪朝选篆额。①

二、同安金柄黄氏

在同安城以东约 25 里处,有以金柄为主兼有后浦、辜宅、后亭、埔仔顶等村之地,为同安黄氏聚居地,因位于县城之东而在历史上被称为"东黄"。明清时,当地属长兴里(今属翔安区新圩镇大帽山农场)。当地"东黄"为泉州"紫云"黄氏衍派。唐垂拱二年,黄肇纶开基同安金柄。黄肇纶为舍宅建泉州开元寺的黄氏紫云始祖黄守恭的第四子。黄守恭舍宅建寺,因有"紫云盖顶"的祥瑞,故黄氏以"紫云"为堂号。黄守恭有四子,经、纪、纲、纶。他曾听从匡护大师之言,"择地四安,分四子胜居焉"。长子黄经居南安之芦溪,次子黄纪住惠安之锦田,三子黄纲居安溪参山岭下,四子黄纶居同安金柄。四人所居之地后来建县均带"安"字,故有"四安"之称。

至明代,黄氏因受"靖难之役"株连,东黄一派所存无几,甚至其二十七世黄振阳还改为何姓,避难于陕西。后黄兵何受外公蔡文德引进入朝,受赐进士,任青州太守,后因平贼有功封"镇海大将军",恢复黄姓归回同安。又有黄炜者,曾为其父韦吾公暨妣蔡氏所撰墓圹志记载,黄氏"明初不绝如线,有讳聚者,行十三,始再拓基"。马来西亚黄氏族谱记载,黄氏族人振阳在同安时有小妾李氏,遗腹三月生子名珀字趼号才玉,才玉娶贺氏、李氏,于

---

① 参见颜立水:《金门发现的同安〈桥东刘氏世谱〉》,载颜立水:《金同集》,中国文联出版社 2005 年版。

永乐三年至十一年间,先后生有文生、阳生、武生、尾生四子,被称为"十三公兴祖"。此外,振阳公次子黄如复娶蒋氏,生二子金园、金沙,永乐三年(1405),金园分居金门前水头,金沙分居后水头。至今,金门汶水黄和西园黄两宗都是永乐年间由同安金柄黄姓迁居后繁衍的后代,此两派由早期黄氏族人至当地为盐户,由此开基金门。① 至今在金门水头还存有黄氏家庙、黄氏小宗、黄氏三房家庙等建筑物。

黄氏自十三公后,人文蔚起,名士迭出,如德庆知州黄文溥、南京国子监博士黄良弼、文士黄伟、易学专家黄继冕、浙江道御史黄华秀、太仆寺卿黄文炳及其弟理学家黄文照等人。②

明代理学名宦林希元也曾在有关文章中提及黄氏,在其所作《南京国子博士白泉黄君墓志》中云:"黄氏为同著姓。同昔有'东黄西石,南陈北薛'之称";③此外,林希元的《质庵公墓志铭》中还记载了金柄当地的水利的通达,"其田迂直鳞次,土膏丰润,水泉灌溉,天时不能旱也"。水利决定了农产的收成,也是当地人的命脉。明万历十九年(1591),黄文照就在上帝公岩下倡筑石坝,将坑水引向芹菜沟,使原来的坑水变成细流。因其垒砌槽道且以石板覆盖,以石板与石帮谐音,称之为"石帮圳"。黄文照 为此还写"石帮记"刻于石上,"石帮洪瀑,雨必成灾,殒吾良陌,且伤观瞻,余心不忍,倡导修治。垒风水石坦十丈有八尺,筑槽道百有二九丈,即此为夷世代"。④

除了注意水利建设,黄氏还注意对山林的保护,如万历二十八年(1600)黄文照所写《祖林垂示碑》曰:"始祖肇纶公手植香樟树林,乃造福通族之胜迹,子孙世护勿毁。"

时至今日,金柄村后的大仑山还存在万历十四年(1586)所立的护林石碑,"林木有阴风储湿固壤之奇功,宝也。大仑尽木皆护,毁者非吾族人

① 参见颜立水:《"东黄"史迹源远流长》,载颜立水:《金同集》,中国文联出版社2005年版。
② 参见颜立水:《"东黄"史迹源远流长》,载颜立水:《金同集》,中国文联出版社2005年版。
③ 四库全书存目丛书编纂委员会:《林次崖先生文集》卷13,齐鲁书社1997年版。
④ 参见颜立水:《"东黄"史迹源远流长》,载颜立水:《金同集》,中国文联出版社2005年版。

也"。据颜立水先生推测,此碑也是黄文照所立。说明在明代,黄氏族人早已懂得树木对保护生态的功用,知道保护自然界的重要性。黄文照祖父黄轸在金柄居住时,闲时兴起则"牵猎犬、逐獐鹿、射雉兔",①可见当时草木茂盛,人与自然和谐共处的一派田园牧歌景象!

"东黄"当地除林业外,农副业产品也很丰富,林希元的《质庵公墓志铭》就载,"桑麻之衣,竹木之材,姜芋箪笋芹苹之蔬,丹荔碧眼黄弹之果,蔗糖蜂蜜之甘,禽鱼獐鹿之鲜,被及四方,岁时不断"。

有意思的是,尽管"东黄"当地近山区,生计以农为主,但一旦出了海,黄氏就转业为生,如族人至金门就以制盐为业。

三、同安林氏

林氏在同安为大姓,各派皆晋安郡王林禄裔孙。自晋代开闽以来,由温陵而莆阳、而泉南,后遍及闽南及广东、台湾各地。其主要源流有林氏九牧、阙下两大世系。九牧由晋江入同安,后裔多居东界;阙下由安溪入同安,后裔多居西界。其中,林氏在同安成族聚居的,至今有56个自然村。其族人在明代形成诸多分宗,不仅科举鼎盛,英烈辈出,另有不少人在明代移居台湾,其中有相当部分是追随郑成功入台者。

其中,金紫亨泥派下,有美宗者宋代入居亨泥(今潘涂),生四子,真虎、真应、伯晋、元成,分居银同各处。其真虎后裔至十四世林湍,字奇东,号溁,诰封南京礼部祠祭郎中。其长子一材,字以成,号玉吾,中隆庆辛未科二甲进士,官至云南、山西、山东三省参政;三子一桢,字以柱,万历元年(1573)中广东武解元。至其孙辈,有一材长子炳,字用晦,官至杭州督抚;次子炜,贡生;四子炌,万历乙卯科经魁。至其重孙辈,一材孙膺杨,字敦白,天启七年(1627)登科武举人,授七省经略中军;一材又有两孙之采、之垓,均于隆武丙戌(1646)联登武进士,二人弟之圻,登武举人,封武进士,世称"兄弟三进士"。为此,林氏祖孙几代,文武双贵,名显郡望,成为同邑望族。此派林

---

①　参见颜立水:《"东黄"史迹源远流长》,载颜立水:《金同集》,中国文联出版社2005年版。

氏,至十三世,有来瑄,字存器;彬,字存成,于明初至厦门岛禾山,肇基前村、前埔;又有果斋,讳纪,字宗理,号果毅,生明成化二年(1466),于弘治年间移居马巷田边村,与原有龙田派林氏汇合。①

又有真应于宋末元初分居磁灶,后其派下有一支分居翔风里麝圃山麓,其中有林大卿者,在避寇乱时拾得一男儿为嗣,原名乞奴,后称屯叟。屯叟三世孙,即后来的闽中名宦兼名儒林希元(1481—1565),字懋贞,号次崖,幼名峦,正德十二年进士,初授南京大理寺评事,累迁寺正、寺丞,再擢广东按察司金事分巡海北兼管珠池兵备道,后为征安南叛逆莫登庸,疏忤逆当道,嘉靖二十年(1541)罢官。林希元此后退居林下,专研理学,成为著名理学家,著有《易经存疑》、《四书存疑》、《读史断疑》、《林次崖先生文集》等。其长子有松,贡生,初为父明辩而受挫,后任光禄寺署丞。至屯叟六世孙万春,字君岐,号巽阳,为万历十四年武进士,初授厦门中左所镇抚,后升铜山营协总,因中官欲索千金无以应,故到任三月后失官。世称其文武双进士,节义气节,与祖同性。麝圃山头又有一支居浦园,又远播台湾彰化王功等地。②

又有九牧忠孝城场派林氏,其后裔分居同安周边、丁亭,新店镇之前浦林,西柯镇瑶头村、下尾顶、下二村,新圩镇七里村、内厝镇东岗村等处。其中有贡生林玖,景泰二年出任江西都昌训导。其孙林勋,又名伟,于嘉靖十七年拔为贡生,出任广东海丰训导,世称"祖孙拔俊"。又有林芳村于崇祯六年中举人。③

嘉靖年间,因倭寇攻城,居民纷纷逃避,林氏九牧西河东市派"挈眷避流贼于山中",后择居走马人村(今新民镇)及马巷店头庄。其后族中科甲兴盛,有多人中兴入宦,如数传至梅溪后,再传而生性,为永乐六年湖广安远

①　参见同安林氏世谱编写组:《同安林氏世系谱略》,载政协厦门市同安区委员会文史资料委员会:《同安文史资料同安姓氏专辑》,2000年版。

②　参见同安林氏世谱编写组:《同安林氏世系谱略》,载政协厦门市同安区委员会文史资料委员会:《同安文史资料同安姓氏专辑》,2000年版。

③　参见同安林氏世谱编写组:《同安林氏世系谱略》,载政协厦门市同安区委员会文史资料委员会:《同安文史资料同安姓氏专辑》,2000年版。

知县。后有林宗于成化十六年任湖广城步知县。成化二十二年，有林仰之，号海峰者中解元，官至南京国子监丞。嘉靖年间，仰之孙天德任广东廉州府推官，转云南路知州。林丛槐，字应昌，号三庭，登丙辰科进士，授南京户部主事。林宪卿，万历庚子举人。林一柱，字廷郢，号璞所，万历丙午举人，庚戌（1610）进士，官至湖广道监察御史，转巡按南京应天府监察御史。天启初年，因上疏历陈时弊，被排斥回乡。走马人林氏奉之为祖佛"林府督察"，乌涂村奉之为"林府王爷"。又有林道推登万历丙辰科进士，初授大理寺评事，后迁梧州知府。林谦复，崇祯十五年（1642）年中举。①

九牧龙田派，七世传至林同，安子野，随福州武弁的叔父仕望居福州，入赘陈太史家，永乐五年任同安训导，著有《铜鱼集》。至十一世樟茂，生子四，次子瑶，移居下沙溪；三子玖，号龙华，嘉靖癸未选 为贡生，著有《龙田遗稿》。至十七世，有振西先移居同城溪边，因倭患迁界，徙居新圩，晚年得子维嵩、维六，渡台居彰化子龙庙庄。后维嵩举家移居马巷古安，其子宸梁、宸柱、宸桢分居马巷街。宸桢曾孙钟栋18岁渡台，居彰化王官四志厝庄。②

九牧六林莲塘派，肇基祖为莆郡兴化宏路人，因与人口角而生祸端，于明初迁来莲塘。其后子孙移居同安各地；又有西河四口圳林丽彩，于嘉靖年间自海澄县三都新坡林东社移居同安西五都四九圳（又称四口圳），其后在当地繁衍生息。

而同安城南门内林氏，祖先迁自晋江安平，明末因至同安为官而定居，后世祖林笃园经营成族。后裔中有林圯跟随郑成功抗清，为其部将，屡有战功，任参军。郑氏入台，亦随共前往，驱荷夷，行屯田。林圯所部赴头六门开垦，与当地土番争战，相持数日，力战不胜，因无援而牺牲。后人葬之，称其地为林圯埔。此外，林氏另有林达于崇祯末入垦白沙；明郑时林三光入垦新竹；西柯镇潘涂十五世林含、林语，十六世林岳、林牵、林盛心，约于万历年间

---

① 参见同安林氏世谱编写组：《同安林氏世系谱略》，载政协厦门市同安区委员会文史资料委员会：《同安文史资料同安姓氏专辑》，2000年版。

② 同安林氏世谱编写组：《同安林氏世系谱略》，载政协厦门市同安区委员会文史资料委员会：《同安文史资料同安姓氏专辑》，2000年版。

相继渡台;新民镇湖井村林氏五世四房于明代移居台湾桃园。①　明末清初清兵陷城时,林氏族人多遭杀戮,后裔分居同安各处。

明代林氏在厦门湾沿岸的发展,不仅人口众多衍为大宗,同时科举方面也非常兴盛,武绩方面也可歌可泣,成为厦门湾宗族中的表率。

四、明代的刘五店

泉州刘氏发展至第九世,其宗族中有多房从泉州迁居同安。如元长公长子俊(1348—1386),葬同安同禾里五都东山之原;次子权,配沟西林氏,合葬同禾里荫山之原;四子哲(1357—1389),葬同禾里五都东山之原;元举公子安生(更名恭)(1346—1374),自古庄赘屋窑头村,故号曰瑶山先生,子四,晋温、晋辰、晋同、晋澄徒居同安县前。元真公次子谩(1345—1420)移

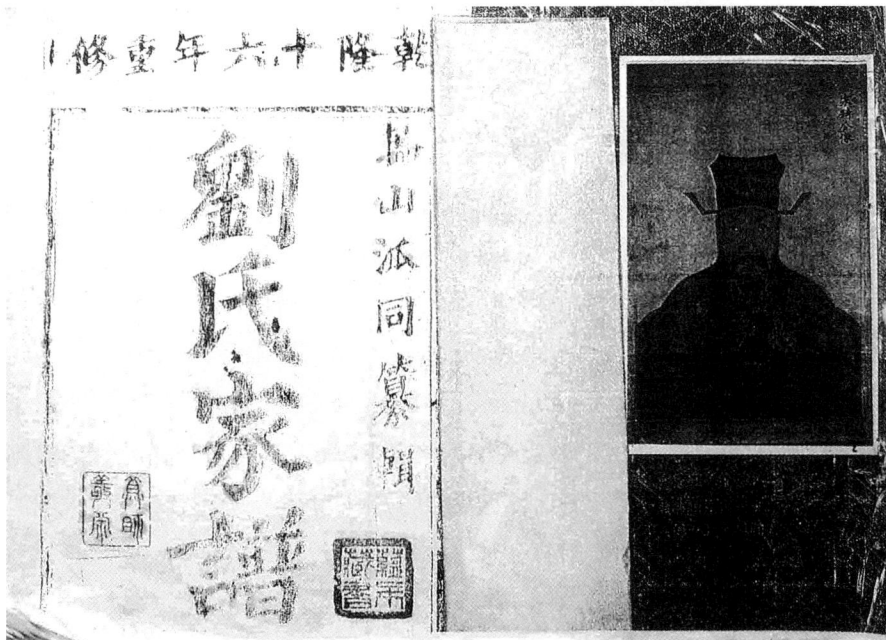

图33　乾隆六十年重修《刘氏家谱》

---

①　参见同安林氏世谱编写组:《同安林氏世系谱略》,载政协厦门市同安区委员会文史资料委员会:《同安文史资料同安姓氏专辑》,2000年版。

图 34 《刘氏家谱》中的族人分布地

居同安十一都西林,后移往对面大溪墘,因名曰刘溪。① 元真公四子刘宁则"因经商置五铺于十三都海滨,故其地名曰刘五店"。②

自刘宁起,刘氏开始对当地进行较全面的家族性开发。如允安公次子十世衷阳(1400—?)"精敏勤俭,置海荡,受产米叁斗陆升,钞钱捌百三十六文。制网教渔而兹土遂因公以拓。迄今称为刘五店,实由于公"。③ 正由于衷阳开海荡、置产业等经济成就,因而保持了刘五店这一地名的延续。虽则先人早在泉州祥芝就已开海荡,"思海可为田以渔也",④但于刘五店,就海荡的发展则始于明初的衷阳。

从刘氏的发展来看,宋代仍尚耕读,至六世祖君辅公在同安置田产;至

---

① 以上资料均引自《(同安)刘氏家谱》,乾隆十六年(1751)重修轮山派同纂辑。
② 温陵芝山刘氏大宗谱牒编委会:《温陵芝山刘氏大宗谱牒》1997 年版。
③ 《(同安)刘氏家谱》,乾隆十六年(1751)重修轮山派同纂辑。
④ 参见王凤:《刘氏海荡记》,元贞二年(1296),以及《(同安)刘氏家谱》,乾隆十六年(1751)重修轮山派同纂辑。

八、九世值元末明初,有多房迁居同安且刘五店以刘氏经商为名。至十世衷阳拓展,兼及渔业及商业。从此,刘氏融入当地海洋社会,至明末清初已蔚为大宗,自九世以下分为24派,分徙福州、建宁、南安及同安各处。①

图35　建于明代的刘五店龙腾宫

明代月港自景泰四年(1453)兴起,万历年间达至高峰,这一发展带动影响了大批周边港口,刘五店也受惠于此。明末,郑芝龙海上崛起,曾数度与刘五店发生关系。当时的同安县令曹履泰在其《靖海纪略》②一书中有不少记载。

从书信内容推断,该书著于天启末崇祯初。起初,曹还称郑为"贼",如

① 《(同安)刘氏家谱》,乾隆十六年(1751)重修轮山派同纂辑,以及温陵芝山刘氏大宗谱牒编委会:《温陵芝山刘氏大宗谱牒》,1997年版。
② 曹履泰:《靖海纪略》,载台湾"中央研究院"历史语言研究所:《台湾文献丛刊第三十三种》。曹履泰本为海盐人,天启元年乙丑进士,在同安为官时亲历了明末朝廷与海寇的争战,包括朝廷对郑芝龙、李魁奇、钟斌等人的收编、抚剿等历史事件。

图 36　龙腾宫内石柱上刻有船户捐款题名

"郑贼初四、五两日，大船陆续驾出大担，意在劫洋船也"。①《同安县志》也记载，"时，郑芝龙劫众出没海岛中，履泰素严保甲，练乡勇，喻民以自卫"。不久，由于郑芝龙于崇祯元年（1628）九月受福建巡抚熊文灿的招抚，曹的称谓有了改变，如"初六日，郑芝龙自刘五店而往石井，招募乡兵数百，借本县船五十余只，以为剿贼之计。初八日，芝龙对银二十两与刘五店澳长高大藩，要募乡兵五百名。职令大藩还伊银。答之曰：汝辈真能发愤剿贼，乡兵自当助一阵，何须银为？以是芝龙感激，舞思奋胆，气甚壮"。又如"职于初三日往刘五店，督发渔舟三十只、壮丁五百名，给以十日粮。协助芝龙出海，壮彼声势"。②

崇祯初年，刘五店的渔民、渔船很多，为对抗海盗，一次可调发渔兵五六百人，渔船四五十只。如"初八日，郑芝龙同刘五店渔兵六百余名，于镇海外洋与李魁奇大战，擒获贼船四十余只，犁沉八十余只，贼众溺死无数"。③其中，以崇祯元年十二月二十五日的一次合力剿匪为例，"据守备郑芝龙报称：亲督二十三船，并同安县曹，亲行调发刘五店义兵渔船，擒获贼犯三十名

---

①　曹履泰：《靖海纪略·上朱抚台》，载台湾"中央研究院"历史语言研究所：《台湾文献丛刊第三十三种》，台北台湾银行排印本。

②　曹履泰：《靖海纪略·上熊抚台及上徐鲁人道尊》，载台湾"中央研究院"历史语言研究所：《台湾文献丛刊第三十三种》，台北台湾银行排印本。

③　曹履泰：《靖海纪略·报熊抚台》，载台湾"中央研究院"历史语言研究所：《台湾文献丛刊第三十三种》，台北台湾银行排印本。

口,小船七只……看得郑芝龙与刘五店渔民,能以寡敌众……其刘五店倡首渔民有功,亦一体叙赏擢用"。① 以后,"(李)魁奇就擒,(钟)斌投水死"。② 查相关史料,李就擒于崇祯三年(1630)二月,钟死于次年。③ 可见,曹履泰与郑芝龙的初期合作,均借助于刘五店渔兵义勇。

　　明末,刘五店海洋渔业发达,经济较为富足,故屡受海盗抢掠,如"且顷因海寇结伙,流突内地。如沿海浯洲、烈屿、大嶝、澳头、刘五店、中左等处,焚掠杀伤,十室九窜,流离载道"。④ "廿七日芝龙舟泊高崎澳,贼舟东西两路堵截……芝龙于是焚己之舟,即登岸脱走,正在刘五店。贼向恨此地之人,贴水小屋一带,俱被焚矣"。⑤ 可以想见当地渔业生产定会受到影响,如"贼到五通地方,要登岸。……惟刘五店尚未靖,浯洲毒焰方炽,盖内地无可容身,不得不转而之彼也"。⑥ 又如"自枭首示六贼后,近地无贼登岸。惟刘五店与浯洲,贼随意出没,拿人报水不绝也"。又如,"前月念一日,有刘五店小渔船四只至古宁大洋捕鱼,被贼掳去船一只"。⑦ 由于屡遭劫掠,因此刘五店渔民都积极投入了打击海盗的战斗,曹履泰为此评价极高,如"各乡兵之擒杀叛抚者,不一而足。最快者,是刘五店背水一阵。火焚水溺,以百余人计"。又如,"职另选壮丁惯海千余人……其中精锐铦伦,止刘五店五百人为最耳"。并且"其所最称壮勇、人船可以调遣者,则惟刘五店一澳",且称"查刘五店壮丁不及千,连结十三保之众,则有万人。团练之法,

　　① 曹履泰:《靖海纪略·查旱渔兵功次》,台湾"中央研究院"历史语言研究所:《台湾文献丛刊第三十三种》,台北台湾银行排印本。

　　② 林学增修、吴锡璜:《同安县志》卷35《人物录·循吏八》,民国十八年铅印本,1929年版。

　　③ 参见李国祥、杨昶:《明实录类纂·福建台湾卷》,武汉出版社1993年版,第508页,以及汤锦台:《开启台湾第一人郑芝龙》,台北果实出版社2002年版,第144页。

　　④ 参见曹履泰:《靖海纪略·通详宽限蠲免稿》,载台湾"中央研究院"历史语言研究所:《台湾文献丛刊第三十三种》,台北台湾银行排印本。

　　⑤ 参见曹履泰:《靖海纪略·上熊抚台、上蔡道尊》,台湾"中央研究院"历史语言研究所:《台湾文献丛刊第三十三种》,台北台湾银行排印本。

　　⑥ 参见曹履泰:《靖海纪略·答朱抚台》,台湾"中央研究院"历史语言研究所:《台湾文献丛刊第三十三种》,台北台湾银行排印本。

　　⑦ 参见曹履泰:《靖海纪略·上朱未孩道尊》,台湾"中央研究院"历史语言研究所:《台湾文献丛刊第三十三种》,台北台湾银行排印本。

不让十八保"。①

从征募乡勇一事,可见当地渔民已有统筹管理,以其澳总高大藩为首,各司其职,"据本澳会艅,以林芳船为中军,许克俊船为副军,高方岳船为总督,刘亦富、高奇显、童志敬等船十五只为冲锋。一只管船四只。入俱入,出俱出。遇贼协剿、遇静采捕,永为定规"。② 由此形成了遇贼为兵,遇渔为民的模式。当然,渔民调动总体上仍作为官方军队的辅助,如"合就帖仰刘五店渔民哨总许克俊,即督该澳渔兵船只合艅出海,协同官兵剿捕剧贼,不论中左、金门、料罗、澳头等处汛地,如遇寇警,俱要首尾相救,期于制敌"。

刘五店人除驾船出海捕鱼外,还在近岸海域网鱼,甚至影响到往来客船的安全。时人蔡献臣批评说,"澳头、刘五店皆竖网柱以网鱼者也,而海道往来之冲也……旧惟张于旷远之地,故船不受害。今则密布急流,如列戟然。……客船挂且裂于柱者,比比然。而彼方攘臂抢索、以为有焦头烂额功,其不幸而殒命者,将问之水滨乎。直指陆公,尝下令革、且命操舟者得径自砍拔去,德意甚盛,而恬不为动、网日增多,柱日增密。以区区渔利,而轻百十人命为戏,试问其祖若父,向者不以旷远张网遂至无鱼,则亦何必截流竭泽而后为快乎。噫,彼渔民岂独无人心者哉,理而谕之,法而绳之,航海者庶其有瘳乎"。③ 可见海上运输业开始兴起,并和渔业发生了矛盾。

可见,作为一个小渔村的刘五店在明代经济已经有了相当的发展,海洋渔业相当活跃。在明末特殊的历史背景下,因海寇猖獗,刘五店当地民众为此形成了渔兵结合的模式。

五、洪塘纪氏

同安洪塘镇后麝村纪姓来源于龙安纪姓。龙安即惠安,为其开基祖,北

---

① 参见曹履泰:《靖海纪略·答何海防、上熊抚台、议应援及上朱未孩道尊》,台湾"中央研究院"历史语言研究所:《台湾文献丛刊第三十三种》,台北台湾银行排印本。

② 曹履泰:《靖海纪略·团练渔兵款目·重督率》,台湾"中央研究院"历史语言研究所:《台湾文献丛刊第三十三种》,台北台湾银行排印本。

③ 蔡献臣:《清白堂稿》卷8《渔课》,清咸丰癸丑(1853)九世孙永勉重抄,载《同安县志·舆地志》,万历壬子(1612)版。

宋时人忠简公居所,祖祠亦在当地。其忠简公生三男一女,长骏公,奉命回籍伺母;次网公,居漳州;三季子公,居龙安(惠安)守公坟。次子网公因居漳州磁灶,故称磁灶公,其下生三子,国辅、国明、国兴,后长子次子均生三子,国兴生五子,共衍十一派而开族于漳州当地。同安六大祖宫均以泰公为一世祖。据同安后麝派旧谱又云磁灶乃泰公次子之后,故纪氏亦可能有多派移居漳州。①

纪氏自移居同安、漳州等地后,又有一些族人再次移居他处。如敦庸原住漳州磁灶,至明万历间其孙纯乾公徙于泉郡南部邑四都后山乡住籍,生四子而开族;清溪公由晋江而迁福州府,"明清革命,因言耿王作乱,逃归温州府平阳县十八都,遂阙籍而开族";同安后麝泰公八世孙麝山公之次子"于明季亦移居平阳县,颇成族,有数人出仕,登在绅仕录。往时族人商船,亦尝到地通讯,但未知居住何乡,与十八都相去几何?"②可见明代晋江纪氏与同安后麝派下均有分支至浙江温州成族,同安派下者还曾驾本族商船回来,与同安派的家乡人联系,说明其族人不仅经商,且有自家的船只往返联络同宗,可见其族人在经济上的实力。

明代,厦门湾沿岸各地家族多有前往浙江等地经商者,其中前往东瓯(温州)者就有很多,此外,在明末清初或因战乱、或因流亡迁至外省者也有不少,至今在浙江温州的苍南、平阳、洞头,台州的玉环等县,基本上都属闽南语区域,在语言学上被称为闽南话的"飞地"。这与明清时期以厦门湾人为代表的闽南人的大量移殖与开发大有关系。

第三节　厦门湾东岸

一、安海与东石

明代,厦门湾西部有月港之盛,而东边则有安海港之兴,两港的兴盛造

---

① 参见同安后麝六大祖宫:《同安纪姓族谱》重修本 1982 年版。
② 同安后麝六大祖宫:《同安纪姓族谱》重修本 1982 年版。

就了厦门湾坚实的两翼。当时,晋江安海与南安石井分别析出设镇,石井沿用其名为镇名,而安海镇则改称"安平镇"。故明人称之"安平"。

洪武二十年(1387)江夏侯周德兴整饬海域,以同安陈坑巡检司兼守安平镇。初未设官,后因嘉靖三十六年(1557)倭乱,知县庐仲佃奉郡檄改筑石城,设兵戍防。万历三十四年(1606)设驻镇安海馆;次年,因计划晋江、南安、同安三地置安平县不果,遂移泉州通判驻镇当地。①

图 37　明代的安平镇地图②

嘉靖二十四年(1545)三月,"有日本夷船数十只。其间船主水梢,多是漳州亡命,谙于土俗,不待勾引,直来围头、白沙等澳湾泊。四方土产货,如月港新线、石尾棉布、湖丝、川芎。各处逐利商民,云集于市。本处无知小民,亦有乘风窃出酒肉柴米,络绎海沙,遂成市肆"。③

---

① 安海乡土史料编辑委员会:《安平志校注本·安平志》卷1,中国文联出版社 2000年版。

② 原图存美国国会图书馆。

③ (明)黄堪:《海患呈》,转引自安海志修编小组:《安海志》,福建晋江《安海志》修编小组1983年版。

明人李光缙《景璧集》卷3里记载的安平商人李寓西,曾至南澳及夷市。李氏因能夷言,乃倍获其利,其后当地人多效仿。另有富豪巨贾,勾结官吏私造海船,自雇船工,出海贸易。本地的外贸对向多为日本、吕宋、交趾等地。当地商人虽明知朝廷禁令,不过仍可通过多方途径出海通番,对于一般商户,可寻附近小澳,轻舟出海;或贿赂官员以渡关卡;或假通琉球再转口通往日本或南洋。

如《闽书》中有记载,"安平一镇尽海头,经商行贾,力于徽歙,入海而贸夷,差强赀用"。① 从此,海外贸易逐渐展开。

与月港商人多重国外贸易稍有不同的是,安海商人多兼营国内外贸易,海陆并重。明代的《安海志》就载:"宋元于今,商则襟带江湖,足迹遍天下,南海明珠,越裳翡翠,无所不有,文身之地,雕题之国,无所不到。"明中叶以后,安海海商行迹遍及东西洋的吕宋、暹罗、交趾、真腊、旧港、满剌加、马尼拉、巴达维亚、日本等地。傅衣凌先生曾分析,16、17世纪前后,由于中国生丝是东西方国际贸易的重要商品之一,欧亚商人视之为利薮之所在。由于倭乱后中国一直对日本存有戒心,故而生丝市场移至吕宋。安平商人遂通过生丝进行多角贸易。他们从国内的江浙两省大量收购生丝,或自福建,或经广东,将其运到吕宋换取白银回国,并对日本进行间接贸易。②

有关崇祯年间安海对当时荷兰人占领的台湾贸易,《大员商馆日记》为我们提供了查考的材料。如1632年(崇祯五年)12月23日,有一艘戎克船装载盐鱼、鹿肉向安海出发;26日,又有两艘戎克船载有盐鱼、鹿肉和苏枋木驶向安海,后因大风被迫返回。安海与大员之间的贸易活动在1637年(崇祯十一年)尤其活跃,如在当年3月、7月、9月、10月、11月及12月共有10艘货船满载生丝、各种织物、砂糖、水银、白蜡、瓷器、米、小麦粉、水银以及人员等去到大员,有5艘商船返回安海,运回铜铅等货物。至1638年(崇祯十二年),两地贸易往来更为频繁,当年至大员的船只33船次,返回安海

① 何乔远:《闽书》,福建人民出版社1995年版。
② 傅衣凌:《明代泉州安平商人论略》,载安海港史研究编辑组:《安海港史研究》,福建教育出版社1989年版。

者为 17 船次。安海输出主要物品为丝、砂糖、米、瓷器、金、水银及纺织品，输入则为胡椒、鹿肉、鹿脯及日本银、柴薪等物。① 可见在明末安海对台贸易相当活跃，且交易物品不仅包括当时重要的经济商品如丝、瓷及砂糖，更有普通的生活用品。

李光缙《景璧集》卷 4 记载，"吾温陵里中家弦户诵，人喜儒不矜贾，安平市（安海）独矜贾，逐什一趋利。然亦不倚市门，丈夫子生及已牟，往往废著鬻财，贾行遍郡国，北贾燕，南贾吴，东贾粤，西贾巴蜀，或冲风突浪，争利于海岛绝夷之墟。近者岁一归，远者数岁始归，过邑不入门，以异域为家。壶以内之政，妇人秉之。此其俗之大概也"。② 温陵即指当时的泉州，这说明当时与泉州人相比，安海人更喜经商，不仅纵横全国，且四海为家。又说"安平之俗好行贾，自吕宋交易之路通，浮大海趋利，十家而九"。如隆庆间（1567—1572）吕宋（今菲律宾）开洋，募华人为市。上文提到的安平商人李寓西、陈斗岩，首航吕宋贸易，获巨利归。从此，晋江沿海一带民众趋至，不少人长期居留，并与当地人通婚。又有颜嘉冕先后到顺塔洋（今印尼爪哇西部）和旧港一带经商，陈士勋商于咬留吧（今印尼雅加达）而卒。郑金沙，少经商仰光大埠。柯叔均，由宁波往文莱生理。③ 时人何乔远在《镜山全集》卷 52 中记述说，"安平一镇在郡东南，濒于海上，人户且十余万，诗书冠绅等一大邑。其民啬，力耕织，多服贾两京都、齐、汴、吴越、岭以外，航海贸诸夷，致其财力。"为此，何乔远还曾有诗《秋日安平八咏》为证，其第二首说，"廖氏为钱礼上苍，何如大宛面如王。南风一片孤帆入，帛布人夸欲斗量。"诗中的"大宛"指大宛银币，而"帛布"亦指钱币。诗中虽有夸胜的成分，但也可以看出当时安海对外贸易的盛况。

当时的安海，不少人"舍儒就贾"，"窜身市籍"，就连士大夫们也"多以货殖为急"，社会舆论也从"农本商末"变为两者并重，不仅认为"商贾何鄙

① 曹永和：《台湾早期〈历史研究〉》，台北联经出版事业公司 1979 年版，第 178—209 页。

② （明）李光缙：《景璧集》卷 4，江苏广陵古籍刻印社 1996 年版。

③ 泉州市教育科学研究所：《史迹》，2005 年 9 月 16 日，http://jky.qzedu.cn/zhsj/jx-ck/qzsj.htm。

之有"，且有人还"以商贾为第一等生业"。比如"赠公伟姿观，善心计。初
治邹鲁家言，后乃弃去行贾，与江少卿从弟愧泉公共本赍。江公守市门列
肆，赠公征贵贱于吴越间，鬻绢丝缯以归。……两人遂称大贾，卒以致饶"。①

　　明初，朝廷自洪武四年（1371）起就连下四次"片板不许下海"的禁令，
令澎湖等岛屿居民移泉州、漳州一带安置。至洪武二十年，又撤澎湖巡检
司，尽徙屿民，虚其地。嗣后，仍有一些被迁者潜聚其中。明永乐年间
（1403—1424），有随郑和下西洋的晋江安海人龚补伯等人，在途经台湾时
留在岛上开发，传宗接代。宣德（1426—1435）以后，"海禁"稍弛，泉、漳人
又纷纷移居澎湖。明代中期，据道光《晋江县志》引明代《泉州府志》称：晋
江人已多寓澎湖屿，"苫茅为庐，推年大者为长，不蓄妻女，耕渔为业，牧羊
散食山谷间"。成化、弘治年间（1465—1505），有晋江安海灵水吴鉴、吴镒
兄弟移居台湾，子孙繁衍，开发嘉义县刘厝村和草湖庄。② 早于荷兰人据台时期（1624—1662）约一
个多世纪。

　　又如离石井仅一江之隔的东石，玉井蔡氏为当地巨姓，共分十房，属
"莆阳衍派"。其四世祖蔡显聚、蔡显宾、蔡显仁于明嘉靖初年（1522）旅居
嘉义县布袋嘴，成为东石蔡氏在台湾布袋嘴的开基祖。这是族谱记载发现
最早的东石去台湾定居的移民。③ 早于荷兰人据台时期（1624—1662）约一
个多世纪。

　　晋江安海的颜龙湖，惠安东园的庄诗兄弟，也都在嘉靖年间移居
台湾。④

　　在安海当地，至今仍有不少族谱记录反映了明代安海人开发当地、台湾
以及东南亚国家的情形。如明代金墩黄氏衍传台湾，安平金墩派有：

　　二房十二世微喜，生万历三十八年（1610）葬台湾；三房十一世贴鼐，生
天启三年（1623），卒康熙二十三年（1684），殁台湾，其迁台都在明末，成为

---

　　①　李光缙：《景璧集》卷18《祭曾友泉文》，江苏广陵古籍刻印社1996年版。

　　②　泉州市志：《移民》，2008年10月1日，http：//www.fjsq.gov.cn/showtext.asp？To-
Book＝3222&index＝4006&。

　　③　何振良：《略论明清时期福建人对台湾的开发和经营——以晋江东石人为例》，
2006年8月17日，http：//www.qzwb.com/qzx/content/2006-08/16/content_2161461.htm。

　　④　泉州市志：《移民》，2008年10月1日，http：//www.fjsq.gov.cn/showtext.asp？To-
Book＝3222&index＝4006&。

早期迁台的厦门湾人。

据《金墩黄氏族谱》记载，其族中有多人至海外经商，其中至吕宋者有生嘉靖三十三年（1554）的中和，字明衷；有生隆庆二年（1568）的埰，字俞括，均卒于万历三十一年癸卯（1603）九月的吕宋兵变，生于万历十三年（1585）的崇棷，字明侃，则卒于其后十月初七的兵变；又有日焴，字明寅，生嘉靖四十三年（1564），卒万历三十五年（1607），葬吕宋；亮仪，字以采，生万历十六年（1588），卒顺治二年（1645）葬吕宋；育恺，字明悌，生万历十七年（1589），卒崇祯十二年（1639）葬吕宋；全初，字俞复，生万历二十九年（1601），卒崇祯十二年（1639）十月初九日于吕宋之变。同日而卒者还有贻鼎，字俞铉，生万历三十七年（1609）。此外又有维斗，字俞炳，生万历三十七年（1609），卒崇祯六年（1633）于吕宋；丑官，字肇□，生崇祯十二年（1639），商游吕宋，卒葬其处；显官，钺，字肇威，生崇祯十二年（1639），卒康熙三十九年（1700），葬吕宋。① 其中明确记载了发生于万历三十一年（1603）及崇祯十二年（1639）的两次吕宋夷变。一方面说明明代迁居吕宋的华侨的艰辛，另一方面也表明当时移居吕宋的黄氏族人已有相当的数量。

再来看安平颜氏，至明中期颜氏已发展为当地最著名的家族之一，当然，其中也不乏称霸作恶者。《闽书》卷三十三记载说，"皇朝嘉靖三十七年（1558），泉中倭，令卢仲佃与乡绅柯实卿鬶石拓之。实卿为池州守，蜂厉鸷举，摧击禁暴。及居乡，为镇人成功，其坚果任怨如其治官，竟为凶徒所戕"。此处所指"凶徒"即指颜氏族人颜钦夫，《安平志》也说，"乃于三十六年丁巳（1557），卜日，运五十之工，驱海东之石以建成，功未及半，而柯宦因取柏木为基，被乡恶颜钦夫殴死。戊午（1558）四月，宦仆挟倭以来报宦仇，焚其尸，火其庐，祸延居民。其岁城亦卒成之。己未（1559）年，雨大城圮，倭奴大至。自是六七年间，漳贼倭寇流祸不已，城随圮随修"。② 到了万历

---

① 庄为玑、郑山玉等：《泉州谱牒华侨史料与研究》，中国华侨出版社1994年版，第678—679页。

② 安海乡土史料编辑委员会：《安平志校注本·卷之二·地理志·城池》，中国文联出版社2000年版。

年间,李光缙还为当地柯日蕃之妻颜氏作传,称"柯与颜并里中著姓。"①

自 15 世纪中叶以后,该家族中已有一批族人通过科举考试赢取功名或步入仕途。据族谱资料统计,从明成化至崇祯年间(1465—1644),该族有 28 人获得秀才以上科名或担任各种官职,其中有进士 1 人,文武举人 10 人。官职最高者为礼科给事中。比之当地其他如黄、王、陈等望族来说,颜氏犹见逊色,不过,这也标志着安平颜氏家族在社会政治生活中地位逐渐上升的趋势。②

颜氏族人中,到外地及海外经商者尤多。据其族谱记载,"七世嗣祥,字子端,号悠然,普智长子,生成化丁亥年(1467),正德辛巳年(1521)七月廿六卒于暹罗"。据王连茂先生的研究,颜嗣祥不仅是颜氏家族而且是安平最早的出国华侨。随其之后族人中有颜贤良、颜森器、颜森礼、颜侃等也于 16 世纪初去到暹罗。当时的暹罗是福建海商的一个重要据点,嘉靖时当地已经出现中国街。中国商人多以瓷器换回胡椒、苏木等商品。③

明清时期,仅颜氏族谱中记载的家族成员就有 410 名卒葬外地。按庄为玑、王连茂二人以出生年加 20 年作为基本的外迁时间计,明代颜氏几个主要侨居地情况如下:

广东——弘治十七年至崇祯年间(1504—1644),计 89 人;

台湾——嘉靖三十三年至崇祯年间(1554—1644),计 3 人;

暹罗——成化二十三年至嘉靖年间(1487—1566),计 5 人;

印尼——嘉靖三十年至万历年间(1551—1620),计 7 人;

吕宋——万历十一年至天启年间(1583—1627),计 13 人。

安平颜氏移居台湾时间始于 16 世纪中叶的嘉靖年间:

"十世龙源,字日盘,正璧长子,生嘉靖甲午(1534),卒失。考葬台湾。配郑氏,子一。"

---

① （明)李光缙:《景璧集》,江苏广陵古籍刻印社 1996 年版。

② 参见王连茂:《明清时期闽南两个家族的人口移动》,《海交史研究》1991 年第 1 期。

③ 参见王连茂:《明清时期闽南两个家族的人口移动》,《海交史研究》1991 年第 1 期。

颜龙源是福建 100 部族谱中查知的近 7000 名闽籍台湾移民的先驱者之一。至崇祯初，又形成移民台湾的高潮，颜氏族中又有颜开誉者举家迁移台南，其妻蔡节勤是至今为止所见之最早开基台湾的女性移民之一。① 此外，颜氏向巴达维亚的迁移，始于 16 世纪中后期，有九世颜一浑、颜鸿逵、颜一澜，十世颜嘉顼、颜嘉海、颜嘉蕴等人，时间集中于时嘉靖至万历年初，为带有商业性质之移民。

天启年间（1626—1627），由于郑芝龙海商集团的着力经营，安平（今安海）港进入全盛时期，成为中国东南沿海最大的海上私商贸易港口之一。明代的安平（安海），已经是一个经济上外向型、重商气息浓重的城镇了。傅衣凌先生曾指出，"明代的对外贸易，首先，是由福建商人（其中安平商人占有一定的比重）和徽州商人共同开创的，再有广东等地商人的参加"。② 傅先生认为，作为中国海商的明代安平商人，为当时东南大贾之一，其势力足与徽商匹敌。

二、石井

伴随着安海港的兴盛，南安石井郑氏家族亦随之崛起。郑氏先世自光州固始县入闽，居漳州，再移粤之潮州，至始祖隐石公，复居泉州南安县。

南安一带早有移民海外或至台湾海峡对岸。郑氏一族在明代就有不少人渡海或至澎湖等地经营。如崇祯《石井郑氏族谱》就记载多人至海外或澎湖，如第九世中有古山公之孙"徹，少年往外邦，娶妇不归"；第十世"心泉公第二子，讳天字尧天号致一，往彭（澎）湖死；十世我纯公第一子，讳希週字尧亲号我爱，往澎湖死；我纯公第二子，讳希字尧举号娶，死于海，无嗣；第十世五钟公第二子，讳戢字尧度号四泽，往澎湖死，娶无嗣；第十世斐斋公第二子，十世滨渠公第二子，讳良延字懋观号质如，往外邦娶妇生子；十一世我爱公第一子，讳居右字懋桔号爱吾，往彭湖，父子同沉死；十一世我泉公第二子，讳居郎字懋宦号纯江，往吕宋死；我泉公第四子，讳居审字懋慎号京滨，

---

① 庄为玑、王连茂：《闽台关系族谱资料选编》，福建人民出版社 1985 年版。
② 傅衣凌：《安海志序言》，载安海志修编小组：《安海志沿革》，安海志修编小组 1983 年版。

往吕宋死;十一世仰泉公第一子,讳居箱字懋箱号□,往澎湖沉死,娶无嗣;仰泉公第二子,讳居宣字懋宣号□,往澎湖沉死,娶无嗣;仰泉公第三子,讳居当字懋当号□,同飞远进追刘香失舟没,娶无嗣;十一世洌泉公第一子,讳居士字懋贵号荣泉,往吕宋亡;十二世海东公第一子,讳鼎震字□,往彭湖死。"①

由于闽南沿海一带战火纷纭,海上多变故,郑氏宗族中也有多人因从军、出家或因寇乱意外致死者,故而养子亦多。如第六世中有豌斋公第一子,讳严字体坰号心斋,陈氏生男五、忻、怡、悰、愫、悟,而其中悟出家泉州;六世井居公第一子,讳棓字用棓号确斋,避倭走杨于山,为倭所杀;七世中有惟密公第二子,讳焕字钦焕号次石,当武平所军;第八世远着公第四子,讳安字宗静号毅斋,少年商贩高州,遇寇殁,葬吴县谷场头;第八世思斋公第一子,讳长元字宗会号西园,无嗣养男一;第九世西江公第一子,讳造字德造号□,被倭掳死;西江公第三子,讳芳字德芳号巨亭,死于海;比如第十世巨亭公第一子,讳大杨字毓显号□,往澎湖列,娶无嗣;第十世应可公第一子,讳思洛字尧者,其"妣王氏因乱死";第十世直毅公第二子,讳希佐字尧晨号石峰,死于海;第十世滨城公第一子,讳尧转字尧武号住东,妣黄氏死于乱;南山公第一子,讳春字尧首号近山,其妣洪氏生子"五仔,从飞远出征没";十世朴斋公第二子讳仅字尧志号心,失舟沉;十世处园公第三子,讳濬字尧聪号愢庸,从征亡;十世处园公第四子,讳完字尧缓号□,从飞远沉亡;第十世次园公第一子,讳桨字尧鼎号美如,被香寇杀死;十世敬南公第二子,讳良近字懋初号逢阳,养男一;十世三峰公第二子,讳举字懋荐号□,死于海,娶无嗣;十世都哉公第一子,讳家铎字懋觉号知寰宇,从飞远沉亡;第十世羹如公第一子,讳家骐号得还,适揭,被寇沉死;十世一海公第一子,讳家调字懋藩号惟寰,娶吴氏,死于乱;约第十世珍海公第一子,讳家驹字懋白号□,养子一,其辰;约第十世南衢公第一子,讳储珍字明聘号南圭,死于海;南衢公第四子,讳储珙字明楚号□,失船沉死,娶无嗣;第十一世明江公第四子,讳绍字曰太号奇璞,死于海;十一世有朴斋公孙家泽,"从飞远沉亡";十一世"如

① 郑芝龙:《石井郑氏族谱》,明崇祯岁次庚辰十一(1640)版。

一公第一子,讳居元字懋僎号杉如,娶张氏,无嗣,养男一;十一世我泉公第三子,讳居宸字懋要号京所,被香贼掳去,自投水而亡;十一世仰川公第一子,讳居长字懋福号海东,从征亡;十一世文峰公之孙储琯,被刘香掳死;十一世滨泉公第一子,讳廷祀字曰楠号仰桥,娶曾氏生男一养男一;十一世春庭公第一子,讳芝鳌字曰斗,号汉星,往澎湖死;第十三世南圭公第一子,讳增宏字哲声号允茗,从征阵亡;"以下不明代际者,聘公第一子,讳希苑字欲苑号□,被刘香杀死,无嗣;①

郑芝龙年轻时曾前往澳门帮家族做生意,郑氏一门中移至广东澳门等外乡的为数较多,如"第八世谦斋公第一子,讳暹字宗晋号翠楼,往广东海经纪,不归娶氏,生有三子;第九世西江公第四子,讳求字德全号□,少年外游,不归;第十世斐斋公第二子,讳驯字尧和号滨泽,葬香山澳乞子庙下;十世集东公第一子,讳溆理字尧悦号我一,娶无嗣,葬广省义山;约第十世盛熙公第一子,讳若岗字懋御,附广东罗定州东安县籍,以县中式科乡试九十七名榜名亮级号寅修;第十世怀廷公第一子,讳储勇字毓胜号会江,葬晋江县卄二都铁井乡;十世巨亭公第三子,讳大阁字毓政号□,往广南沉死;巨亭公第六子,讳大都字毓鉴号从,中年夭折,葬香山澳,娶无嗣;第十世西源公第二子,讳益琦字毓宪号翰亭,少年夭折,葬广澳;第十世西园公第三子,讳益惠字毓立号心字,中年夭折,葬广省;十世隐泉公第四子,讳振卿字毓富号明西,葬揭阳县;约第十世,衢公第五子,讳储琰字明苑号□,少年夭,葬香山望村,娶无嗣;十一世西波公第二子,讳 珪字曰荆号石冲广澳乞子庙下;十一世任公第一子,讳裕字曰裕,少年夭折,葬广澳,无嗣;十一世,瑞吾公第一子,讳廷禄字曰俸号英万,少年夭折,葬广澳,娶无嗣;十一世明吾公第一子,讳廷福字曰福号□,少年夭折,葬在广澳;十一世近云亭公第一子,讳廷橱字曰解号擢办,少年夭折,葬广澳,娶无嗣;十一世翰亭公第一子,讳廷桂字曰桂号擢一,少年夭折,葬广澳,娶曾氏无嗣";②十一世浴泉公之孙"铸,流出外乡;十世供辰公第三子,讳思泽字尧商号绍唐,葬广省香山澳;衡公第一

① 郑芝龙:《石井郑氏族谱》,明崇祯岁次庚辰十一(1640)版。
② 郑芝龙:《石井郑氏族谱》,明崇祯岁次庚辰十一(1640)版。

子,讳居宪字懋规号我式,葬广省义山,无嗣;迩耳公第一子,讳铸字□,流出不知去向;十一世仰川公第三子,讳居聚字懋萃号海山,往广东死;第十二世二我公第一子,讳鼎辅字明奠号我召,娶无嗣,葬香山澳;二我公第二子,讳鼎兹字于,流出;第十世三泽公第三子,讳之达字懋贯号□万,往香山被寇沉死";此外,还有代际不明的有建潮公第一子,讳拔曜字弘倩号裕裕吾,少年夭折,葬广澳,娶无嗣;咨公第一子,讳拔沛,少年夭折,葬广省;潜石公第五子,讳希华字欲夏号仰耀,往高州沉死。①

郑氏族谱中的记录,反映出厦门湾一带人民,很早就有不少至广东香山澳的历史。他们在当地多从事渔业及商业贸易活动。根据葡萄牙人的研究,澳门最早的居民来自福建,他们不从事农业,而在内港的入口处,即妈祖阁山脚的下环街(即南环)一带落户,从事海上捕捞,那里正是妈祖阁建立的地方,也是葡萄牙人最初登陆澳门的地方。② 清代印光任、张汝霖在《澳门纪略》一书中记录说,"相传万历时,闽贾巨舶被飓殆甚,俄见神女立于山侧,一舟遂安,立庙祀天妃,名其地曰娘妈角,娘妈者,闽语天妃也。于庙前石上镂舟及'利涉大川'四字,以昭神异"。这些福建氏族,至迟南宋迁入香山后,人口不断增长,明清时期已成为香山巨族。至明初,仍陆续有福建人迁移至香山地区。澳门也成为香山福建籍巨族人口扩展的范围与目标,他们参与澳门早期的开发活动,是澳门地区最早的移民之一。③

郑氏向海洋拓展的突出代表是郑芝龙。关于郑芝龙身世,据明代崇祯《石井郑氏族谱》记载:"(石井郑氏)十一世,众廷公第一子,讳芝龙,字曰甲,号飞黄,以军功钦授前军督府,实授右都督。又因征刘香功,兵叙外卫世袭百户,御笔特改世袭锦衣卫副千户。娶陈氏。"④

郑一官"少落魄",从小习海事。《台湾外记》言其"性情逸荡,不喜读

① 郑芝龙:《石井郑氏族谱》,明崇祯岁次庚辰十一(1640)版。

② 路易(Rui.Brlto.Pdixoto):《艺术,传说和宗教仪式》,澳门文化学会:《文化杂志》1988年第5期。

③ 参见陈伟明:《明清澳门内地移民的发展类型与人口构成》,2006年11月12日,http://yudi.jnu.edu.cn/thesis/15.doc。

④ 郑芝龙:《石井郑氏族谱》,明崇祯岁次庚辰十一(1640)版。

书,有膂力,好拳棒",跅弛放纵,渐流荡逸,失父爱。后因家庭生计艰难,偕其弟芝虎、芝豹赴广东香山澳依舅父海商黄程。黄程在澳门从事海外贸易,郑一官在协助其商务中逐渐显示出智慧与才干,他还到过马尼拉,并学会了卢西塔语和葡萄牙文。在香山澳与葡萄牙人交往中,郑一官接受了天主教,并受洗,取教名贾斯帕,另名尼古拉,荷兰文献以闽南音拼写作尼古拉·一官(Nicholas Iquan)。

不少郑氏族人移居各地,主要外出经营商业。如上述之郑芝龙的舅父黄程就经商置舶,兴贩东洋。天启三年(1623),黄程遣郑一官搭附日本平户华侨李旦①的船舶,押送一批白糖、奇楠、麝香、鹿皮等货物,从香山澳放洋赴日本,侨居长崎。郑一官取得李旦信任后,"抚为义子",获得部分李旦资产和船只到越南做生意,获大利。不数年,郑一官即成巨贾,常往来中日间,颇受居日华侨的推重。

天启四年(1624)1月底,郑一官被李旦派到澎湖,担任荷兰人的通事(翻译),曾为荷兰人在台湾海峡上截击前去马尼拉的中国帆船。后来担任荷兰第二任台湾长官的德韦特(Gerrit Fredericqs de Witt),曾在一封信中写道:"经过雷约兹司令的批准,我们每天都期望能够在这里集中二三十艘中国帆船,通事一官被派往北方去截击于俘获一些船只。"同年夏秋之交,荷兰人在明军的压力下撤出澎湖,转移到台湾大员(今台南安平),建立了"热兰遮"和"赤嵌城"两要塞,侵占了台湾南部。同年荷兰、西班牙为了争夺台湾的统治权发生战争,荷兰得胜后独占了整个台湾,这是历史上台湾首次为外国人占领。

---

① 据有关学者研究,李旦即是当时侨居日本的泉州商人,荷兰人《巴达维亚城日志》以及日本学者岩生成一《日本侨寓支那甲必丹》称其为支那甲必丹。岩生成一认为李旦和颜思齐是一个人所用的两个名字。荷兰学者包乐史则认为李旦和颜思齐都是海盗集团的首领,活动于台湾和九州之间,郑芝龙是这两个人的属下,颜思齐是李旦的亲信之一。中国学者傅衣凌则"深感怀疑"颜思齐与李旦是同一个人。而陈碧笙以"此两人出生地、活动区域、活动内容和方式,死亡时间及死后事业由郑芝龙继承等方面几乎完全相同。证之各书记载非颜即李,非李即颜,极少两名同时俱见之例",认定李旦与颜思齐为一人。张宗洽认为"颜思齐其人是狡黠多智的郑芝龙为了洗刷他吞没李旦财产和丑名而虚构影捏的"。

在随荷兰人在大员后不久,郑一官就奉荷兰人之命率领几艘中国帆船袭击前去马尼拉与西班牙人通商的中国船只,直到第二年即 1625 年的 3 月底才回到大员。1625 年 4、5 月间,郑一官离开荷兰人,开始了亦商亦盗的海上生涯。1625 年 4 月底,一名荷兰船长曾经给第一任台湾长官宋克写信说:"(4 月)27 日,星期天……突然首领一官,作为代表,后面跟着手执刀剑的铳手七八名,向我们寒暄。"两个月后,日本长崎、平户侨领的李旦向宋克长官请领了出航许可证,在 7 月 3 日从大员启程回到平户,但一个多月后的 8 月 12 日,就在平户去世了。① 李旦死后,其在台产业均归郑一官所有,这为其以后收编各方势力、成就郑氏为一代枭雄,创造了条件。

天启六年(1626)郑芝龙劫掠金、厦后,明朝廷曾以蔡善继任泉州巡海道,对其进行招抚,但郑并未就范。崇祯即位后,又于当年(1628)七月立即对郑芝龙进行招抚。在福建巡抚熊文灿的力劝下,郑芝龙表示以"剪除夷寇、剿平诸盗"为己任,九月就抚,任"五虎游击将军"。从此,离开他多年经营的海上贸易根据地台湾,坐镇闽海。此期,郑芝龙已有部众 3 万余人,船只千余艘。

崇祯元年(1628),闽南又遭大旱,饥民甚众。郑芝龙再度招纳漳、泉灾民数万人,"人给银三两,三人给牛一头,用船舶载至台湾,令其芟舍开垦荒土为田。厥土惟上上,秋成所获,倍于中土"。在台湾历史上,郑芝龙是组织大规模移民的第一人。

崇祯三年(1630)季春,郑芝龙在晋江安海镇建置豪华府地,历时 3 年又 2 个月告竣。安平遂成为郑芝龙拥兵自守的军事据点及海上贸易基地。据载,郑府位于安平桥以北,西抵西港,北达西埯头,南临安平桥头,直通五港口岸,占地 138 亩。主构为歇山式五开间十三架,三通门双火巷五进院落。两旁翼堂、楼阁,亭榭互对,环列为屏障。东有"敦仁阁",西有"泰运楼",前厅为"天主堂",中厅为"孝思堂",规模宏大。大厝背后辟有"致远园",周以墙

---

① 参见古雅台语人:《海上英豪郑芝龙》,2002 年 4 月 16 日,http://staff.whsh.tc.edu.tw/~huanyin/tw_teaching_2r.htm。

为护,疏以丘壑、亭台、精舍、池沼、小桥、曲径、佳木、奇花异草。①

从崇祯元年至八年(1628—1635),郑芝龙先后消灭了李魁奇、杨六、杨七、钟斌等海商集团,最后又于崇祯八年(1635)五月在广东田尾洋击溃了实力最强的刘香海上武装集团。刘香死后,台湾海峡恢复安宁,大陆台湾商船往来频繁。大陆与台湾的交易主要以厦门湾沿岸城镇如厦门、安海、烈屿等地为主。郑芝龙把海上力量纳入地方官府体制,夺取制海权,掌握了东西洋贸易。崇祯十二年(1639,日本宽永十六年),日本幕府发布锁国令,退出东亚海洋竞争,郑芝龙遂成为东方海洋世界的唯一强权。"从此海氛颇息,通贩洋货,内客外商,皆用郑氏旗号,无徼无虞,商贾有二十倍之利。芝龙尽以海利交通朝贵,寖以大显。"②"海舶不得郑氏令旗,不能往来;每一舶,例入三千金。岁入千万计,芝龙以此富堪敌国。乃筑城于安平,宫室纵横数里,海梢直通卧内;可舶船径达海。其守城兵饷自给,不取于官。旗帜鲜明,戈甲坚利。凡贼遁入海者,檄付芝龙,取之若寄;故八闽以郑氏为长城。"③崇祯十三年(1640),郑芝龙受明廷擢升,为福建总兵官,署都督同知。

郑芝龙从事海外贸易,主要是同日本通商。据荷兰东印度公司《巴达维亚城日志》与《平户荷兰馆日志》记录,崇祯四年(1631)郑芝龙两艘商船从日本长崎载货物返航安海;崇祯十二年(1639)驶往长崎的郑芝龙商船多达数十艘;崇祯十三年(1640)两艘郑芝龙商船满载黄白生丝及纱绫、绸缎等货物,运往日本。另据《长崎荷兰商船日志》记录,1641—1643 年(崇祯十四至十六年),郑芝龙运载大量生丝、各类纺织品、黑白砂糖及麝香、土茯等药物,运往日本,颇受欢迎;崇祯十四年(1641)夏,郑芝龙商船 22 艘由安海直抵日本长崎,占当年开往日本的中国商船总数的 22.68%,主要货物有生丝、纺织品、瓷器等。其中一艘船就装载有货物包括:白生丝 5700 公斤,黄生丝 1050 斤,捻丝 50 斤,缎子 2700 匹,天鹅绒 500 匹,花繻珍 80 匹,Cangan 布 540 匹,麻布

---

① 至清顺治十二年(1655),郑成功毁家复明,自焚宅第。参见听涛人:《潮起潮落安平桥》,2013 年 11 月 4 日,http://www.ishijing.com/thread-2460622-1-1.html。

② 彭孙贻羿仁氏:《靖海志·卷一》,台湾大通书局 1977 年版。

③ 三余氏撰:《南明野史·卷中·绍宗皇帝纪》,台湾大通书局 1987 年版,以及邹漪:《明季遗闻》,台湾大通书局 1987 年版。

7700 匹,鹿皮 150 枚,鲛皮 100 枚,茶壶 47 个,茶碗 1400 个,白蜡 600 斤,水银 200 斤,Sittouw 100 斤,Pelingh 5000 匹,Panghsij 5000 匹,红 Panghsij 400 匹,红 Gielem 5000 匹,白 Gielem 70000 匹,Sitcleed 300 枚等。① 其余各船所载物品亦皆类似,偶或装载象牙。估计是从南亚等国贩进,并由此转售于日本。从以上物品数量来看,可见郑芝龙当时与日本贸易量之大宗。

当年 7 月,郑芝龙又派砂糖船 12 艘前往长崎,除满载白砂糖、黑砂糖、冰糖外,另有白蜡、麝香、茶壶、药品、白生丝、黄生丝、漆器、瓷器等货物;至 8 月,又有帆船 3 艘进入出岛,其中最大一艘为郑芝龙所有,容积达三千贯目。同月还有郑芝龙的另外 4 艘船满载各种绢织开进出岛。②

明清鼎革之际,马士英、史可法等遗臣拥福王即位南京,改元弘光,是为南明。八月,以郑芝龙与郑鸿逵原任总兵,加封安南伯及靖鲁伯。南明弘光元年(1645),郑鸿逵、郑彩自京口退至杭州,迎唐王朱聿键入闽。闰六月十五日,郑芝龙、郑鸿逵与福建巡抚张肯堂、巡按御史吴春枝、礼部尚书黄道周等,拥立唐王称帝于福州,改元隆武。郑氏一族,除二弟郑芝虎之前战死外,郑芝龙受封平虏侯,掌握军政大权,旋晋平国公;三弟郑鸿逵(原名芝彪)为定西侯,旋进定国公;四弟郑芝豹(小字莽二)封澄济伯;同宗侄辈郑彩亦封永胜伯。③ 八月,隆武帝诏赐,晋平国公郑芝龙加太师。

第四节　厦门、金门两岛

一、厦门

明代以前的厦门,虽有一定的发展,但还仍属边地,经济实力及政治地

---

① 杨绪贤:《郑芝龙与荷兰人之关系》,载郑成功研究学术讨论会学术组:《台湾郑成功研究论文选》,福建人民出版社 1982 年版,第 312—313 页。

② 杨绪贤:《郑芝龙与荷兰人之关系》,载郑成功研究学术讨论会学术组:《台湾郑成功研究论文选》,福建人民出版社 1982 年版,第 313 页。

③ 据现今调查,郑联、郑彩本为高浦郑氏,与石井郑氏并非真正一系。所谓侄儿一说,有可能为联宗之故。参见(明清)邹漪:《明季遗闻·卷四》,台湾大通书局 1987 年版。

位尚浅。至明代，作为朝廷军事设防地开始引起注重。洪武元年（1368），定自京师至郡、县，皆立卫、所。二十年（1387），江夏侯周德兴经略福建，抽三丁之一为沿海戍兵防倭，置卫、所当要害处。域水澳，为永宁卫，领左、右、中、前、后五千户所，又复设守御千户所；城厦门，移永宁卫中、左二所兵戍守，故名"中左所"，设守御千户所，亦隶属福建都指挥使。①

自明代月港因海外贸易兴起以后，厦门港成为其附属港口。根据万历三年（1575）西班牙拉达修士的所见，"（中左所）那个港的入口是壮观的。除了大到能容纳大量的船外，它很安全，清洁而且水深，它从入口处分为三股海湾，每股海湾都有很多船扬帆游弋，看来令人惊叹，因为船多到数不清"。② 当他们"从中左所出发，这是一个有 3000 户人家的市镇……"而且令修士和他的同伴惊异的是，他们"看到沿河两岸有许多城镇，彼此相距那样近，简直可说那是一座城，而不是许多镇……当地的居民开耕土地达到连巉岩、石山都播种的程度……"③可见当时的厦门港虽然只是作为月港的附港，已经人口日增，周围耕地已全力开垦，发展得相当繁荣，否则外国人不可能以"壮观"和"数不清"来形容。

自郑成功统领厦门以后，厦门的地位得以迅速提升，最终进入了辉煌期。

时在隆武二年（顺治三年，1646），清军大举入闽，郑芝龙降清，郑成功遂起兵抗清。永历四年（1650），郑成功控制金、厦两岛后，迅速率部向厦门湾周围扩张，攻打漳泉等地以扩展势力，经过永历五年至六年（1651—1652）的争战，"郑成功以兵攻漳泉，尽有其下邑"，将铜山、海澄、长泰、漳浦、平和、诏安等沿海郡县均纳入自己的势力范围。其时声威大振，《鲁春秋》记载说，"时郑氏故部，散漳泉者，咸呼集，洋税复旧例，能食兵"。④

① 参见（清）周凯：《道光厦门志》卷 2《沿革》，台湾大通书局 1984 年版。
② ［西］马丁·德·拉达：《出使福建记》，载伯来拉、克路士等：《南明行纪》，何高济译，中国工人出版社 2000 年版，第 248 页。
③ ［西］马丁·德·拉达：《出使福建记》，载伯来拉、克路士等：《南明行纪》，何高济译，中国工人出版社 2000 年版，第 250 页。
④ 查继佐：《鲁春秋·鲁王监国七年（1652 年）条》，台湾大通书局 1987 年版。

在战争初期,由于人多地狭,"器械未备,粮饷不足",郑成功制订了"以通洋之利养军"的方略,大力发展海外贸易。永历九年(顺治十二年,1655)二月,改中左所为思明州。他在传统的东西洋贸易的基础上,建立起一个以厦门为中心,联系与日本以及东南亚各地的庞大贸易网络,内外结合,进行内陆与远洋通商,不仅保证了军需,而且拓展了其父郑芝龙开启的贸易帝国网络。

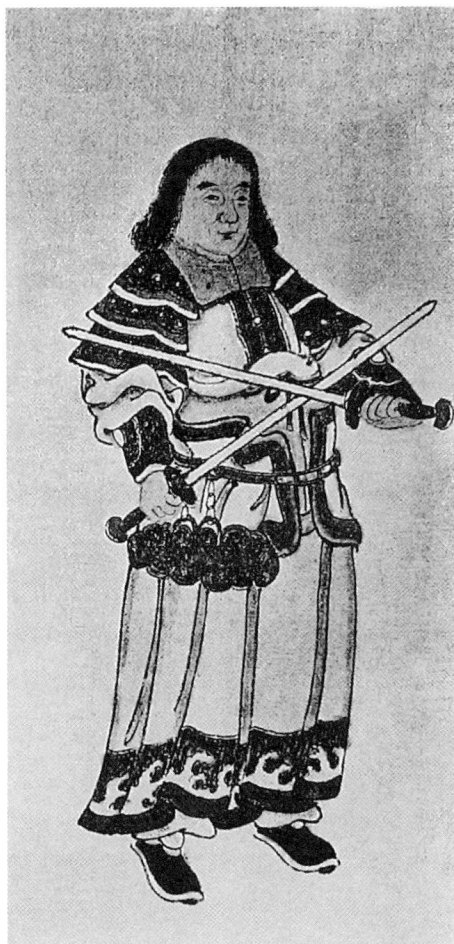

图 38　中国卷轴画中的郑成功像①

---

① J.W.Davidson.*The Island of Formosa*,MacMillan & Co.,1903.

图 39　中国卷轴画中的郑芝龙像①

郑氏经营海外贸易,其一采取"五大商"的贸易形式;其二则是以东西洋船队,通过出租船只进行贷本经营。所谓"五大商"贸易组织,指的是以"五常"为名号的仁、义、礼、智、信海路五商和以"五行"为名号的金、木、水、火、土陆路五商。海路商行属"五常",总部行址设在思明州,总主管是郑成功宗亲郑奇吾;山路商行为"五行",总部行址在杭州,总主管是郑成功的族兄、时任户官郑泰。"五常"与"五行"各商行独立经营,互不统属。还另设"别行",亦归郑泰主管。山路即陆路,陆路五商负责采购苏杭细软及中药材;海路五商负责出口物资派运。把舶来洋货配发陆路五商销售内地,把陆路五商采购的细软交东洋船运往日本、台湾、菲律宾等地,西洋船航行安南、暹罗、印尼等国。②

---

①　图片采自 J. W. Davidson. *The Island of Formosa*, MacMillan & Co., 1903.

②　参见南栖:《台湾郑氏五商之研究》,载郑成功研究学术讨论会学术组:《台湾郑成功研究论文选》,福建人民出版社 1982 年版,第 196—198 页,以及聂德宁:《明清之际郑氏集团海上贸易的组织与管理》,载方友义编撰:《郑成功研究》,厦门大学出版社 1994 年版,第 328 页。

图 40　写实风格的郑成功像(清黄梓绘)①

从金木水火土为郑成功五个商行之名称来看,实则扣入郑成功和几个兄弟的名字,按排行论,郑成功讳森,字明俨,号大木;其下郑焱讳渡;郑垚讳恩;郑鑫讳荫;郑淼讳袭;意蕴东方木,南方火,西方金,北方水,中央土。②

郑氏的山海十大商采用分工合作的方式经营,通常是由山五商(亦即陆五商)从管辖者(郑泰)或银库管库人那里领取资本,置买货物,并将货物运交海五商,然后至公库结账,再领取下一次购货款;海五商接到货后,将贩洋货物装船出洋,货物售出后返航到公库结账。③ 这山海十大商货物的交接地点多为海口、江口或一些偏僻海岛。顺治十七年(1660),内阁中书舍人杨鹏举对此曾有奏本说道:"臣闻上年海逆来犯镇江之先,贼计奸狡。密令奸细假扮商人,各处来米,贮于江口等处,以及金山寺中,海船一到,即便运去。"④

---

① (清)黄梓:《郑成功半身彩像》,2013 年 5 月 1 日,http://www.ueren.com/Attachment/Info/21707,原像为彩色。

② 郑芝龙:《石井郑氏族谱》,明崇祯岁次庚辰十一(1640)版。

③ 南栖:《台湾郑氏五商之研究》,载郑成功研究学术讨论会学术组:《台湾郑成功研究论文选》,福建人民出版社 1982 年版,第 199 页。

④ 《郑氏史料续编四》,台湾大通书局 1984 年版,第 1778 页。

图41　郑氏"台湾船"①

　　有时海五商亦将海外运来的货物直接交给陆上商人抵账。如顺治十七年（永历十四年，1660）两广总督李栖凤在奏疏中提到："（五月）二十三日，访有省城西关外，有福建商船来省城贸易，闻之不胜惊骇，当即差官前去密拿，果有闽船四只，载有盐斤及红铜、楼烟、苏木、倭铅，俱卸于店主伍瑞甫家。……又店主潘宗瑞供称，船上载来红铜、饼、烟丝、夏布、笋等语。又据

---

　　①　明朝时，日本人称郑氏拥有的戎克船（战船）为"台湾船"，与大陆地区的船只同称为"唐船"；而西方荷兰人、西班牙人的船则被称为"兰船"；台南市文化局重现的船只则根据日本平户松浦史料博物馆《唐船之图》画卷中的船只重建。这艘船为郑氏父子所有，艉楼只有一层，覆盖竹篾篷，用以遮风避雨，船头高耸而无封板，船体曲线是画卷中最美的一艘。该台湾船全长29.5米，船宽7.26米，重约300吨，排水量150吨，可载12人。据负责建造的松林造船总经理林三进解说，戎克船是郑成功时期的战船，可装载12门大炮，郑成功不仅靠它称霸海上，还从事鹿皮、香料等贸易。参见参见铁血社区：《台南市政府仿郑成功战船昨举行下水典礼》，2010年5月2日，http://bbs.tiexue.net/post_4228522_1.html以及船舶数字博览馆：《赴日唐船及其贸易活动》，2013年9月3日，http://amuseum.cdstm.cn/AMuseum/ship/history/trade/zg02.html。

四船水手黄大等十一名同口供称,三月初八日在厦门起身等语。夫红铜、楼烟等物产自外洋,厦门现系贼薮,供吐既明,明属违禁,大干法纪。"又"查出驾运现在闽船水手三十九名,并店主伍瑞甫店内搜出伪国姓牌票二张,现有印信可据。"①从牌票等物看来,这四艘闽船极有可能是海路五大商行所属之商船,而店主伍瑞甫等则有可能是陆路五大商之下的散商,专门接纳海五商所带来之货物。

郑氏海上贸易的另一种组织形式是通过东西洋船队出租船只、贷本经营。杨英《先王实录》记载,永历十一年(1657)"二月间,六察常寿宁在三都告假先回,藩行令对居守户官郑宫傅察算裕国库张恢、利民库林义等稽算东西洋船本息,并仁、义、礼、智、信、金、木、水、火、土各行出入银两。时林义因陈略西洋一船本万余未交付算,已先造报本藩存案明白,寿宁谓林义匿赚此项系与郑户官瓜分欺瞒,密陈本藩,藩未见册,亦心疑之。但报册系藩标日铃印可查"。②据南栖先生的研究,东西洋船与五大商组织是并列于裕国库、利民库两公库之下;东西洋船和十行没有统属的关系;而户官直接管理各公库、各行及各船;各库收支,每日列册报告郑成功;六察官行稽察之权。③从郑氏稽算"东西洋船本息"以及"五大商行出入银两"的情况看,"东西洋船"是与五大商行并列的贸易组织。再从"稽算东西洋船本息"以及"西洋一船本万余未交付算"来看,其"船本息"应指郑氏出租船只所得的本钱及利息。由此可断定,"东西洋船"是郑氏海上贸易的一种组织形式。其中,郑氏及其管理人员为船商,将商船租借给其他商人出海贸易。每只船的船本大约是1万多两白银,郑氏由此通过租借商船,从中获取利润。④

值得一提的是,郑氏不仅有山海十大商行的直接采买、交易,更有"武装护航"和"情报网络"加以保证。其军事编制五卫军亲,分前后左中右五

---

① 厦门大学台湾研究所、中国第一历史档案馆:《郑成功档案史料选辑·李栖凤题为拿获违禁船货事本》,福建人民出版社1985年版,第365—366页。

② 杨英:《先王实录》,陈碧笙校,福建人民出版社1981年版,第151页。

③ 南栖:《台湾郑氏五商之研究》,载郑成功研究学术讨论会学术组:《台湾郑成功研究论文选》,福建人民出版社1982年版,第195页。

④ 参见冯立军:《清初迁海与郑氏势力控制下的厦门海外贸易》,载《南洋问题研究》2000年第4期。

军,军以下为镇,镇的名称有仁武、义武、礼武、智武、信武,谓"五常镇",又有金武、木武、水武、火武、土武,谓"五行镇",成为庞大的海上武装实力,成为山海十大商行的强大基础。

郑成功时期的"牌饷"制,还成为其掌控海上贸易的重要制度。按郑氏规定,"东洋牌船应纳饷银,大者2100两,小者亦纳银500两;俱有定例,周年一换"。① 郑成功在攻台前即授权何斌在台湾发放牌饷,收取饷银。郑成功在日本的弟弟田川七左卫门,也助郑成功发放牌饷,收取饷银。郑成功写给他弟弟田川七左卫门的信上说:"著讯守兵丁,地方官盘验,遇有无牌及旧牌之船、货,船没官,船主、舵工拿解。"②持有"石井郑府"牌记的船舶,不仅在本国兵汛及地方关卡具有通行效力,此外可以通行东西洋。当时厦门湾沿岸及台湾海峡通往日本及东南亚的商船,非有郑氏之牌记决不能航行海外。郑氏之牌饷,也成为其控制东亚海权的重要表征。

日本是郑氏海商集团海上贸易的主要对象,郑成功每年都派商船到日本贸易。日本学者木宫泰彦在《日中文化交流史》中写道,从1650年到1662年这十三年间,共有中国商船649艘到达日本贸易。③ 自然这其中不一定都是郑成功所有的船只,不过郑氏船只应占相当大的比例。据岩生成一的调查,"从1647年至1662年,入(长崎)港的中国船主要来自郑氏势力范围内的地区。比如1650年来港的70艘中,来自郑氏势力范围内的漳州、安海、福州有59艘,约占80%以上,而且几乎是年年如此"。④

当时输往日本的商品主要是生丝和丝织品,如日本长崎的荷兰商馆日记1649年(永历三年)7月17日条记载:"一官(郑芝龙)的儿子所属的船只一艘自安海入港。听说装载了白生丝5000斤,Poil绢丝5000斤,以及其

① 张炎:《关于台湾郑氏的"牌饷"》,载郑成功研究学术讨论会学术组:《台湾郑成功研究论文选》,福建人民出版社1982年版,第211页。

② 张炎:《关于台湾郑氏的"牌饷"》,载郑成功研究学术讨论会学术组:《台湾郑成功研究论文选》,福建人民出版社1982年版,第211页。

③ 〔日〕木宫泰彦:《日中文化交流史》,胡锡年译,商务印书馆1980年版,第627—628页。

④ 杨彦杰:《一六五〇至一六六二年郑成功海外贸易的贸易额和利润额估算》,《郑成功研究论文选续集》,福建人民出版社1984年版,第224页。

他丝织物类颇多。"1650年(永历四年)10月19日条又记载:"一官的儿子的戎克船一艘自漳州开到,装载生丝12万零100多斤,纶子1800匹,纱绫1800匹,以及绸绉(Gielem)、药材等。"再如1656年2月1日荷兰东印度公司总督寄回本国的政务报告书中,记载道:"从1654年(永历八年)11月3日最后一艘荷兰船驶离长崎至1655年9月16日为止,由中国各地驶入长崎的中国戎克船有57艘,其中安海船41艘,大部分是属于国姓爷的,泉州船4艘、大泥船3艘、福州船5艘、南京船1艘、漳州船1艘和广南船2艘。从日本商馆日志末后所附载清单中可知,上述戎克船总共装载生丝140100斤,以及大量的丝织品和其他各种货物,这些都几乎结在国姓爷账上。"[1]此外,当时中日之间的交易还有砂糖、书籍、天鹅绒、水银、墨、海货以及各类药材等商品。[2]

据木宫泰彦的研究,自日本庆安元年(1648)至宽永十二年(1661),这十四年中开至长崎的明朝商船数目如下:

庆安元年(1648):20艘;二年(1649):59艘;三年(1650):70艘;四年(1651):40艘。

承应元年(1652):50艘;二年(1653):56艘;三年(1654):51艘。

明历元年(1655):45艘;二年(1656):57艘;三年(1657):51艘。

万治元年(1658):43艘;二年(1659):60艘;三年(1660):45艘。

宽文元年(1661):39艘。[3]

从中可以看到,明末商船与长崎的贸易量是相当大的,其中应有不少来自厦门湾沿岸的商船,如上述所举的漳州船、安海船等等。

据魏能涛研究,在1648年至1672年(永历二年至永历二十六年)这22年中,唐船输出货物总额共32万余贯,其中白银一项就近20万贯,约占总

---

① 曹永和:《从荷兰文献谈郑成功之研究》,载郑成功研究学术讨论会学术组:《台湾郑成功研究论文选》,福建人民出版社1982年版,第357—358页。

② [日]木宫泰彦:《日中文化交流史》,胡锡年译,商务印书馆1980年版,第622—628页。

③ [日]木宫泰彦:《日中文化交流史》,胡锡年译,商务印书馆1980年版,第627—628页。

输出额的61%。另外,黄金占9%,其他货物占30%。① 当时,能够前往日本贸易的大陆商船应大部分归属郑氏,故唐船输出输入货品应大部为郑氏商船所为。

东南亚也是郑氏海商集团重要的贸易地区。当时与郑氏海商保持贸易往来的东南亚地区有巴达维亚、东京、交趾、暹罗、占城、广南、马尼拉、柬埔寨、柔佛、北大年、六昆等。据《热兰遮城日志》记载,1655年(永历九年)3月9日,有属于国姓爷的船只24艘从中国沿海口岸开到东南亚各地贸易,其中到巴达维亚7艘,到东京2艘,到暹罗10艘,到广南4艘,到马尼拉1艘。1656年(永历十年)12月11日,有6艘国姓爷的戎克船到达柬埔寨。②据估计在郑成功时期,平均每年派往东南亚贸易的船只大约有16—20艘。③

据杨彦杰先生对郑成功时期东西洋贸易的估算,其海外贸易额,每年平均约250万两,约占其总支出包括军队、明皇室费用、部将薪金、馈赠、奖赏总计至少400万两的62%强。除以上收入外,郑成功的"海利"收入还包括征收梁头饷、征收外人入口关税,加之在国内从事的对外贸易等。另外,陆上之利方面,郑成功的财政收入还有派征陆饷税以及经营国内贸易等方面的收入。④

正是依靠了海陆两方面的交通,东西洋贸易的兼济,郑成功才能在清廷百般的限制、围剿中顽强生存,且因其海禁,反而贯通东西洋,独占海上之利,成为明末一道独特的风景。

二、金门

明代的金门,仍作为福建的军事驻地和产盐地。洪武元年(1368),朝

① 魏能涛:《明清时期中日长崎商船贸易》,载《中国史研究》1986年第2期。
② 曹永和:《从荷兰文献谈郑成功之研究》,载郑成功研究学术讨论会学术组:《台湾郑成功研究论文选》,福建人民出版社1982年版,第358页。
③ 台湾省文献委员会:《台湾省通志》卷3,台湾众文图书股份有限公司1980年版。
④ 杨彦杰:《一六五〇至一六六二年郑成功海外贸易的贸易额和利润额估算》,《郑成功研究论文选续集》,福建人民出版社1984年版,第233—234页。

廷将元朝所设的司令司改为踏石司,不久又改为盐课司,以对其盐业生产及贸易进行管理。二十年(1387),置金门守御千户所及峰上、官澳、田浦、陈坑四巡检司。①

天启六年(1626),"郑芝龙船泊金、厦,树旗招兵,从者数千。所在勒富民助饷",由此纵横沿海。隆武元年(清顺治二年,1645),郑芝龙北上降清,年仅23岁的郑成功从金门烈屿起兵,举起了"忠孝伯招讨大将军罪臣朱成功"的旗帜。当时金门为其叔父郑鸿逵所控,厦门则为建国公郑彩及其弟定远伯郑联所据。郑成功南下招兵买马,"与所善陈辉、洪旭等九十余人,收兵南澳,得数千人"。

永历四年(1650),郑成功轻舟回鼓浪屿,计杀郑联后,占领厦门。次年,收编郑鸿逵部属。从此,以金厦两岛以为基地,进行抗清复明大业。此后将行政中心设在厦门,军事大本营设在金门。永历六年(1652)鲁王跸金门。永历九年(1655)郑成功筑浯洲城,移官兵眷口于金门。永历十一年(1657)永历十二年至十四年(1656)洪旭守金厦,甲士十数万众。郑成功派林习山守烈屿。

永历十五年(1661),郑成功在金、厦两岛间来回移驻,最终定立征台布置,以族兄郑泰守金门,自己率领马信、周全斌、萧拱宸等部将,从金门料罗出发亲征台湾。郑成功自烈屿举兵到永历十五年东渡台湾的16年之间,与清兵争战无数,而实际上的主控地区就是以厦门、金门两岛为主的厦门湾。

为了对付郑成功势力,清廷采取了系列的迁界措施。永历十七年(清康熙二年,1663),清兵攻占金、厦两岛,实行迁界政策,迁沿海人民迁至距海30里以外,金门遂成废墟。② 当年清兵攻占金门,此即金门诸多族谱记录的"癸卯之变"。例如《烈屿护头方氏族谱》载:"讵意开辟以来所未有之惨祸于今始见。吾祖于刺桐今派移居泉之同安,今日以蛮触交战,迫迁于同之荒界,饥馑荐臻,惨目伤心,方氏之族人,居泉而同十无二三,此在大清癸

---

① 参见(清)林焜熿:《金门志》卷2《沿革》,台北大通书局1984年版。
② 参见(清)林焜熿:《金门志》卷16《旧事志》,台湾大通书局1984年版。

卯(1663)岁也。"①避居于澎湖的卢若腾子卢饶研亦在《卢氏族谱·重修族谱序》中云："值兹蹦岛，阖族遭殃，或死于兵刃，或死于饥寒，或死于风涛，或死于疾病，颠沛狼狈，十不存三，兼以乡井残破，无家可归，流离星散迸于四方……癸卯之变，孤幼之被俘虏者皆详载之。"②卢氏一当时遭补掳或死难的有多人，如元房十二世卢建乡，癸卯岛变，夫妇自缢而亡，无后；亨房十世卢喜乡有三子，皆被掳；卢长乡夫妇，逃难时遇贼，投海死节；亨房十一世卢爱甫有三子皆被掳，其弟友辅夫妇皆被贼掳去；亨房十二世卢錧，被掳；亨房十三世卢载房，有子，岛变被掳；癸卯迁界之时，卢氏值其十世至十三世间，谱中所载族人多无后，测其多因变乱所致。③

《台湾割据志》记载，康熙癸卯，"清兵入岛堕城，略宝货妇女而去，两岛之民烂焉"。④据《闽海纪要》记载，"已而，继茂、率泰、黄梧、施琅各济师，郑经以寡不敌众，遂弃思明州及金门，退守铜山。继茂等兵入岛，男女童稚虏掠一空，遗民数十万，靡有子遗；遂堕其城、焚其屋，弃其地而回。先是，有'嘉禾断人种'之谶；至是果验。"⑤《海上见闻录》载，"清兵入岛，岛中民尚数十万，多遭白刃；投诚兵复肆杀掠，其地遂空"。⑥当时《泉州府志》也载，"清兵入岛尽收之，拆城桓，焚毁房屋，遗民数十万，多遭兵刃。男女系累，童稚成群，若驱犬羊，连日不绝。而投城兵所至，搜掠财物，发掘塚墓，堕城焚屋，斩刈树木，逐弃其地"。癸卯之时的兵乱，相信是明末清初历次兵乱最为惨毒经历之一，不然断不会有如此众多的史料数次提到。同期的金门族谱中多载其族人"十不存一"、"十存仅一"，如《金门县后沙许氏族谱》称，"阳九之厄，鼎革复逢沧海桑田，岛屿之荡析灰烬者，不知凡几。或死于

① 陈炳容：《金门族谱有关清初迁界史料初探》，载金门县宗族文化研究会：《金门宗族文化》创刊号2004年。

② 参见陈炳容：《金门族谱有关清初迁界史料初探》，载金门县宗族文化研究会：《金门宗族文化》创刊号2004年。

③ 参见陈炳容：《金门族谱有关清初迁界史料初探》，载金门县宗族文化研究会：《金门宗族文化》创刊号2004年。

④ ［日］川口长孺：《台湾割据志》，台湾大通书局1987年版。

⑤ 夏琳：《闽海纪要·卷之上·癸卯二年》，台湾大通书局1987年版。

⑥ （清）阮旻锡：《海上见闻录》卷2《康熙二年》，台北台湾大通书局1987年版。

兵戈,或困于饥馑,或厄于俘虏,阖族之中十不存一,间有流寓他乡,迁徙异域者多矣"。金门族谱中还有关于越界被杀的记载,如《金门湖前颍川陈氏族谱》有十六世陈鼎丕的记录,"我族自播迁以来,复故土者寥寥不数人。今为查之住外所者甚夥,潮阳、台湾、澎湖、古田、河南、漳州、晋江所在皆有。"且又记录其十二世陈丑一家经历,其长子陈麟甫十岁、次子陈瑞,于癸卯年世变时,与其母俱被掳。陈丑外避,至丁未年回到金门,却被人以越界之罪杀害。[1] 可见康熙初年对越界者法度之严厉!

　　迁界变乱还导致金门田园荒芜,族产淹没,家庙遭毁,祭仪变更。如内洋吴显丁《吴氏家谱引》说:"又阅十数岁,浯地播迁移之他省他州者,有人流之郡县海岛者,有人死亡者,十居五六。沧桑易后,各散离三十余年间,识面寥寥。"因为迁界,人员流动沦没,原本可分成七份的菜礁后来则仅分作四份。族人又公议建祠,定《议集公用誓约》云,"自播迁来,闾里五墟,田产荒压。祖先之衽尽为沙草芜地。垦复仅可插薯,不比熟田。户丁散亡他往,或隔省未及回,或阻海不得返者,虽蒙展界,而归浯复业,十仅一二"。[2] 珠浦许氏,"自兵燹后,吾祠沦为灰烬,荆棘者垂二十余载矣。岁在乙卯年,哀鸿甫集,春秋二祀,惟设俎豆于主者也,家飨焉诸族人大惧……越戊午大宗旧址之后草构数椽,置主其间,岁时禋祀,而修葺之,今又阅有年所矣。虽升平未久,庙貌未壮者,盖自移驻以来,错居壁垒,山海之利。与彼共之孝思之情,虽切鼎新之力终难也。……则以俟子孙之贤而有力者"。[3] 除了颠沛流离、产业凋敝外,迁界也给民间带来了赋役、兵饷、失业之苦,以及物价狂涨之灾。

　　十余年后,即永历二十八至三十三年(康熙十三年至十八年,1674—1679),金门复为郑经所踞。[4] 此一时期,郑氏政权中心在台湾,金门则起到

---

① 参见陈炳容:《金门族谱有关清初迁界史料初探》,载金门县宗族文化研究会:《金门宗族文化》创刊号 2004 年。

② 陈炳容:《金门族谱有关清初迁界史料初探》,载金门县宗族文化研究会:《金门宗族文化》创刊号 2004 年。

③ 许嘉立:《许氏大宗族谱·金门县珠浦许氏祠宇之变》,许氏族谱文献资料珍藏室 1981 年版。

④ 参见(清)林焜熿:《金门志》卷 16《旧事志》,台北大通书局 1984 年版。

西征的跳板作用。郑氏一族自郑芝龙起直到郑经，祖孙三代人对金门的开辟与发展，影响甚巨。

有明一代，金门的宗族得到了进一步发展，金门与大陆之间移民互动频繁，其中以与同安之间的互相移民最著。

例如明初禁海时有彭用斌举家迁居同安后肖（今后烧）开支，称西彭，与李姓杂居。后彭姓又再分支新店沙尾村，冠名以金门沙尾。用斌之侄孔道又开基新店彭厝村，称东彭。又有金门十七都汶沙保东埔村陈姓因明初禁海迁入同安东浦，因习武闻名，有"一村六武举"之誉。后有一支迁后溪，称东埔，明末清初战乱时该村人又有迁东孚者，亦称东埔。明初金门浯江王弘治后裔内迁同安南门内及西湖塘。其后裔于康熙年间移居西门外松柏林街。明永乐七年(1409)金门十九都古贤保聚贤村颜德泰、颜同元堂兄弟内迁同安，德泰居南门外，为大同镇前街、岳口、五显镇军村、鳌头等村颜氏始祖；同元先居从顺里，后与庶母林氏迁居长兴里后塘，又分支埈炉、后坝、下寮等村。其宗祠楹联为"桃园世泽分浯水，鲁国人文焕玉堂"。明成化间，龙溪颖川陈姓族人入金门垦殖，开基十七都刘浦保陡门村。万历时其四世孙陈文雍迁入同安内厝开基，仍名陡门，后谐音为"斗门"。又有明代金门十八都仓湖保新头村陈姓迁入海澄新坡，取"新头迁入，安居乐业"之意，称其为新安，后作新坡。明嘉靖间有金门十七都阳田保青屿村张必宜为避倭患举家迁入同安李厝，遂以居住地方位命名为东园。又有嘉靖间避倭患由金门十八都仓湖保大治村陈姓迁入同安，以祖籍地"大治"冠名当地，后雅化为"大宅"。嘉靖间因避倭患者还有金门琼林蔡姓迁入大嶝北门村，后裔建有青龙寺，奉乾隆总兵、金门平林人蔡攀龙为"祖佛"，与崎口下村蔡姓同为金门琼林蔡景仁为祖宗。明末清初金门琼林派大厝内蔡志善到马巷市头村任塾师，卜居坪边村开基繁衍。①

以上各姓多为明代至清初金门内迁者。同时期，亦有同安人因避乱迁居金门者。只因金门地小贫瘠，迁入者较少。史志、族谱中也有一些记载：

---

① 参见政协厦门市同安区委员会文史资料委员会：《同安文史资料·同安姓氏专辑》2000 年版。

宋末元初理学名士邱葵隐居小嶝,葵第四子信留居当地,裔孙播迁金门湖南、旧金城、后浦。道光时浙江提督邱良功即其后裔;明初同安乌涂长房三世徐太祥移居金门东坑上堡开基,后分衍下堡,形成大宗;明初澳头蒋姓三房祖笃祐三子定美,因乱徙居浯洲西山前,明万历十七年进士、吏部左侍郎蒋孟育系出此派;明洪武十二年(1379),同安安仁里苎溪乡龙山社(今集美珩山村)王涣三迁居金门十八都,开基金门珩厝社;明初朱熹后裔朱国安因避元末亦思法杭兵乱(1357—1366)自泉州西街五塔巷迁居同安新圩开基都山社,经营棉纱作坊,富甲一方。后遭匪劫,长子迁入后珩居住,后裔迁入金门南太武;明末同安城内童厝十一世童严朴避乱迁居金门,且迁葬其父于金门庵前山猫见雀;明末,翔风里欧厝社欧姓举族迁入金门十九都古贤保,仍名欧厝。同治间出使琉球国正使赵新曾撰《续琉球国志》,书载有同安人"苏臣名碧云,生于明天启年间,读书乐道,不求仕进。晚年移居海岛(金门),洞悉海道情况,海船均蒙指引平安。殁后于海面屡著灵异,兵商各船,均祀香火"。苏碧云死后成神,为金门人所崇敬,至今小嶝前堡还有英灵殿奉祀。①

卢氏在金门的聚居地以贤聚最为有名。明人洪受《沧海遗记》记载说,"十九都有颜厝,又曰前颜,即今贤聚,俗称贤厝。明末有遗臣王忠孝、沈宸荃、辜朝荐、诸葛昺等,来金依附明郑,与颜厝卢若腾相过从,遂改颜厝为贤聚,寓群贤毕集之意也"。② 卢若腾为金门卢氏十一氏,浯洲贤聚人,字闲之,一字海运,号牧州,为崇祯十三年(1640)进士,曾历任兵部主事,兵部郎中兼总京卫武学,浙江布政使司左参议,分司宁绍巡海兵备道等职,官至兵部尚书,晚年回归浯岛。其秉性刚直,敢于直言,恪尽职守,具文才武略,一生著作颇丰,有《留庵文集》二十六卷,《方舆互考》三十余卷,《与耕堂随

①　陈金城:《古代金门同安之移民互迁》,载政协厦门市同安区委员会文史资料委员会:《同安文史资料同安姓氏专辑》2000年版。
②　颜立水:《金门卢氏宗亲同安祖地认亲》,载颜立水:《金同集》,中国文联出版社2005年版。

笔》、《岛噫诗》、《岛居随录》、《浯洲节烈传》、《印谱》等各若干卷。①

卢若腾之弟若骧，族人若骥以及卢恩等人，均为当时名士。《金门志》记载，"卢若骥，贤聚人；尚书若腾胞弟。以举义，授总兵官；若骧，腾族弟。崇祯间，若腾官枢曹，骧父文字谓'天下扼塞要害、兵马刍粮之籍，尽在枢曹'；命骧就若腾京师讲求。后历任三山长溪裨将，治军恤民，声藉甚。唐王立于闽，授游击将军，从扼守盘山关者年余。旋受恢抚闽、浙之命，血战闽、粤间，屡著劳绩；卢恩亦若腾同族，从定国公郑鸿逵纠义旅海上。干才敏练，定国深倚之。官赞画通判，晋昭毅将军正总兵、都督佥事"。②

五代时期蔡氏家族由河南光州迁至闽南同安的金门，几经迁徙，自明代起落户定居于琼林。至今村中仍保留有大量燕尾马背的传统闽南式建筑，其中尤以宗祠家庙最具规模，计为七座八祠，为全岛之最。其先贤中，有"祖孙进士"的蔡宗德，③其子蔡贵易，④孙子蔡献臣，三代均为廉吏名宦。

2002 年 11 月，同安新店镇吕塘村董水自然村发现一批石刻墓志铭，共六块，墓主即蔡贵易。铭文为其子蔡献臣所刻。墓志铭共三篇，记载了蔡贵易生平，表达了蔡献臣对母亲的哀悼追思之情。时为金门琼林人蔡贵易是嘉靖甲子（1564）举人，隆庆戊辰（1568）进士，授江都令；其子蔡献臣是明朝万历年间进士。蔡贵易和他的妻妾死后，蔡献臣将父母尸骨合葬在今天新店镇董水自然村狮山一带的高地上。⑤ 2004 年，同安又发现了蔡献臣之子蔡谦光的墓志铭，该墓志铭为当时名人池显方所作。由墓志铭铭文可知，蔡献臣与池显方两家联姻，蔡献臣迎娶了池显方的姐姐，而池显方是当时的进

① 参见（清）林焜熿：《金门志》卷10《人物列传》，台湾大通书局1984年版以及连横：《台湾通史》卷29《列传一》，商务印书馆1983年版。

② （清）林焜熿：《金门志》卷11《人物列传》，台湾大通书局1984年版。

③ 蔡宗德，金门平林人，字懋修，嘉靖辛卯（1513）举人，通判广州。

④ 蔡贵易，字尔通，又字道生，号肖兼。嘉靖甲子（1564）举人，隆庆戊辰（1568）进士，曾任明朝浙江按察使、南京礼部尚书等职。

⑤ 叶文彬、刘贤灵：《同安发现明代金门人墓志铭》，2002 年 11 月 22 日，http://www.qzweb.cn/gb/content/2002-11/22/conten…。

士,曾任礼部官员。①

　　金门蔡厝人蔡复一,字敬夫,号元履,同安县翔风里十七都刘浦保蔡厝
(金门)人,后移居同安县城,在同安县城北门建有宅第"贞素堂"。民间盛传
蔡复一目眇、脚跛、背驼、面麻,但却自幼聪明过人,万历二十二年(1594)中
举,次年中进士,历任刑部主事、历员外郎、湖广参政、山西左布政、右副都御
史。天启二年(1622),贵州安邦彦造反,蔡为兵部右侍郎,总督贵州、云南、湖
广兼巡抚贵州。天启五年(1625),因染病去世,追赠兵部尚书。② 安葬于今
同安(今翔安区)内厝镇小盈岭大房山,名相张瑞图为其撰写了墓志铭。

图42　卢若腾故居③

　　明清之交,厦门湾时局不靖,金门的情境也受其影响。许氏一族的遭
遇,就反映了当时社会历史的动荡。

---

　　①　参见蔡恺、庄乌沉:《明代墓志铭证实同安两望族联姻》,《厦门晚报》2004年8
月15日。
　　②　参见(清)林焜熿:《金门志》卷10《人物列传》,台湾大通书局1984年版。
　　③　卢若腾故居图片来源:行政区划论坛:《金门古迹巡礼》,2007年2月13日,ht-
tp://www.xzqh.org/bbs/read.php? tid=30207。

图 43　蔡复一夫人墓志铭①

金门珠浦之许姓自始祖五十郎忠辅公由同安移居后浦后，经四代繁衍，始分为六房：长房深井头、二房东厝房、三房大前厅、四房小前厅、五房后翰房、六房西宅房，其族滋大，昭穆分明。至明嘉靖年间，许氏人丁已达 4000 余人。珠浦许氏，从始祖五十郎公裔孙分居金门者，有后浦、后湖、官裏、山前、庵前、旧金城、榜林、小径、新市、料罗、金沙、浯坑、官澳各地，以及烈屿之东林、湖井头等处。②

崇祯二年（1629），海贼纷乱，许氏迁徙澎湖县有马公市，乌崁里、锁港里、山水里，白沙乡，有后寮村、瓦硐村、大赤崁、小赤崁、镇海村、城前村，湖西乡，有泽边村、许家村（别名港仔尾）、湖西村、湖东村、北寮村、南寮村、果叶村、龙门村、白猿村、红罗村、后漏潭。西屿乡，有竹高湾。望安乡（别名八罩），有东安村、西安村（别名西浦）、中社村（别名花宅）及将军澳屿、东吉屿、西吉屿。七美乡，有东湖村、西湖村、中和村、南沪、崎头村、海丰村、龙海市大径、沙坛、晋江安海等村。台湾省有台北、中和、永和、桃园、台中、高雄、各县市及星马东南亚，皆一脉同源。③

---

① 　该墓志铭瑞存于同安孔庙。

② 　许嘉立：《金门珠浦许氏族谱·银同浯江许氏考源》，1981 年版。

③ 　许嘉立：《金门珠浦许氏族谱》，1981 年版。

留居金门的许氏族人,则屡遭地方豪强劫难。崇祯二年(1629)七月五日,李魁奇一党扬帆至浦,名欲招安,实为刮饷,尚无意焚杀。不久,贼抵城下,许氏族人居堞上,"戏发一铳,毙之贼,怒嗓之渠师,渠师不能禁,遂拥群蹦入屠戮之害,举城为空。盖贻祸者一人,而被累者不只数百家,此为吾族之害"。①

"(崇祯)四年(1631)春,杨耿分踞浯岛,缙绅多罹其毒。耿,芝龙旧部将也,监国鲁王封为同安伯。九月,觇后浦田百顷,外与海邻,可以威劫,观兵堤下,声言决流而入,实冀以厚贿偿;仓卒无以应,遂尽决堤岸,于是良田变为海国,苦埭累者数十年。"②

"隆武即位,芝龙以定策功晋太师,泰遂蹑阶宫传。及芝龙入清,安平不守,泰收集余党奔逸岛上,跨我城廓,开设五镇,甚至朱门白屋,排闼直入,内属外戚捕风捉影,悍卒蒙奴,寻事构怨。永历九年乙未(1655)初娘之冤,尤令人发指者。初娘贞烈,牧洲卢先生传,其事甚详,至是而泰与吾家誓不共戴天矣。"③

第五节　明代的移民及海洋贸易

一、移民

从族谱等资料来看,明代厦门湾地区国内移民范围颇广,一些家族继续移入厦门湾,而另有不少家族则有族人移居台湾、广东、江苏、浙江等地,并在当地播迁繁衍,厦门湾沿岸,此期有相当数量的较大宗族得以成形。

1993年集美水产学院在其校内郭厝建房,发掘一座明代古坟葬,发现一方地契砖,虽年久剥蚀,文字有些模糊,但可辨的有下列记载:"武夷山下有曾杨二仙,地(文字不清)……于集美陈暨玉……下署曾、杨二仙。嘉靖

---

① 许嘉立:《金门珠浦许氏族谱》,1981年版。
② (清)林焜熿:《金门志》卷16《旧事志·纪兵》,台湾大通书局1984年版。
③ 许嘉立:《金门珠浦许氏族谱》,1981年版,牧洲卢氏曾著有《许氏初娘传》,录入《金门志》。

辛丑年(1541)。"地契砖文是回文体,实是安奠之地契。由于这一发现,可知至迟在明中叶,已有"集美"的名称。故老相传,明末清初,当时内头社可泊大木船。有十多艘大帆船来往北方天津等地运货。因其二月北上,八月返回南方,这类船在当地被俗称为"北头落"。陈嘉庚先生在家乡兴学时,曾发掘到大船板、铁锚、大绳等物,足见当地原为可泊大船的深港。①

大约在洪武末年,已渐成望族的集美陈氏后裔,在陈基搭建草寮处建起一座二落祠堂,成为最早的集美陈氏大宗祠。约再经200年,祖祠进行了扩建,改为有大门前厅、左右两侧护廊、中间天井和后大厅的规模,并在门柱上镌刻对联:"尊祖敬宗二百年堂构相承族开集美,亲仁爱众数十传箕裘克绍派衍同安。"②

陈文瑞,字应苹,号同凡,乃集美陈氏第十世孙,万历二年(1574)出生于集美社二房角,卒于永历十二年(1658)。万历戊午科(1618),曾经屡试未中的陈文瑞终于在宗祠扩建后的第二年中举,接着又于天启乙丑年(1625)高中进士,授为江苏苏州府吴县县令。天启六年(1626)三月,苏州爆发市民反抗阉党的斗争。不与奸党妥协、体恤民情的官员周顺昌,因痛骂魏阉被罗织罪名,五花大绑押解进京问罪。消息传开,当地义民颜佩韦等五人义愤填膺,召集群众数万人围攻囚车,"以激愤捽缇校",打散押解的官兵,救出周顺昌。陈文瑞得知此事,深为周、颜等人的处境担忧。他公开表态,周乃"首倡捐俸助输被诬陷",并派人"复护周过境",还亲自到周家慰问其家属。后来,颜佩韦等五人为阉党杀害,陈文瑞又出面为他们择地埋葬,并在墓碑上亲笔题写"五丈夫墓"。③

① 参见厦门市集美区政务信息中心:《集美镇古今杂谈》,2006年1月10日,ht-tp://www.jimei.gov.cn/myoffice/documentComm.do…。

② 参见黄秋苇、卢建端:《古风犹存社里尚缺点睛之笔——集美大社里明朝进士陈文瑞遗迹寻踪》,《厦门晚报》2004年8月27日。

③ (清)谷应泰《明史纪事本末》卷71《魏忠贤乱政》,中华书局1977年版。书载,士民素德顺昌,闻其逮,不胜冤愤。吴令陈文瑞,顺昌所拔士也。夜半叩户求见,抚床为恸。公曰:"吾固知诏使必至,此特意中事尔。毋效楚囚对泣!"颜色不变。语良久,令请顺昌入治装,举家号恸。顺昌笑曰:"无事乱人怀也!"顾案上有素牓,徐曰:"此龙树庵僧属我书者,我向许之,今日不了,亦一负心事。"乃题"小云栖"三字,后识年月,投笔而起,改囚服出门。士民拥送者不下数千人。另参见张溥《五人墓碑记》。

　　明代厦门湾还有不少家族向省内外其他地方迁移。如兴化谢氏就来自南安,其《兴化谢氏宗谱》记载,"始祖绎轩公祖籍系南安县十一都三图人。……公于明朝弘治二年(1489)迁居仙游孝仁里上珠"。又有仙游张氏"于明正德年间(1506—1522)从南安鹏溪迁回辗转返迁卜居于此地";又有郊尾沙溪张,"入仙初祖绵夫公于明嘉靖五年(1526),从海澄县江口街徙居此地";有迁往福州者,龙溪柳氏,"一世祖仰湖公于明嘉靖四十一年(1562)以倭寇之乱,偕两弟全家由龙溪仓惶出走。在奔乱途中,一往禅寺为僧,一往连江东岸捕鱼为业。湖公偕妻子逃至榕北莲花峰山麓,遂卜筑居焉"。①

　　明代还有不少厦门湾沿岸人士移居广东。据族谱记载,南安郑芝龙家族中就有多人在明朝移居香山澳(澳门)。如其家族第八世中,有暹,"遂往广东海经纪,不归,取氏,生有三子"。十世中,就有梦辙"葬广东省香山澳";驯,"葬香山澳乞子庙下",且其继娶氏亦葬广东;又有漈礼,"葬广东义山";又有之达,"往香山,被寇沉死";家麟(左为马)"葬广东";又大都"葬香山澳";益琦,"少年夭折,葬广澳";又益惠,"中年夭折,葬广省";振卿,"葬揭阳县"。十一世中有鼎玉,亦"葬广东省义山";鼎铭,"往广东死";珪,"广澳乞子庙下";又有裕、廷禄、廷福廷橄、廷桂、琬,均"少年夭折,葬广澳"。十二世鼎辅"葬广东香山澳";尚有代际不明的若岗,因"御附广东罗定州东安县籍",储琰,"少年夭葬香山望村"等。② 此外,郑氏家族中还有迁移至本省同安、上杭等地,以及广东高州等地的。

　　明末移入澎湖群岛的移民,台湾学者余光弘先生对此有很翔实的研究。他在综合地志、族谱文献记载兼及对祖籍的调查访问资料的研究后认为,万历年间移入沙港、时里、山水的漳州陈姓,红罗的金门洪姓;岐头的漳州(黑屿桥竹围仔内)陈姓,讲美的海澄港尾吴姓;天启年间迁居湖西、龙门的金门陈姓,果叶的金门许姓,后寮的金门叶姓,崇祯年间徙入锁港的金门许、吴二姓,兴仁的金门蔡姓,菜园的同安黄姓,小池角、二嵌的金门陈姓,大池角的金门陈、洪二姓,外安、竹湾的金门许姓,鼎湾的金门方姓,许家的金门或

---

　　① 参见林国平、邱季瑞等:《福建移民史》,方志出版社 2005 年版,第 60—63 页。
　　② 参见郑芝龙:《石井郑氏族谱》,明崇祯岁次庚辰十一(1640)版。

厦门许姓，南寮的金门赵姓，北寮的金门洪姓，东卫的金门庄姓，乌嵌的金门叶姓，铁线的南安王姓，五德的泉州（金门）欧姓，通梁的漳浦郑姓、林姓和金门陈姓、张姓，赤嵌的漳浦张姓、郑姓和金门宋姓，后寮的金门许姓、洪姓、颜姓及厦门或金门柯姓、海澄陈姓，中屯的金门谢姓、曾姓，瓦硐的烈屿方姓，小赤嵌的海澄林姓，港底的金门萧姓；顺治年间（或云郑成功时）移入讲美的漳州杨姓，镇海的海澄陈姓，乌嵌的金门许姓，小赤嵌的海澄林姓，通梁的漳浦林姓，兴仁的同安张姓，瓦硐的金门吕姓、吴姓，东石的金门黄姓，港底的金门李姓，西溪的金门高姓，南寮的龙溪吴姓，湖西的金门辛姓，赤马的金门蔡姓，兴仁的厦门张姓，小池角、风柜的金门颜姓。① 由此可知明代澎湖的移民来自泉州府同安、南安县及漳州府漳浦、龙溪、海澄县，尤以同安之金门为最。他发现："早期漳、泉之人徙入白沙并无籍贯同异之见，漳、泉比邻而居而未闻分类之争。"

而从泉州现存的族谱看，除主要移出地同安县外，明末往澎湖的集中在围头湾地区，如《安平颜氏族谱》载，东北镇房十一世廷壁，生天启乙丑（1625），卒澎湖。崇祯《石井郑氏族谱》载，往澎湖死的，有十世长房长郑厝分郑天、郑希周，长房二厚慕分郑戬，西亭分郑大扬；十一世长房长郑厝分郑居右、郑居箱、郑居宣，西亭分郑芝鳌；十二世长房长郑厝分郑鼎震、西亭分郑台銮。泉州湾三邑则一例也不见。可见，明代澎湖的移民大多来自厦门湾沿岸地区。

另有同安《佛岭叶氏族谱》记载，其先民于明末自金门偕妻子举家迁往澎湖，其后裔再分迁台北三重，至今已传十五世。明末清初还有叶氏佛岭二十世春卿派后裔叶士读，叶天佑，叶混珠、混铙兄弟，叶奉（随郑成功入台），时后诏（崇祯进士）等6人。② 17世纪中叶郑氏复台前，澎湖移民已有五六千人。其中同安籍所占人数最多。据1926年日据时期做过的统计，澎湖居民中祖籍同安者计4.51万人，占当地汉族居民总人口的66.7%。其中七美

---

① 参见杨国桢：《籍贯分群还是海域分群——虚构的明末泉州三邑帮海商》，2004年2月11日，http://www.qzshkx.com/Article_Show.asp? ArticleID=186。

② 陈金城：《从〈佛岭叶氏族谱〉看同安先民渡台》，载政协厦门市同安区委员会文史资料委员会：《同安文史资料同安姓氏专辑》，2000年版。

村居民全为明代同安浯州屿(金门)移民后裔。①

厦门湾西岸的闽漳龙邑林氏,在元大德年间(1297—1307),以林隐庵赘于龙溪白石堡,遂定居。明末,族人中有乐房的十一世文中,生万历二十七年(1599年),卒康熙二十四年(1685),娶鸿岱施氏,合葬小香潭后山,子五;仲本,生万历四十二年(1614),卒康熙元年,葬台湾岭后,娶黄氏,侧室某,子一;良城,生万历四十一年(1613),在台湾不知详,娶吴氏,子一;爹生,生万历十九年(1591),顺治十五年(1658)卒于南京,娶潘、毛、严氏,四娶徐氏,卒顺治十五年(1658),葬台湾大目降山,子二;日炜,生万历三十三年(1605),卒康熙十八年(1679),葬台湾乌鬼桥漏窟边,娶陈氏,子三;十二世中有亮子,生万历四十七年(1619),卒康熙三十一年(1692),久住台湾,娶洪岱施姐娘,公妣合葬台湾保大里山仔脚,子一;子周,生崇祯十年(1637),卒康熙三十七年(1698),葬台湾乌鬼桥,娶黄氏良娘,侧室庄氏,子四;子连,生崇祯十二年(1639),卒葬台湾大目降山,子四;子宽,生天启七年(1627),卒康熙十七年(1678),葬台湾孔储里洋仔内埔东西,娶陈氏,子一;又有射房十一世宗超,生万历十三年(1585),卒葬台湾,子一;十二世随侯,生天启丁卯(1627),住台湾,子二;十三世为明,久住台湾,生顺治八年(1651),卒雍正元年(1723)。②

东岸的晋江安海,据《安平颜氏族谱》记载,有颜氏族人龙源,字日盘,生嘉靖甲午年(1534),葬于台湾,在大陆尚有妻室郑氏及一子;至崇祯间又有颜氏十二世开誉,生万历辛亥年(1611),字启符,号著寰,廷撰长子,携眷迁台,在台生二子,成为台湾安平颜氏的开基祖。以后开誉虽又返回祖籍,但其妻蔡节勤及二子耀、燸仍留在台湾,蔡氏卒于康熙壬申年(1691),葬台湾大南门外水蛙潭瓦窑下。又有《惠安东园庄氏族谱》记载,族人庄诗,生嘉靖壬寅年(1542),因"少遭兵变,与兄赴台湾谋生"。③

---

① 颜立水:《十个台湾人就有一个祖籍在同安》,《厦门日报》2005年11月25日。

② 参见庄为玑、王连茂:《闽台关系族谱资料选编》,福建人民出版社1984年版,第354—363页。

③ 参见庄为玑、王连茂:《闽台关系族谱资料选编》,福建人民出版社1984年版,第2—3页。

明末闽南到台湾的移民,根据庄为玑、王连茂提供的资料显示,崇祯至顺治年间移往台湾的,以九龙江口龙溪莆山(今漳州龙海市角美镇埔尾村)林姓13人为最多,次为围头湾晋江安平颜姓4人、黄姓2人,东石郭岑(今晋江市东石镇郭岑村)郭姓5人,金井新市(今晋江市金井镇新市村)曾姓3人,深沪湾永宁(今石狮市永宁镇)高姓2人,另安溪东山李姓1人,属闽南内陆,系经大厦门湾移出者。泉州湾地区仅青阳(今晋江市青阳镇)庄姓1人。① 此外,据晋江金井陈厝《鳌江范氏族谱》,其范氏族人明末以来迁台者亦有不少。该谱曾于雍正十三年(1735)由范学洙修订,到乾隆三十五年(1770)又由陈厝范古棠、台湾范维罴主持续修,族谱记载早期渡台的范博梦,为郑成功部将。谱载"郑氏以公督舟运饷,军务倥偬,不获归视祖里。于某年舟次围头澳,念兄殁侄幼,恐先茔莫辨,乘夜泛小舟登岸回家,呼侄文贵全族人示己先茔处所⋯⋯";范博梦的后人范光友,是一名台湾缙坤,亦关切祖茔,"始祖墓以播迁故置之荒蔓,碑记无存,垒垒中无复能辨,后访其故老得知。康熙辛丑,公自台避乱归,旁午中率族人祭扫而坟茔始岿然在望也"。②

当然族谱记载的材料仅是渡台人数的一部分,一些更早移民的情况不一定全部记录其中,而且不少移民因无具体生卒年月根本无法计算在内。

据《历代宝案》、《久米村系家谱》等资料记载,蔡崇,南安县人,洪武二十五年奉旨迁住琉球。据琉球当地的《蔡氏族谱》记载,蔡氏大宗讳崇,号升亭,行二,福建泉州府南安县人,洪武二十五年(1392)敕赐闽人三十六姓,蔡崇乃三十六姓之一;陈华,漳州人,万历四十五年(1617)自福建漂流到琉球庆良间岛。以后因出于各种原因,三十六姓中的有些姓没能在当地繁衍下来,据说明朝又增派了一些姓氏的百姓前往移居琉球,如龙溪人王立思在万历十九年"奉旨始迁于中山,以补三十六姓";③阮明,龙溪县人,万历

---

① 参见庄为玑、王连茂:《闽台关系族谱资料选编》,福建人民出版社1984年版。

② 参见粘良图:《晋江范姓源流》,2006年4月30日,http://www.jinjiang.gov.cn/szx/wszl/20060430805386.shtml。

③ 《那霸市史·资料篇·小宗王姓家谱·第一卷六》,转引自王晓云、谢必震:《闽南与琉球关系略考》,2003年11月24日,http://www.fjql.org/qszl/xsyj18.htm。

十九年由福建扬帆琉球；龙溪人阮国、毛国鼎也于万历三十年"发著该国而充引导朝贡之助"。① 据琉球《毛氏族谱》记载："元祖正议大夫讳国鼎，字擎台，福建漳州府泷溪县人也。隆庆五年辛未(1571)八月十五生，崇祯十六年癸未(1643)六月十六日卒，享年七十三，葬于安里村八幡南伊礼岳前墓"。②

厦门湾沿岸各地还有各种形式进入琉球居住的，有为琉球国修造船只，驾舟航海者。如漳州人黄任"被虏掠到倭国时，幸乡亲并银五两取身，至(万历)二十五年(1546)逃入琉球外山"，次年中山王世子尚宁派遣报信船往中国，由他担任"管船冠带舍人"。③ 又有漳州人林元，流落琉球，被充任为"看针舵工"。④

据修于康熙二十八年(1689)的琉球《阮氏家谱》称：

"阮氏之先为晋望族，而南咸北籍尤著，称大小阮云。后有迁于闽漳州龙溪者亦甚盛焉。先是万历二十二年中山王使菊寿等纳贡迷途抵浙，闽抚金中丞讳学曾者以状闻于朝，乃遣漳人阮国护送贡使返国，此阮氏初入中山之故也。嗣于二十八年王使长史蔡奎赍表请封，仍遣阮国同漳人毛国鼎送归，此阮氏再入中山之故也。考之明洪武、永乐间，前后命闽人教其国者三十六姓，世居唐荣，以备出使之选。其时相传已久，子孙凋残，王欲以阮国补诸姓之无传者，于万历三十五年(1607)九月二十八日题准以阮国毛国鼎抵中山，赐宅唐荣，食采地，是琉球国之有阮氏自国始。今王恭膺册封，世袭爵土，令诸陪臣各修家谱，以备核实。故阮氏谱成，献之谱司，俾知不忘水源木本之思。"⑤

---

① 《历代宝案第一集·第32卷》，"国立"台湾大学1972年版，第328页。
② 参见郑国珍：《明清时期琉球的闽人姓氏源流》，2005年6月25日，http://www.chengshi.org/bbs/Archive_view.asp? boa...，以及陈进国：《坟墓形制与风水信仰——福建/琉球的事例》，2005年10月21日，http://www.pkucn.com/chenyc/thread.php? tid＝4215。
③ 《历代宝案第一集》，"国立"台湾大学1972年版，第248、223页。
④ 《历代宝案第一集》，"国立"台湾大学1972年版，第245页。
⑤ 云卷云舒：《我的大作：从与古田先生的家谱说起》，2003年11月7日，http://chandao.com/post/2005/11-27/10211039756.Html。

　　成化七年（1471），龙溪县海商丘弘敏等私下通番，航行到东南亚各国，邱氏的经历非同一般。据《宪宗实录》记载，"福建龙溪民丘弘敏与其党泛海通番，至满剌加及各国贸易，复至暹罗国，诈称朝使，谒见番王，并令其妻冯氏谒见番王夫人，受珍宝等物，还至福建泊船海"。其后结局相当悲惨，"弘敏等二十九人依律斩之，又三人以年幼可矜，发戍广西边卫，冯氏给功臣之家为奴"。而其所买的四个"番人"也"解京处治"。① 从丘弘敏等人的经历来看，当时龙溪人至海外，从数量和贩番实力上已经有相当规模。龙海县角美鸿渐村许氏族人也于成化年间定居吕宋。以后鸿渐村人下到南洋者越来越多，至弘治四年（1491），该村十户就有八九户到南洋谋生。据史料记载，早在万历年初（1573），就有数批同安人漂洋过海，到达印尼万丹谋生。这批以苏鸣岗为代表的同安侨民在万丹经商、种植、酿酒、开糖厂甚至承担建筑巴达维亚城墙、开辟城内运河等艰巨工程。②

　　至今马来西亚及新加坡的华侨多数来自厦门湾沿岸，以闽南的陈、戴、李、黄等姓为多。据马六甲三宝山华侨公墓"甲必丹李公济博懋勋颂德碑"记载，"公讳为经，别号君常，银同之鹭江人也。因明季国祚沧桑，遂航海而南行，悬车此国，领袖澄清，保障著勋，斯土是庆，抚绥宽慈，饥溺是兢，捐金置地，泽及幽冥。……时龙飞乙丑月日谷旦同勒石"。③

　　据杨国桢先生研究，明末开进日本长崎的闽南唐船称漳州船、厦门船，住居的漳泉移民从万历三十年（1602）起即以当地的佛教庙宇作为正式的聚会所，崇祯元年（1628）在分紫山建立福济寺，是以漳州船的船主和商人捐资和主持兴建的，俗称漳州寺。漳泉移民中的籍贯分布无从确认，但可以唐通事的籍贯分布作为参照。庆长九年（1604），长崎奉行小笠原一庵任命住宅唐人冯六为唐通事，至幕府崩溃时（1867）为止，担任唐通事的人员达

---

　　① 参见《明宪宗实录》卷 97《成化七年（1471）乙酉，台湾"中央研究院"历史语言研究所校勘本 1962 年版。

　　② 参见古邑春秋：《走向世界的同安人》，2001 年 2 月 22 日，http://www.wlzx.com/donggangyewu/tonganxiangqi/guyichunqiu.htm。

　　③ 林远辉、张应龙：《新加坡·马来西亚华侨史》，广东高等教育出版社 1991 年版，第 55 页。

1650余人。唐通事为世袭职,多为明末移民的后裔。日本学者官田安据颖川君平《译司统谱》及县立长崎图书馆所藏未刊稿本《译司汇传》、《投化唐人墓碑录》,著《唐通事家系论考》一书,共罗列45个家门,其中有祖籍记录者25个,来自福建的18个,属于闽南的有7个:即陈冲一,福建省漳州府龙溪县人;欧阳云台,福建省漳州府人,1635年被长崎奉行任命为唐年行司;吴宗圆,福建省漳州府龙溪县人;吴振浦,福建省漳州府迁(平?)和人;方贵峰,即方三官,福建泉州府同安县大西桥人;蔡昆山,即蔡三官,福建泉州府同安县人;吴荣宗,即吴一官,福建泉州府晋江县人。除了晋江人吴荣宗祖籍是围头湾地区还是泉州湾地区无法弄清外,其他人都是来自大厦门湾漳州港区的龙溪、同安县或其腹地平和县。①

明末清初,漳州府龙溪县人陈养纯流寓越南顺化,其"衣服仍存明制";漳州府海澄县的潘文彦及其妻就因"义不事清"而流亡越南。② 此外,据庄为玑先生的研究,明代成化六年(1470),还有晋江安海人至真腊。

明代有不少漳州人去马六甲定居。据1613年伊里狄所给的满剌加(马六甲)城市圖,在满剌加河西北,载有中国村(今吉宁街至水仙门一带)、漳州门及中国溪三名。即华侨居留地。在马六甲的三保山,至今还保留着祖籍漳州的甲必丹郑芳扬(郑启基)等闽籍侨商倡建的用于祭祖的青云亭和"青云亭碑记"等。③ 至今,在漳州龙海市榜山镇文苑社所存的明代《诒谷堂宗谱》中还记载该村"第十一世祖郑启基,在麻六甲"。郑芳扬,名启基,字明弘,生于明隆庆六年(1572),卒于万历四十五年(1617)。由于是马六甲首任甲必丹,当时人称为"郑甲"(Tin.Kap)。④

明代史籍中还有不少关于漳州人在侨居国担任地方官或外交使节的记载。例如正统元年(1436),"爪哇国使财富八至满荣,自陈:初姓洪,名义

① 杨国桢:《分群还是海域分群——虚构的明末泉州三邑帮海商》,2004年2月11日,http://www.qzshkx.com/Article_Show.asp? ArticleID=186。

② 福建省地方志编纂委员会:《福建省志华侨志》,福建人民出版社1992年版,第114页。

③ 郭湖生:《东亚建筑研究的现状与前瞻》,《东南大学学报》1999年第2期。

④ 郑惠聪:《开基甲国郑芳扬》,2005年10月30日,http://www.longhai.gov.cn/news_show.asp? Newsid=886。

仔,福建笼溪县民,以渔为业,被番倭掳去,脱走于爪哇,改为今名,遣使方物来京,愿乞复业。上命有司给脚力口粮,送还本家"。① 正统三年（1438）爪哇国使臣马用良、通事殷南、文旦表:"臣等本皆福建漳州龙溪县人,因渔于海,飘坠其国,今殷欲与家属同来者还乡,用良、文旦欲为祭祖、造祠堂,仍回本国。""上命殷还乡,冠带闲住,用良、文旦许祭祖,有司给口粮脚力。"②万历中,渤泥（加里曼丹岛北部）"王卒,无嗣,族人予立,国中杀戮凡尽,仍立其女为王。漳州人张姓者,初为其国拿督,华言遵官也,因乱出奔。女王立,迎返之……华人多流寓地。嘉靖末,闽粤海寇余孽潜逃于此,仅二千余人"。③

由于明代档案中资料所限,杨国桢先生从明代族谱中记录的族人出国（包括海商）资料分析其特性。据现存南安、晋江、惠安三县的相关族谱资料显示,万历至崇祯间的下海出国者,属于晋江流域下游及其出海口泉州湾周边一带的,仅有《温陵弼佐刘氏宗支族谱》载弼佐刘氏1人,《锦尚邱氏族谱》载锦尚邱氏2人,《崇武文献黄氏族谱》载崇武黄氏1人。绝大多数分布在石井江两岸、围头湾和稍北的深沪湾一带,计有:《金墩黄氏族谱》载安海（今安海镇）金墩黄氏9人,《飞钱陈氏族谱》载安海飞钱陈氏13人,《存耕堂柯氏族谱》载安海柯氏3人,《霞亭东房颜氏族谱》载安海霞亭颜氏15人,《溜江陈氏族谱》载溜江（今金井镇溜澳）陈氏4人,《塘东文檀房周元公派下蔡氏族谱》载塘东（今金井镇塘东村）蔡氏2人,《霄霞萧氏长房族谱》载东石霄霞（今东石镇霄下）萧氏1人,《温陵晋水东皋吴氏族谱》载东皋（今英林镇东埔村）吴氏1人,《鳌岱柯氏族谱》载鳌岱（今英林镇棣边村）柯氏1人,深沪湾内有《容卿蔡氏族谱》载容卿（今石狮灵秀镇）蔡氏26人、《西岑施氏宗谱》载西岑（今石狮市永宁镇西岑）施氏4人。

又据崇祯十三年（1640）的《石井郑氏族谱》（抄本）,记载郑芝龙父辈中有十世少年往外娶妇不归1人,往广南沉死1人;同辈十一世往外邦娶妇

① 《英宗正统实录》卷19,上海古籍书店1983年版。
② 《英宗正统实录》卷43,上海古籍书店1983年版。
③ 漳州市政协:《出国史话》,2005年11月22日,http://www.wenhuazz.com/ShowArticle.asp? ArticleID＝1251。

生子 1 人,往吕宋亡 3 人。据晋江县 9 姓 14 部族谱统计,万历至崇祯间移民菲律宾者为:万历 41 人,天启 2 人,崇祯 7 人。万历三十一年(1603),马尼拉西班牙当局杀害中国商民 2.5 万人,《海澄县志》说死者中"澄人十之八",西人记录当时有四百余名安海商人留在市中,而有族谱据可查的 17 人。崇祯十二年(1639),马尼拉西班牙当局再次杀害中国商民 2 万—2.4 万人,泉州族谱可查的,仅安海华侨罹难 7 人。杨国桢先生认为,西班牙殖民当局的第一次大屠杀,并没有改变漳州人在马尼拉华人社区的主体地位。屠杀虽然导致一时的出国潮的低落,但由于生活及当地殖民者贸易的需要,沿海居民在此以后仍然前往不辍。

二、海洋贸易

(一)万历年间的对外贸易一瞥

关于厦门湾沿岸商人至海外贸易的情况,在明实录中有多处记载。据《明世宗实录》载:"初,漳州人陈贵等私驾大船,下海通番,至琉球。"① 又有嘉靖二十三年(1544)记载:"漳州民李王乞等载货通番,值飓风漂到朝鲜。朝鲜国王李怿捕获三十九人,器械送辽东都司。上嘉怿忠顺,赐银五十两、彩币四表里。"②

当时日本非常希望与明朝通贡,但明朝廷认为其先于嘉靖十八年(1539)入贡,二十年回国,至二十三年,"夷使释寿光等复来称贡"。故而礼部言:"日本,例十年一贡。今贡未及期,且无表文并正使,难以凭信;宜照例阻回。其方物,收候作下次贡仪;移文本国知会。"皇帝下诏如例阻回,方物仍令日人带还。③ 虽然官方进贡贸易受阻,两国之间贸易活动受到一定限制,但民间的贸易并未就此阻隔。不少厦门湾沿岸商民多私自浮海前往日本贸易。

又据《明世宗实录》嘉靖二十五年(1546)二月壬寅(15 日)条载,"朝鲜国署国事李峘遣使臣南洗健、朴菁等解送下海通番人犯颜容等六百一十三

---

① 《明世宗实录》卷 261,嘉靖二十一年五月庚子,上海古籍书店 1983 年版。
② 《明世宗实录》卷 293,嘉靖二十三年十二月乙酉,上海古籍书店 1983 年版。
③ 《明世宗实录》卷 293,嘉靖二十三年十二月乙酉,上海古籍书店 1983 年版。

人至边。上嘉其忠顺,赐白金五十两,文绮四袭,洗健、仆菁并赍以银币。容等悉漳、泉人,诏福建巡按御史治之"。①

至次年,据实录的嘉靖二十六年(1547)三月乙卯(4日)条记载说,"朝鲜国王李峘遣人解送福建下海通番奸民三百四十一人,咨,福建人民故无浮海至本国者,顷自李王乞等始以往日本市易,为风所漂。今又获冯淑等,前后共千人以上,皆夹带军器、货物,并此。倭奴未有火炮,今颇有之,盖此辈阑出之故,恐启兵端,贻患本国"。②

以上是本国正史资料中显示出的厦门湾沿岸当时贸易状况,再看一下其他材料。据松浦章录自朝鲜的古籍资料显示,万历三十二年(1604)后漂到朝鲜的中国商人可参考《觱录类抄·边事》的记载,其宣祖三十七年(万历三十二年,1604)记载:

"唐人供招:一名温进,年三十五,系福建漳州海澄县白丁也。上年二月二十八日,以买卖事,乘黄文泉船,与文泉等起身,往交趾港口。未及下陆时,猝遇倭船二只,贼众则仓卒间不各其几许,而俺每百余名,尽为补杀,生存者只二十八名。俺每尽以货物求活,仍与二船之贼,偕到柬浦寨。二船之贼,又以俺每,转卖他倭之客。到于柬浦寨者,二船之贼,则仍留其地,而客倭之买得者与俺每,同乘俺每之船,发向日本。未及日本,只隔四五日,而遇横风漂到朝鲜地方,为边将所捕。交趾遇贼,乃上年三月日不记;而柬浦寨到泊,则乃上年五月初二日也。自柬浦寨发船,乃今年五月二十日也。交趾之于柬浦寨五日程,而柬浦寨之于日本,则三十日程云。被捕乃今年六月十四五日矣。俺每从前往来买卖于交趾者屡矣。交趾有王有官,而无冠帽,编发垂后。柬浦寨,则介于交趾、暹罗之间,而属于暹罗,物货则有皮物、蜂蜡、胡秋、苏木、象牙、犀角、玳瑁、金银等物矣。漂风之后,连日海暗,而及至朝鲜地方之日,风雨开霁,有船二只,先出洋中,倭等相与言曰:"此必朝鲜船也。"

---

① 《明世宗实录》卷308,嘉靖二十五年二月壬寅,上海古籍书店1983年版。
② 《明世宗实录》卷321,嘉靖二十六年三月乙卯,上海古籍书店1983年版。

欲挂帆回船，则无风不得发，朝鲜兵船陆续而至，俺同年王清呼谓曰：
"我等乃天朝"云。则朝鲜人不以为信，俺以书纳诸汲水筒漂送，则朝
鲜人曰："若是天朝人，则即落帆"云。倭人不肯，仍欲走去。俺每中有
二人强为下帆，即为倭所杀。朝鲜送一小船，乙小与王清即乘小船出
来，俺同行，皆欲随出，而为倭人所制，不得自由。朝鲜诸船，矢石交发，
攻其船尽烧。其上藏倭人之抗战者，杀死殆尽，其伏于庄下者三十余
名，仅得生存，被虏。俺每免死于交趾港口者二十八名，而二人则落帆
时见杀，十四人与倭贼伏于庄下而得生，并俺与王清通共十六名，时方
上来，而其余十名，不知去处，恐是接战时被死。所供是实。①

　　此外有金华府义乌县白丁王清，年三十三，自福建起身往交趾买卖，遇
倭船，同船之人尽被杀，存者28人。以货物求活，至柬浦寨被转买他倭。所
供与温进同；又有庄昆，年二十七，为漳州海澄县白丁，在柬浦寨做买卖，受
倭人诬告被执为奴，随倭主往日本，遇风漂到朝鲜，节次与温进所供相同；②
余者有许文，年四十；鲁三，年三十三；黄二，年三十五；钟秀，年三十六；陈
二，年二十四；蔡泽，年四十；6人均为海澄县白丁；又李弘烈，年二十，为泉
州府南安县白丁；黄春，年三十六；郑瑞南，年三十四，2人均系泉州府晋江
县白丁；黄延，年四十九；鲁春，年三十六；2人均系泉州府同安县白丁；王
明，年二十九，系浙江杭州府钱塘县白丁，以上人等所供均与温进相同。③
　　以上材料记述了万历三十二年（1604）漂流至朝鲜的载有中国人、葡萄
牙人船舶之事。从上述口供可知，福建商人乘黄文泉海船去交趾行商，登陆
前遭到倭寇袭击，百余人被杀，仅28人存活。幸存者随倭至柬浦寨时，又被
转卖给其他倭船，以后驶往日本。其中福建商人14名，全为厦门湾沿岸城
镇商人，其中，西海岸漳州府的龙溪、海澄者有8名，厦门湾以北的同安县者
有2人，厦门湾东岸的南安与晋江者有4人，其余为浙江商人2名。虽然该
材料仅限于生存者，但也可从中看出当时闽、浙商人，尤其是厦门湾沿岸商

① 松浦章：《明代末期的海外贸易》，《求是学刊》2001年第3期。
② 参见松浦章：《明代末期的海外贸易》，《求是学刊》2001年第3期。
③ 参见松浦章：《明代末期的海外贸易》，《求是学刊》2001年第3期。

人积极从事海外贸易、勇闯海外、积极拼搏的情形。松浦章认为，以当船商人提供的材料来看，当时对外贸易的物品与《东西洋考》所说物品几乎一致。

又据船主黄廷所供，其于万历二十七年（1599）自泉州乘船行商，为吕宋所虏，后转卖于日本，仍居长崎，以驾船兴贩为业。后与倭人久右文同受德川家康500两银子，前往柬浦寨从事贸易，为家康购买物品。该资料中另有被捕的1名葡萄牙人以及20名日本人的口供，提供了当时葡萄牙人、日本人至柬浦寨从事贸易活动的情形。①

上述材料，在整体上反映了17世纪初中国、日本以及东南亚地区航海贸易的情况，其中的中国人则是以厦门湾沿岸商人为代表的。这些特殊的材料也让人对当时厦门湾沿岸商人出洋贸易的情况有所了解，包括倭寇掳掠、绑架中国人并将其贩卖海外，葡萄牙人前往亚洲贸易的情况，以及在日华商如黄廷等如何参与日本海外贸易，并受日本当政者所托进入他国贸易等罕见事例。

（二）崇祯时期厦门湾的对外贸易状况

崇祯时期厦门湾沿岸的对外贸易情况，可以荷兰人的《大员商馆日志》材料为参考。据曹永和先生的研究，其中提供了不少自1632年（崇祯五年）起厦门湾沿岸各地与台湾的渔业及贸易材料。部分资料显示如下，②

1632年12月6日：有25艘戎克船到达大员，除公司的2艘船自大陆装载Zement（大概指石灰）之外，有一艘是大官一官的母亲大妈（郑芝龙母亲）的船，该船载有砂糖300担和生丝3担。

其后7、8、9三日均有来自大陆的45艘、10艘以及14艘船到达大员，载有盐、绸及其他必需品。

1632年12月23日：有戎克船1艘装载盐鱼和鹿肉向安海出发；

1632年12月26日：有戎克船1艘装载盐鱼、鹿肉和苏枋木向安海出发，后遇强风回大员；

---

① 参见松浦章：《明代末期的海外贸易》，《求是学刊》2001年第3期。
② 以下资料参考曹永和：《台湾早期〈历史研究〉》，台北联经出版事业公司1979年版。

1633 年 1 月 7 日至 8 日:有戎克船 10 艘装鱼若干向大陆出发。

以上仅录的是崇祯五年(1632)底至崇祯六年(1633)初大员与大陆的贸易,尚未包括大员与其他南洋国家的贸易情况。由其每日的记录中可见其商业贸易之繁忙程度。崇祯初郑芝龙受抚后积极进行征剿其他如李魁奇、刘得等海寇的活动。至崇祯八年(1635)剿灭刘香后闽海恢复海靖,台湾与大陆间的商贸活动日见频繁。

其后则以 1636 年(崇祯九年)与 1637 年(崇祯十年)的贸易情况作为代表。

1636 年 11 月:渔船由厦门出发者 4 次,烈屿 6 次,合计 43 艘;自厦门运出者为生丝、丝绸、金(条)、砂糖、盐、砖;烈屿为盐、米;从大员至厦门船 1 次 3 艘,运回胡椒、苏木,运至烈屿 1 次 1 艘,为少量的鱼;

1636 年 12 月:渔船由厦门出发者 10 次,计 25 艘,运去大员砂糖、生姜、瓷器/粗瓷器、丝绸、生丝、捕鱼、盐、米、金条、茶;烈屿 1 次 4 艘,仍为盐、米;该月从大员运出的有至厦门船 5 次共 10 艘,有鹿肉、丁香、铅、铜、盐鱼及其他杂货;相比较而言,当月福州 1 次 1 艘,为各种瓷器;中国沿岸 1 次共 35 艘渔船,无贸易记录。

以下对崇祯十年及崇祯十一年(1637—1638)的厦门湾沿岸与台湾贸易状况进行分析。

表1 1637 年至 1638 年厦门湾沿岸与台湾贸易表①

日期	往大员出发地点	月中次数	船次	运至大员货物	大员出船方向	回船次数	船次	从大员运出货物
1637 年 1 月	厦门	5	12	砂糖、生丝、粗瓷器、丝绸、铁锅、砂糖桶的板等	厦门	2	6	盐乌鱼、鹿肉
	烈屿	2	2	盐、米				

① 表中数字根据曹永和研究材料计算,其中有个别两地合计船数以折半计,以"左右"表示,多处相同类别物且部分不明数量者以"以上"表示,本表未录入人员往来情况。其中的 last 为荷兰计量单位,1 last 为 2 吨,即 2000 公斤。

续表

日期	往大员出发地点	月中次数	船次	运至大员货物	大员出船方向	回船次数	船次	从大员运出货物
1637 年 2 月	厦门	4	4	瓷器、壶、盐、米、砂糖、丝绸、金条、砂糖桶的板	厦门	2	2	乌鱼 3000 条、盐鱼、鱼卵、鹿脯、铜、白檀
	烈屿	1	4	少量盐、米及柱				
1637 年 3 月	安海	1	1	生丝、织物类、糖	厦门	4	4	在打狗所获盐乌鱼
	厦门	6	20	瓷器、姜、生丝、糖、板、柱、瓦、金、丝绸、壶、盐等	烈屿	1	1	盐鱼
	烈屿	6	29	盐、米、赤瓦 5000、板 100				
1637 年 4 月	烈屿	6	25	捕鱼、盐、米、砂糖桶的板、赤瓦 21000、板 3000、柱 83、少量盐、米	烈屿	5	16	盐鱼、铜、鹿脯 100 篓等
	厦门	1	4	生丝、丝绸、瓷器、砂糖等	铜山	1	1	盐鱼
	安海	1	1	白砂糖 200 担	厦门	1	1	少量盐鱼、压舱物
1637 年 5 月	烈屿	5	7	（赤）瓦 33000、柱 76、板 300—400、盐、捕鱼、米	厦门	5	5	鹿脯 30 担以上、铜、铅、盐鱼等
	厦门	3	5	白糖 1000 担以上、各种织物、白蜡、瓷器、白生丝、Cangan 等	烈屿	6	10	盐鱼、柴薪
1637 年 6 月	厦门	6	8	白砂糖 1100 担以上、桶板白蜡、水银、丝绸、盐、米、Cangan、明礬、白蜡、生丝等	厦门	7	15	铜、压舱物、盐鱼、鹿脯
	烈屿	5	17	（赤）瓦 84000、柱 382、板 330、盐、米	烈屿	4	6	盐鱼、压舱物
1637 年 7 月	安海	1	1	白砂糖、水银、各种织物	厦门	2	5	压舱物
	烈屿	4	8	盐、米、木器	烈屿	5	7	盐鱼
	厦门	8	13	（白）砂糖 3400 担以上、砂糖桶板 600、白蜡、明礬、生丝				

续表

日期	往大员出发地点	月中次数	船次	运至大员货物	大员出船方向	回船次数	船次	从大员运出货物
1637 年 8 月	厦门	10	18 左右	白砂糖 950 担以上并 600 篓、生丝、砂糖桶的板、丝绸、白蜡、小麦、米、Cangan 布等	中国	1	1	压舱物
	烈屿	4	5	米 300 担（或 15last）以上、盐、中国酒 1000 生瓶、米 2last，盐 1/4last	厦门	2	4	压舱物
	安海	1	1	丝、白蜡、水银等	烈屿	2	3	少量盐鱼
1637 年 9 月	厦门	4	7	白砂糖、柱、赤瓦、白 Cangan 布、生丝、白蜡、丝绸、砂糖桶用板 400、米 6last	厦门	7	16 艘以上	压舱物、各铜 50 担以上、（暹罗产）铅
	安海	2	5	白蜡 160 担、瓷器、米	烈屿	2	3	盐鱼
	烈屿	3	6	米	安海	1	3	铜、铅等
1637 年 10 月	厦门	3	3	米 5last 以上、盐 1last、砂糖桶用板、生姜、Cangan 布	烈屿	7	9	盐鱼、杂货
	烈屿	5	19	米 1300 袋并 5last 以上、盐 2last	厦门	1	2	铜、铅等
	安海	1	1	米 100 袋、小麦粉 100 袋				
1637 年 11 月	厦门	2	2 左右	水银、米、酒、糖桶用板、瓷器	厦门	2	2	压舱物、Calituijrshout
	安海	1	1	白生丝、丝绸	烈屿	1	1	盐鱼
	烈屿	4	8 左右	捕鱼、盐 1last 以上、米、白蜡、金条				
1637 年 12 月	烈屿（及其附近）	5	51 左右	捕鱼、盐、米	安海	2	2	无
	金门	1	不详	捕鱼	厦门	3	5	鹿脯
	安海	1	1	丝绸、水银等				
1638 年 1 月	厦门	5	7	砂糖、生姜、金、丝绸、铁锅、米、瓷器、酒、面粉、糖桶的板等	厦门	3	4 以上	鹿肉 13 担以上，盐鱼

日期	往大员出发地点	月中次数	船次	运至大员货物	大员出船方向	回船次数	船次	从大员运出货物
	安海	1	2 左右	瓷器等	烈屿（金门）等地	4	85 以上	盐鱼、鱼
	烈屿	2	4	盐 70 担并 1/2last、米 60 担并 10last、酒 400 瓶、捕鱼				
1638 年 2 月	厦门			糖桶的板、米、Cangan	厦门	6	8 左右	日本银、鹿肉、压舱物
	烈屿	1	1	米 5last	安海	2	2	日本银、鹿肉等
					烈屿及金门等地	7	12	盐（乌鸦）、鱼
1638 年 3 月	烈屿	3	4 左右	米 8.5last、盐 0.5last 以上、砂糖	烈屿	4	4	盐鱼 20 担以上、鹿肉、柴薪、其他杂货
	安海	2	2	生丝、各种织物、金、瓷器、米	厦门	4	8	盐鱼、鹿肉
	厦门	5	7 左右	瓷器、生丝、米 1last 以上、（砂）糖、盐 1.5last 以上等	安海	1	1	胡椒 600 担
1638 年 4 月	安海	4	4	（白）生丝、各种织物、砂糖 250 担以上、盐 50 担、瓷器、白蜡	金门	1	1	盐鱼
	烈屿	5	17 左右	米 252 担并 6last 以上、盐 260 担并 2last 以上、捕鱼及鹿皮	烈屿	2	3	盐鱼 9 担以上
	厦门	2	5	白砂糖、米、金、瓷器、Cangan	厦门	2	2	鹿肉 60 担以上
					安海	2	3	胡椒 660 担、鹿脯 30 担
1638 年 5 月	厦门	4	5	砂糖、Cangan 布、瓦 6000、板、白蜡、白（砂）糖、黑糖、米、瓷器、中国酒 500 瓶	安海	3	3	压舱物、胡椒、柴薪
	烈屿	7	15	米 764 袋并 60 担以上、盐 373 担以上、另物 45	烈屿	6	7	盐鱼 194 担以上、鱼 60 担

日期	往大员出发地点	月中次数	船次	运至大员货物	大员出船方向	回船次数	船次	从大员运出货物
	金门	2	2	瓦3000、盐25担、米160袋等	厦门	3	7	盐鱼70担、鹿肉
					金门	1	1	盐鱼56担
1638年6月	金门	1	1	米50袋、盐12担	烈屿	8	13	盐鱼347担以上、鹿肉30篓、鱼35担、压舱物
	安海	7	16	砂糖4865担以上、米80袋、各种织物	厦门	8	10左右	鹿肉135篓以上、盐50担、胡椒、另物220篓
	厦门	10	15	盐122担以上、米255袋以上、瓦4000、砂糖1150担以上、瓷器、酒、生姜、衣服、金、Cangan布、酒各种织物	安海	2	4	胡椒225担、鹿2只
1638年7月	安海	3	3	生丝、各种织物、金、砂糖、布类、瓷器	烈屿	5	11	压舱物、盐鱼40担
	烈屿	2	5	瓦5000、米75袋以上、柱13	厦门	3	6	压舱物、盐鱼35担
	厦门	1	1	Cangan布、砂糖	金门	2	3	压舱物
1638年8月	金门	1	1	砂糖				
	安海	1	1	米50袋等	厦门	1	1	胡椒
1638年9月	安海	1	1	砂糖、米、白蜡、酒	厦门	7	11左右	胡椒、压舱物
	金门	1	1	盐8担	安海	3	3左右	胡椒等
					金门	1	1	压舱物
1638年10月	安海	2	2	砂糖、米	烈屿	3	6	压舱物
	烈屿	2	6	米70袋以上、盐30担以上	厦门	7	12	胡椒、柴薪、压舱物
	厦门	4	7	瓦14000、米160袋以上、盐8担、金、砂糖、糖桶的板、Cangan布	安海	1	1	胡椒
	海澄	1	1	砂糖、米				

续表

日期	往大员出发地点	月中次数	船次	运至大员货物	大员出船方向	回船次数	船次	从大员运出货物
1638 年 11 月	厦门	3	4	砂糖、Cangan、米 500 袋以上等	厦门	4	6	压舱物、鹿肉
	安海	3	3	各种织物、金、米 200 担、水银	安海	1	1	日本银
	烈屿	1	2	盐				
1638 年 12 月	烈屿	4	44	盐 175 担以上、米、	Aim…（厦门?）	1	1	无
	厦门	3	7	盐 80 担以上、金、Cangan 布				
	金门	2	5	盐 20 担以上				

从前往大员的出发地来看,厦门前往大员的船只在 1637 年为 52 次,约 96 艘;烈屿(及其附近岛屿)为 50 次左右,约 181 艘;安海为 9 次,12 艘;比之同时期福州仅为 5 次,5 艘;中国沿岸为 8 次,约 114 艘;中国为 1 次,1 艘;广东为 4 次,12 艘;各地 1 次,55 艘;不明地 9 次,13 艘左右;可见 1637 年台湾与大陆贸易是以厦门湾沿岸为主的。

1638 年前往大员的船次、船数如下:

厦门前往大员的船只在 1638 年为 38 次,约 59 艘;烈屿为 32 次,约 103 艘;同期安海为 23 次,约 33 艘;对比同时期,福州为仅为 8 次,8 艘;中国沿岸为 9 次,约 15 艘左右;亦可见 1638 年台湾与大陆贸易仍以厦门湾沿岸为主。这其中,距离切近的地利因素非常重要。比如厦门岛与金门岛之间的烈屿就一直在对台贸易中扮演了重要的口岸角色。

当然,除了货物以外,人员的往来也是当时贸易的一个重要部分,如 1636 年 11 月至 1637 年 5 月就无任何搭载人员,但自 1637 年 6 月后就不时有人员搭载同往,如当月 17 日,厦门、烈屿以及广东三地搭载人员为 220 人,18 日厦门为 70 人,19 日,厦门与烈屿合计 150 人;1637 年 7 月,安海去到大员者有 60 人,烈屿为 90 余人,厦门最多为 813 人左右,其中当月 10 号贩粮船,一次去到大员的就达 600 人之多! 与此同时,当月从大员回程的人员,烈屿者为 89 人,厦门者也达 130 人。而 1637 年 9 月,去往大员者,厦门为 485 人,安海为 85 人以上,烈屿为 18 人以上;从当月回程的人员看,11 号厦门与烈屿合计为 65 人,15 日安海与厦门合计为 805 人,厦门另有几次回程人数计为 207 人以上。① 可见,厦门湾与台湾的货物与人员交往自 1637 年 6 月以后非常频繁。这其中,以出入商品和人员往来观之,不仅渔民有之,来往两地商人有之,而半渔半商者亦当有之。

从贸易货物来看,1636—1637 年为崇祯中期,当时的大员(台湾)尚未有较大开发,为建设时期,从资料当中显示其建材的运量也相当大,如建筑用的(赤)瓦、柱、板等材料。例如,1637 年 3 月,从烈屿运去赤瓦 5000 块、板 100 块;1637 年 6 月又从烈屿运去材料包括,(赤)瓦 84000 块、柱 382 根、板 330 块;1638 年 5 月,也从厦门运去瓦 6000 块以及板等货物,次月又从厦门运去瓦 4000 块;1638 年 7 月,又自烈屿运去瓦 5000 块、柱 13 根。这在一程度上显示出台湾初期开发时的建设热潮。

从 1632 年以来,外地运去台湾的货物中有砂糖、(白)生丝、粗瓷器、丝绸、铁锅、盐、米、小麦、姜、中国酒、砂糖桶的板、木器、Cangan 布、明礬、白蜡、水银等,其中包括基本生活消费品及进行转口贸易的丝绸类、瓷器类等物品。基本生活消费品中,以米、盐、砂糖的运量为多。关于砂糖,相信除部分为当地人所食用外,多数是供出口至日本等地的。其中不少货品是通过厦门湾沿岸的城市如厦门、安海、烈屿、海澄、金门等地运去的。

当地出产物较少,多为鹿肉、鹿脯、盐鱼、盐乌鱼、鱼卵、白檀等土特产,相信其中一些来自渔民与台湾土著的直接交易,部分则来自与荷兰人的交易。转口运入大陆的货物则有日本的铜、暹罗产的铅等物品。有时甚至在回程时由于没有什么货物,连柴薪和压舱物也带上了。这种交往不仅丰富了各地经济内容,扩大了贸易活动,且从根本上说也是适应两地经济需求,促进经济互补的。

---

① 人员统计数字根据朱德兰文章中的资料进行折算,参见朱德兰:《清初迁界令时中国船海上贸易之研究》,载中国海洋发展史论文集编辑委员会:《中国海洋发展史论文集第二辑》,台北"中央研究院"三民主义研究所 1986 年版。

据曹永和先生的统计，1637 年和 1638 年中，去台船只每船少则 5 人，多则 20—35 人。在 1637 年一年中，大陆至台湾的渔船总数在 303 艘以上，如每艘平均搭载 20 人计，则一年中自烈屿、金门、厦门、铜山等地总计约有 6000 以上渔民去台。且自大陆去台的渔船，除去偶然例外，大体上是有逐年增加的倾向。当时，每年约有渔船 300—400 艘，渔民 6000—10000 人至台从事渔业；每年输至大陆的水产大约达 100 万—120 万斤，其主要渔期在东北季风期，最盛的是 12 月至 2 月间的乌鱼渔业；以北路的魍港、笨港和南部的打狗、尧港、淡水等为重要渔场。而这当中，大部分人员是来自厦门湾沿岸的渔民。当然，渔民去台多从事捕鱼及渔业贸易，不少人一船至大员领取执照后出发至渔场，在捕获后回大员交纳十一税，而后返归大陆。他们的辛勤劳动，也成为荷兰人重要的税源，为其东印度公司的财政做出了相当的贡献。① 以上资料仅仅显示的是荷兰人记录的当时厦门湾沿岸及中国沿海等地与大员的贸易情况，并未包括当时在郑芝龙号召下前往台湾开发的移民的贸易情况。但也可以推知其中有不少是相互联系的。除荷兰人以外，当时移居、开发大员的闽南人已达数万，自然会有相当数量有关新移民的消费品运输以及贸易活动。

吴晗先生所辑的《朝鲜李朝实录中的中国史料》提供了不少郑氏对外贸易的侧面材料。据仁祖二十年中的记录，崇祯十五年（1642）己酉，清将领龙骨大等来言："汉舡出来时，龙、铁两邑，明有通商之人，而此处皆已知之，不可隐讳。定州亦有大商郑姓、高姓两人，相通交易，此是潜商之魁，亦使密捕。"等等，又声称"'今番出去，非但畋猎，盖为汉船事也。'洪承畴票下倪姓人明言：'前年汉船出往宣川，则设宴于船中，而馈以大米五百斛、人参五百斤，且有文书。'云。有乌鸢营者又言曰：'林庆业之领舟师入往也，故为漂风，终不交战，而今番汉船之来，沿海郡邑诿以无战舡，终不擒获。以今观之，前日之疑，果不虚矣。"②由于明末，皇太极两次征战朝鲜半岛，朝鲜从此臣服，同时又以朝鲜世子为质，一直要求朝鲜断绝与明朝的往来。但清廷

---

① 曹永和：《台湾早期〈历史研究〉》，台北联经出版事业公司 1979 年版，第 233—252 页。

② 吴晗：《朝鲜李朝实录中的中国史料》，中华书局 1980 年版，第 3695 页。

发现明、朝之间仍然有相当多私下交易，所以特派员责问。相信其中有不少交易也是与郑氏有关的。

当时英俄儿代（即朝鲜所称之"龙骨大"）所传的清廷勅书曰："数年以来，尔国与明朝往来，贸易、私通不绝，王之诸臣何为知而不禁，王亦何为失于稽查？朕念，尔国臣服之后，每欲保全，不扰一民，似此事情，若知而不问，恐渐致滋蔓。遣使究问，复虑骚扰，故今世子某及高山、等至界上，一应事情，着速明问回奏。特谕。"① 从"贸易、私通不绝"的表述来看，当时贸易量应该不小。

此外，另外的一些记录也印证了当时暗中进行的朝鲜与明朝的贸易。

据记录朝鲜世子被质于沈阳时纪事的《渖馆录》记载，辛巳（1641）十一月，"且前宣川府使李烓潜商于汉船者，擅杀灭口，其罪当死，亦姑分拣。今者李烓并拘囚于义州，而安州等处囚人令本道监司处置后报知可也。……宣川府使李烓杀一潜商之罪则国家之所知，非独渠罪，而船人五名不报于监司，不告于国家，私自放之，厥罪甚重。李烓亦置于义州，其余罪人乙良或刑或放，长官出去推阅处置"。② 此外，另一条材料也同证了崇祯十四年（1641）以前中朝交易的情景。不过已是三十多年后的记录：

据肃宗元年（康熙十四年，1675）一条：丁亥，许积、权大运、许穆等请勿论李烓以逆，复烓父晋英官。从之。烓孙铣上言："烓为宣川府使时，唐船来泊，因道臣令觅给米馔事大洩，清人招致大臣以下于义州诘问之，旋放还，而炫则仍拘湾上。"……积议曰："烓为宣川府使时，汉船之来泊于宣川者尤多，朝廷不忍拒绝，送林庆业之军官李之龙使之接待……"汉船之泊宣川者，恳求粮撰。监司抵小札于宣川日："听令去李金知言，米二百斛若干酱觅给云。"……后闻宣川有买卖事于汉船，监司故举他事而罢之。清人侦知我之与汉人通，出送查使诘责，烓牢讳不言，遂拘烓于义州而归。③

从以上材料来看，崇祯末期，北方战乱频繁，李自成、张献忠等各地起义不断，不少省份如河南等干旱、蝗灾不断，各地党争，一些地方瘟疫流行，隔

---

① 吴晗：《朝鲜李朝实录中的中国史料》，中华书局 1980 年版，第 3695—3696 页。
② （朝）秩名：《渖馆录》卷 3。
③ 吴晗：《朝鲜李朝实录中的中国史料》，中华书局 1980 年版，第 4021—4022 页。

海之处，荷兰人与西班牙人在争夺台湾，而此期，除了与朝鲜地近的几省，最有可能往来于宣州并与之贸易的就是郑氏了。

（三）明郑时期的对外贸易

明郑时期即指从永历十五年（1662）荷兰人投降，郑成功收复台湾起，至永历37年（康熙二十二年，1683），郑克塽降清，台湾归入清朝版图为止，共22年时间。清廷自顺治十八年（1661）起正式令沿海行大规模迁界，妄图封杀郑氏势力与大陆的联系。但郑氏倚靠其自郑芝龙以来的家族传统，继续进行大规模的海外贸易。

据永历十七年（康熙二年，1664）明安达礼等奏本，"郑锦（即郑经）于厦门拟造桨船二百零八只，今已造五只。近日自揭阳运来七十船米石，该米船驶抵后，不曾发予商贩，均由郑锦、洪旭、郑泰等分取。……厦门所需米石，皆自广东省所属揭阳、潮阳及台湾等处运来。……所有米船，皆自广东南海驶来，其中有三分之一来自台湾，其余三分之二则来自广东省沿海一带。……据福建总督李率泰题称，伪总兵沈明带领兵丁、家口、船只来降，言称厦门米石来自广东所属揭阳、潮阳以及台湾等情，与前来投顺之伪参将卢俊兴、伪都司叶鹏等所述无异"。① 当时郑经部下米粮大部来自广东，故与其贸易较为频繁。

据《朝鲜实录》显宗八年（永历二十一年，康熙六年，1667）一条记载，"乙未，全岁监司洪处厚因济州牧使洪宇亮牒报驰启，略曰：'唐船一只，漂泊州境。而所乘船片片破碎，所载物尽皆沉没，所余无几。漂到人九十五名，今方接置，俱不剃头甲本不剃头下有'结髻插簪'。观其服色，听其言语，则的是汉人。招致其中为首者林寅观甲本作林寅观、曾胜、陈得等，书问其居住及漂到之由，则以大明福建省官商人，将向日本商贩，洋中遇风，以至于此云。请令庙堂禀处。'"② 从人数与去向来看，应为郑氏手下前往日本行商人员，规模尚不算小。可惜，当时因朝鲜地方官员上报，已经臣服的显宗

---

① 厦门大学台湾研究所、中国第一历史档案馆：《康熙统一台湾档案史料选辑·明安达礼等密题厦门防御及米石来源等事本》，福建人民出版社1983年版，第6—7页。
② 吴晗：《朝鲜李朝实录中的中国史料》，中华书局1980年版，第3944页。

害怕清廷责罪,不顾群臣反对,命将95人押送北京,"延路观者,莫不悲愤感慨"。① 时任副提学的闵鼎重举前朝例说:"往在壬辰年间,臣以漂船事陈达于先王,则下教曰:'此事非但义理所关,许多人命驱送死地,岂美事也!但我国大小事例多宣泄,若不告之彼国,难免后患矣。'又教曰:'此后漂到者,其船若完,则使其还送;其船已破,则留置其地可也。'圣教如是丁宁,而今日之事,终至于押送,诚可叹也。'"② 显宗后来也默认了这一原则。

图44　明郑时期航行海上的厦门船③

永历二十二年(康熙七年,1669),降将史玮琦奏本,"查前年犯边之伪总兵等,其能成群结伙深入内地者,乃因串通沿海居民之故,或相贸易,或乘机抢掠。而其串通者,亦仅为获取鱼、盐、米石而已。……惟郑逆之米石,全

---

①　吴晗:《朝鲜李朝实录中的中国史料》,中华书局1980年版,第3950页。

②　吴晗:《朝鲜李朝实录中的中国史料》,中华书局1980年版,第3952页。

③　船舶数字博览馆:《赴日唐船及其贸易活动》,2013年9月3日,http://amuseum.cdstm.cn/AMuseum/ship/history/trade/zg02.html。

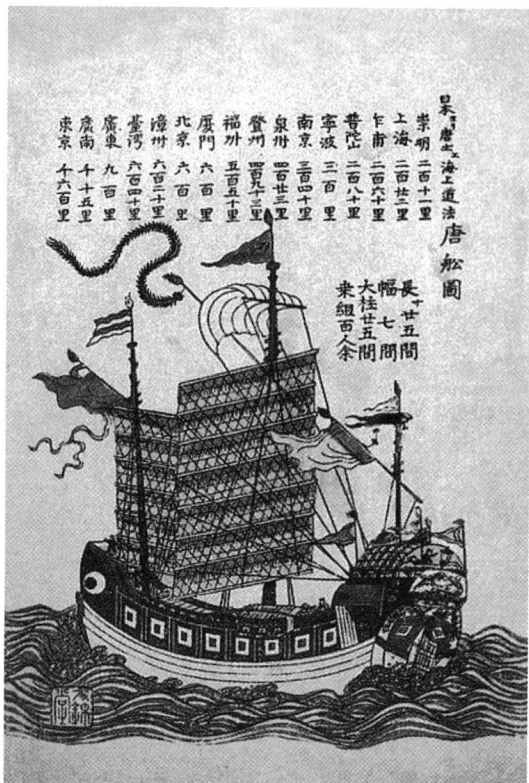

图 45　明郑时期贸易日本等国的唐船①

仰赖国外。臣在海上从逆之际，专管通往外国之海船，故曾督船亲临日本、吕宋、交趾、暹罗、柬埔寨、西洋等国，因而有的知晓。郑成功强横时期，原以仁、义、礼、智、信五字为号，建置海船，每一字号下各设有船十二只。……郑逆负台湾之险，每年牟利不可胜数……"②郑经时，继承了其父郑成功的海上遗产，继续与西洋及东洋各国贸易。其中以吕宋、日本为最密切贸易关系地，"凡各国商货，每年夏秋，必至日本，每年春冬，发往西洋国。故称日本国、西洋国，乃郑锦所需粮食之主要来源。此外，亦有东京、交趾、大泥、暹

①　船舶数字博览馆:《赴日唐船及其贸易活动》，2013 年 9 月 3 日，http://amuseum.cdstm.cn/AMuseum/ship/history/trade/zg02.html。

②　厦门大学台湾研究所、中国第一历史档案馆:《康熙统一台湾档案史料选辑·史伟琦密题台湾郑氏通洋情形并陈剿抚机宜事本》，福建人民出版社 1983 年版，第 82 页。

罗、六崑、柬埔寨、噶喇巴、占城等各地。……今郑锦窜逃台湾,亦全赖与各国贸易获利,以补其粮食之不足"。①

据同一时期的《李朝实录》显宗九年(康熙七年,1668)一条载:

> 癸丑,皇明福建省漳州府人漂到庆尚道曲浦前洋,索柴水以去。道臣以闻。戊午,本月初七日,唐船一只,漂到防踏地境安岛前浦。船制大如我国战船。船人皆不剃头,剪须着黑衣,约三四十人。取柴汲水。旋即发船而去。全罗左水使以闻。②

从船制大小和人员着装来看,其中后者应为郑经的武装商船。明末清初,因战事不断,所以郑氏不少商船都兼有商务和作战的功能。

其后两年,《李朝实录》显宗十一年(康熙九年,1670)一条载

> 丙寅,清使入京,上接见于仁政殿。济州牧使卢锭秘密驰启曰:"五月二十五日,漂汉人沈三、郭十、蔡龙、杨仁等,剃头者二十二人,不剃头者四十三人。所着衣服,或华制,或胡制,或倭制。到放义境败船。自言:'本以大明广东、福建、浙江等地人。清人既得南京之后,广东等诸省服属于清,故逃出海外香山岛,兴贩货生。五月初一日,自香山登船,将向日本长崎。遇飓风漂到于此'云。问:'香山岛今属何省?'答曰:'香澳乃广东海外之大山,青黎国之邻界。'问:'何人主管?'则答曰:'本南蛮地,蛮人甲必丹主之。其后寝弱,故明之遗民,多入居之。大樊(台湾)口遗游击柯贵主之。大樊国乃郑锦舍(郑经)所主也。隆武时有郑成功者,则甲本作赐国姓,封镇国大将军。与清兵战,清人累败。未几死,其子锦舍继封仁德将军,逃入大樊,有众数十万。其地在福建海外,方千余里。永历时君在贵州,故蜀地'云。又曰:'俺等以行

---

①　厦门大学台湾研究所、中国第一历史档案馆:《康熙统一台湾档案史料选辑·史伟琦题报台湾情形并陈宜切断钱粮来源以破郑锦事本》,福建人民出版社1983年版,第84页。

②　吴晗:《朝鲜李朝实录中的中国史料》,中华书局1980年版,第3954—3955页。

商诸国,故或剃头,或不剃头耳。'仍愿往长崎,臣装船还送矣。"①

当时香山岛由郑经派遣的游击柯贵管辖,因此这些漂人应该是与郑氏有关的海商,抑或就是郑经下属的海商。其服饰"或华制、或胡制、或倭制",反映出当时明郑、清朝和日本的特色,虽然郑氏与清朝仍然属敌对状态,但进行贸易的商人则乔装而贸易。当时在清朝监视下的朝鲜济州使牧卢锭正也按李朝显宗的意思,悄悄将漂人"装船还送",而后再"秘密驰启",可见朝鲜对明郑关照的态度。

朱德兰先生以《华夷变态》等书籍资料为主进行的研究,提供了不少明郑时期的对外贸易情况。以下以清初迁界时厦门船相关船只为主对其进行分析,兼引《朝鲜实录》资料。

以下对永历二十八年(康熙十三年,1674)至永历三十七年(康熙二十二年,1683)的明郑时期厦门湾的贸易进行分析②,以明晰迁界时与厦门湾沿岸有关的中国沿海海上贸易之状况。

永历二十八年(康熙十三年,1674):

(4—5月,靖南王在福州起兵反清,锦舍亦将从东宁出兵与靖南王联合攻打南京)6月,大清15省内,有云南、贵州、四川、湖广、陕西、广西、福州7省归大明所有。

永历二十九年(康熙十四年,1675):

厦门船:3月,锦舍与靖南王不和,两军于兴化府会战,正月和好,锦舍兵攻打广东惠州,靖南王则攻打浙江。福州与浙江之间因有动乱道路阻塞,浙江之丝织物完全不能输往福州……只要攻下浙江,丝织物便可自由地买卖;约至5月,锦舍有船2艘予定航日,船主薛彬舍;5月,锦舍现在漳州之海澄,今年三月派兵攻打广东潮州。7月,广东潮州城主刘进忠投降郑经,平南王女婿亦降郑氏。时值三藩反清之时。11月,漳州、泉州等地商人所

① 吴晗:《朝鲜李朝实录中的中国史料》,中华书局1980年版,第3968页。
② 本部分研究资料主要参见朱德兰:《清初迁界令时中国船海上贸易之研究》,载中国海洋发展史论文集编辑委员会:《中国海洋发展史论文集第二辑》,台北"中央研究院"三民主义研究所1986年版。其中少数标点及用语略有变更。

持有之生丝、丝织物等货皆购自浙江,如缺货便无法出航。

永历三十年(康熙十五年,1676):

厦门船:4月,平南王已归顺大明,广东为大明支配。6月,锦舍与其部下首领均拟派船驶日,其中锦舍之船有5—6艘;约至7月,锦舍属下六部官吏隐瞒锦舍恣意向人民征税课役,各自贪污私运财货至东宁,锦舍全然不知。是故军民叛乱,按此实为诸官所致。约至7月,锦舍派遣6艘商船,其部下派出4艘商船航日。因汀州府有动乱,商货受阻,故东宁船与思明船丝类很少;如浙江属明国,丝类便可自由买卖。浙江之丝织物不能输往福州,全由山路秘密运出,因经险阻搬运困难。

同年《朝鲜实录》肃宗二年(康熙十五年,1676)一条记载:

丁未……领议政许积曰:"济州乃郑锦舍船往来日本之路也,瞭望之事,不可不着实。三邑守令之黜陟,必须严明。意外有他船漂泊着之时,则不必执捉,使之任归。即捉汉人,则不可入送北京。若其船破,则其人处置极难;若给船则恐或漏洩于彼中,又不忍送于北京。唯故失一船,容彼窃去,佯若不知可也。"上曰:"并以此分付。"①此时正值"三藩之乱"时期,朝鲜处观望态度,但肃宗仍对明郑漂船网开一面。

永历三十一年(康熙十六年,1677):

(当年3月,靖南王之叔父耿四爷以邵武府献予锦舍。福清县、闽安镇亦归降锦舍,锦舍之军势约有30万之众。)厦门船:6月,至去年止,锦舍领有福建5府,因靖南王领地——归属郑氏之故,不得不再度降清;锦舍缺粮,军士逃散的约有10余万,锦舍现在厦门重新整军势;广东、福州、漳州、泉州都在动荡不安中,故南京方面之丝织物无法输运至上述各地,因丝货愈来愈少,广东、福州之船今年不出航;约至7月,船主龚二娘、黄熊官、我等因日本返还郑泰寄存在长崎之银子,代表郑氏遗族持礼前来致谢;约至7月,有2艘英国船驶抵厦门贸易,另有由万丹、雅加达、六崑、柬埔寨来厦门贸易之商船123艘,厦门目前很安定,亦很繁华。

永历三十二年(康熙十七年,1678):

① 吴晗:《朝鲜李朝实录中的中国史料》,中华书局1980年版,第4026—4027页。

厦门船：锦舍现在思明州，派遣刘国贤（轩）以海、陆军进攻海澄；每年前来福州通商之荷兰船，今年尚未发现；有船秘密地由澄海出航。6月锦舍军队缺乏兵粮，国为战乱锦舍领地与福州间之道路阻塞，影响丝织物输出，有愈来愈多之船只不能自由出航；6月，有东宁船航行中遇东北风，停泊厦门候风然后驶日。3月，锦舍军攻陷海澄。12月，锦舍军势强大，与清军战于福州港口。因海禁特别森严，连运客、货出海极难。福建8府全归大清支配。康亲王（傑书）现在福州，今年2月攻取厦门。

永历三十三年（康熙十八年，1679）：

厦门船：正月至3月，广东之高州、琼州为锦舍大将杨彦迪攻下；约至5月，本船去年由广南驶日途中，因风势不顺漂抵思明州。由于清军阻碍，福州之丝织物很难运至思明州。锦舍方面军粮格外缺乏，今年拟派2艘船往广东搭载客、货后赴日；6月，锦舍现在思明州，由于军粮不足兵卒逐渐减少；约至7月，(11)①锦舍同意刘提督（国轩）率军攻取福州，若战况不利即准备强征兵粮；约至7月，(16)清方与锦舍议和，外来商船与本地船都仅装载少许之货物航日。约至7月，东南亚起航之原籍思明州船，船主薛韬官，本船前年由思明州渡日，再由日本驶往柬埔寨，柬国内乱，我等银子被劫，船员、水手皆被迫参战。7月，锦舍现在思明州，虽攻下海澄，然因兵粮缺乏士卒大多逃散。而向有德之民户劝助军粮、征税课役致使百姓穷困。10月，海澄、思明州（厦门）重归大清支配。11月，锦舍现在厦门，兵粮格外缺乏；大清方面派姚部院（启圣）镇守福州。

永历三十四年（康熙十九年，1680）：

锦舍部下施亥因叛锦舍暗通清军，以至锦舍战败撤离厦门返回东宁。5—7月，原籍厦门的东南亚起航之中国船，初次由厦门驶暹，原拟返航厦门，因厦门战乱而改航日本；5—7月，有暹罗船原拟经思明州载货赴日，因闻锦舍军返东宁，恐生意外而改往日本。7月，锦舍撤退厦门，返回东宁。

据《朝鲜实录》肃宗七年（康熙二十年，1682）中一条：

十一月……时中国商舶因大风多漂到罗州智岛等处，而又有佛经缥帙

---

① 不易区别者标以数字，括号内数字为船号。

甚新,佛器等物制造奇巧。漂泛海潮,连为全罗、忠清等道沿海诸镇所拯得,通计千余卷。①

当时离康熙时的开海还有两年的时间,因此漂浮物品应该是明郑的船只所载,有可能是运往日本佛寺或贩卖的。

又据肃宗八年(康熙二十一年,1682)一条:

乙未,大司成李选上疏曰:"臣于张后良事,亦有所未晓者。昔年郑锦(即郑经)标下林寅观等之漂到大静也,朝家构于形势,至以驰报上司,归罪地方官,论罢废锢矣。今后良以不报上司,竟至受罪而死。朝家处分,无亦前后之不同耶?臣于乙卯年间,以巡抚使赴济州,受命于朝,凡唐船之漂到者,勿许登陆,亦勿状闻之意,密谕牧官,以为永久遵行之地矣。今后良更以此而死,则彼海外绝域,何独尚存其令耶?似当更询庙堂而处之。"己亥,……右议政金锡宵奏:"李选疏中论唐船事是矣。沿海瞭探之废弛,事甚可虑。即今又与前时有异,凡南船之出没于海岛者,率多服属于郑锦之类,则尤不可以中华人物论也。令后请令如前瞭望随即启闻。"上可之。②

此时,清廷已平定了三藩之乱,气势日增,台湾已指日可待。李朝知道明郑大势已去,故而改变了曾经姑息漂人的做法,对不上报自行处置的地方官甚至治罪处死。

永历三十七年(康熙二十二年,1683):

6月,(10)船主许开官,澎湖已归清领,诸将士退返东宁;6月,(12)运砂糖、杂货等,本船航行途中遭遇恶风;6月,(13)东宁民心惶惶不安;

5—7月,(19)航运暹罗船,秦舍(郑克塽)派礼武官杨二为保护东宁商船,率领战船在广东近海、广南、东京、柬埔寨海面巡逻;广东船:5月,北京、南京、福建归属大清领有,严厉禁止商船出海。

从以上材料来看,至少可以显示以下几个方面的特点:

第一,迁界影响。

其一,迁界导致经济衰退,民生凋敝。如徙民导致民田荒芜,沿海人民

---

① 吴晗:《朝鲜李朝实录中的中国史料》,中华书局1980年版,第4075页。
② 吴晗:《朝鲜李朝实录中的中国史料》,中华书局1980年版,第4085页。

无鱼可捕，无物可易，衣食无着，生计断绝；其二，迁界也导致朝廷自身的损失，沿海带因失鱼、盐及土产之利，自然导致朝廷利税大减；其三，因粮食短缺、战乱及饥饿，容易引发民间与统治上层的抵触与敌对情绪，最易引起民乱。但与此同时，清廷的迁界虽然对郑氏的经济活动有相当的打击，并没有使明郑全面垮台，反一度使之得以独揽相当长时期的海上经济贸易权利，以继续郑氏自郑芝龙以来的海上霸权。当时沿海也有不少民众因生计问题，反而偷渡至台湾投奔郑氏。

后期，清廷一方面通过加强水师建设，另一方面通过各种手段诱降郑氏部属、亲族，再有，与荷兰人合作以利用其海上实力，最后，靠着郑氏家族的内乱，清廷才一步一步占有上风。

第二，贸易影响与领海权。

从资料显示的明郑时期的贸易情况来看，明郑时期的经济与其贸易活动尤其是海外贸易活动有直接关系。其一，海外贸易活动直接支持了庞大的军费开支，而部分开支则是从民间征集税收粮食而来。其中，以郑氏经营的商船只为主，另包括其部下经营的商船。其二，贸易地点包括厦门湾且东至浙江沿海以及日本；西至广东及东京（越南）、暹罗、柬埔寨及东南亚等地。其三，贸易包括以东宁为中转地的转口贸易，如从江浙经过福州等地运回丝织品等货物，一方面可销往暹罗等地，回程则运米粮至东宁、思明州（厦门），再运砂糖、皮类、丝织品至日本。其四，对于海权的重视与掌握。郑氏自郑芝龙起就已建筑起坚实的"海上长城"，基本上拥有东至江浙海域，西至越南、暹罗领海、南至东南亚沿海的广大地区的海权。资料中显示，永历三十一年（康熙十六年，1677）时，普陀山船提供的消息说，"本船主人是锦舍部下朱都督。朱氏拥有南京、浙江之海权，因是初次参与海外贸易，客商不信任，故无搭乘者"。由此可知当时郑经时代，郑氏仍控制了中国沿海的海权。以至永历三十七年（康熙二十二年，1683）时，郑芝龙的曾孙秦舍（郑克塽）还派其"礼武官杨二为保护东宁商船，率领战船在广东近海、广南、东京、柬埔寨海面巡逻"，充分说明当时郑氏对东亚及东南亚地区沿海的称雄实力。

第三，贸易与军事兼备。

由于战事的需要,军事用品自然是郑氏交易的重要项目。日本自宽永十一年(1634)五月以后,"严禁输出武器,但暗中从日本走私商人获得武器用于战阵的,可能不在少数"。① 《台湾外纪》载,康熙五年(1666),郑经"遣商船前往各港,多价购船料,载到台湾,兴造洋艘鸟船,装白糖、鹿皮等物,上通日本,制造铜煊 5 楼刀、盔甲,并铸永历钱⋯⋯"②如永历二十八年(1674),郑经又派遣兵都事李德"驾船往日本,铸永历钱,并铜煊、腰刀、器械以资兵用"。③ 郑经时期对日通商仍很频繁,据《台湾省通志》记载,"郑经每年平均有 50 艘商船前往日本"。④ 据此估算,自永历十六年至永历三十五年(1662 年 5 月至 1681 年 5 月)郑经在位的 19 年里,多达 950 只左右的商船前往日本贸易,相信其中有大部分的厦门湾沿岸船只。

郑经统治时期,为了发展海外贸易,他曾写信邀请包括西方国家在内的外国商人与其贸易,甚至还邀请了处于敌对状态的荷兰人。1670 年,郑经同意英国东印度公司在台湾设立商馆,在订立的条约中,郑经提出五款,其中二项与军备有关。其一是,英国公司须经常雇用两名炮手为郑经服务,以管理榴弹及其他火器;其二是,英国公司须经常代雇一名铁工,为郑经制造枪炮。另外,郑经对英国东印度公司有一个特殊的要求,即每一艘到台湾贸易的英船必须运来火药 200 桶(Barr),火绳枪 200 支,英国铁 100 担。⑤ 1675 年 12 月,郑氏要求英商"运来黄铜炮六架,其中三架要能装九斤重之炮弹,另三架能装八斤者"。⑥ 由此可见,郑经对于军用器械是非常需要的,这也正反映了郑经努力招徕贸易的主要目的。

郑经不仅从军备器械上进行扩充,也在战略战术上与清廷进行周旋。

---

① ［日］木宫泰彦:《日中文化交流史》,胡锡年译,商务印书馆 1980 年版,第 633 页。

② (清)江日昇:《台湾外纪》卷 6,扬州江苏广陵古籍刻印社 1995 年版,第 192 页。

③ (清)江日昇:《台湾外纪》卷 3,扬州江苏广陵古籍刻印社 1995 年版,第 217 页。

④ 台湾省文献委员会:《台湾省通志》卷 3,台湾众文图书股份有限公司 1980 年版。

⑤ ［日］岩生成一:《十七世纪台湾英国贸易史料》,曹永和、赖永祥合校,周学普译,载《台湾文献丛刊 57》,台北台湾银行 1959 年版,第 7 页。

⑥ 黄福才:《台湾商业史》,江西人民出版社 1990 年版,第 68 页。

据《朝鲜实录》资料，"锦据海岛，与我国湖西地方颇近。癸丑年（康熙十二年，1673）间，有卖砂器者，泊船富平，只买笠帽等物。故相李浣领舟师西赴时，偶见浙江画器，见其器惊曰：'此浙江所造，何以来此？'欲捕之不得。其后使臣归言锦与胡战，一军以笠帽，效我人服色，故清人疑我云。始知为砂器所易"。① 可见，易服作战以迷惑清军，也成为郑经的战略手段之一。

又据《朝鲜实录》肃宗二年（康熙十五年，1676）译官所奏，"郑锦舍造战船四百余只，皆作隐穴，与清人战佯败，弃船而走，清人不知其有穴，乘其船乘胜逐之，才至洋中，水自隐穴入，清兵万余皆溺死，无一生者。又埋置大炮五千余个于地中，三层排置，且战且引，清兵驱逐，迫近四五里，大炮俱发，死者不计其数。自是清人坚壁不敢出。郑锦舍与吴三桂连和之后，专掌舟师，都检往来船舶，故无其验则不得往来"。② 可见当时郑经的战绩还曾一度辉煌。另外，郑经也试图向日本江户幕府寻求兵援，但遭到了拒绝。

除此以外，据马士《东印度公司对华贸易编年史》记载，郑经为了维持他的军队和行政，还独占了台湾的糖和皮革贸易，实际上垄断了台湾的出产品。他同时对厦门和福建毗邻地区以及日本进行联合贸易，每年派遣帆船15艘前往日本。③ 这种垄断，在一定时期内对于维持其必要的战争费用是起到了一定的作用。

在郑经时期，派往东南亚贸易的船只也不少。如永历十九年（1665），郑经派遣20艘帆船前往东南亚各地进行贸易，其中有10艘前往暹罗。④ 这些商船从东南亚运出的主要是各种香料、象牙、燕窝、铅、锡等。如郑氏的官员洪磊派其部属黄成到暹罗贸易运回的商品中，有乳香1900担、槟榔200担、安息香22担、燕窝244斤、苏木920担、铅161担、锡140担、象牙

① 吴晗：《朝鲜李朝实录中的中国史料》，中华书局1980年版，第4017—4018页。

② 吴晗：《朝鲜李朝实录中的中国史料》，中华书局1980年版，第4026页。

③ ［美］马士（H.B.Morse）：《东印度公司对华贸易编年史（1635—1834年）》，中国海关史研究中心组译，区宗华译，林树惠校，中山大学出版社1991年版，第1、2卷，第44—45页。

④ ［泰］沙拉信威拉蓬：《清代中暹贸易关系》，徐启恒译，载《中外关系史译丛第4辑》，上海译文出版社1988年版，第76页。

119 担等。① 又如在刘国轩部属蓝泽从暹罗运回的商品中,有铅 26480 斤、苏木 12 万斤、锡 4 万斤、上安息香 450 斤、豆蔻 50 斤、三枝担和七枝担象牙共 568 斤、燕窝共 367 斤等。② 可见在郑经时期,仍继承了自郑芝龙、郑成功以来的大宗外贸交易。

不过,到郑经统治后期,其海外贸易逐渐衰落,已不能满足其军费的支出。有史料记载,在永历三十一年(1677),他的军队有一部分因为没有发饷而叛变。在永历三十三年(1679),英国东印度公司在厦门的代理商曾描述郑经的困难,"国王(郑经)的事业已处于极端困难和不稳状态,难以保卫自己和打退不断向他袭击的满洲人;而他自己的国库已空,每日只得向其属民索取钱财。但他全部的征收,不足以支付军队的需要,而后者很不满"。③ 如以上《华夷变态》中就提供了不少这方面的确凿信息。可以说,海外贸易逐渐衰落,也是导致郑经政权后来衰亡的原因之一。

不过从总体来看,明郑时期,虽然在大陆领域方面没有特别的优势,但在领海的制海权上是有充分的权力的。这也是郑氏之所以"一隅抗志",却建立了牢固的"海上长城",顽强地生存发展了几十年的原因。

对于晚明厦门湾沿岸的商贸能力,国外学者的研究可以提供相关的参考,法国年鉴派大师费尔南·布罗代尔(Fernand Braudel)在《15 至 18 世纪的物质文明、经济和资本主义》一书曾多次谈到亚洲的印度、中国与日本的经济发展,其中在谈及欧洲以外的资本主义时,曾将中国资本主义不发达的原因归诸国家(实为朝廷)的干预和阻碍,并以中国资本主义在国外如南洋群岛之蓬勃发展作为反证。在书中,他用一特别的小标题"远程贸易的奇迹"以统领其观点,指出"中国南方从福州和厦门到广州一带,海面和陆地犬牙交错,形成一种溺谷型海岸……在这一地带,海上的旅行和冒险推动着

① 《明清史料丁编》第 3 本《部题福督王国家疏残本》,上海商务印书馆 1951 年版。

② 《郑氏史料三编卷 2 兵部残题本》,台湾大通书局 1984 年版,第 218 页。

③ [美]马士(H.B.Morse):《东印度公司对华贸易编年史(1635—1834 年)》,中国海关史研究中心组译,区宗华译,林树惠校,中山大学出版社 1991 年版,第 1、2 卷,第 47 页。

中国资本主义的发展。中国资本主义只是在逃脱国内的监督和约束时，才能充分施展其才能。这部分从事对外贸易的中国商人，在 1638 年日本实行闭关锁国后，同荷兰商人一样，甚至比后者更加有效地参加与日本列岛的绸和银的贸易；他们在马尼拉接收大帆船从阿卡普尔科运来的白银；中国始终派人出外经商，中国工匠、商人和货物深入南洋群岛的每个角落"。① 布罗代尔不同意诺尔曼·雅科布认为"没有资本主义，便没有市场经济"的观点，相反，他认为，中国在清代已拥有牢固的市场经济，但"除了由国家撑腰、监督和控制的特定商人集团（如十三世纪的盐商或广州的'公行'）外，中国没有资本主义"。而认为当时至多存在一个市民阶级，在旅居南洋群岛的华侨中，则存在某种殖民资本主义，并一直延续下去。② 在他看来，中国南方的民众，虽然在国内的资本主义发展受到限制，但到了国外（南洋群岛），则有了社会发展空间。

总体来看，明代的厦门湾沿岸有了进一步的发展。正史材料显示，漳州等地仍为贬庶之地。比如"岷庄王楩，太祖第十八子。……建文元年（1399），西平侯沐晟奏其过，废为庶人，徙漳州"，又有"吴王允熥，兴宗第三子。建文元年封国杭州，未之藩。成祖即位，降为广泽王，居漳州。"③虽然在正统的统治者看来，闽南地方不过是贬庶之地，但从经济文化的发展来说，这一阶段厦门湾各地的蓬勃发展的确形成了一股潮流，使闽南人走出了狭小的地域限制，拓展出了一方空间和领域。

有明一代，厦门湾沿岸则初期西有月港之盛，中期东有安平之兴，其中部有思明州在明末的后来居上，其态势，正如群星璀璨，你方唱罢我登场，各领风骚数十年。可以说，整个厦门海湾作为一个整体构架在明末基本形成。就社会与经济发展状况而言，有以下几方面的走向。

其一，大规模的向外移民出现。

---

① ［法］费尔南·布罗代尔：《15 至 18 世纪的物质文明、经济和资本主义》，顾良、施康强译，三联书店 2002 年版，第 647 页。

② ［法］费尔南·布罗代尔：《15 至 18 世纪的物质文明、经济和资本主义》，顾良、施康强译，三联书店 2002 年版，第 654—655 页。

③ （清）张延玉等：《明史》卷 118《列传第六·太祖诸子三》，中华书局 1974 年版。

　　这一时期,厦门湾沿岸人民移民海外及从事海外贸易者形成了较大的规模。其中的原因不外乎人地矛盾及时局不靖等原因。闽省人多地少,地力贫瘠,人地矛盾在宋代已经很突出。这一矛盾到了明代更为严重,由此造成衣食不足的问题,促使当地人必然向外寻求生计出路。如明万历二十一年(1593),巡按福建陈子贞就认为:"闽省土窄人稠,五谷稀少,故边海之民皆以船为家,以海为田,以贩番为命。向年未通番而地方多事,迩来既通番而内外父安。"①清人顾炎武也说,"闽地斥卤硗确,田不供食,以海为生,以洋舶为家者,十而九也"。② 明代,福建境内经济发达,人口过剩,也有不少人家向广东、浙江、江西等地移民。

　　时局不靖动荡,也是造成厦门湾沿岸人民外出发展的原因,这一点在明末表现得尤其突出。郑氏父子时代移民在上文已经提到,又例如嘉禾里人(厦门)李为经,字宏论,别号君常,明万历四十二年(1614)生。明末清初,他作为明朝义士曾漂流过海经商于马六甲,曾任荷兰殖民地统治下的甲必丹。其间,购置三宝山大片土地用作华侨义坟。李逝于 1688 年,葬于马六甲今唐布郎山之东,墓碑犹在。华侨为怀念他的功绩,在马六甲青云亭(观音亭)内供奉其神主牌和身着明朝衣冠的画像。1685 年,华侨林芳开等 13人为其勒石竖立"甲必丹李公济博懋勋颂德碑"。③

　　又如有金门陈氏,因明嘉靖后期避倭患迁居同安翔风里十二都浦尾村开基,故其灯号为"浯浦",以后成为肇基马来西亚的最为显赫的辜姓始祖。辜氏本姓陈,因明末清初浦尾人陈敦源酒后伤了人命,由此避难出国,先至暹罗,继至马来西亚的吉打其子辜礼欢后成为当地首任华人甲必丹。

　　此外,自然地理条件对出洋也有相当的影响。厦门湾沿岸有天然的面海临江之地利,加之洋流与季风的影响,近则可至金门、澎湖、台湾,稍远即达吕宋、日本等地,也为当时的移民创造了很好的地理条件。

---

　　①　《明神宗实录》卷 262,万历二十一年七月己亥,台湾"中研院"史语所校勘本。

　　②　(清)顾炎武:《天下郡国利病书》卷 93《福建三·洋税》,济南齐鲁书社 1996 年版。

　　③　厦门市人民政府侨务办公室:《华侨华人》,2005 年 2 月 10 日,http://www.over-seas.xm.gov.cn/editfile/filepop_s...。

从厦门湾的海洋物理特征来看,台湾海峡为东海与南海的交汇海域,该区域主要受季风、沿岸水和外海水所支配,季节变化明显。海流是由黑潮的台湾海峡分支、南海季风漂流的延续部分以及台湾海峡的沿岸流组成。高温高盐的黑潮海峡分支又称黑潮的西分支,是指黑潮在台湾东南分出的、从巴士海峡进入海峡东南部的一支海流,它沿台湾西岸近海向北流动,并在海峡东北与黑潮主流汇合。另一支影响范围较大的海流是来自南海的西南季风漂流的延续部分,在夏季西南风盛行时期特别强盛。沿岸流包括两部分:一是粤东近岸流,主要出现在夏季,它与南海季风漂流一起朝东北方向流动,在台湾浅滩一带与南海水混合,成为西南季风漂流的一部分;二是低温低盐的闽浙沿岸流,由瓯江、闽江等入海径流与海水混合而成,流幅较窄,流速较小,且不稳定。东北季风期间,这支沿岸流沿闽浙近岸向西南流动,而且仅限于福建近岸海区的浅层。调查资料证实,冬季,在台湾海峡西岸近海,有一支明显的逆风而上的海流,沿福建近海经过澎湖水道北上而通过海峡。资料还证实,福建近海的底层流在冬春两季与夏秋两季一样由南向北流动。①

关于黑潮的影响,古籍中也有记载,"澎湖、厦门之间有青水洋,又名澎湖沟。此海最深处,水色皆黑,四面望不见山,浪涛汹涌,直与广东外洋相连。在此倘遇大风,还可漂往他省,台湾至厦门来往船只必经此地"。② 青水洋以南即是黑水洋。"澎湖以西百余里为黑水洋,宽约百里,水黑如墨,虽风平日丽而天容黯淡,帆樯俱震,为厦门东渡最险处;其长不知几何? 如由蚶江渡至鹿仔港或由沪尾、鸡笼西渡五虎门,均不经黑水洋。"③可见当时经过黑水洋是很危险的水道。而能渡过黑水的,则都是些胆大冒险的人。

早在郑和七下西洋的时候,就有不少厦门湾一带的人民跟随他同往南洋各地,当时闽南的船工早已熟悉航海针路,对洋流与季风情况也很有经

① 福建省省情资料库新闻系统:《海洋》,2005 年 12 月 14 日,http://www.fjsq.gov.cn/ShowText_nomain.asp? ToBook=181&index=12。
② 《闽浙总督满保奏报青水巡哨事宜折》,载中国第一《历史档案》馆编:《康熙朝满文朱批奏折全译》,中国社会科学出版社 1996 年版,第 1128 页。
③ 丁绍仪:《东瀛识略》卷 5《海防》,台湾大通书局 1987 年版。

验。郑和船队以"过洋牵星图"和"针经图式"为依据,将航海天文学与地文航海技术相结合,大大提高了航行方位的精确程度。船队在驶往海外诸国途中,须穿越一些危险的海区,经认真的观察研究,已很好地掌握了印度洋上的季节风,以及随之而发生的季节性海流流向的变化规律。船队一般在十月至翌年正月东北季风时节从国内启程;而在西南海洋季风到来的四月至六月从印度洋、南洋动身归国。因而船队往返皆处于顺风条件之下,可以最短的时间驶完预定的航程。而闽南沿海一带的居民下到南洋也是通过这一航路,在季风来临时渡过"黑水"。一路上虽然行程艰难,海事难料,但洋洋黑水,却阻挡不了厦门湾沿岸人民向外开拓的决心。

值得肯定的是,不少移民海外的厦门湾人在长年的通番生涯中,不少人都善习夷语,比如万历时海澄人李锦及潘秀、郭震等人就"素商于大泥国,与和兰人习",并引麻韦郎等人潜入沿海贸易①;郑芝龙早年前往香山澳(澳门),在当地学会葡萄牙语,并受洗入教,以后在日本曾作为通事进行商贸活动。另有不少厦门湾人因各种原因到海外,又以贡使身份回来。比如正统元年(1436),"有爪哇国入贡使臣名财富八致满荣者,自称福建龙溪县人,姓洪名茂仔,取鱼为业,被倭虏去,逃至爪哇,为改今名,遣充使进方物,今乞复业"。正统三年(1438),"爪哇使臣亚烈马用良、通事殷南、文旦奏:'臣等俱福建龙溪人,因鱼飘堕其国,今殷欲与家属同来者还乡,用良、文旦欲归祭祖,造祠坐,仍还其国。'上命殷冠带还乡闲住,用良、文旦但许祭祖,盖援洪茂仔例也"。《明史·外国传》载,"成化五年(1469),琉球贡使蔡璟言祖父本福建南安人,为琉球通事,擢长史,乞封赠其父母,不许。十四年(1478),礼部奏言,琉球所遣使多闽中逋逃罪人,专贸中国之货以擅外番之利"。饶有趣味的是,除载其奉表来朝贡马及方物等事外,明史中多次记载了蔡璟等人屡次违法的行为。《明宪宗实录》成化三年(1467)中有多次相关记录,如戊戌条载:"琉球国使臣蔡璟以织金蟒龙罗衣,雇匠纫制。时锦衣校尉有缉获市民与外国人交通者,刑部鞫之,疑其罗出于私交者,皆不服。

---

① 参见(清)张延玉等:《明史》卷325《外国传·六·和兰传》,中华书局1974年版。

及询璟,固称为国王受赐于先朝者。事闻,上命礼部稽旧籍有无。礼部云无。遂收贮内库,仍勅谕其国王知之。"以后,蔡璟子廷美及廷会亦曾出使明朝。廷美于嘉靖十六年(1537)、二十六年(1547)以及二十八年(1549)来朝,因在二十一年(1542)卷入漳州人下海通番事,为朝廷谢绝。陈学霖先生对此有详尽的研究。①

应该说,明代是中国移民涨外的一个高潮,众多的厦门湾人勇敢地闯了出去,沟通海内外,不仅搞活了经济,而且交流了文化,很多人为此成为中外交流的使者,朝廷没有出一分力反而每年获取大量的关税收入,这本应受到社会的肯定。可惜的是,自明延续至清两代统治者的眼界局限,反而将民间的中外交流加以打压,阻碍了历史的发展,也为以后清代保守型的海洋政策埋下了伏笔。

其二,沿海贸易网络带与全球(世界)市场的初步形成。

明代的海外贸易获利额可以说相当可观,据嘉靖四十一年(1562)郑若曾言,"福建边海贫民,倚海为生,捕鱼贩盐,乃其业也,然其利甚微,愚弱之人方恃乎此。其间智巧强梁,自上番舶以取外国之利,利重十倍。"②崇祯时张燮也在《东西洋考》中也说到海澄一地,"民故鲜耕种之饶,以海为田。始岁输不逾九千,既中使至,竭泽渔矣"。③此一时期,厦门湾各地人民贸易至海外,也是继承了历朝历代的传统。明代西方冒险家往东方探险,求贸易,正好与厦门湾当地人民欲向外拓展的思维合拍,形成了一种向外拉力。厦门湾各地便成为其天然的贸易地。而至朝廷的屡次禁海后,在客观上也形成了当地人民向外发展的推力。尤其在明中后期,厦门湾沿岸海外贸易活跃,主导了当时中国南海海上贸易的潮流,也为此交织出了一张璀璨的沿海贸易网络图。

国内方面,如厦门湾沿岸商人至内地山区将山货贩运至沿海,加之沿海特产如海产、蔗糖等物运至江浙、两广及北方,回程时则贩回丝绸、棉花等外

---

① 参见陈学霖:《"华人夷官":明代外蕃华籍贡使考述》,香港中文大学《中国文化研究所学报》2012年第1期。
② 郑若曾:《筹海图编》卷4《福建事宜》,明嘉靖四十一年(1562年)刊本。
③ (明)张燮:《东西洋考》卷7《饷税考》,中华书局1981年版。

地商货,所谓"糖去棉花返";又将台湾土产山货运回来,将大陆生活用品及丝绸、瓷器等运至台湾(以为中转),由此形成国内的贸易圈。比如当时的制糖技术就有相当的提高,明代开始使用蔗车以及配套的流水作业机械。明代宋应星的《天工开物》就最早记载了闽广地方使用蔗车的情况,其中提到的木制蔗车的具体制作方法。[①] 在福建,南安则是最早使用蔗车的地方。据《南安县志》卷7《车税》说,"南安蔗车税,税一百九拾两……按,此条系崇祯中有牙税之征,因南安无牙税可征,故详请将蔗车税抵补。蔗车时有兴废。欲执为定额亦难矣"。[②] 由于蔗车的使用,提高了制糖的产量,蔗糖也成为厦门湾沿岸著名的外销产品。

国际方面,西向,可将江浙丝绸及本地瓷器、织物等运至占城、安南、暹罗、真腊诸国,再贩米、香/药物、铅等回闽;南向,至吕宋、西洋琐里、爪哇、浡泥、三佛齐等,销出丝绸、瓷器,换回香料、白银等;东向,则仍以丝绸、瓷器加之南洋香料至日本贸易,贩回日本金、银、硫黄等物;其中,多以厦门湾沿岸或大员作为中转地。考究其中的贸易对象,基本上是属于明代朝贡贸易体系的国家,其中最主要的是日本与东南亚诸国,其后是西班牙、葡萄牙、荷兰、英国等国。

16、17世纪间,中国、日本、欧洲三地金银比价存在较大差价,中国金银比价为1:5.5—7,日本为1:12—13,欧洲为1:10.6—15.5。[③] 这样的比价,欧人喜之,日人乐之,欧洲等国商人将日本、美洲白银输入中国套换黄金,可获利一倍以上。正是在这一特定的比率,吸引西方人进行套汇贸易,加之输送中国的丝绸、瓷器等至日本、美洲和欧洲的转口贸易更是获利丰厚,导致世界开采的白银大量流向了中国。当然,这其中,厦门湾的月港和广东的澳门成为其中著名的两个吸银口岸。弗兰克一针见血地指出,有四个地区"长期保持着商品贸易的逆差,它们是美洲、日本、非洲和欧洲",美洲和日本靠出口白银来弥补它们的贸易逆差,非洲则靠出口黄金和奴隶弥

---

① (明)宋应星:《天工开物》,崇祯十年(1637)涂绍煃刊本,第76—78页。
② 泉州历史网:《泉州地产》,2006年8月2日,http://qzhnet.dnscn.cn/qzh13.htm。
③ 参见全汉昇:《明代中叶后澳门的海外贸易》,香港中文大学《中国文化研究所学报》第5卷第1期。

补逆差。因此,这三个地区都能够生产世界经济中的其他地方所需要的"商品"。比较特殊是,欧洲几乎不能生产任何可供出口来弥补其长期贸易赤字的商品。于是,欧洲只能靠"经营"其他三个贸易逆差地区的出口来谋利,从非洲出口到美洲,从美洲出口到亚洲,从亚洲出口到非洲和美洲,欧洲成为全球贸易网络中的中介。此外,弗兰克也强调了印度作为棉纺织业和丝织业的另一"核心"的重要地位。除丝绸、瓷器出口占世界经济主导地位之外,中国还出口黄金、铜钱以及后来的茶叶,如此,"世界白银流向中国,以平衡中国几乎永久保持着的出口顺差"。[1]

由于对外贸易中丝的比例颇高,严中平将其归结为,"实际上中国对西班牙殖民地帝国的贸易关系,就是中国丝绸流向菲律宾和美洲,白银流向中国的关系"。[2] 这种"银—丝"关系也为很多学者所认可。

从结构方面来看,正如滨下武志所指出的,明代与中国贸易的国家地区正是处于这一朝贡体系的诸多国家,其建立的正是以中国为核心的东亚贸易圈,其货币本位为银本位。[3] 其中,这种所谓的"藩属纳贡关系的连续链条",将明代的中国与周边的朝鲜、日本、东南亚、印度、西亚、欧洲以及欧洲的殖民地联系起来。由于具备陆上与海上贸易的优势,加上主要与日本、东南亚以及西方国家的贸易,也使厦门湾成为明代"朝贡贸易圈"中重要的一环,"纳贡贸易区组成了一个统一'白银'区,即白银成为中国持续贸易顺差的结算手段"。[4] 当然,明后期由于西方国家的加入,实际贸易对象早已超载了传统的"朝贡贸易圈",成为白银贸易区的扩大圈国家。

学者万明也认为,以中国商品和白银为两端,形成了市场网络的世界性链接。链接的三条主干线跨越三大洲,形成了三个大小不等的贸易圈,从而构建了一个世界贸易网络。这三条主干线是:中国—东南亚—日本,中国—

---

[1] 参见[德]安德烈·贡德·弗兰克:《白银资本》,刘北成译,中央编译出版社2001年版,第181—182页。

[2] 参见严中平:《丝绸流向菲律宾 白银流向中国》,《近代史研究》1981年第1期。

[3] 参见[日]滨下武志:《近代中国的国际契机:朝贡贸易体系与近代亚洲经济圈》,朱荫贵、欧阳菲译,中国社会科学出版社1999年版,第13—14、61页。

[4] [日]滨下武志:《近代中国的国际契机:朝贡贸易体系与近代亚洲经济圈》,朱荫贵、欧阳菲译,中国社会科学出版社1999年版,第165—166页。

马尼拉—美洲,中国—果阿—欧洲作为三条航线终端的日本、美洲和欧洲,均为输入中国白银的来源地。这种"几乎绕地球一周的贸易结构"构成第一个全球贸易体系,也成为也成为世界经济体系的雏形。①

从白银数额研究来看,中外史家在这方面费墨颇多,中国学者以梁方仲、全汉昇等人的研究为著。西方学者自亚当·斯密以来就不断有人注意到白银的流向问题。但对明末白银流入中国有诸多研究的应为晚近学者。

早在1939年,梁方仲先生就在研究中认为,从1573年至1644年的71年间,应有21300000比索(约合766.8吨)从马尼拉流入中国,而葡萄牙人从澳门输入的白银为25500000比索,如果再加上从日本输入的白银,总数应该在114亿比索以上(约合5040吨)。② 王裕巽则认为明代中国得自马尼拉的白银为87750000两,即11700万比索(约合4212吨)。③ 万明认为1570—1644年通过马尼拉一线输入中国的白银约7620吨。④ 全汉昇先生推定1565—1765年,从美洲运到菲律宾的白银共计2亿比索。又据德科明(De Comyn)计算,1571—1821年,从美洲运往马尼拉的白银共计4亿比索,其中四分之一到二分之一流入中国,他认为二分之一说较接近事实。⑤

除此之外,有关葡萄牙人在东南亚—日本—明朝(澳门、月港)的三角贸易中的作用也不可忽视。当时的葡萄牙人比较善于与明朝以及日本官府打交道,由于窃踞了澳门这一有利基地,在西方各国中是从中国和日本获利最早最大的国家,正因为他们的转口贸易,将大量日本银贩运至中国。

据日本学者小叶田淳的研究,日本白银的大量开采并出口,是在16世

①　参见万明:《明代白银货币化:中国与世界连接的新视角》,《河北学刊》2004年第24期。

②　参见梁方仲:《梁方仲经济史论文集》,中华书局1989年版,第132—179页。

③　参见王裕巽:《明代国内白银开采与国外流入数额试考》,《中国钱币》1998年第3期。

④　参见万明:《明代白银货币化:中国与世界连接的新视角》,《河北学刊》2004年第3期。

⑤　参见全汉昇:《明清间美洲白银的输入中国》,载《中国经济史论丛(第1册)》,香港新亚研究所1972年版,第435—446页。

纪40年代以后,正是晚明嘉靖年间中国白银货币化加剧、对白银需求急速扩大之时。……因此,日本银矿出产的突然急剧增长并非孤立存在,盖因中国巨大需求的刺激而促发。同期日本对中国丝与丝织品的巨大需求,则构成了银产量激增的日本内因。在此供求关系作用下,日本成为以中国为轴心的世界白银贸易中的重要一翼。①

全汉昇估计在1599—1637年,葡萄牙自日本共运出5800万两银,这些银子多经澳门流入中国。②

弗兰克根据多位学者的研究成果综合如下:美洲生产的白银30000吨;日本生产的白银8000吨;两者合计38000吨,加上留在美洲以及减去转运流失的部分,最终流入中国的白银为7000到10000吨。亦即中国占有了世界银产量的1/4到1/3。③

据学者李隆生综合欧美及国内学者的成果,认为明季由日本流入中国的白银为17000万两,西属美洲流向中国的白银为12500万两,合计29500万两。所以,整个明季由海外流入的白银可能近30000万两(3亿两),集中在明中叶(1530年)以后流入,其中日本银占了5成多。④

各家学者虽然在数字的估计上都有一些差异,但都足以说明当时的明朝通过海外贸易占据了世界经济的中心地位。明后期白银涌入中国并引起了中国社会一些根本性的变化如银本位的确立,中国市场经济的萌芽显露,全球化市场的初步形成,也得到了一致公认。为此,丹尼斯·弗莱恩和阿拉图罗·热拉尔德兹提出,世界贸易在1571年即明隆庆五年诞生。⑤ 法国学者麦迪森以1990年美元价值为基准估算,中国1280—1700年(亦即从至元

---

① 参见万明:《明代白银货币化:中国与世界连接的新视角》,《河北学刊》2004年第24期。

② 参见全汉昇:《明代中叶后澳门的海外贸易》,《中国文化研究所学报》1973年第5卷第1期。

③ 参见[德]安德烈·贡德·弗兰克:《白银资本》,刘北诚译,中央编译出版社2000年版,第210页。

④ 参见李隆生:《明末白银存量的估计》,《中国钱币》2005年第1期。

⑤ Dennis O.Flynn and Arturo Giraldez, *Born with a "Silver Spoon": the Origin of World Trade in* 1571, Journal of World History, Vol. 6, No. 2, 1995.

十七年至康熙三十九年）人均 GDP 维持在 600 美元左右。① 世界似乎一片欢声。但细究之下，考虑到中国幅员的广大，南北差异的显著，单一数字误差也在所难免。根据学者管汉晖、李稻葵近年对 1402—1626 年明代主要经济指标的研究，同时比照工业革命前的英国相应变量，认为明代中国大多数时间整体经济增长并不快，平均年 GDP 增长率为 0.29%；虽然总经济规模有所增长，人均年收入没有明显变化，基本维持在 8 公石（521 公斤）小麦上下；以 1990 年美元计值的人均收入为 200 美元左右，上限为 260 美元，远低于麦迪森估算的 600 美元的水平。② 另据王家范根据《甲申核真略》《甲申纪事》等史料的估算，明末，仅掌握在京城皇宫和官僚手里的白银，总数至少在五千多万两以上，约占弗兰克所说白银总数的 1/6。河北的一个退休乡官，窖藏白银就达几百万两。至于贮藏在各地藩王、官僚、富绅私宅里的白银，其数亦当十分可观。③ 窖藏白银虽然不利于商品交换，但一个客观好处是，"减轻了通货膨胀的压力"，同时可以稳定以白银来结算的长期的价格结构。④ 这也是明朝后期白银涌入并未引起大的通胀的原因。陈春声、刘志伟从"贡赋经济"需求的角度解释了 16—18 世纪美洲白银流入中国的意义，不仅注意到窖藏，还关注到美洲白银流入内地山区后变为少数民族（苗族）服饰等作用。⑤ 可见在很多地方，尤其是商品经济不够发达的内陆，美洲白银的流入远未引起足够范围的商品市场变化，作为窖藏和服饰化的

---

① Angus Maddison, *Chinese Economic Performance in the Long Run*, Development Centre of OECD, Paris, 1998.

② 此外，经济结构中农业所占比重在 90% 左右，手工业和商业最高时也没有突破 20%；政府税收在经济中所占比重在 3% 到 10% 之间，明中叶以后军费开支占到了中央政府支出的 60% 到 90%；经济中的年均积累率仅为 0.83。由于人口的增加，基本抵消了经济增长的利益。当时的社会，还不具备英国式工业革命的初始条件。参见管汉晖、李稻葵：《明代 GDP 试探》，《清华大学学报（哲学社会科学版）》2009 年第 3 期。

③ 王家范：《明清易代的偶然性与必然性》，2009 年 6 月 25 日，http://history.news.163.com/09/0625/22/5CMGGADB00013FL2_3.html。

④ ［美］黄仁宇：《十六世纪明代中国之财政与税收》，生活·读书·新知三联书店 2001 年版，第 95 页。

⑤ 参见陈春声、刘志伟：《贡赋、市场与物质生活——试论十八世纪美洲白银输入与中国社会变迁之关系》，《清华大学学报（哲学社会科学版）》2010 年第 5 期。

白银,并未进入商品流通领域,白银的货币化并未发展到引起整个经济结构发生质变的程度,因而尽管在沿海不少城市已出现资本主义萌芽,整体的中国却未能发展出真正的资本主义。

即便如此,在明后期中国融入世界经济的大潮中,作为银币吸泵的入口,晚明斜阳映照下的月港和澳门仍显得分外炫目! 我们应当铭记的是,在那些满载银币、丝绸、瓷器、蔗糖、宝物的大帆船背后,是无数经年累月辛苦劬劳的织工、窑匠、技工、船户、蔗农、商家的身影!

弗兰克说"明代中国实际垄断着世界市场上的陶瓷","其中80%的瓷器出口是输往亚洲……20%输往日本"。相信这是指明朝南方沿海尤其是厦门湾的贸易,由于明、清之交的战乱,"使得1645年后瓷器出口减少了2/3以上。尤其是从1645年到1662年这段时期,盘踞福建的郑氏家族依然效忠于明朝,几乎完全控制了已经大大萎缩了的出口贸易"。① 从中仍然可见明郑晚期厦门湾贸易网络的整体实力。此外,1600年前后,大批中国茶叶输出国外,厦门的"中国第一输出茶口岸"的名声也大半来源于郑氏时期的海外茶叶贸易。② 1610年,由爪哇驶往欧洲的荷兰船第一次将来自厦门的茶运往欧洲,使得欧洲人第一次品尝到"茶"这种神奇的饮品。③ 为此,厦门人还为英语世界提供了两个新词,其中之一就是英语的"tea"。④ 茶由此在欧洲风靡,并且逐渐成为欧洲饮食文化的一部分。后世有人还因为莎士比亚生得太早没能品尝到茶的滋味而深感遗憾,试想如果有那样的可能,他将有多少更丰盛的创作。⑤ 此外,来自厦门港的茶引发了1773年的"波

---

① ［德］安德烈·贡德·弗兰克:《白银资本》,刘北诚译,中央编译出版社2001年版,第163页。

② 参见 Amoy Once World's Greatest Tea Port, Urbana Daily Courier, 24 September 1925.

③ 参见 Joanna Pruess, John D.Harney, *Tea Cuisine:A New Approach to Flavoring Contemporary and Traditional Dishes*, First Lyons Press paperback edition, 2006, p. 3.

④ 另一个词是"satin"（缎子）,毕腓力认为这跟"Zeitun"一词有关系。参见 Rev. Philip Wilson Pitcher. *In and About Amoy*, Shanghai and Foochow: The Methodist Publishing House in China, 1910, p. 3.

⑤ Bruce Richardson, *How Did Tea Get Its Name*? March 12, 2015, http://www.bostonteapartyship.com/tea-blog/how-did-tea-get-its-name.

士顿茶党"事件。为此,在以后的美国独立战争中还扮演了一个重要角色。①可以想见,如果没有当年从厦门起航驶向波士顿的三艘船只,没有安溪的茶叶,就不会有波士顿茶党,也就不会发生与英国的战争……②茶叶,也成为明末至清代厦门对外贸易的重要产品。

可以说,明中后期,通过将厦门湾沿岸地区与台湾作为中介,闽南商人不仅内引而且外联,把国内市场与国际市场进行了整合,在互通有无中不仅搞活了经济,带动了整个地区的发展,更提升了厦门湾在国内以及国外的地位。明末闽南人在整体上对厦门湾的开拓以及闽南商人与周边国家的贸易活动交织一起,共同促进了当地的经济与社会发展。

其三,较为强势的宗族势力兴起。

厦门湾沿岸,不少单姓族人一旦在一地固定下来后,大多聚族而居,经过数十年发展,往往发展而为家族甚至宗族,这类人群族性观念浓厚,宗谊弥笃,敬祖尊宗,敦亲睦族,死生相顾,守望相助。"以海为田"的厦门湾人,其实也"安土重迁"。表面上这很矛盾,但从朝代的更迭与各种外侵、内乱的历史去看,也容易理解。起初,不少人因生计所迫或官府所逼,不得不背井离乡;但一旦尝到了海外贸易的甜头,则趋之若鹜,有不少人家多率亲族相继迁移。很多家族海外贸易之利也多寄返家园,造福于桑梓。留守在当地的族人也通过各种方法逐渐壮大,发展出不少豪族大姓。

明代,厦门湾各地形成了不少较为强势的家族或宗族经济势力,捐修了不少公共设施。其中的代表如厦门林氏,捐修普照寺(即后之南普陀寺);青礁颜氏,捐修慈济宫;至于在厦、金两岛及厦门湾沿岸的海澄、同安等各处,家族建立土堡或是经商致富者也大有其家。

明崇祯十三年(1640)三月塔头乡绅林宗载所立《田租入寺志》记载禾山(厦门)普照寺:

---

① 参见 Amoy Once World's Greatest Tea Port, Urbana Daily Courier, 24 September 1925.

② 参见周琳:《老潘爱中国》,2015 年 1 月 9 日,http://www.chinatoday.com.cn/ctchinese/society/article/2015-01/09/content_663236_2.htm。

寺中有租，递兴递废，不可殚述。至断臂禅师而租乃大旺。……腴田水租，多入豪右，钱粮不足以供国课，岁入不足以供香灯。至僧了蕴遂有云游异国施也。吾次儿宜枸得寺租于曾家，因少艰子，乃祷于佛曰："佛若有灵，使我举一男嗣，我愿以所得寺租入寺。"果谐所愿，水田付了蕴岁收。今吾次儿没矣，其寺口剋在僧家，以供薰修，其寺契则在吾家，以防变易，尤恐其久而谩蔑也，将田种壹石捌斗，年租肆拾口入寺薰修，勒之于石，使达官司贵人观者同有是心肯日用羡余充入寺中而无贪诸缘以为福利。以推广而广之，无砍树，无伐石，使四山濯濯，以为山灵羞，则斯石之勒，所关于寺岂有量哉？①

林氏所捐田产包括大丘头坎里四丘，种三斗二升，佃黄维显各冬租参石贰斗半大；大丘头一丘，种壹斗，佃王承藩各冬租壹石大；墙兜上下的三丘，种二斗六升，佃郑从坤各冬租贰石柒斗半大；门仔兜一丘，种壹斗，佃黄惟韬各冬租壹石大；湾丘上下参丘，种壹斗肆升，坐，佃魏存道各冬租贰石伍斗大；山门头壹丘，种壹斗，佃吴枧诸各冬租壹石大；溪岸边饮里田二丘，种一斗六升，佃洪舜节口时，各冬租壹石柒斗半大；加墩后一丘、种一斗二升，佃洪旋国各冬租壹石贰斗半大；溪仔边一丘，种肆升，佃洪舜高各冬租伍斗大；以及圳仔边的一丘，种壹斗献，佃黄惟寿各冬租壹石贰斗半大。可见其范围之广，数量之多。

从碑文来看，普照寺（今南普陀寺）与禾山（厦门）在元代已成为游览胜地，作为明代的乡绅，林宗载已占有大量土地，说明当时已经有大宗的土地兼并和地租剥削的情况。

明代厦门湾各地不少宗族都开始兴建堡垒、土楼，一方面，堡垒等建筑可成为宗族抵御外来侵略的屏障，另一方面，在宗族内部也形成一个统一的整体，有利其族长统治。比如同安苏氏，在明代亦建有堡垒。据《同安苏氏族谱》记载，"嘉靖辛酉（1561），乡不执之徒乘夷乱，聚党以攻苏氏之堡，杀

---

① 林宗载：《田租入寺志》，载何丙仲：《厦门碑志汇编》，中国广播电视出版社 2004 年版。

岳伦、岳镇等九十余命。遂火其居而剽其货,毁其宗庙而耕种其田亩。五百年一旦变为邱墟。时贼方獗,士奋诉,父仇竟,坐以激乱,屈死于械。自是,冒死复仇自相接踵而卒,莫能白也"。① 苏氏本同安望族,其先世宋元时居同安,其九世中曾出了著名的"吏部尚书左臣右仆兼中书门下侍郎"的苏颂,又身兼文学家、天文学家以及药物专家。苏氏一门初在仙游,后迁居同安田头,徙居青礁;宋季分虎溪,洪武时分太江合浦,其后又分漳浦、南靖、广东海丰、兴化等处。"凡霞城以东顺流而下福河、厦浒皆其族姓",②至嘉靖时已分布九龙江下游,在同安蔚为大宗,故其族建有堡垒。然寇乱之时,即便堡垒也不能确保其平安,苏氏一门 90 余人被灭,可谓惨烈! 当年十一月,巡按福建御史李延龙奏报,"福、兴、泉三府苦于'海贼'"。③

据嘉靖四十三年(1564)同安《纪邑父母谭公功德碑》记载,"同安介于漳、泉,负山襟海,盗贼常家数其间以伺进退。公(谭维鼎)至于嘉靖己未(1535)冬十月,时倭饶二寇纵横境上,漳民林三显、马三岱、黄大壮、洪治、杨三诸逆乘机倡难,所在窃发,皆能雄长万夫,助倭为乱,以辛酉夏五月大举围晋安。前是年余,部落散居,期得间于同者屡矣。公至而劝民,使自为守,旬月之间筑堡百十有余,连以什五之法,为社百有六十,相助守望。时其耕获,遂使野无所掠。"④当时谭维鼎在抗倭斗争"筑堡百十",又以"什五之法"、"相助守望",将匪徒各个击破,且智取马三岱,既晓之以理,又动之以情,遂使数万匪寇归顺。在"旬月之间筑堡百十",不难想象,如果没有当地大姓宗族的支持,这样的绩效是不可能办到的。这里可以看到,明代官员如何动员地方大宗以支持官方行动、借以维护地方安靖的一个侧面。

曾五岳先生认为,土楼是明代九龙江下游及比邻地区的漳州人在抗击倭寇的血雨腥风中创造出来的,它最早出现的时间应是明嘉靖年间。据黄

① 林士章:《赠功君士奋两赴阙复仇概膺冠带序》,万历丙子(1576),载苏氏族人:《同安苏氏族谱》,编撰年代不详。
② 苏氏族人:《同安苏氏族谱》,编撰年代不详。
③ 《明世宗实录》卷 503,嘉靖四十年十一月丁亥,上海古籍书店 1983 年版。
④ 刘存德:《纪邑父母谭公功德碑》,载何丙仲:《厦门碑志汇编》,中国广播电视出版社 2004 年版。

汉民的研究,也认为闽南发现的闽南的土楼建筑年代早于闽北客家地区。崇祯六年(1623)的《海澄县志》记载了嘉靖三十五年(1556)进士、广东廉州知府、海澄人黄文豪的一首《咏土楼》诗,这是有史可查最早一首咏土楼的诗。黄文豪于嘉靖三十四年(1555)中举,次年登进士第,而倭寇恰恰是在其中举当年开始对漳州进行大规模骚扰,黄文豪可谓土楼诞生的历史见证人。这首《咏土楼》中有言,"倚山为城,斩木为兵","接空楼阁兮跨层层",说明当时外敌入侵之时,当地人不得不抛弃原本低矮的房屋,只有高层楼阁以抵御倭寇以自保。万历元年(1573)的《漳州府志》记载:"漳州土堡旧时尚少……嘉靖四十年(1561)以来,各处盗贼生发,民间团筑土围、土楼日众,沿海地方尤多。"其中列出了龙溪、漳浦、诏安、海澄的土堡、土楼数量。这是官方文献中首次出现"土楼"一词。而当时漳州府所属的平和、龙岩、漳平都没有关于土楼的记载,可见在嘉靖年间,土楼仅分布于九龙江下游两岸的厦门湾地区。天启年间(1621—1627),龙溪进士陈天定写给漳州知府施邦曜的《北溪纪胜》谈及当时"烟火稠密,楼堡相望"。龙岭(今华安县华丰镇)以下诸村"连山筑堡"。① 可见晚明时土楼分布已从九龙江下游区达其中游,说明各地宗族势力有了进一步的拓展。

厦门傅氏,于明代成为当地望族。据《鹭江志》记载,嘉靖、万历间,厦门城郊傅厝墓、傅厝巷至长寮河(清以后称薤菜河)一带,均为傅氏家族产业。而地名也因傅家而得名。明代诰封御史大夫傅珙,字质温,号禾江,中左所人,生明天顺间,曾贩米于漳泉。其长兄琼,仲兄珍,傅珙事父兄至孝至恭,抚二侄成人,戒子傅镇品行,里称长者。而傅氏之盛则源自傅镇。《厦门志》曾载,"(嘉靖)十一年壬辰科傅镇,中左所人。南京右副都御史,提督操江。万历中,赐祭葬,祀乡贤。七年戊子科傅镇第十名。壬辰进士。"② 年少时傅镇与杨逢春皆师承塔头人贡生林应,后中举入仕。志书载,"镇为御史,凛凛风裁,贵戚豪强敛手;时目为傅虎。及行法停谳出于仁恕,人多德

---

① 参见黄如飞、林山文:《史海钩沉——土楼是先民抗倭产物》,《福建日报》2004年7月21日,以及黄汉民:《福建土楼探秘》,《中国文化遗产》2005年第1期。

② (清)周凯:《道光厦门志》卷11《选举表》,台湾大通书局1984年版。

之。扬历藩臬,渐致大位,中外倚重焉。万历中卒,赐祭葬。祀乡贤"。① 傅镇之傅钥,文武双全,曾为抗倭名将俞大猷所器重;其子南式、孙兆番皆为贡生,兆番还出仕为海康县丞。② 傅氏一门,不仅在漳泉经商,且致力功名,故而在明代成为大宗,称富中左,其后仍人才辈出,至清代仍为嘉禾望族。

　　明代厦门湾各地已形成较为强势的宗族势力,除以上的土楼、土堡之外,更有不少广建豪宅府第,如为人所熟知的石井郑芝龙家族,不仅因受抚成为朝廷命官,且经济东西洋、沟通四海,又在当地造府第城池,蔚为大宗;安海颜氏,在明中期已渐成大宗,族人或入仕或经商,或移民海外,富甲一方……可以说,在明代中期至明末,正是厦门湾各地宗族势力大发展并相应形成富于地方特点的宗族集团之时。不少家族一方面有成员通过功名入仕为官,更多的成员则扬帆海外,交通贸易,通过几代人打拼,成为富甲一方的富户。不少宗/家族在地方上权势日炽,在各地的政治、经济、社会事务中都起到主导作用,成为一方霸主。

---

① （清）周凯:《道光厦门志》卷 12《列传·宦绩》,台湾大通书局 1984 年版。
② 参见洪树勋、林水蒹:《同安傅氏世渊源》,载政协厦门市同安区委员会文史资料委员会:《同安文史资料·同安姓氏专辑》2000 年版。

第五章　清代的厦门湾

第一节　厦门港及周边地带

一、厦门港的开关、管理与造船业

清代平定台湾后,施琅请设海关,康熙二十三年(1684),"派户部司官一员榷征闽海关税务,一年一更。……其隶泉州者,在南门外及同安县之厦门港,凡商船越省及往外洋贸易者,出入官司征税"。① 由此宣告厦门成为正式对开放的口岸,厦门港也成为闽海关的所在地,其税收在闽海关中一直占有重要地位,不过较早的康熙年间以福州为中心,雍正以后厦门则成为全省海关网络的中心。

清代的厦门正口管辖范围其实就也包括了今天的厦门湾沿岸地区。其一为青单口岸三处,即厦门港、排头门和鼓浪屿;其二为钱粮口岸四处,即西岸的石抹、北边的刘五店、南山边、东岸的安海;其三为稽查口岸四处,即浦头、玉州、澳头、石浔。② 其中稽查来自金门、烈屿、安海、浯屿、岛美、后浦、大小嶝、同安、内安、澳头、鼎尾各渡货物和来自石码、海澄和漳州的各小船货物。③ 当时厦门正口下设 4 小口,即厦门港小口、鼓浪屿小口、排头门小

---

① (清)周凯:《厦门志》卷 7《关赋略·海关》,台湾大通书局 1984 年版。

② 厦门港史志编纂委员会:《厦门港史》,人民交通出版社 1993 年版,第 40—41页。

③ 厦门市志编纂委员会,《厦门海关志》编委会:《近代厦门社会经济概况》,厦门鹭江出版社 1990 年版,第 461 页。

口、石码和刘五店小口。其中,石码和刘五店小口分别设在当时的龙溪县和同安县。①

厦门海关除收税以外,还管理海外贸易事务,监督民间造船,以关税执行相应的商品政策。清代的厦门商人多在同安马巷领取造船执照,在鼓浪屿建船。且所有新建商船均要由海关检验、编号,发给"关牌"后才可出洋。据周凯《厦门志》记载,一直到清代后期,福建所有 18 个税口、19 个汛口的海船都要集中至厦门港挂验,才准出海越省航行或至台湾。由此可见厦门的"正口"地位。

清前期,厦门的口岸管理机构除海关外,另设有水师提督、泉州海防同知、兴泉永道以及文武汛口,其军港的色彩不仅不减且有增加之势。

1.水师提督

台湾尚未归入清朝版图之前,清廷已于康熙元年(1662)专设水师提督及提标官,驻海澄。至康熙十九年(1680),靖海将军施琅挂侯印,驻扎厦门,由此水师提督开府于此。水师提督不仅负责全省水师事务及海防要务,且要监督厦门、金门、海坛、南澳等卫所和台湾、澎湖等岛屿。② 作为水师提督的官员,不仅是厦门军港最高首脑,且要管理所有武汛口,要督商船、渔船的出入检验等等。福建总兵官的移驻以及水师提督的设立,标明厦门政治、军事地位的上升。

2.泉州海防同知

厦门在清以前属同安管辖,但自明末以来已经成为福建海外贸易的中心口岸,其地位远超同安县甚至泉州府。其中水师提督设立并移驻厦门后,其地位仅次于兼管地方军政的总督。至康熙二十五年(1686),清廷又将设于泉州的泉州海防同知衙门迁至厦门,③以此管理泉州府下属港口,征收关税,控制台湾稻谷运输,督责军养,约束地方,查验船舶。海防同知实则负责海防的专门职责,衙门称"厦防厅"或"泉防厅"。

---

① 参见(清)周凯:《厦门志》卷 7,台湾大通书局 1984 年版。
② 参见(清)周凯:《厦门志》卷 2《分域略》以及卷 3《兵制考》,台湾大通书局 1984 年版。
③ (清)周凯:《厦门志》卷 2《分域略》,台湾大通书局 1984 年版。

清代，厦门成为"台运"的正口，当时的厦防同知则主管其事。所谓"台运"，据《厦门志》记载，"台湾，内地一大仓储也。当其初辟，地气滋厚，为从古未经开垦之土，三熟、四熟不齐；泉、漳、粤三地民人开垦之，赋其谷曰正供，备内地兵糈。然大海非船不载，商船赴台贸易者，照梁头分船之大、小，配运内地各厅县兵谷、兵米，曰台运。厥后商船获利稍减，趋避日巧，而运愈不足，议加配焉。厦防同知司其事，厦门之要政也"。① 当时的厦门与鹿耳门可以说是台运的直接交易口。鹿耳门不仅额运厦防厅仓眷谷（道光七年改解折色），且亦运台湾县额拨龙溪县仓兵谷、凤山县额拨福州府仓兵米、额拨南澳厅、海澄县仓兵谷、额拨漳浦县仓谷，以上各地兵眷谷且均由厦口商船配运；谷到后则由厦防厅拨船转运。另外，台湾县额拨龙溪、同安、平和三县仓眷谷；凤山县额拨漳浦、诏安二县仓谷，一向由鹿耳门口配运厦口拨船转运（道光七年皆改解折色）。至于额运澎湖兵谷，亦运自鹿耳门，由厦口商船配运仓收，由厦防厅验明造报。厦门商船有赴鹿港贸易者，或蚶江商船在厦口出入至鹿港者，俱听鹿港厅酌配前项兵米回厦，由厦防厅拨船转运。厦门商船有赴八里坌贸易者，亦听淡水厅酌配回厦，由厦防厅拨船转运。②

雍正九年（1731），"凡领龙溪、海澄、漳浦、同安、马巷牌照，系厦门行保保结，出入均归厦口盘验稽查。舵工、水手或有事故不及赴县换照者，即由厦防厅添结帮梢"。③

3.兴泉永道

厦门成为通关正口后，颇受清廷重视，以致将其地位上升数级，作为地方的五品同知已无法单独管理，如何管理地位重要但又地域不大的厦门？这成为清廷新的任务，雍正五年（1727），"加福建兴泉道巡海道衔，移驻厦门；改台厦道为台湾道，添设台湾府通判一员驻澎湖，裁澎湖巡检一员。从福建总督高其倬请也"，1684 年设立的台厦道为此改为台湾道，用以专管台

① （清）周凯：《厦门志》卷 6《台运略》，台湾大通书局 1984 年版。
② （清）周凯：《厦门志》卷 6《台运略》，台湾大通书局 1984 年版。
③ （清）周凯：《厦门志》卷 5《船政略》，台湾大通书局 1984 年版。

湾事务。①

兴泉道台移驻厦门以后,兴泉道员主管防务。雍正九年(1731),永春道合并于兴泉道,改名为兴泉永兵备道,职责由财政回转向一般的民政事务。至乾隆元年(1736),闽海关监督改由闽浙总督兼任,其所辖兴泉永道则负责监督厦门口海关日常事务之特殊职责。乾隆三十二年(1767),由武职官员任道员,其权限则集中于港口管理,包括贸易、洋船、驿站的管理及军队给养、战船监造等职。②

4.文、武汛口

与厦门海关工作相应,清廷又设立文汛口和武汛口与其相协同,用以加强对南北船舶的管理。文汛口由厦防同知管理,负责港口贩洋商船的挂验牌照,稽查船只、人员,并负责盘收兵粮,传递台湾文书夹板并管理地方事务;该汛口设于厦门城南玉沙坡;武汛口位于文汛口附近,由水师提督标中营参将担任,负责商船出入挂验。另有位于厦门以南海域50里的大担汛口和位于玉沙坡的炮台汛口,前者与浯屿、小担屿互为掎角,为海口要害;后者与文、武汛口毗邻,以提标五营武官团轮守。以上文武汛口负责稽查船只,饷课则由海关征收。③

除此之外,厦门港内外港海域及各岛屿要塞均设有五营汛地,以确保厦门岛及海港船舶安全。五营汛地包括中、左、右、前、后五营。

其中中营水师设中军参将1员,驻扎厦门城内;首领五营军务。其下设守备等官兵驻防海澄浯屿汛。另驻军分防高崎汛,浯屿汛,兼辖深坞澳口等5汛,既深坞澳口汛、岛美汛、卓崎汛、大径港口汛、浯屿南北炮台五处;分防海门水汛,兼辖容川等四汛,即容川码汛、青浦汛、十八间塘、圭屿汛(以上各汛,隔水属海澄县);又巡防大担门,厦门外武庙堆、怀德宫堆、水仙宫堆、鬼仔潭堆、接官亭堆等处。

左营水师设游击一员,防驻龙溪石码寨。包括驻防厦门城外洪本部渡

①　《宫中档案雍正朝奏折》卷7《浙闽总督高其倬奏》,雍正四年(1726)十一月二十日版。

②　参见(清)周凯:《厦门志》卷4,台湾大通书局1984年版。

③　参见(清)周凯:《厦门志》卷7,台湾大通书局1984年版。

头，防守城北门，分防木屐街汛，兼辖南台等四汛，即南台汛、港口汛、龙海桥汛、乌礁汛；分防福浒汛；辖北溪头等四汛，即北溪头汛、福河汛（隔水属龙溪县），五通汛、蛟塘汛（隶五通汛，俱在厦门）；分防小担门汛，（隔水属同安县）；巡防大担门。又于厦门草仔埯堆、程厝口堆、外清箭道堆驻兵。

右营水师设游击一员，驻防城外双连池，分巡内外洋。其下设守备等官兵驻防城外打锡箔巷，防守城南门，分防玉洲汛；辖三叉河等6汛，即澳头汛、石美汛、三叉河汛、许茂汛、东尾汛、乌屿汛（以上各汛，隔水属龙溪县）；分防大担后炮台汛（隔水属同安县）；东澳汛（隶大担后炮台汛）；巡防大担门，又厦门石泉堆、石烛堆、宝月殿堆、王公宫堆、黄厝宫堆、养真宫堆、靖山头堆等处。

前营水师设游击一员，驻防城外万寿宫，分巡内外洋。其下设守备等官兵驻防城外厦门港，防守镇南关，分防海沧汛；兼辖桥梁尾等七汛，即桥梁尾汛、三都汛、新埯汛、排头门汛，嵩屿汛，鼎尾汛、白礁汛（以上各汛，隔水属海澄县）；分防鼓浪屿汛（与厦门隔水）；分防安海汛；协防乌坑园、曾厝埯等汛、黄厝社炮台（安海汛、黄厝社俱在厦门）；巡防大担门；又厦门打石字堆，后堀桥堆，下桥堆，后崎尾堆等处。

后营水师设游击一员，驻防城外关仔内，分巡内外洋。其下设守备等官兵驻防城外局口街；防守城西门；分防刘五店汛；兼辖澳头等七汛，即澳头汛、石浔汛、洒洲汛、浔尾汛、高浦汛、马銮汛；分防大担前炮台汛（以上各汛，隔水属同安县）；巡防大担门，厦门金鸡亭汛，圣林塘汛，又深田内堆、桂州堆，溪岸尾堆，内水仙堆，斗涵堆等。①

厦门未设口之前，“各船驶进大担口，直抵海澄石码，行保在焉。进口由海澄查验”，自设正口以后，“其文汛口，归汀漳道管理。雍正六年，同知张嗣昌禀归厦防厅查验（档案）”。②

清初的厦门四方商客云集，已成为发达繁盛的港口城市。据乾隆三十

---

① 以上均参见（清）周凯：《道光厦门志》卷3《兵制考 · 汛防 · 五营汛防》，台湾大通书局1984年版。

② （清）周凯：《道光厦门志 · 卷五 · 船政略 · 洋船（附洋行）》，台湾大通书局1984年版。

一年(1766)莫凤翔《重修鹭岛水仙宫碑记》记载,"鹭门(厦门)田少海多,居民以海为田,恭逢通洋弛禁,夷夏梯航,云屯雾集。鱼盐蜃蛤之利,上供国课,下裕民生"。① 完全是一派欣欣向荣的港口风景! 当时厦门港形成了由渡口(即路头)群组成的码头区、由五大澳组成的船舶区以及五小澳组成的避风区。

1.渡口(路头)

因思明古海湾不断向深水区发展,近海沿岸通过填海建造了不少简易码头,因其为道路延伸至入海的终点,故又称为"路头"。

至道光时,厦门港已形成 19 处渡口码头,分别是得胜渡、岛美渡、典宝渡、磁街渡、打铁渡、新渡、水仙宫渡、察仔后渡、太史港渡、港仔口渡、竹树脚渡、洪本部渡、小史港渡,另有东渡、高崎渡、打石字渡、蟹仔屿渡、龙泉宫渡、五通渡。其各渡各有分工,分泊来自厦门湾沿岸之漳州、同安、南安以及泉州等地的船舶。②

2.五大澳

清初在厦门已经形成五大澳,分别是神前澳、塔头澳、涵前澳、高崎澳、鼓浪屿澳。这五大澳停泊商船、渔船以及渡船,均凭官按例给换船照,出入挂验。③

3.五小澳

当时厦门形成的五小澳为曾厝垵澳、内厝澳、青浦澳、浯屿澳、大担澳等。它们则是"哨船、商船停泊避风之处"。④

此外,厦门港外围、地处厦门湾以内的金门岛料罗澳亦为"厦门哨船、商船渡洋往来停泊候风要地"。而厦门岛内及周边各港与西岸的龙溪、海澄之间的中南北三港之间,"隔水相通,各渡船乘潮往来稽查出入"。⑤

清代以厦门岛为中心,整个厦门湾形成了一定规模的港口群,有箢当

① (清)薛起凤等:《鹭江志》卷 1《庙宇》,鹭江出版社点校本 1998 年版。
② (清)周凯:《道光厦门志》卷 2《分域略·津澳》,台湾大通书局 1984 年版。
③ (清)周凯:《道光厦门志》卷 4《防海略·岛屿港澳》,台湾大通书局 1984 年版。
④ (清)周凯:《道光厦门志》卷 4《防海略·岛屿港澳》,台湾大通书局 1984 年版。
⑤ (清)周凯:《道光厦门志》卷 4《防海略·岛屿港澳》,台湾大通书局 1984 年版。

港,钟宅港、东埭港、洪厝港、窑头港、下崎港、埭头港、石浔港、蔡埭港、后溪港、灌口港、浮宫港、普贤港、壶屿港、后浦港、中南北港等。其中,除筼筜港在厦门城西北、钟宅港、东埭港东北部外,其余全都是围绕厦门岛的较小型的港口。具体分布如下。

筼筜港:在城西北,湾抱十里许。潮涨,达于江头。小舟往来其间。

钟宅港:在城东北;距西南渡头水程五十里有奇。潮涨,直达黄水桥。

东埭港:在城东北,近穆厝社,水程六十里(三小港在厦门本地)。

洪厝港:在翔凤里,刘五店之西,居厦门之北,水程六十里。

窑头港:在从顺里,与石浔相对,居厦门之北,水程百十里。

下崎港:在从顺里三都连埭头港,居厦门之北,水程九十里。

埭头港:在仁德里十一都保,近西吴寨,居厦门之北,水程九十里有奇。

石浔港:在同禾里四都,居厦门之北,水程与窑头港同。

蔡埭港:在安仁里,夹岸即马銮,居厦门西北,水程六十五里。

后溪港:在安仁里,近后溪社,居厦门西北,水程六十五里。

灌口港:在安仁里十五都,岸东为高浦、曾营,岸西为鼎尾、新安,内通灌口,居厦门西北,水程八十里。

浮宫港:在海澄属,离澄邑六里,居厦门之西,水程七十里。

普贤港:即海澄港,邑城西九都,居厦门之西,水程八十里有奇。

壶屿港:在龙同之交,居厦门之西,水程七十里有奇。

后浦港:在金门翔凤里,近湖下汛,居厦门之东,水程由外约百十里,由内约百二十里。

中南北港:在龙溪、海澄之交,出港即三叉河,居厦门之西,水程约百十里。①

当然,以上这类小港在清代并无独立的管理机构设置,均属于厦门港这一总港管理。清代的厦门沿岸,以众多的渡口、码头以及港澳交织,组成了一张有机的航运贸易体系,这也为厦门在清代中叶成为中国规模最大及最为兴盛的港口奠定了基础。

---

① （清）周凯:《道光厦门志》卷4《防海略·岛屿港澳》,台湾大通书局1984年版。

厦门对外贸易的发展,随之也带动了洋行、商馆的兴盛。清代厦门港周围出现了不少贸易代理机构,洋行和商行。其实早在宋代这种贸易行业组织就以"牙行"的形式存在了。明末,英国东印度公司在厦门设立公行,这即是洋行的前身。康熙年间,厦门港又出现了一些商人团体,他们包揽贸易、代理业务,当时经海关监督,在商人中选取8—10人对港口的进出口货物进行管理。这种商人团体即是厦门人自办洋行的前身。①

而厦门真正意义上的洋行则在雍正年间。按厦门贩洋船只,始于雍正五年(1727)、盛于乾隆初年。"时有各省洋船载货入口,倚行贸易微税,并准吕宋等夷船入口交易;故货物聚集,关课充盈。至嘉庆元年(1796),尚有洋行8家、大小商行30余家、洋船商船千余号,以厦门为通洋正口"。② 洋行的出现,以专门经理洋船货物的进出口业务以及人为中、外国商人间进行的国际贸易作中介为特征;而传统的商行则负责国内南北航线及近海船舶的贸易保结。清代的洋行有两大类,其一如广东的十三行,以专门接待外商为主;其二如厦门洋行,以管理国内商人为主,兼管外商。

清代厦门洋行以雍正、乾隆及嘉庆三朝最为繁荣,其中又以雍乾时期最为兴盛。乾隆二十九年(1764),大学士陈宏谋、托恩多奏定《洋行贸易章程》。③ 当时来厦的外商以暹罗、吕宋的米商为多,由于清朝廷奖励米谷贸易,洋米进口的结果,促进了厦门港的发达。以下可以通过列表大致了解一下清代厦门洋行、商行的一些基本情况。

表2　清代厦门洋行及行商一览表④

时间	洋行与商行名称
康熙年间	Limia, Anqua, Kimco, Shabang, Chanqua

① 傅衣凌:《明清时代商人及商业资本》,人民出版社1956年版,第198—200页。
② (清)周凯:《道光厦门志》卷5《船政略·洋船(附洋行)》,台湾大通书局1984年版。
③ (清)周凯:《道光厦门志》卷5《船政略·战船(附哨船)·泉厂建置》,台湾大通书局1984年版。
④ 资料源自厦门港史编纂委员会:《厦门港史》,人民交通出版社1993年版,第78—79页。

时间	洋行与商行名称
雍正年间 四年(1726) 五年(1727) 七年(1729) 九年(1731) 十年(1732) 十一年(1733) 十三年(1735)	Suqua,Cowlo 许藏兴 铺户张喻义 洋行户车集行,洪忠 牙行陈柔远 行家郑瑞 行铺张喻义,陈德兴,李伯瑜等32户 行家王沛兴
乾隆年间 四年(1739) 十一年(1746) 十二年(1747) 十四年(1749) 十五年(1750) 二十年(1755) 二十二年(1757) 二十六年(1761) 二十九年(1764) 三十年(1765)	行保李鼎元,郑宁远,林瑯观 承保铺户万德合,郑宁远,洋行邱诗观 洋船铺户郑长兴 绵兴行(陈吟老经营),德顺行;铺户万德合、行铺金德隆 铺户李鼎丰 林广和、郑德林 铺户高明德 李锦等6家洋行 洋行户辛华、行户李锦 金长源
嘉庆年间 元年(1796) 十四年(1809) 时间不详 十八年(1813)	和合成,陈班观,蒋元亨等8家洋行;大小商行30余家 洋铺户和合成;行商全和合、金联成、金丽全、金广益、金源益、金坤元、金丰美、金瑞安、金和美、金长隆、金振兴、金兴、金聚利、金晋祥、金联兴 3家行商接待外国船 仅剩洋行和合成一家
道光年间	洋行全倒闭,商行14家

　　表中可见,直到嘉庆年间,厦门仍有不少洋行。其中以"金"字号为多。按闽人习俗,这类字号的洋行均为当地人合股所开之行。"合数人开一店铺或制造一舶,则姓金;金犹合也。惟厦门(?),台湾亦然。"①除洋行多用"金"字招牌外,造船业等行业亦多用"金"字为名。

　　从以上的管理机构设置来看,清代在厦门设立的各级海事及军事机构比之明代有更进一层的发展。其中厦门港所领的五营官兵驻防之处,正好与今天的厦门湾范围相合,涵盖了现在的海澄、龙溪、同安等地,加之泉州海

---

　　① (清)周凯:《道光厦门志》卷15《风俗记·俗尚》,台湾大通书局1984年版。

防同知等机构管理泉州府下属港口以及台湾稻谷运输,说明在清初,厦门湾已成为不可分割的一体格局。其中,原属同安的厦门虽只是小小一岛,但却享有超过的周边各地县、厅、府的行政及军事地位,说明厦门早在清初就已先声夺人,成为当时东南中国的"特区"。这一时期,厦门港的地位比之明代的市舶司与督饷馆,其组织管理更为细化,职责更为具体。不过,因为诸多衙门的设置,导致行政、军事事务多头管理,牵制颇多,也增加了当时商人的负担。此外,洋行的兴起,也使厦门及其周边的海外贸易活动有了代理交易、租船易货和纳税中保,它们在实际上不仅沟通了客商与船主间的买卖,而且成为朝廷与民间商户之间的中介管理机构。

清代,位于厦门湾中心地带的厦门港成为通洋正口之后,港口航运业迅速发展,带动了整个厦门湾及闽南地区的经济的兴旺。与此相应,也刺激了一批港口、码头的建设以及造船业的发展。

清代所造的远洋船舶已具有较高的制造技术。当时厦门的商船规模很大,"洋船,即商船之大者。船用三桅,桅用番木。其大者,可载万余石;小者,亦数千石"。① 当时的万余石相当于今天的大约 700 吨。而厦门的船舶在当时中国沿海各地的商船中是最大的。由于船舶的大型化,以往的原始渡已经不能适应进出口货物和装卸的要求。于是原有的港口中心位置逐渐转移。其一是由浅滩向深水港转移,由宋元明代的靠近大陆一侧的五通、高崎、东渡等渡口和筼筜港内浅滩向思明古海湾(后称海后滩)的深水港区转移;其二,由港外岛屿向厦门本岛转移,即由明代海上走私极盛的浯屿、大担岛、圭屿向厦门岛西南深水区转移;其三,因港口成为正口,也向当时的行政中心厦门城附近集中。所有进出口商船都聚集在海后滩至玉沙坡和鼓浪屿各路头和渡口。②

清初的厦门港,拥有船只千余号,除官办船厂监造以处,大部分为民间所造。当时厦门港的绿头船,号称全国最大。其中以同安梭式帆船的性能

---

① (清)周凯:《道光厦门志》卷 5《船政略·洋船(附洋行)》,台湾大通书局 1984年版。

② 参见厦门港史编纂委员会:《厦门港史》,人民交通出版社 1993 年版,第 72—73页。

及航速等最为先进。当时包括军用船舶在内的船只都仿造同安梭式帆船。

军用造船方面，清初海氛未靖，岳州镇标兵所用战船，均为民间赶缯、赶艍等船。康熙二十七年（1688），海疆既定，设立水师提标五营，始定营制。通省额设缯、艍兵船266只，水师提标额设70只。中、左、右、前、后五营各分14只，编列"海、国、万、年、清"五字为号，配弁兵炮械，出洋巡哨及防守各汛。①

关于战船的建造，据《大清会典》记载，雍正三年（1725），两江总督查弼纳题准设立总局于通达江湖、百货聚集之所，鸠工办料，较为省便；每年派道员督造，又派副将或参将一员监视。② 根据两江总督的建议，战船厂建于交通方便，贸易兴盛之处，不仅方便了军用船舶建造，且对开展民间经济活动十分有利。此外，福建总督觉罗满保又建议设立福、漳、台三厂；福厂委粮驿、兴泉二道轮年监修，委派同知、通判、都司、守备等，分司其事。③ 至雍正七年（1729）九月，福建总督高其倬题改闽省分设福、漳、台三厂：福厂，盐驿（《大清会典》作粮驿）、兴二泉道承修海坛等营船133只；漳厂，汀漳道承修水师提标等营船101只；台厂，台湾道承修台协等营船98只。当时福州船匠不多，向调泉州府属船匠帮修；因道远不便，分金门、海坛二镇战船53只另在泉州设厂，专委兴泉道承修。④

乾隆元年（1736）六月，总督郝玉麟疏称，福建战船，福厂盐驿道承修76只、泉厂兴泉道承修53只、漳厂汀漳道承修99只、台厂台湾道承修96只。台厂远隔海洋，难以匀派；泉、漳二厂多寡不均，兴泉永道久经改驻厦门，亦为百货聚集之区，原有旧厂可以修整，应将水师提标中、右二营战船26只改归泉厂，连额修船共79只（后因屡有裁改，为额修船48只）。当时的"军工

① （清）周凯：《道光厦门志》卷5《船政略·战船（附哨船）·额式》，台湾大通书局1984年版。

② （清）周凯：《道光厦门志》卷5《船政略·战船（附哨船）·额式》，台湾大通书局1984年版。

③ （清）周凯：《道光厦门志》卷5《船政略·战船（附哨船）·额式》，台湾大通书局1984年版。

④ （清）周凯：《道光厦门志》卷5《船政略·战船（附哨船）·泉厂建置》，台湾大通书局1984年版。

战船厂,前在厦门水仙宫右、至妈祖宫后止,泉州府承修时所设。后改归汀漳道,遂废;居民私盖屋寮。乾隆五年,复设于妈祖宫之东,南临海、北临港;东西四十丈、南北十五丈,盖造官厅三间、护房六间、厂屋四间、厨房一间,左右前后围以篱笆。泉厂遂移设厦门。"①自泉厂移驻厦门后,位居全省之首的造船技术也传至厦门,厦门造船业为此有了长足的发展。其选料、制造、加工、修造等工艺都有了相当的提升。

乾隆六十年(1795),因缯、䑸等船笨重,出洋缉捕,驾驶不甚得力,福建总督奏请择其已届或行将折造、大修之船,仿照同安梭商船式,分别大小一、二、三等号通省改造80只。② 嘉庆四年(1799),又将未改各船一律改造同安梭式。嘉庆五年(1800),被清廷称之为"艇匪"的广东蔡牵、朱濆等人的船只窜入闽界,因其高大威猛,常将清廷战船打得落花流水。为此,清廷在厦门又仿照粤省米艇船添造战船30只,编为"胜"字号;仍于内地各营裁汰额船30只,以符定额。配入水师提标"胜"字号10只。以后,正是依靠这种"胜"字号"霆船",清朝官兵才打败了蔡牵。嘉庆十一年(1806),总督玉德奏添水兵3000名,因战船低小不能仰攻,添造米艇40只;后造8只,编为"捷"字号,分配内地各营。同年,巡抚温成惠奏添造大楼洋梭式船20只,编为"集"字号、"成"字号各10只;配入水师提标10只,海坛、金门二镇各2只。嘉庆十六年(1811),总督汪志伊裁汰各营中、小船37只,节省修造费用,以增"集"、"成"、"捷"、"胜"等字号各船例价。水师提标裁额船10只。③

道光二年(1822),福建总督庆保、巡抚叶世倬会奏:以米艇不便于闽洋,且战船照旧额266只多15只,请裁汰以节縻费;其余23只,俟折造时一律改造一、二、三号同安梭式。道光四年,总督赵慎畛、巡抚孙尔准奏就23

---

① (清)周凯:《道光厦门志》卷5《船政略·战船(附哨船)·泉厂建置》,台湾大通书局1984年版。

② (清)周凯:《道光厦门志》卷5《船政略·战船(附哨船)·额式》,台湾大通书局1984年版。

③ (清)周凯:《道光厦门志》卷5《船政略·战船(附哨船)·额式》,台湾大通书局1984年版。

只内留堪资营用者只有 8 只,包括"胜"字号 6 只、"捷"字号 2 只,其余均裁汰。①

清代由于南方航业的发达,不少北方船只都在南方沿海船厂制造。作为南方造船业的重镇,厦门自然也位列其中。如至雍正九年(1731),天津水师营战船,分江、浙、闽、粤四省承造。乾隆二十九年(1764),奉天金州营战船额设十号,分闽、浙两省承造;向派福、泉、漳三厂匀办,水师拨游、守等弁驾送奉天旅顺口交收。当时的军用船三年一小修,五年一大修;其修理木料,均由闽、浙采办解赴配用;统计 16 年承造一次。嘉庆四年(1799),补造四号,闽、浙分造;福、泉二厂各 1 只(船系二号同安梭),并杉板例价不敷银两,道、府养廉匀摊;道六成、府四成。嘉庆二十二年(1817),复设天津水师绿营,补造大号同安梭 4 船、小号同安梭 4 船,闽省应造 2 船;福厂二号船 1只、泉厂一号船 1 只。可见直到清中叶,厦门一地的同安梭仍是属于先进的船舶。②

由于制造军用船只糜费颇多,厦门不少洋行还曾自愿捐资支持。如乾隆二十九年(1764),厦门各洋行因置造战船需费甚巨,"自愿帮贴洋银七千圆,情属急公,非官为科敛者比;与各衙内规费并裁减五成,留四千圆以资津贴桅柁之用"。③

道光元年(1821),福建总督庆保因历年承办战船,江、浙等省采买、伐木过多,出产缺乏;导致桅木一时难得,各厂停工待料;每逢巡哨,以致雇用商船,为此奏请宽免历任迟延官员,清廷仍勒令派丁来闽造补,禁止雇用商船。④ 说明直至道光时,厦门沿海等地的造船业仍然相当繁荣。

清代,与官方造船相应,厦门沿海的民间造船业也蓬勃兴起。当时厦门

① (清)周凯:《道光厦门志》卷 5《船政略·战船(附哨船)·额式》,台湾大通书局1984 年版。

② (清)周凯:《道光厦门志》卷 5《船政略·战船(附哨船)·泉厂建置》,台湾大通书局 1984 年版。

③ (清)周凯:《道光厦门志》卷 5《船政略·战船(附哨船)·泉厂建置》,台湾大通书局 1984 年版。

④ (清)周凯:《道光厦门志》卷 5《船政略·战船(附哨船)·修造例限》,台湾大通书局 1984 年版。

洋船千余艘,非有民间造船无法支持。康熙年间,只要办理相关手续,民间亦可造船出海。以后,结实、宽大的横洋船、南艚船、北艚船等陆续造出。至康熙四十六年(1707),"准闽省渔船与商船一体往来。欲出海洋者,将十船编为一甲,取具连环保结:……桅之双、单,并从其便。嗣后造船,责成船主取澳甲户族里长邻右保结:……"①当时所造之船,一方面供渔民进行海洋捕捞等作业,此外另一方面的则更多用于提供海洋运输,供商人们至省外、海外贸易所用。

厦门所造之船不仅内运,且销往海外。康熙五十五年(1716),"每年造船出海贸易者多至千余,回来者不过十之五六;其余悉卖在海外,赍银而归。官造海船数十只,尚需数万金;民间造船,何如许之多!"②以后南洋船运禁止,远洋的中国商船及商家船厂均受到严重打击,无怪乎时人蓝鼎元感叹,"既禁以后,百货不通,民生日蹙,居者苦艺能之罔用,行者叹致远之无方,故有以四五千金所造之洋艘,系维朽蠹于断港荒岸之间"。③

雍正五年(1727)时的《奉督宪禁革水手图[赖]碑》就记载:

"照得闽省山多田少,下游各府人民每多海上谋生,揭资造船,通□裕□,□□为生,水手□□受雇撑驾,共觅微利,以□身家。至于遭风冲礁,船主失船,难归水手之咎,水手溺水、患病殒命,非关船主之□。兹本部院访闻,闽之□□□不一二□□□患病身故,或失脚坠水,或遭风复溺,此等死亡,实由天命。讵有一般讼棍,希图渔利,从中生唆,……居奇图赖,借端诈骗……竟以借命讨偿为词,率众打抢,不一而足。纵至审出诬捏,实□冤伸。……船街殊累,倾家荡产,□□积滞。……大为民害,商船交困,殊堪为□。"④

因有"讼棍"向船主寻事,为此地方官明令"一概不许借命图赖"以行诈骗,特此告示。其立碑者为蔡得胜、赵胜、魏顺、黄万兴、陈伯兴等商船户共

① (清)周凯:《道光厦门志》卷5《船政略·渔船》,台湾大通书局1984年版。
② 《清圣祖实录选辑·康熙五十五年》,台湾大通书局1984年版。
③ 蓝鼎元:《闽漳浦鹿洲全集》卷3《论南洋事宜书》,光绪六年蓝王佐补刻本。
④ 《奉督宪禁革水手图[赖]碑》,载何丙仲:《厦门碑志汇编》,中国广播电视出版社2004年版。

400 余户。据碑文来看，雍正之时，厦门湾各地民间揭资造船的风气已经相当浓厚，从经营方式看，集资造船者已有不少，仅此方碑刻就显示当时的厦门已有商船户至少数百人；从人员关系来说，其中不仅有船户（船主），有受雇的船员，有承担责任负责赔偿的船衙，甚至还兴起一帮打抢为业的"讼棍"。说明当时私人造船出海者，已有相当规模；而相关的责任中介船衙等估计也有一定数量。

据《中枢政考》载，至嘉庆十七年（1812），"福建渔船之桅，听其用双、单；各省渔船，止许单桅。其梁头均不过一丈，舵水不得过二十人。又广东渔船梁头不得过五尺，水手不得过五人，取鱼不得越本省"。① 说明当时只有福建渔船可用双桅，而他省渔船则不可。因"闽省渔船许用双桅，梁头至一丈而止"，这种船则可兼商船使用。到了道光年间，沿海各地已有"蒙领渔船小照置造船只，潜赴台地各私口装载货物，俱不由正口挂验，无从稽查、无从配谷，俗谓之偏港船"。由此可见民间造船业之盛况。

由于造大船需要花费数万金，"造船置货者，曰财东；领船运货出洋者，曰出海。司舵者，曰舵工；司桅者，曰斗手、亦曰亚班；司缭者，曰大缭：相呼曰兄弟"。② 可见出洋者之间为此形成了严密且分工合作的集体关系。此外，"厦门土木、金、银、铜铁，诸工悉自外来。船工大盛，安其业者多移居焉。"③这当中的出海、舵工、斗手、大缭"四民"，就有相当多的移民来自泉州和漳州。

就清代厦门港内外运输之综合能力来看，据樊百川先生的研究，当时厦门港船运能力在中国是首屈一指的。康熙二十三年（1684）清朝发布《展海令》解除海禁，设立江、浙、闽、粤四个通商海关。自雍正五年（1727）重开南洋贸易以来，厦门因为对外通商正口，东西两岸又有泉漳两地长期通商海外的历史影响，此期月港与安海仍有余力加以烘托，故此期为厦门最为兴盛之时。估计最盛时每年驶往海外的出洋帆船在 100 至 200 艘之间，其规格"大者可载万余石，小者亦数千石"，而其他商船亦"大者可载六七千石"，则其

① （清）周凯：《道光厦门志》卷5《船政略·渔船》，台湾大通书局 1984 年版。
② （清）周凯：《道光厦门志》卷15《风俗记·俗尚》，台湾大通书局 1984 年版。
③ （清）周凯：《道光厦门志》卷15《风俗记·俗尚》，台湾大通书局 1984 年版。

小洋船亦当有六七千石载重量。换算成公制,则约 800 至 1000 吨,小船亦有 400 至 500 吨。如此计算,则厦门一口的远洋帆船载运能力,最盛时可达十万吨左右。[①] 当时广州等地的洋船比之厦门洋船都型制较小,每艘大者约七八千石,小者千余石,合计广东各处洋船最盛时当为 300 至 400 艘,共约六七万吨至十万吨载运能力。而上海、宁波则为对日贸易正口,其最盛时估计当有 70—100 艘洋船,每艘约三四千石至五六千石,总计约两万至三万吨。[②] 可见,在清代前期至中期,中国对外贸易的四个正口中,作为当时沿海贸易及南北船运的最重要港口之一,厦门的船运业最为发达。

当时本地的"服贾者以贩海为利薮,视汪洋巨浸为衽席,北至宁波、上海、天津、锦州。南至粤东,对海流台湾,一岁往来数次。外至吕宋、苏禄、实力、噶喇巴,冬去夏回,一年一次。初至获利数倍至数拾倍不等,故有倾产造船者,然骤富骤贫,容易起落。舵水人等,借此为活者,以万计。"[③]这当中,仅从事远洋贸易为主的舵工水手就以万计,加之相应的海洋贸易人员、其他赴各地行贾、工匠人等,其数量相信应数倍于此,当不可小觑。由此可见当时厦门对外贸易及船运业的兴盛。

至乾隆四十九年(1784),清朝廷开辟了晋江县的蚶江港与台湾鹿仔港的对渡航线,福建其他口岸的船只可不必集中于厦门挂验;乾隆五十三年(1788)又开辟了闽江口五虎门与台湾淡水八里岔的航线,闽省沿海各港口可直接往来台湾、澎湖之间。厦门正口地位有所动摇,但直至鸦片战争以前,厦门仍为福建最大对外口岸。[④]

二、厦门港的内外贸易

清代海禁开放后,厦门成为沟通国内东西南北以及国外东洋西洋之间的交通要冲。厦门在沿海运输贸易中的地位日益显著,其国内贸易方面具

---

① 樊百川:《中国轮船航运业的兴起》,四川人民出版社 1985 年版,第 24—25 页。
② 樊百川:《中国轮船航运业的兴起》,四川人民出版社 1985 年版,第 26—27 页。
③ (清)周凯:《道光厦门志》卷 15《风俗·俗尚》,台湾大通书局 1984 年版。
④ 参见厦门港史编纂委员会:《厦门港史》,人民交通出版社 1993 年版,第 42—49 页。

体表现在成为大陆对台的主要口岸,同时联通江南沿海和北方地区的贸易活动。

针对清代厦门的国内外贸易活动,我们可以先来查考一下国内贸易情况。

首先,查考一下厦门与台湾的贸易情况,其中以"台运"米粮最引人注目。厦门与台湾原本为一衣带水之地,自明末早期台湾开发时就有颜思齐、郑芝龙等人移去不少厦门湾沿岸居民。清廷统一台湾后,福建沿海仍然是处于粮产不济且军粮困乏的状况。自康熙二十三年(1684)起,清朝廷限定厦门和台湾凤山县安平镇的鹿耳门作为两岸的对渡口岸,厦门港由此成为对台运输即"台运"的专门口岸。其粮米不仅供给卫戍台湾的兵士,还包括其眷属。后来又增加了两对口岸。当时进行两岸贸易的大商行称为"郊商",台湾有"厦郊"专与厦门贸易,厦门则有"台郊"、"鹿郊"专与台南、鹿港交易。当时台湾的官饷和军饷则由福建供应,台湾民众需要的各种日用品则由主要由厦门湾沿岸供应,厦门湾所缺之粮,正好由台湾稻米供给,以此互通有无。

当然,除官方的"台运"米粮,民间的走私贸易也时有发生。而且其中因为盗米出洋等事件,其间又一度禁止。据雍正四年(1726)闽浙总督高其倬《请开台湾米禁疏》称,"窃查闽省泉、漳二府,向资台米以济民食。自朱一贵变后,巡台御史恐其运出接济洋盗,又恐听民搬运,以至台湾米价腾贵,或生事端,遂禁止不许过海。不知台湾地广民稀,所出之米,一年丰收,足供四五年之用。民人用力耕田,固为自身食用,亦图卖米换钱。一行禁止,则囤积废为无用。既不便于台湾,又不便于泉、漳。……查禁虽严,不过徒生官役索贿私放之弊"。[①] 高其倬为此详陈开禁之利,复请予开通米禁。时人姚莹则认为,闽省内地水陆官兵 53 营,加之驻防旗兵,不下十万,其岁征粮米,只有延平、建宁、邵武、汀州、兴化五府产米区可自给并盈余,但"福州、福宁、泉州、漳州四府,兵多米少,协济犹不足,则半给折色。督标、金厦、漳

---

① 《福建通志台湾府·海防·海防·录自重纂福建通志》卷 87《疏议》,台湾大通书局 1984 年版。

镇、铜山、云霄、龙岩、南澳诸营,有全折者。雍正间,先后题请半支本色,于台湾额征供粟内拨运。嗣又增给戍台兵眷米,亦以台谷运给。于是台湾岁运内地兵眷米谷八万五千二百九十七石,有闰之年八万九千五百九十五石。乾隆十一年(1746年),巡抚周学健奏定分配商船运赴各仓,此商运台谷所由来也"。①

全汉昇与克劳斯(Richard A.Kraus)通过研究,对比了台湾府与泉州府、漳州府以及各内地府或州的米价,以1726年12月的平均粮价为例,泉州府为1.65两/石,漳州府为1.40(1.5)两/石,而台湾府为1.3两/石;至1727年12月,前两府均价为1.65两/石和1.60两/石,而台湾府则为1.29两/石。总体上来看,除了偏内地的兴化、建宁和邵武三地,台湾府的米价是福建米价中较为便宜的。两人认为由于台湾米价便宜,正好弥补闽南米粮不足的问题。对此,吴振强认为两人的研究没有考虑到各季节米价的差异性与变化,有误导之嫌。② 尽管如此,清代的闽南地区,尤以漳、泉两地米粮不足,而长期仰赖较为便宜的台湾大米的供给却是不争的事实。

据全汉昇与克劳斯的估计,台运米量可达50万至100万石;而吴振强则认为,当时官员统计数字为80万至90万石之间较为可信,而且其中还考虑到了未录入的走私贸易数量。③ 至于走私贸易,由于台运的有利可图,当时的厦门湾沿岸相信是有不少人员参与其间的。其方法之一是米商雇佣小帆船驶至台湾的笨港和打狗两港,这两处走私中心就邻近台湾的产米地。方法之二是用小船将台米运至澎湖水域,走私者再将货物转至大帆船运抵厦门港以外的大担岛。接下来,小舢板和渔船再将货运抵厦门各处。其组织者与当地官员一般都有熟络的关系,由此披上"合法"的外衣。常见的情况是走私船将人员运入台湾,回程时则带回大米运入厦门。而不少官员也

① 姚莹:《东槎纪略》卷1《筹议商运台谷》,台湾大通书局1984年版。
② Ng Chin-Keong.Trade and Society,*The Amoy Network on the China Coast 1683—1735*,Singapore:Singapore University Press,p. 115.
③ Ng Chin-Keong.Trade and Society,*The Amoy Network on the China Coast 1683—1735*,Singapore:Singapore University Press,p. 117.

与之沆瀣一气,其中就有著名的水师提督蓝廷珍、金门总兵谢希贤等人。①

当时,台运之"台湾商船,皆漳、泉富民所制",多进行米谷和贩糖生意。其"商船大者载货六七千石,小者二三千石。"②福建之有台谷,厅县均仰赖其以济公,一如江浙之漕运。一到夏季南风时令,"商船自台载货至宁波、上海、胶州、天津,远者或至盛京,往返半年以上"。台运初无所苦,"既而运谷至仓,官吏多所挑剔,而民货一石,水脚银三钱至六钱不等",且因"官谷在舱久,惧海气蒸变,故台地配谷,私皆易银置货,其返也亦折色交仓,不可然后买谷以应;官吏挟持为利,久之遂成陋规"。③ 可见当时官吏仗势对商人的敲诈与控制。

自康熙二十三年(1684)至乾隆四十九年(1784)的整整一个世纪,清廷只允许鹿耳门与厦门之间单口对渡,凡台湾与外省之间的经贸往来,也必须经由厦门与鹿耳门之间的口岸。康熙五十七年(1718)闽浙总督觉罗满保奏称:"至于台湾,厦门,各省、本省往来之船,虽新例各用兵船护送,其贪时之迅速者,俱从各处直走外洋,不由厦门出入。应饬行本省并咨明各省,凡往台湾之船,必令到厦门盘验,一体护送,由澎而台;其从台湾回者,亦令盘验护送,由澎到厦。"④同年七月十八日户部议覆觉罗满保疏言:"各省往来台湾船只,经臣题明,必令到厦门盘验护送。但查从前自台湾往各省贸易船只俱从外洋,直至停泊之处,赴本处海关输税。至于中途经过之所,不便一货两征。嗣后各省商船遵例来厦就验,除收泊厦港贸易者照旧报税,如收泊过之厦门关税,免其增添。应如所请。从之。"⑤又据《重修台湾府志》卷二中说,"自厦至台大商船及台属小商船往诸、彰、淡水贸易,俱由此出入。"具体而言,商船自厦来台,由泉防厅给发印单,开载舵工、水手年貌并所载货

① Ng Chin-Keong.Trade and Society, *The Amoy Network on the China Coast 1683—1735*,Singapore:Singapore University Press,p. 113,以及《雍正朱批奏折选辑·选辑(一)·一〇三·浙闽总督高其倬奏闻禁止"短摆"船只等事折》,台湾大通书局 1984 年版。

② 姚莹:《东槎纪略》卷 1《筹议商运台谷》,台湾大通书局 1984 年版。

③ 姚莹:《东槎纪略》卷 1《筹议商运台谷》,台湾大通书局 1984 年版。

④ 《清圣祖实录选辑·康熙五十七年》,台湾大通书局 1984 年版。

⑤ 《清圣祖实录选辑·康熙五十七年》,台湾大通书局 1984 年版。

物,于厦之大嶝门会同武汛照单验放。其自台回厦,由台防厅查明舵水年貌及货物数目换给印单,于台之鹿耳门会同武汛点验出口。台、厦两厅各于船只入口时,照印单查验人货相符,准其进港。出入之时,船内如有夹带等弊,即行查究。其所给印单,台、厦二厅彼此汇移查销。如有一船未到及印单久不移销,即移行确查究处。①

当时商船自台往厦,"每船止许带食米六十石,以防偷越。如敢违例多带米谷,严加究处。台、凤、诸三县各船若往南路,俱由台邑之大港汛出入;系新港司巡检挂验,仍报台防厅查考。如赴北路,俱由鹿耳门挂验出入。回郡到府之日,将印单呈缴鹿耳门文、武汛查验单货相符,盖戳听其驾进。府澳各港汛员,仍将出入船只每五日摺报,听台防厅稽查"。②

"淡水旧设社船四只,向例由淡水庄民金举殷实之人详明取结,赴内地漳、泉造船给照;在厦贩买布帛、烟茶、器具等货来淡发卖,即在淡买籴米粟回棹,接济漳、泉民食。雍正元年,增设社船六只。乾隆八年,定社船十只外,不得再有增添。每年自九月至十二月止,许其来淡一次;回棹,听其带米出口。其余月分,止令赴鹿耳门贸易。九年,定台道军工所办大料,由社船配运赴厦,再配商船来台交厂。自九月至十二月止,不限次数,听其往淡。"③

当时的商船拨运内地兵米及采买平粜米谷,俱照梁头丈尺分派。该船梁头最大者为一丈七尺六寸至一丈八尺者为大船,配载三百石;以下则规格渐小。此外,还规定,"流寓台民有祖父母、父母、子女以及子之妻与幼孙、幼女先在内地,有愿往台及欲来台探望者,许其呈明给照渡海。"这一规定至乾隆五年(1740)停止。④

台湾盛产的大米、蔗糖,源源不断地通过厦门转输大陆各地,而台湾同胞所需要的日常用品,也有赖于厦门供应。康熙后期,漳泉等地严重缺粮,除了官运粮米外,民间私人运米也很活跃。不过当时官府查验十分严格,

---

① 范咸:《重修台湾府志》卷2《规制·海防》,台湾大通书局1984年版。
② 余文仪:《续修台湾府志》卷2《规制·海防》,台湾大通书局1984年版。
③ 范咸:《重修台湾府志》卷2《规制·海防》,台湾大通书局1984年版。
④ 范咸:《重修台湾府志》卷2《规制·海防》,台湾大通书局1984年版。

"康熙五十八年,覆准凡往台湾之船必令到厦门出入盘查,一体护送,由澎而台;从台而归者,亦令一体护送,由澎到厦,出入盘查,方许放行"。① 当时前往台湾之人,必须由地方官给以照单;单身游民无照单者视为偷渡,严行禁止,清廷还禁止客头的引诱包揽,"如有客头在沿海地方引诱包揽、索取偷渡人银两,用小船载出复上大船。将为首客头比照大船雇与下海之人分取番货例,发边卫充军"。②《福建通志》记载,"如有违犯,分别兵民治罪;不许地方官滥给照票,如有哨船偷带者,将该管专辖各官分别议处"。③ 但可以想见仍有相当数量的沿岸居民冒险前往台湾贸易。

当然,除米粮最为缺乏的厦门湾地区主要依赖台湾代米之外,福建的官员还鼓励当地商人从温州、苏州等地买米,比如雍正五年(1727)春,六队获得执照的福建商人就从苏州运回20000石的米。④

嘉庆四年(1799),巡抚汪志伊在其《议海口情形疏》中则将开洋的整个过程叙述得较为全面,"闽省负山环海,地狭人稠。延、建、邵、汀四府,地据上游,山多田少。福、兴、宁、漳、泉五府,地当海滨,土瘠民贫;漳泉尤甚,风俗素称犷悍。至台湾一府,虽孤悬海外,而禾稼一岁三熟,米粮充裕;除岁供内地兵粮谷六万余石、兵眷谷二万余石外,商贩源源内运,以济民食,而漳、泉尤资接济。是一省之米粮,恒不敷一省之食用。溯自康熙二十三年工部侍郎金世鉴奏准通海,五十六年因有盗米出洋、偷卖船料诸弊,议准禁止。至雍正五年,复经督臣高其倬奏准开洋,殷商大贾,并往外番贸易,每船可养舵水百余人,并买载番米、番货运回出售。百余年来,商贩流通,颇资利赖。此闽省民食情形及后先开洋之原委也。"⑤

① 《福建通志台湾府·海防·海防·录自重纂福建通志》卷86《历代守御》,台湾大通书局1984年版。

② 范咸:《重修台湾府志》卷2《规制·海防》,台湾大通书局1984年版。

③ 《福建通志台湾府·海防·海防·录自重纂福建通志》卷86《历代守御》,台湾大通书局1984年版。

④ Ng Chin-Keong. Trade and Society, *The Amoy Network on the China Coast* 1683—1735, Singapore:Singapore University Press, p. 125.

⑤ 《福建通志台湾府·海防·海防·录自重纂福建通志》卷87《疏议》,台湾大通书局1984年版。

溯此原委可知,"台运"迄自康熙二十四年(1685),以后曾一度中断于康熙五十六年(1717),又兴于雍正五年(1727),盛于乾隆、嘉庆年间,终于道光七年(1827),除其中中断的十年外,前后跨度长达 142 年,运载期长达132 年。

至台运的后期,比之民货一石运费可达 3 至 6 钱,①台运所配给的运费,官方只给第石 6 分 6 厘,导致不少商船规避承运兵米、眷谷,朝廷不得已则改变以往由商船分摊配运的办法,采取每年雇佣民间大商船运米谷,称为"专运"或"大运"。"嘉庆十四年,署台湾府徐汝澜请按照梁头配谷之议起。于是船户取巧规避,捏报梁头以大作小。……台运之积压益多;不得已,为官雇商船委员专运之举。载民货一石,水脚银三钱至六钱不等;官谷例价,每石六分六厘,大运由司捐廉、酌加二分,合计每石止八分有奇。每船以二千石为率,船户仅得运脚银一百余两,不敷舵水饭食、工资、修理、篷索之需;加以兵役供应犒赏,行商之赔累甚巨。"②官家所补给之银钱尚不足以供民间商船的成本费用,无怪乎嘉庆以后,厦门民间商船规模日益缩小,数量亦日趋减少。姚莹在《东槎纪略》中也说,"台湾商船,皆漳、泉富民所制。五十九年水灾后,二府械斗之风大炽。蔡牵骚扰海上,军兴几二十年,漳泉之民益困,台湾亦敝,百货萧条。海船遭风,艰于复制,而泛海之艘日稀。于是台谷不能时至内地,兵糈孔亟,厅县皆借碾备贮,而仓储空矣"。③ 清嘉庆八年(1803),闽浙总督玉德为防御蔡牵的海上势力,还向厦门的行商募款建盖大小担山寨城。④ 由于朝廷政策及官吏的盘剥,加之海寇横行以及自然灾害,道光以后,不仅台运走向没落,厦门沿岸一度兴盛的航运业及造船业也为此大受影响。

至乾隆四十九年(1784),清廷开辟了晋江蚶江口与台湾漳化县鹿仔港的对渡航线;五十三年(1788)又开通了位于闽江口的福州府五虎门与台湾淡水八里岔港的对渡,由此形成了福建与台湾的三口对渡,打破了厦门港对

① 　姚莹:《东槎纪略》卷 1《筹议商运台谷》,台湾大通书局 1984 年版。
② 　周凯:《厦门志》卷 6《台运略·专运》,台湾大通书局 1984 年版。
③ 　姚莹:《东槎纪略》卷 1《筹议商运台谷》,台湾大通书局 1984 年版。
④ 　该石构碑亭至今仍立于厦门大学成智楼前,较为详细地记录了这一经过。

台的垄断地位。厦门港由此逐渐式微。嘉庆年间,清廷曾以行政手段雇用商船专行台米,厦门港的台运曾一度恢复。但至道光七年(1827),清廷已无力组织运输,仅以银折粮,由兵眷自买粮食,长达近一个半世纪的台运由此结束。尽管如此,从厦门开往江南以及北方各地的商船仍持续进行。

清代的厦门港既是福建商船越洋贸易的挂验正口,亦是通往省内各地的中心枢纽。当时自厦门贩货往来内洋及南北通商的商船,有横洋船和贩艚船。横洋船即指由厦门对渡台湾鹿耳门、涉黑水洋的商船。因"黑水南北流甚险,船则东西横渡,故谓之'横洋'",其"船身梁头二丈以上。往来贸易,配运台谷以充内地兵糈;台防同知稽查运配厦门,厦防同知稽查收仓转运"。① 横洋船亦有自台湾载糖至天津等北方地区贸易的商船,其船较大,称之"糖船",统称之"透北船"。②

贩艚船,又分南艚、北艚:南艚者,贩货至漳州、南澳、广东各处贸易之船;北艚者,至温州、宁波、上海、天津、登莱、锦州贸易之船。船身略小,梁头一丈八九尺至二丈余不等;不配台谷,统称之贩艚船。道光十年时曾令贩艚船公雇船只,配运台谷,以后被裁撤。③

除台运外,厦门湾人民对北方港口贸易也很兴盛。雍正年间经营闽台与天津口岸贸易者,全是闽商。雍正七年(1729)六月共有 10 只闽船装载闽台等地松糖、鱼翅、橘饼等货陆续抵达天津;同年七月共有 11 只闽船装载闽台等地松糖、铁锅、毛边纸等货物陆续抵达天津。④

雍正九年(1731)六月起至九月共有 53 只闽船装载闽台产白糖、松糖、冰糖、糖果等货物陆续抵天津。其中有漳州府龙溪县船主林藏兴、沈得万、柯荣顺、柯瀛兴、柯荣盛、郑从达、郭长、严淑鸿、林陡漳、吴万丰等人,泉州府同安县船主魏兴宝、陈凤陡、金隆顺、洪振源、黄万春、苏振万、王起兴、徐良兴、徐永兴等人;合计同安、龙溪者有船主 19 人,水手人数为 300 人;泉州府

① (清)周凯:《道光厦门志》卷 5《船政略·商船,台湾大通书局 1984 年版。
② (清)周凯:《道光厦门志》卷 5《船政略·商船》,台湾大通书局 1984 年版。
③ (清)周凯:《道光厦门志》卷 5《船政略·商船》,台湾大通书局 1984 年版。
④ 参见故宫博物院文献馆:《文献丛编》第 18 辑《雍正朝关税史料》,转引自黄国盛:《清代前期台湾与沿海各省的经贸往来》,《福建师范大学学报》2004 年第 1 期。

晋江县船主邱得宝、王源利、李德兴、庄豕、曾方泰、郭凤兴、林盛兴、苏元合、陈元兴、蔡兴盛、王得万、李德利、陈振丰等人,共有船主 13 人,水手人数为 253 人;其余莆田县的为船主 8 人,水手人数为 168 人;闽县的为船主 12 人,水手人数为 247 人;此外另有宁波府鄞县船主 1 人,水手 21 人。[1]

此外,陈国栋先生根据日本学者松浦章的研究分析了康熙、雍正时期的入口天津的福建商船船籍,也提供了相关资料,我们可以对当时厦门湾沿岸商人对天津的贸易情况作一了解,本书略作修改如下:[2]

表3 入口天津的福建商船船籍[3]

年份	漳州府龙溪县	泉州府同安县	泉州府晋江县	兴化府莆田县	福州府闽县	福州府福清县	不详	全省
康熙五十六年(1717)			2					2
康熙五十七年(1718)								
康熙五十八年(1719)								
康熙五十九年(1720)								
康熙六十年(1722)								
雍正元年(1723)	2	1	2					5
雍正二年(1724)	3	1					3	7
雍正三年(1725)	2	2	1		2			7
雍正四年(1726)		1	1					2
雍正五年(1727)								
雍正六年(1728)								
雍正七年(1729)	3	4	10		3	1		21

[1] 参见故宫博物院文献馆:《文献丛编》第 18 辑《雍正朝关税史料》,转引自黄国盛:《清代前期台湾与沿海各省的经贸往来》,《福建师范大学学报》2004 年第 1 期。

[2] 参见陈国栋:《东亚海域一千年——历史上的海洋中国与对外贸易》山东画报出版社 2006 年版,第 377 页,以及松浦章:《清代にぉける沿岸贸易について——帆船と商品流通》,载小野和子:《明清时代の政治と社会》,京都大学人文科学研究所 1983 年版,第 595—650 页,并作一定修改。

[3] 资料源自松浦章:《清代にぉける沿岸贸易について——帆船と商品流通》,载小野和子:《明清时代の政治と社会》,京都大学人文科学研究所 1983 年版,第 595—650 页。

续表

年份	漳州府龙溪县	泉州府同安县	泉州府晋江县	兴化府莆田县	福州府闽县	福州府福清县	不详	全省
雍正八年(1730)								
雍正九年(1731)	10	9	13	8	12			52
雍正十年(1732)	10	7	6	2	17			42
雍正十一年(1733)								
雍正十二年(1734)								
雍正十三年(1735)								
总计	30	25	35	10	34	1	8	143

其中，以漳州府的龙溪以及泉州府的同安、晋江等地出入船只最多；而贸易年份除康熙五十六年(1717)有零星的两艘船外，主要集中于雍正元年至雍正十年(1723—1732)间。又据香坤昌纪的研究，福建商船入口天津商船的舵水人等，在雍正九年、十年时约在 16 至 23 人之间，未超过额定的 24 员。[1] 可见，当时航行于天津的船大都阻是梁头在一丈六七尺的船舶，[2]载重在 7000 至 8000 担左右，规格上应该属于载重型大船。

综合上述史料清楚地表明，雍正时南方沿海与天津口岸的贸易量规模巨大，且垄断于闽商之手；并且更主要的是控制在厦门湾沿岸的商人手中。当然，除了天津以外，厦门湾沿岸各地与江南的宁波、乍浦、上海以及北方沿海的山东的胶州、登州，更北的锦州、奉天、牛庄以及辽东等各地都有贸易，以输出各类糖、茶叶、乌木、苏木，而输入瓜子、各种豆类、棉花、红枣等北货为主。由于厦门与北方贸易的地点以天津最为典型，故本书着重于对天津的资料进行分析。

又据同安地方史资料，至今在天津等地，还留有厦门湾沿岸商人当年外出的后人。如同安新店(今翔安)澳头村的苏氏一族，其"公顺和"一派就在天津传了六代 20 余户，80 多人。天津苏氏系澳头苏清浮后裔。苏清浮，字

---

① 参见陈国栋:《东亚海域一千年——历史上的海洋中国与对外贸易》,山东画报出版社 2006 年版,第 361、378 页。

② (清)周凯:《道光厦门志》卷 5《船政略·商船》,台湾大通书局 1984 年版。

希舟,曾任山东巡抚,生于嘉庆十八年(1813),卒于道光十八年(1838),同族苏振旅兄弟四人过继为其嗣子,振旅18岁赴天津开设建帮"公顺和记",从事南北货运;同时在广东、香港设分庄,加入广帮。当年"公顺和"商号有南船18艘,载重每艘四五百吨,船员达1200人,盛极一时。① 从时间上推断,"公顺和"商号的兴起,当在道光十八年(1838)以后,而据陈国栋的研究,清代中叶厦门商行以乾隆时期最为兴盛,渐衰于嘉庆,而以道光十六、十七年(1836—1837)左右最为衰微。按其说,此期厦门的商号已趋没落,但从"公顺和"商号的船数、载重量以及船员规模来看,当属梁头在一丈五尺以上的大船,载重在7000至8000担甚至更大,也即490至560吨左右的船舶。若以标准船员定额来看,1200人似有超过官方定额之嫌,不过考虑到其中可能会有部分替补船员,则1200人的规模也是极有可能的。可见至清中叶,厦门的船舶航运仍然保持着不小的规模。

此外,当时厦门至省内沿江、沿海处各港的船舶,虽然比至海外及台运的船小,但也有梁头八九尺,船宽达一丈二三尺者。作为福建全省出洋的总口和船运中心,厦门与省内诸港口之间的贸易亦甚为发达。其船所至南及诏安、海澄,北及同安、中有金门、东及晋江、惠安、福清、福州福宁等地沿海沿江地区。省内船运在道光年间已渐趋衰退,不过南北船运仍然十分兴隆。

关于清代厦门湾商人沟通国内的贸易情况,时人黄叔璥曾在书中写道,"海船多漳、泉商贾,贸易于漳州,则载丝线、漳纱、剪绒、纸料、烟、布、草席、砖瓦、小杉料、鼎铛、雨伞、柑、柚、青果、橘饼、柿饼,泉州则载磁器、纸张,兴化则载杉板、砖瓦,福州则载大小杉料、干笋、香菰,建宁则载茶;回时载米、麦、菽、豆、黑白糖饧、番薯、鹿肉售于厦门诸海口,或载糖、靛、鱼翅至上海。小艇拨运姑苏行市,船回则载布匹、纱缎、枲绵、凉暖帽子、牛油、金腿、包酒、惠泉酒;至浙江则载绫罗、绵绸、绉纱、湖帕、绒线;宁波则载绵花、草席;至山东贩卖粗细碟、杉枋、糖、纸、胡椒、苏木,回日则载白蜡、紫草、药材、茧绸、麦、豆、盐、肉、红枣、核桃、柿饼;关东贩卖乌茶、黄茶、绸缎、布匹、盌、纸、糖、

① 苏培成等:《天津澳头苏氏》,载政协厦门市同安区委员会文史资料委员会:《同安文史资料第十七辑》1997年版。

面、胡椒、苏木，回日则载药材、瓜子、松子、榛子、海参、银鱼、蛏干。海壖弹丸，商旅辐辏，器物流通，实有资于内地。"①

至于当时北方诸港口，亦无处没有厦门的绿头船。为此还产生了专门往北方贸易的商人，称为"北郊"。"北郊者，专门贸易于北部地方，他们在厦门港把砂糖、纸、茶、烟、麻、布等货物运往北方销售，再从北方将大豆、豆油、油糟、烧酒、药材、皮毛、小麦、棉花、大豆、素面等货物支架厦门港销售。"②又如清代上海港每年从福建进口糖约50万担，而向福建输送纱、布则约125万余匹；宁波港的主要货物中就有不少来自福建，"糖，自福建来，四时不断，转运两浙各县"；"烟草，福建、广东所产"；此外干荔枝、干龙眼等均由闽、广船运至两浙，数量都相当大。③ 自明代以来，沿海一地已形成不少商帮，他们为继之的清代贸易活动打下了基础。明代苏杭棉纺织业兴起后，已经有福建商人定居这些城市，他们利用航运及陆运形成了商业网络。明代的闽商在宁波除拥有商船进行运输外，另在当地拥有商店、货栈、仓库以及钱庄，形成了一系列的运输销售系统。④ 清代也承继了明末以来的传统，当时江浙的丝绸也有相当部分是通过厦门进行转运、出口至国外的。而来自南洋及西方国家的特产与器物也随着厦门湾商人运销至江浙及北方地区。

其中，可以明显看出厦门作为转口贸易地，连接沟通南北东西商港贸易活动的地位。

此外，厦门港也成为沟通南洋诸国、欧洲国家与中国浙江以北港口的重要中转站；浙江以北商船南下靠泊的中转港。《厦门志》记载，厦门一地，其风俗即崇商，"服贾者，以贩海为利薮，视汪洋巨浸如衽席。北至宁波、上海、天津、锦州，南至粤东，对渡台湾，一岁往来数次；外至吕宋、苏禄、实力、噶喇巴，冬去夏回，一年一次。初则获利数倍至数十倍不等，故有倾产造船

---

① （清）黄叔璥：《台海使槎录》卷2《赤崁笔谈·商贩》，台湾大通书局1984年版。

② 日本参谋本部编.：《东亚各港口岸志》第16章《厦门》，广智书局清光绪二十八年（1902），载厦门港史编纂委员会：《厦门港史》，人民交通出版社1993年版，第62页。

③ 参见厦门港史编纂委员会：《厦门港史》，人民交通出版社1993年版，第62页。

④ 厦门港史编纂委员会：《厦门港史》，人民交通出版社1993年版，第60页。

者。然骤富骤贫,容易起落;舵水人等借此为活者,以万计"。① 当时进行海运的福建商人主要为漳泉商人。自泉州港、月港衰落后,不少漳泉人士移居厦门,也成为今天厦门人的主要来源。郑氏时期,随郑氏三代人至台湾者为数不少。这些祖籍漳、泉一带的人士通过他们的闽商会馆、漳泉会馆,不仅帮助了初来的同乡,更联络扩大了交际网络,进行了更多更有效的贸易活动。这种立足于地缘和血缘的网络,也成为以后海外华人世界的维系纽带,有效促进了厦门湾及各沿海地区经济文化的发展。

基本上,从清初开海禁至1840年以前,厦门港的国际航线有4条,即东洋、东南洋、南洋和西南洋各航线。基本上维持了自明末以来的贸易国家。东洋航线,包括日本、朝鲜、琉球;东南洋航线:吕宋、班爱、呐哔哔、猫里雾、苟均达老、文莱、古里闷、文郎马神、旧港、丁机宜;南洋航线:越南、占城、暹罗、六昆、赤仔、宋居劳、噶喇吧、麻剌甲;西南洋航线:大泥、柬埔寨、荷兰、英吉利、千丝腊、柔佛、彭亨、法兰西、亚齐等国。

其中,主要贸易国是东边的日本,南方的吕宋、苏禄,西向的越南、暹罗、英国等国家。其中,出口货物主要是"漳之丝绸、纱绢,永春窑之瓷器,及各处所出的雨伞、木屐、布匹、纸扎等物"。② 此类物品在国内被视为无足轻重之物,而一旦"载至番境,皆同珍贝,是以沿海居民,造作小巧技艺,以及女红针线,皆洋船行销,岁收诸岛银钱货物百十万入我中土"。③

据统计,康熙二十二年至雍正元年(1683—1723)从厦门开航日本的商船计170艘。据日本学者记载,郑克塽降清后,"康熙帝闻日本贸易有利,命福州厦门官宪,于贞享二年(1685)七月,以官船十三艘积载台湾之糖来日本。……是年来航清舶之数,多至七十三艘"。④ 而自厦门出航东南亚的

① (清)周凯:《道光厦门志》卷15《风俗记·俗尚》,台湾大通书局1984年版。
② (清)周凯:《道光厦门志》卷5,台北成文出版社1967年版。
③ 蓝鼎元:《闽漳浦鹿洲全集》卷3《论南洋事宜书》,光绪六年蓝王佐补刻本。
④ 由于清朝船舶过多,导致日本金、银、铜大量外流,至日本正德五年(1715),幕府改正了海外贸易法,限定来航清舶为每年30艘,贸易银额限6000贯,而厦门只得到其中的仅2张信牌,影响了以后的对日贸易量,参见[日]木宫泰彦:《中日交通史》下册,陈捷译,商务印书馆,民国25年(1936)版,第336—344页。

商船从康熙二十四年（1685）的 10 多艘至康熙五十六年（1717）已"多至千余"艘。在开禁的头十九年，进入厦门港澳的英、荷等外国商船，共有 46 艘。①

康熙五十六年（1717）的海禁延续了十年，当时康熙下令，"凡商船照旧令往东西洋贸易外，其南洋吕宋、噶剌巴（爪哇）等处，不许前往贸易"。不过对外国甲板船，则"照旧准来贸易"。次年又下诏令，准许"澳门夷船往南洋及内地商船往安南，不在禁例"。可见其是禁止国民外出，而不禁外国船只前来。当时闽广颇受其影响，在福建则厦门湾最受打击。时人蓝鼎元说："南洋未禁之先，闽、广人家给人足。……既禁之后，百货不通，民生日蹙。居者苦艺能之罔用，行者叹运之无方。故有以四五千金所造成之洋艘，系维朽蠹于断港荒岸之间。驾驶则大而无当，求价则沽而莫售，折造易小，如削栋梁以为弋，裂锦绣以为缕，于心有所不甘。……一船之敝废，中人数百家之产，其惨目伤心可胜道耶？"②

尽管如此，厦门湾沿岸仍有不少居民寻找各种途径继续维持与暹罗和南洋的贸易。

由于以往的禁令对闽广地区经济及民生的破坏，米粮缺乏，不少地方官员不断上书陈词，雍正年间福建总督高其倬上奏说，"闽省福、兴、漳、泉、汀五府地狭人稠，自平定台湾以来，生齿日增；本地所产，不敷食用。惟开洋一途，借贸易之赢余、佐耕耘之不足，贫富均有裨益。从前暂议禁止，或虑盗米出洋。查外国皆产米之地，不借资于中国；且洋盗多在沿海直洋而商船皆在横洋，道路并不相同。又虑有逗漏消息之处。现今外国之船许至中国、广东之船许至外国，彼来此往，历年守法安静。又虑有私贩船料之事。外国船大、中国船小，所有板片桅柁不足资彼处之用。应请复开洋禁，以惠商民；并令出洋之船酌量带米回闽，实为便益"。③ 以后兵部议覆："应如所请；令该

① 厦门市文化局:《厦门历史陈列展览大纲》,2004 年 12 月 20 日,http://www.xm-culture.gov.cn/whyszx/厦门历史陈列展览大纲。

② 蓝鼎元:《鹿洲初集》卷 3《论南洋事宜书》,厦门大学出版社 1995 年版,第 55 页。

③ 《清世宗实录选辑》雍正五年,台湾大通书局 1984 年版。

督详立规条,严加防范"。雍正采纳其建议,于其五年从其议而行。

从雍正五年(1727)至乾隆二十二年(1757)的 30 年,可以说是厦门港最为兴盛之时。雍正年再次开放海禁后,东南亚各国以及英国、日本、朝鲜的商船又再前来厦门贸易。

清代厦门有牙行对出入沿海的船只及商贸活动进行管理,包括商行、洋行与渔行。据《厦门志》记载,清代"厦门渔船,属鱼行保结",并且自"康熙五十三年,覆准渔船出洋,不许装载米、酒;进口,亦不许装载货物。违者,严加治罪"。① 可见渔、商两业是分开的。而"雍正五年,总督高其倬奏开南洋,议准允行,厦门始有贩洋之船(档案).又奉准商民整发往夷贸易,设立洋行经理",可见自康熙二十三年,工部侍郎金世鉴奏请闽省照山东等例,任百姓海上捕鱼、贸易经商并出洋贸易以后,因台湾百姓"私聚吕宋、噶喇吧地方盗米出洋、透漏消息、偷卖船料诸弊,康熙五十六年禁止南洋贸易",② 直至雍正五年,厦门又得以开海,从此设立洋行,实为经营出口贸易和航运的商行。据《厦门志》记载,厦门商行的数量雍正年间较少,至乾隆年间最盛,约为 30 家,"至嘉庆元年,尚有洋行八家、大小商行三十余家、洋船商船千余号……后因蚶江、五虎门三口并开,奸商私用商船为洋驳(较洋船为小)……倚匿商行,关课仅纳日税而避洋税,以致洋船失利、洋行消乏,关课渐绌。至嘉庆十八年,仅存和合成洋行一家。"由于在乾隆、嘉庆初曾有许多厦门商船改作洋驳,倚匿商行,抢了洋船的生意,洋行在道光元年(1821)全部倒闭。此后朝廷决定由当时商行金源丰等十四家公司承办洋行之事。当时厦门本地"以商船作洋船者尚有十余号","自后洋船、洋驳亦渐稀少,私往诏安等处各小口整发,商行亦渐凋罢。迨至道光十二三年,厦门商行仅存五六家"。③ 尽管商行虽有减少,但厦门沿岸各处仍有一些自行贸易的船户。我们从前述地方史资料中可以看到道光十八年后厦门沿岸商船贸易仍

---

① (清)周凯:《道光厦门志·卷五·船政略·渔船》,台北成文出版社 1967 年版。
② (清)周凯:《道光厦门志·卷五·船政略·洋船(附洋行)》,台北成文出版社 1967 年版。
③ (清)周凯:《道光厦门志·卷五·船政略·洋船(附洋行)》,台北成文出版社 1967 年版。

有一定的实力。

厦门港与英国伦敦的贸易,据美国人马士(H.B. Morse)的记录始于1689年,①即康熙二十八年。而据日本学者松浦章的根据《华夷变态》中资料的研究,则应始于康熙十四年(1675),其中有关延宝三年(康熙十四年,1675)六月十五日项中唐人口述有载,"英之船入厦门,乃为今年初次之事也"。② 而在此之前,两地贸易往来需通过英东印度公司在第三国的转运。厦门与英国的贸易中,出口物品主要以丝绸、茶叶以及砂糖为主。据统计,自康熙三十三年(1694)至雍正九年(1731),由厦门出口至英国的丝货交易如下,

表4 1694—1731 年由厦门出口英国丝货统计③

年代	丝货件数	生丝担数
康熙三十三年(1694)	430000	/
康熙三十六年(1697)	149000	30
康熙三十七年(1698)	650000	20
康熙四十一年(1702)	/	1300
康熙四十二年(1703)	/	300
雍正元年(1723)	8150(厦门与黄埔)	160
雍正九年(1731)	16000	600

由表中统计材料来看,在清初的对英出口贸易中,丝织品仍沿袭传统贸易的惯例,成为交易的大宗。至乾隆末、雍正时有了一定下降。到了乾隆时期,情况则更为糟糕。乾隆二十四年(1759)清廷以"江、浙等省丝价日昂,以该处地方滨海,不无私贩出洋之弊"为由,严禁沿海各地丝织品出口。五

---

① [美]马士(H.B.Morse):《东印度公司对华贸易编年史(1635—1834 年)》,中国海关史研究中心组译,区宗华译,林树惠校,中山大学出版社 1991 年版,第 1、2 卷,第 10 页。

② [日]松浦章:《清代前期中英海运贸易研究》,载《中国关系史译丛第 3 辑》,上海译文出版社 1986 年版,第 230—231 页。

③ 资料源自厦门港史志编纂委员会:《厦门港史》,人民交通出版社 1993 年版,第 50 页。

年之后,虽迫于形势开禁,但仍限额出口,仅许如糙丝、土丝等出口,且仍禁湖丝、绸匹出口。当时的闽浙总督杨庭璋、福建巡抚定长为此上奏请求开禁,并强调各海口关及沿海汛口文武官员的稽查。①

上文曾提到,厦门湾地区明末以来就以茶叶出口闻名,以至于英语系国家中的 Te、Tea 一词就直接来自闽南话的发音。英国人税务司包罗在其《二十世纪香港、上海及其他中国商埠志·厦门》一书中写道,"厦门乃昔日中国第一输出的港口,Tea 这个字是从厦门方言 Te 字而来,并非由中国其它地方的方言 Cha 字而来"。② 欧洲国家除葡萄牙之外,其他英、法、德等国家对茶的发音都采用厦门方言。由此可看出,当时自厦门输出的茶叶在欧洲的经济地位以及它对欧洲人的影响。但是遗憾的是,自嘉庆二十二年(1817),清廷谕令中称,"闽、皖商人贩运武彝、松萝茶叶,赴粤省销售,向由内河行走。自嘉庆十八年(1813)渐由海道贩运,近则日益增多。洋面辽阔,漫无稽查,难保不夹带违禁货物,私行售卖。……嗣后着福建安徽及经由入粤之浙江三省巡抚,严饬所属,广为出示晓谕。所有贩茶赴粤之商人,俱仍照旧例令由内河过岭行走,永禁出洋贩运。傥有违禁私出海口者,一经拿获,将该商人治罪,并将茶叶入官。……漏税事小,通夷事大,不可不实心实力,杜绝弊端也"。③ 由此,将传统的出口商品茶叶加以禁止,闽、浙、皖三省巡抚严饬下属禁其出口。同期还禁止铁器出口。

清后期中英贸易中,因为英国长期贸易逆差,其东印度公司来华贸易货船中,白银常占90%,而货物不足10%,为了解决此亏损,改变其在贸易中的劣势,英国人开始贩来鸦片,妄图以鸦片代替银元在中国交换货物。据当时的档案记载,"(清道光)四年(1824)三月,有甲板夷船在洋游弋,载卖鸦片烟土,奸民沟通滋弊;通饬营汛一体巡防驱逐。自后七年三月、九年三月、八年五月、十年正月,皆寄椗外洋,随时驱逐"。④ 鸦片的引入,由此直接导

① 《光绪大清会典事例》卷630,转引自姚贤镐:《中国近代对外贸易史资料》,第一册,中华书局1962年版,第22—26页。

② 参见厦门港史志编纂委员会:《厦门港史》,人民交通出版社1993年版,第54页。

③ (清)曹振镛、戴均元、英和、汪廷珍:《大清仁宗睿皇帝(嘉庆朝)实录》卷329。

④ (清)周凯:《道光厦门志》卷5《船政略·番船》,台湾大通书局1984年版。

致了以后影响甚为恶劣的鸦片战争。也成为中国历史的转折点。

　　据记载，道光十二年（1832）三月，英吉利夷船一只遭风漂至厦门，该"船式与吕宋呷板船相似，船头有一木镌作和尚形，其色白；碇械整齐。通船七十余人，载货七八千石。译讯据供：欲往日本贸易，亦愿就厦销货。船主名胡夏美，圆目高鼻，睛光带绿；能通汉语，人甚狡谲。见官吏，两手以布套之。船中役使之人，多黑色。文武会商堵逐，越三日乃去。嗣后乘风驶至福州、宁波、上海、山东等处游弋，特旨严行驱逐"。① 可见，当时中国的贸易大门，对于英国仍然是关闭的。但由于英国人对东方丝绸、瓷器的消费日增，力图希望与中国建立贸易往来，因此设法采用各种方式进入中国。

　　其实早在 1831 年，当时传教士郭实腊（C.Gutzlaff）就已经随船到过厦门了，他曾描述说，"7 月 30 日经过厦门，这是福建最主要的商业中心之一。当地人开展各种商业活动，拥有 300 多艘大船。他们有着广泛的经济活动，不仅与中国各港口交易，更达印度洋群岛。这些商人在经商活动中还要与满清官员抗争。对任何开放与欧洲人交易的机会，他们都欢喜雀跃"。② 对于 1832 年这一次英船的前来，郭实腊有了更多的记录，当时的厦门城"位于一座大岛上……面积相当大，居民至少有 20 万"，不过"所有的街道都很狭窄，庙宇众多，为数不多的几座大宅都是富户的产业"。而"由于港口优良，厦门早就成为中华帝国最大的商业中心之一，又是亚洲最大的市场之一"。当时船只可以开到家门口，起卸货极为方便，既可躲避台风，又无搁浅之虞。③ 当时厦门港口优良，港阔水深，地理条件极利于靠泊，据郭实腊记载，"其后

---

① （清）周凯：《道光厦门志》卷 5《船政略·番船》，台湾大通书局 1984 年版。

② Karl Friedrich August Gutzlaff. *Journal of Three Voyages along the Coast of China in 1831, 1832, & 1833 with notices of Siam, Corea, and the Loo-Choo islands*, London：Frederick Westley and A.H.Davis, 1834, p. 92.

③ Karl Friedrich August Gutzlaff. *Journal of Three Voyages along the Coast of China in 1831, 1832, & 1833 with notices of Siam, Corea, and the Loo-Choo islands*, London：Frederick Westley and A. H. Davis, 1834, p. 173. 传教士郭士腊（Karl Filedrich August Gützlaff 或 Charles Gutzlaff, 1803—1851），或译为郭士立、郭士腊等，德国基督教路德会牧师，汉学家，曾作为翻译参与鸦片贸易。为融入中国地方社会的方便，他入籍福建同安的郭姓宗祠，取名郭实腊（Kwo Shih-lee），此即他中文名字的由来。参见时蕴：《传教士郭实腊的中国经历》，《中华读书报》2004 年 5 月 19 日。

我们顺岛上行。在入口处我们发现水深有 6—10 英寻①,因此最大的船舰也可以停泊在城的对面。停泊在港口的帆船大约有 150 艘,港口很大,港内大多数船只在修缮中。每日来自福尔摩萨(台湾)的运米船也增加了船的数量……"②当然,从西方人的角度,如此优良的港口是完全符合其殖民开拓之需的。在他们看来,厦门人"有天生的商业头脑和对利益孜孜不倦的追求,他们的足迹遍及中华帝国。他们一步步变成勇敢的水手,在沿海经商。……他们拓殖台湾,从那时以来已经成为他们的谷仓,他们到印度洋群岛,交趾支那以及暹罗去。……每当他们积攒了大量财产,他们就回到家乡,当钱花完了他们又继续背井离乡"。③ 在不少西方人眼中,厦门是欧洲人前来贸易的最好港口之一。从最早的葡萄牙人、荷兰人,以后接踵而至的英国人,至于其后的西班牙人直至当时仍在名义上拥有在厦门进行贸易的权利。不过英国人对中国沿海的觊觎,则远非贸易这么简单。早在 1635 年(即崇祯九年)时,由 J.威忒指挥的舰队在英国组织时,英王查理一世颁发给他"特许证和紧急权力",指令其在前往果阿马拉巴各部、中国及日本沿海的航行,"并与这些地方通商"。一旦发现任何机会,就要"把他们可能发现的和认为对我国有利益、有荣誉、值得据为己有的一切地方,占据下来"。④

美国人里默(或译雷麦)说,"早期商人们一般都希望征服这块异教土地,如同其希望靠商业牟利一样,他们都毫无顾及地使用大炮与刀剑。过去一向对这一贸易采取宽容态度的中国政府,逐渐地对这一贸易发生恶感,一

---

① 英寻为英制单位,1 英寻等于 6 英尺,约合 1.8288 米。

② Karl Friedrich August Gutzlaff.*Journal of Three Voyages along the Coast of China in 1831,1832,& 1833 with notices of Siam,Corea,and the Loo-Choo islands*,London:Frederick Westley and A.H.Davis,1834,p.180.

③ Karl Friedrich August Gutzlaff.*Journal of Three Voyages along the Coast of China in 1831,1832,& 1833 with notices of Siam,Corea,and the Loo-Choo islands*,London:Frederick Westley and A.H.Davis,1834,pp.173-174.

④ 姚贤镐:《中国近代对外贸易史资料》,第一册,中华书局 1962 年版,第 139 页。

步一步地对它进行控制了"。① 由于中国为传统的"礼仪之邦"，无论国家还是百姓，向来都以和平贸易为主，因此，当西方人携带舰炮打来时，承平百余年的国度对西方海盗似的掠夺方式一下还不能适应。此期，来自北方的清统治者早已忘记了其先辈骁勇善战的特质，废弛已久的军事设施，怠惰散漫的军队与指挥，腐败愚昧的官僚体系，这些弱点早已被西方人一一看透。此时囿于大陆思维的朝廷，根本不可能充分考虑沿海民众实际的需要，对一些沿海口岸采取了自认为对外"怀柔"和对内限制的方式，以免多事。例如陈尚胜先生研究了清代朝廷对外国和国内商人的规条，认为从清朝海关所征收的货税、船钞、规礼、杂税等四个方面情况看，本国出海商民所承担的关税率明显高于外国来华商人所承担的关税率。清朝无论是在海外贸易的基本政策上，还是在关税政策和具体的管理制度方面，都呈现出一种限制本国商人更甚于外商的特征，而外商得到的贸易利益待遇也远远高于中国商人，清廷甚至还以牺牲本国商人利益来成就来华外商。究其根基，则在于以"怀柔远人"与"重农抑商"作为政策的指导思想。② 可以说，正是这种"长他人志气，灭自己威风"的古怪"天朝"理念断送了原本蓬勃发展的海洋事业。如果说明朝的"怀柔"政策还有它的军事实力和政治底气的话，晚清的这种自我认为的"怀柔"理念则是自欺欺人了！

正是这种看似"体恤"实则保守的视野，使原本富于活力的中国南方沿海发展受到了很大限制。原本拥有较为先进的闽南沿海武装力量在明郑的衰退后成为海上真空，造成了以后西方国家海上势力乘虚而入，侵犯了中国的海洋权力。而单纯限制海洋势力的举措也致使南方沿海以至整个国家生产力产生倒退。由于清代朝廷上层忽视了海洋社会的整体发展，致使原本实力雄厚且充满活力的沿海之地在海洋经济、海权维护，以致沿海的社会、文化等各方面受到严重阻碍，在世界海洋发展的关键进程中错失了良机，使得中国在清代尤其是中后期逐渐远离世界同步发展的轨迹，从而导致了近

---

① ［美］西·甫·里默（或译雷麦）:《中国对外贸易》，卿汝楫译，三联书店1958年版，第4页。

② 陈尚胜:《论清朝前期国际贸易政策中内外商待遇的不公平问题——对清朝对外政策具有排外性观点的质疑》，《文史哲》2009年第2期。

代以来在国际竞争中被动挨打、屡屡受挫的局面。

由于厦门湾地区地少人多，长期以来海外进口货物多为米谷。清代也不例外，康熙六十一年（1722）浙、闽、粤三省米荒，清廷决计从暹罗进口大米。雍正三年（1725）时，清廷就覆准称，"福建产米无多，往贩外番船，酌定带回米以资民食。往暹罗者，大船带米三百石，中船带米二百石；噶喇巴大船带米二百五十石，中船带米二百石；吕宋、柬埔寨、马辰、柔桑四处大船各带米二百石，中船各带米百石；□（土赤？）仔、六坤、安南、宋居朥、丁家卢、宿雾、苏禄七处中船各带米百石"。① 至雍正五年（1727），厦门与暹罗间已有大米贸易。当时暹罗商人运米至闽不予征税，其后一年，暹罗商人运米前来厦门发卖，再次免其纳税。② 雍正九年（1731），仅厦门就有 12 艘船载回 1.18 万石大米及其他货物。乾隆前期，中国商船前往暹罗运米者不断增多。以乾隆七年（1742）为例，从厦门放洋的所有福建商船，其中有 38 艘于回程时运回大米，共计 4.29 万余石。当时清廷允许商人，"除米、谷不必上税，其他货物仍照例纳税"。③ 以后为鼓励外商，清廷于乾隆八年（1743）又再次降旨，"定外商带米商船蠲免货税之例。……上年九月间，暹罗商人运米至闽，朕曾降旨免征船货税银，闻今岁仍复带米来闽贸易。……自乾隆八年为始，嗣后凡遇外洋货船来闽、粤等省贸易，带米一万石以上者，免其船货税银十分之五；五千石以上者，免其船货税银十分之三"。④ 这种鼓励大米进口的商贸政策，促使暹罗大米大量进入粮食短缺的闽南地区。其后，虽然自乾隆二十九年至五十年（1764—1785）间，因暹罗遭受外族进攻而受阻。进入 19 世纪后，经新加坡转口，英美商人承运，厦门港再次贩入暹罗米。嘉庆十二年（1807）以后，厦门港的大米进口贸易相对衰落。

据统计，自雍正四年（1726）到嘉庆十四年（1811），有来自苏禄、暹罗、吕宋等国的夷商来到厦门进行贸易活动。其中，吕宋商人多运来谷、银、海参、麦、番银、靛青、燕窝、苏木、虾米等物；暹罗商人则主要贩来米食、苏木、

---

① 《钦定大清会典则例》卷 114《兵部》，乾隆十二年（1747）版。
② 《光绪大清会典事例》卷 510，光绪二十五年石印本。
③ 《清世宗实录》卷 66，中华书局 1985 年版。
④ 嵇璜：《皇朝文献通考》卷 33，上海图书局 1901 年版。

铅、锡等物品，其他国家商人还贩来槟榔、乌木、亚兰、鹿脯等物。① 至乾隆二十年（1755），厦门是中国与暹罗（泰国）进行大米贸易最繁忙的港口，当时也是厦门港的鼎盛时代。

雍正五年（1727）清廷重开南洋贸易后，有各省洋载货进入厦门口，并准许吕宋等夷船入口交易。以后，厦门与吕宋每年都保持帆船贸易。② 厦门对吕宋的贸易，其实也就是对西班牙殖民者的贸易。1619 年荷兰殖民者开始兴建巴达维亚，到 1733 年巴达维亚城内已有华侨 8 万人。这些华侨也多数是闽南沿海迁去的小商、农民和手工业者。到康熙五十九年（1720）巴城市内外华侨总数已逾 10 万。他们在当地推广种植水稻，栽种并收购胡椒，种蔗榨糖，酿酒或经商。③

清代，厦门湾沿岸人民仍然保持了历代以来直航吕宋这一传统，漳、泉一带沿海人民多在每年冬季，乘着东北季风，自厦门扬帆出海，通过台湾岛西岸，沿吕宋岛以西南下，经由马尼拉、班乃岛等地下到苏禄。由厦门运去的多为锅、碗、盆、布、丝、瓷、糖及各种金属器具，以日常生活用品居多，从当地贩回的则多为苏禄群岛土产，如黑、白海参、黄蜡、珍珠、燕窝、玳瑁、乌木、丁香、肉桂、檀香、贝壳、樟脑等物，以香料、食品居多。不少物品还经由厦门转运至全国各地。开海以后，双方贸易很是兴盛，如乾隆二十五年（1760），其使团除带来少量贡品外，另载来海参 7754 斤、螺干 26900 斤以及洋布包袱 2 个在厦门交易。而乾隆二十六年（1761），厦门至苏禄就有三四艘载重为 3000—4000 担的大船往返苏禄，主要货品即瓷器。由于有利益可图，苏禄人也借进贡之名，搭乘中国商船前来厦门进行大宗的海产交易。④

当然，除了正当贸易之外，有一种贸易则是肮脏而非人道的。比如在印尼，早期荷兰殖民者统治印尼筹建巴达维亚城时，就采取各种手段诱使中国

---

① 参见厦门港史志编纂委员会：《厦门港史》，人民交通出版社 1993 年版，第 51—52 页。

② 樊百川：《中国轮船船运业的兴起》，四川人民出版社 1985 年版。

③ 李长傅：《南洋华侨史》，国立暨南大学南洋文化事业部 1929 年版。

④ 参见厦门港史志编纂委员会：《厦门港史》，人民交通出版社 1993 年版，第 55—56 页。

沿海人民移居当地。1622年9月22日巴达维亚第一任总督燕·彼得逊·昆(Jan Pieterson Coen)派出8艘舰只组成的船队先占领澎湖列岛,然后从那里出发到厦门沿海一带掳掠人口,至1623年11月,先后被运到澎湖的中国人就有1400多名。这些被掳掠去的华工被转运到巴达维亚当作奴隶出售。① 这种奴隶贸易,成就了早期荷兰殖民者资本的原始积累。清代前期,爪哇的华侨已达10多万人。任过漳州知府的徐继畲在《瀛环志略》噶喇巴(今雅加达)条中记述道,"闽广之民流寓其地数以万计"。"漳泉之人最多,有数世不回中华者","为甲必丹者,皆漳泉人"。

　　至乾隆四十六年(1781)六月,吕宋夷商万梨落和郎码叮先后来厦,随行番梢60余名,随带燕窝、苏木及各带番银14万余元,在厦门购买在厦购买布匹、磁器、桂皮、石条各物。次年二月,夷商郎安敦、牛黎美亚、番梢70余名,遭风到厦,货物苏木、槟榔、乌木;在厦购买白纸、青白石器、石条、花砖、方砖各物。乾隆四十八年(1783)九月,夷商郎万雷来厦,番梢五十余名,带来货物苏木、槟榔、呀兰米、海参、鹿脯;在厦购买布匹、磁器、雨伞、桂皮、纸墨、石条、石磨、药材、白羯仔等物。乾隆五十一年(1786)九月,船户郎吧兰丝实哥巾礁唠遭风漂失杉板、桅车来厦修葺船只。至嘉庆十四年(1809)五月,又有船户郎棉一前来,带番银14万元和海参、虾米、槟榔、鹿筋、牛皮、玳瑁、红燕窝、呀兰米、火艾棉,在厦门购买布匹、麻线、土茶、冰糖、药材、雨伞等物。② 当时的吕宋夷船每次都以番银14万—15万两在厦门贸易,其所购之货除布匹外,在厦均不甚贵重,但却极大地促进了厦门及闽南的发展。

　　清代,厦门与实叻(新加坡)、安南(越南)、吕宋(菲律宾)、印尼等国均保持着密切的贸易关系。整个港口在开海至鸦片战争前的150多年里,一直保持着较为发达的远洋贸易活动,加之一段时期全省海船均集中于厦门挂验者得以放洋,无形中也加增了厦门的地位,对其港口发展直到了推进作用。在19世纪30年代左右,每年从厦门驶往暹罗的大帆船就至少有40

---

　　① 《福建省志·民政志·印尼移民》,2005年3月3日,http://www.fjsq.gov.cn/showtext.asp? ToBook=41&index=15。
　　② (清)周凯:《道光厦门志》卷5《船政略·番船》,台湾大通书局1984年版。

艘，前往婆罗洲、巴达维亚、苏禄、吕宋等地的也都是大帆船。估计最盛时每年从厦门港出洋的帆船在 100—200 艘。① 这种出洋帆船，大者可载万余斤，小者亦数千石。②

清代厦门的对日贸易虽然远不及明末郑氏时期，但在开海以后，还曾有一度的兴盛。由于至清朝及荷兰船舶过多，导致日本自正保五年到宝永五年（1648—1708）六十年间金、银、铜大量外流，至日本正德五年（1715），幕府改正了海外贸易法，限定来航清舶为每年 30 艘，贸易银额限 6000 贯，而厦门只得到其中的仅 2 张信牌，影响了以后的对日贸易量。③

按《厦门志》的记录，行经厦门港的南北商船均由当地商行保结出口，后因蚶江、五虎门三口并开，不少商人私用较洋船为小的洋驳作为商船，载货挂往广东虎门等处，另换大船贩夷，或径自贩货至国外；回棹时则将贵重之物由陆运回、粗物仍用洋驳载回。由此通过倚匿商行，关课仅纳日税而逃避洋税，以致"洋船失利、洋行消乏，关课渐绌"。至嘉庆十八年（1813），厦门洋行仅存和合成一家，由此地方官员呈请洋驳归洋行保结；"经广郊金广和于嘉庆二十二年（1817）以'把持勒索'控，总督董批行查禁，奸商肆然无忌"。至道光元年，洋行全行倒闭，则以商行金源丰等 14 家公司承办洋行之事。当时本地以商船作洋船者尚有十余号，"而各省洋船及吕宋夷船不至；自后洋船、洋驳亦渐稀少，私往诏安等处各小口整发，商行亦渐凋罢"。迨至道光十二、十三年（1832—1833），厦门商行仅存五六家，关课亏缺；"每岁饬令地方官招徕劝谕，始有洋驳一、二号贩夷。燕菜、黑铅来自外洋者，遂须购自广东；及应缴津贴各费，均不能如期呈纳，关课日绌，而商行之承办者不支矣"。④

陈国栋先生的研究主要以《厦门志》的为基准，由于资料多为官修，且

---

① 参见樊百川：《中国轮船船运业的兴起》，四川人民出版社 1985 年版，第 24 页。

② 参见（清）周凯：《道光厦门志》卷 6《台运略》，台湾大通书局 1984 年版。

③ 参见［日］木宫泰彦：《中日交通史》下册，陈捷译，商务印书馆民国 25 年（1936）版，第 336—344 页。

④ （清）周凯：《道光厦门志》卷 5《船政略·洋船（附洋行）》，台湾大通书局 1984 年版。

局限于厦门港一地,对嘉道时期整个厦门湾的贸易情况则尚未作全面研究。上文"公顺和"商号在道光十八年(1838)以后在天津发展状况,却显示此期并未出现任何败落之势,甚至在道光十八年以后仍然是处于旺盛期。又据厦门本地所存碑刻资料来看,仍存有不少道光时期的例证:

例如现今厦门鹭江道的水涨上帝宫内还存有道光十四年(1834)凌翰所撰的《重修武西殿碑记》,其所记录的捐题姓氏数目,除官员以外,仅金字号商号就包括行商金源益、金口胜、金建隆、金瀛珍、金应兴、金合丰、金长裕、金吉安、金庆美、金聚丰、金恒昌、金元春、金元吉、金城记、金源号、金永和、金圃号、金荣顺、金和合、金同发、金项祥、金吉昌、金合益、金通美、金茂盛、金义成、金昆美、金协安以及名号稍有模糊的共61家大小商号,其他商号及个人还有林源美、林鼎元、陈恒吉、周顺盛等17家;捐题船号则包括欧进发船,瑞隆船、金通瑞船、新启发船、吴永裕船、陈合泰船、郑永顺船、荣成船、柯大挥船、口联光船等14艘。[1] 其数目大大高于《厦门志》有关道光五年仅存14家商行的记录。[2]

又据西方人记录,直至道光时期,厦门对台贸易仍保持了一定实力,郭实腊于19世纪30年代的记录表明,在台湾的"贸易非常活跃,但主要都操在福建商人手中。他们贷给农民资金,以便耕作稻田和种植甘蔗"。而且"严格地说,这个岛(台湾)是没有自己的船舶的;所有的船舶均是厦门商人的财产"。[3] 可以想见,当时不少厦门湾的贸易是暗中进行的。清人黄叔璥曾说,"偷渡来台,厦门是其总路。又有自小港偷渡上舡者,如曾厝垵、白石头、大担、南山边、镇海、岐尾;或由刘武店至金门、料罗、金龟尾、安海、东石,每乘小渔船私上大船。"厦门湾既然临海,自然少不了偷渡入台的出海口。

---

① 从厦门碑刻以及《厦门志》的记录来年,"商行"、"行商"的使用并无太大区别,个别碑刻则似以"商行"指较大规模者,而以"小行商"指较小规模者。

② 参见凌翰:《重修武西殿碑记》,载何丙仲:《厦门碑志汇编》,中国广播电视出版社2004年版。此外,甚至是到了同治八年(1869),同安区西柯镇瑶头村的大元殿在重修时,还有至少61家船号及船户捐款修殿,又参见叶成等:《大元殿重修》,载何丙仲:《厦门碑志汇编》,中国广播电视出版社2004年版。

③ [德] 郭士立:《1831、1832和1833年中国沿海航行日记》,福建师范大学历史系编:《鸦片战争在闽台史料选编》,福建人民出版社1982年版,第101页。

其中，"曾厝垵、白石头、大担、南山边、刘武店系水师提标营汛，镇海、岐尾系海澄营汛，料罗、东石、金龟尾系金门镇标营汛，安海系泉州城守营汛"。① 虽然当时各汛亦有文员会同稽查，但真要阻止拥有众多出海口的厦门湾人出海，实在是不可能的一件事。黄叔璥生活于大约康熙至乾隆年间，② 其著作所提供的厦门湾沿岸的偷渡情况相信一直到清中叶仍有发生。

另一位提供有关记录的是晚清时曾任厦门海关税务司的英国人包罗（C.A.V.Bowra），他曾记录说，"1730 年，清朝集中所有的对外贸易在广州，只许可西班牙船到厦门通商，但贸易仍在隐秘间断地进行着。至十九世纪初，由于鸦片贸易突然发达，才受到激烈地推动"。③ 由此看来，清朝虽然屡有禁令，但厦门一地的对外贸易仍然保持一事实上的发展。而道光时厦门的海上贸易能力很有可能被低估了。

道光时期厦门的海上经济贸易实力被一些学者低估，可能还有另外的原因，我们从"公顺和"商号在广东、香港设分庄而加入广帮一说可见些许端倪。由于厦门湾商号分流至外省，则其辐射影响不被计算，容易遭到忽视。实际上，清初闽粤沿海的经济都主要在厦门湾商人的控制之下。据梁嘉彬的研究，广东的公行组织始建于 1720 年，行商的原籍属于福建的居多，仅广东十三行中就有 9 人来自福建，且以漳州府、泉州府的居多，它们在以厦门为中心的沿岸贸易为背景的情况下被组织起来，而十三公行仅是其中一部分。④ 如其中同文行主创始人潘振承为龙海人，潘氏商行作为十三行首领长达 39 年，与卢氏、伍氏、叶氏，四大行商位列清代广州四大首富。而怡和洋行的创始者伍国莹则是从安海镇迁居广东南海的后人，总商的位置

① （清）黄叔璥：《台海使槎录》卷 2《赤崁笔谈·武备》，台湾大通书局 1984 年版。

② 据林庆元（1997 年）的研究，黄叔璥的生卒约为康熙十九年至乾隆二十二年（1680—1757），参见林淑慧：《黄叔璥〈台海使槎录〉的人文关怀探析》，台北"国立中央图书馆"台湾分馆馆刊第 6 卷第 3 期，2000 年 3 月。

③ Cecil A.V.Bowra.*Amoy*, Arnold Wright and H.A.Cartwright.*Twentieth-Century Impressions of Hongkong, Shanghai, and other Treaty Ports of China*, London: Lloyd's Greater Britain Publishing Co., 1908.

④ 参见梁嘉彬：《广东十三行考》，国立编译馆民国 26 年（1937）（初版），广东人民出版社 1999 年再版，第 4—5 页。

伍家坐了 28 年。其子伍秉鉴继承父业,道光十四年(1834)时,据伍家自己估算在国内拥有地产、房产、茶山、店铺和在美国投资铁路、证券交易和保险业务等债券以及现金,总值达 2600 万银元,而此期美国最富有的人也不过资产 700 万元。美国学者马士说,"在当时,伍氏的资产是一笔世界上最大的商业赀财"。[1] 此外,还有丽泉行主潘瑞庆为龙海人。足见当时厦门湾商人的雄厚实力。事实上,从明代以来就有不少厦门湾人移居广东,至当时的香山澳、南海等地经商。厦门湾商号分流的情况,不仅至广东,更有分流至台湾、浙江以及东南亚国家的。后文所述有关族谱及正史材料中也将有所涉及。

此外,从有关海关税收方面,也可以看到厦门港之重要性。乾隆三十三年(1768),在闽海关的 16 个税口中,"惟厦门一口为最大,一岁征收额税,厦门居其大半"。[2] 据彭泽益先生的研究,闽海关也在全国四个海关中是最早建立的,在税收方面,乾隆十年(1745)时与粤海关几乎持平,分别占 40% 及 42%;远高于另外的浙海关 12% 和江海关 6% 的比例。至清廷于乾隆二十二年(1757)关闭厦门等关口,"止许在广东收泊交易"后,各地税收则开始下降,尽管如此,至乾隆三十五年(1760),粤海关关税银两占 57% 时,厦门港口所在的闽海关即便在被限制与外洋通商的情况下,仍然占有 34% 的比例,关税达 385043745 两。[3]

一般认为,闽海关税收的消长,在一定程度上反映了厦门海上贸易的兴衰。闽海关税收在在雍正十三年为 20 万有余;乾隆初几近 30 万两;乾隆十六年后超过 30 万两;至乾隆二十二年至四十一年间基本在 35 万两以上;至嘉庆十六年减少为 28 万两稍强;次年减为 23 万两多;嘉庆二十五年降为 19 万两左右;而至道光十七年则 19 万两稍强。[4] 其中,厦门海关每年税收

① 黄家祥等:《揭秘清代闽南洋商传奇》,2012 年 7 月 13 日,http://xm.ifeng.com/minnanwenhua/xiamen_2012_07/13/250408_0.shtml。
② 《宫中档案乾隆朝奏折·第 32 辑》,台北"故宫博物院"1982 年版,第 531 页。
③ 参见彭泽益:《清初四榷关地点和贸易量的考察》,《社会科学战线》1984 年第 3 期。
④ 彭泽益:《清初四榷关地点和贸易量的考察》,《社会科学战线》1984 年第 3 期。

占闽省首位的优势一直保持到嘉道年间。当时厦门海关每年税收为 10.5 万两。① 当然这里的税收数字来源于官方的记录，而部分分流各地者以及偷漏部分则不计入其中。

三、清代厦门湾的渔盐经济

考查厦门湾沿岸，其盐场主要分布于同安和晋江。宋代时，厦门湾沿岸就已有不少产盐场，分布于晋江、同安、龙溪等地。元丰时，晋江有盐亭一百六十一；同安有安仁、上下马栏、庄坂四盐场。② 当时，制盐为官营手工业，煮盐地称为亭场，煮盐户称为亭户、灶户。他们往往数十家聚为团，共同分工合作进行煎盐生产。因此龙溪、漳浦煮盐处有"盐团"之称。③ 由此延续，其后历代盐场都设有若干团。到了元代至大四年（1311），福建凡置盐场七所，每所置司令一员，从七品；司丞、管勾各一员，分别为从八品和从九品。其中就有厦门湾的浯州场和洒州场。④ 到了明代，《明史》中亦记晋江，"东南滨海，有盐场"。至于同安，则"南滨海，有盐场"。⑤ 不过并未详言其具体地点。但从本书前述之明郑时期厦门湾的对外贸易情况来看，金门、烈屿之盐对外输量决不在少数。

清代，同安一地，则以马巷厅所辖之浯洲场、烈屿场及四埠等几个产盐地为著，晋江一地属厦门湾者仍以洒洲盐场为最。

首先看一下马巷厅的情况。

乾隆四十一年（1776）六月，清廷巡抚部院批准泉州府属通判移驻同安县马家巷，并将金门衙属移建。由此，马巷厅得以建立，其西南至柏头十五里界大海，东北至黄岗二十里界溪，西北至三忠宫大路石桥十二里界溪。厅

---

① 厦门港史志编纂委员会：《厦门港史》，人民交通出版社 1993 年版，第 42 页。
② （元）脱脱等：《宋史》卷 89《志第四二·地理五·福建路》，中华书局 1977 年版。
③ （宋）王存：《元丰九域志》卷 9，中华书局 1984 年版。
④ （明）宋濂：《元史》卷 91《志第四一上·百官七》，中华书局 1976 年版。
⑤ （清）张延玉等：《明史》卷 45《志第二一·地理六·福建》，中华书局 1974 年版。

治辖有民安里、同禾里及翔风里,其中,刘五店、澳头、浯洲(金门)等均属于翔风里。① 当时的厅属各地,以刘五店、澳头、浯洲(金门)等处的较为发展,形成了刘五店、澳头两墟、浯洲大街等热闹的渔盐交易墟市。②

清代,刘五店的渔盐经济获得一定的发展,海上运输业则限于闽南海域。在船政方面,刘五店澳离马巷厅30里,系水师后营管辖,设澳甲一名稽查船只,澳内商渔渡船小艇均领照票,在厅征税。刘五澳头海税四两一钱九分,均付地丁项。以详送船只为例,乾隆四十一年(1776)有关刘五店澳有大渔船19号(均归关),小渔船2号,小商船8号(内归关1号,中则1号),小艇上则船9号,小艇中则船8号,小艇下则船5号,小艇不上征13号。新收归船只中,乾隆四十一年有小商上则船6号(内归关1号),小商中则船2号,小商下则船1号,小艇不上征1号。乾隆四十二年(1777)有小商上则船1号,小商中则船1号。至于渡船,刘五店渡有2只,一往五通船户刘应虬,年征税银二两三钱五分五厘;一往石浔船户洪随履,年征税银二两三钱五分五厘。③ 与他处的船只相比,刘五店的规模及数量在当时应是中等偏上的水准。

关于盐政,除浯洲场、烈屿场及四埕等几个产盐地,其余则是作为六馆的几处食盐销售地。以下对所属六馆的刘五店与其他售盐地作一简要对比:

表5 清初马巷厅盐业销配给状况表④

类别	年应销民渔盐	配渔(船)盐	销民食盐
刘五店	5135 担	4230 担	905 担

① 参见(清)万友正:《乾隆马巷厅志》卷1《都里》,乾隆四十一年(1776)修,光绪十九年(1893)黄家鼎校补刻本。
② 参见(清)万友正《乾隆马巷厅志》卷1《都里》,乾隆四十一年(1776)修,光绪十九年(1893)黄家鼎校补刻本。
③ 参见(清)万友正:《乾隆马巷厅志》卷5《船政》,乾隆四十一年(1776)修,光绪十九年(1893年)黄家鼎校补刻本.
④ 资料源自(清)万友正:《乾隆马巷厅志》卷5《盐政》,乾隆四十一年(1776)修,光绪十九年(1893)黄家鼎校补刻本。

续表

类别	年应销民渔盐	配渔（船）盐	销民食盐
澳头	1569 担 60 斛	1094 担	475 担 60 斛
马巷	1000 担	100 担①	900 担
唐厝	1594 担	/	500 担
董水	686 担 21 斛	/	/
新圩	706 担 31 斛	/	/

可见，与他处盐量的销售相比，刘五店成为当时六馆最大的民渔盐的销售地，数量超过其他地方的总和，甚至高于作为厅治的马巷。配渔（船）盐的总量也大大高于其他地方。在销民食盐方面，也居各地之首。这说明在清代，刘五店渔盐业已较他处发达。同时，也从一个侧面反映乾隆时期刘五店的人口也达到了一个高峰，成为当时一个较大的人口聚落，也成为当时同安与外界的出海口及区域海洋贸易地。②

再来看看各产盐地的情况。

金门早在元朝时官方就设立盐场，最盛时达十处之多。以下来看看与此相同的乾隆时期，浯洲（金门）盐场的状况，据乾隆时的县志、府志记载，当时金门设有浯洲场总理场官一员，管辖沙尾、永安、浦头、南埕、宝林、官镇、田墩、烈屿等 8 埕。有团长 22 名，团甲 82 名，晒丁 821 名，坵盘 5411 坎，漏井 8898 口。当时年均产盐量为定额 14 万担，其中内沙尾、永安等埕产盐 21 万担，烈屿埕由另外委员管理（嘉庆七年改归浯洲场兼管），定额产盐 3 万担，溪靖商运定额 44000 担，岩平商运定额 32000 担，长泰商运定额 8800 担，海澄商运定额 2600 担。值得一提的是清代大小嶝亦有晒盐的生产活动，当时大嶝小埕额设埕办一名、巡丁一名，每名月给工食银一两，晒丁 22 名。坵盘 67 坎。③

---

① 马巷此项为配盐。

② 参见（清）万友正：《乾隆马巷厅志》卷 7《海防》，乾隆四十一年（1776）修，光绪十九年（1893）黄家鼎校补刻本.

③ （清）林焜熿：《金门志·赋税》，台湾大通书局 1984 年版.

乾隆时坐配浯洲盐场 33200 担,由乾隆三十年(1765)二月间奉文饬行,将同邑原配浯盐额内拨出盐 17000 担,改给龙溪、南靖、龙岩三帮商运。乾隆三十二年(1767)间,时任知县吴镛通详请复旧额;奉宪议准:拨还浯洲场盐 10000 担。以后至道光时,坐配浯洲场盐 207200 担,每担征收正课钱 150 文,折银一钱五分;盐本、运费等钱 145 文,就于正课项下开销。银解赴盐道衙门交纳,其应销盐勋赴该场配装运销。①

从乾隆《马巷厅志》的记载来看:

浯洲场,拥有晒丁 808 名,包括沙美、永安、浦头、南埕、宝林、官镇、田墩,共七团,坵 4354 坎,年产盐 11 万担;

烈屿场,晒丁 298 名,包括青岐、上林、西方、上库,共四团,坵 1127 坎,年产盐 36600 担 814 斛 15 两;

四埕,晒丁 108 名,包括汪厝附蔡后,年定产额盐 1600 担;海头为 1300 担;大嶝 1100 担。②

归纳这几处较大的地区盐场的年产对比如下:

表 6　马巷厅盐场年产量对比③

类别	晒丁数	产盐地	坵盘数	年产盐量
浯洲场	808 名	沙美、永安、浦头、南埕、宝林、官镇、田墩共 7 团	4354 坎	11 万担
烈屿场	298 名	青岐、上林、西方、上库共 4 团	1127 坎	36600 担 814 斛 15 两
四埕	108 名	汪厝附蔡后、海头、大嶝	／	4000 担

从以上统计来看,乾隆时马巷厅所辖的三处产盐场,以浯洲盐场的产量最大,7 处地方年产盐量共计达 11 万担,平均每处约为 15714 担还多,烈屿当时的 4 团也有 3 万 6 千担以上的产量,平均每处约有 9150 担以上;四埕

---

① (清)林焜熿:《金门志·赋税》,台湾大通书局 1984 年版。

② (清)万友正:《乾隆马巷厅志》卷 5《盐政》,乾隆四十一年(1776)修,光绪十九年(1893)黄家鼎校补刻本。

③ 资料源自(清)万友正:《乾隆马巷厅志》卷 5《盐政》,乾隆四十一年(1776)修,光绪十九年(1893)黄家鼎校补刻本。

所辖各处均有 1000 多担的产量。

由此看来，乾隆时马巷厅地区形成了以浯洲场、烈屿场及四埕为产地的三处重要产盐区，与此相应则形成了刘五店、澳头等几处销盐地。当然，以三处盐场共计超过 15 万 600 担的产量，相信还有更多的输送地，比如自明末以来的输盐大户台湾等地。

据道光十二年（1832）册档，其《额定盐课章程》记载：

浯洲场仍旧管辖八埕（大嶝归祥丰场）；设团长 8 名，坵盘 1210 坎，漏井 716 口，拥有晒丁 206 名；其年定产额盐 27267 担又 50 斤。坐配龙溪 9000 担，海澄 2200 担，长泰 3000 担，平和 1500 担，南靖 3000 担，同安 3700 担，漳平 2200 担，宁洋 2600 担。① 两相对比可知，由乾隆至道光，金门的盐场生产有所下降。如道光时的坵盘数量跌至乾隆时的近 1/5，漏井还不及以往的 1/12，自然产量也大跌，仅为乾隆时的 1/5 左右。可见，当时的金门，仍承袭了明末郑成功时期以来大量向外输盐的历史。

清代后期，刘五店设有海关，金门渡船及商、渔小船则由马巷厅通判给领照牌。其出入口则由镏（刘）五店海关报验征税，而以金门县丞及协镇中军派口胥盘验，以方便商旅。自道光末年，镏（刘）五店海关派丁分驻金门后浦，稽查更为严密。以后又另设海防局委员给领旗照，商船出入口费头绪更多；而厦门大关哨船复时时逻视，勒令贾舶归入正口。但金门不产米谷，只待外来商船的接济；民食艰难，清代后期更为严重。② 当时的厦门已是通洋正口，故对其他地方船舶有巡视查验之权。

晋江一带濒海之地，其海岸线蜿蜒曲折，临海处地势平缓，非常利于渔、盐业的发展。北宋时期，晋江以浔美和洒州为中心地，开始制盐，并设置了管理盐场的大使厅，对盐实行官府专卖。到了南宋，允许私人开盐场，不再实行专卖，便于增加收益。由元代至明代，在当地均设有盐场畦丁，负责征收盐税。元至元十四年（1277），福建始置市舶司，领煎盐征课之事。二十四年（1287），改立盐运司，以后历提举司、元帅府等管辖，凡置盐场七所，即

① （清）林焜熿：《金门志·赋税》，台湾大通书局 1984 年版。

② 参见（清）林焜熿：《金门志·船政》，台湾大通书局 1984 年版。

海口场、牛田场、上里场、惠安场、浔美场、浯州场、洓州场。① 原盐由官府设局卖引,抽取盐课。七个盐场中,除海口场、牛田场属福州,上里场属兴化外,当时属泉州者有惠安场、浔美场、洓州场和浯州场,除惠安场外,另三处均位于今天的厦门湾。

明代的盐场,以深沪湾沿岸的浔美盐场和同安湾(今厦门港之东咀港)的洓州盐场在当时最为著名。下面看一下位于厦门湾东岸围头湾的洓洲盐场的情况。

乾隆三年(1738)晋江县系官办每年配销:

正额盐 19604 担 2 斤,盈余盐 58395 担 98 斤,额外盈余盐 6000 担,以上共应销正额盈余、溢额等盐 84000 担。②

洓州场设总理场官 1 员,管理东西二埕。东埕有新市、后市、井尾、蔡埭、埕边、南埕 6 团,在乡团长 16 名,晒丁 328 名,垱盘 3842 坎,塥井 709 口;西埕有柯坑、埭边、上洓、下洓、江北、谢厝、东仓 7 团,乡团长 14 名,垱盘 4931 坎,塥井 676 口。东西二埕产盐每年定额 96000 担,年额销盐 76500 担内。晋江官运年额配销洓盐 33400 担,同安官运年额配销洓盐 10700 担,南安商运年额配销洓盐 7175 担,安溪商运年额配销洓盐 8225 担,溪靖商运年额配销洓盐 10000 担,岩、平、宁商运年额配销洓盐 7000 担。③

《同安县志》记载,"乾隆七年(1742),晋江、惠安、同安三县照旧归官办运,计每年全邑额定应销盐 53500 担……将同安原配浯盐额内拨出盐 17000 担,改给龙溪、南靖、龙岩三帮。适运改拨洓洲场盐 10000 担,浔尾场盐 7000 担,着令同安配销。因洓、浔各盐场觔色黑苦,只堪醃渍鱼鲜,不便民食,兼之本邑渔户无多,难以全数配销,以致官盐壅积,国课悬宕。乾隆三十二年(1767),知县吴镛通详情,复旧额,奉宪准拨还浯盐场 10000 担"。④由此可知,当时厦门湾地区所产之言,以金门盐场者为佳。当时较为内地的

---

① 参见(明)宋濂:《元史》卷91《志第四一·上·百官七》,中华书局1976年版。
② (清)尤逊恭、周学曾等:《道光晋江县志》卷3《盐法》,上海书店2000年版。
③ (清)尤逊恭、周学曾等:《道光晋江县志》卷3《盐法》,上海书店2000年版。
④ 吴锡璜,林子增《同安县志》卷10《赋税》,1929年版。

地区,则由同安配销食盐。

考乾隆后每年配运之总数如下:

配运正额引2万39道33觔,盈余引33460道67斤;共应销正额余引盐53500担……县境所辖有浯洲场、汪厝、六小埕,其应销盐觔系赴该场埕并晋邑之沔洲场、惠邑之惠安场配装运销。①

至于西海岸的龙溪,其县志仅记载,"本县年销盐额五万担",②并无有关盐场生产等内容。南安等地史籍中亦无盐场的记录。

从清代整个厦门湾的盐业生产来看,仍以浯洲盐场为最大生产地,且当地所产"浯盐"质量优于他处产盐,多用于食用。厦门湾沿岸下辖于马巷的浯洲、烈屿、四埕以及晋江的沔洲由此成为最大的几处产盐区。其销售地经由诸如刘五店、澳头、马巷等地的转运,可送达龙溪、南靖、龙岩等内陆地区。因鱼盐之利,也带动了厦门湾沿岸不少地方的发展。如刘五店一地,就因输运各类盐货,加之海洋渔业,发展成为兴盛的海港、形成墟场,并且入清后还成为附属厦门的一个海关口。

四、都市之兴及社会发展

鸦片战争以前的清代,厦门可谓尽得发展之优势。"自康熙十九年(1680)奠定后,人民蕃庶,土地开辟,市廛殷阜,四方货物辐凑,骎骎乎可比一大都会矣。凡一岛之事,皆备载焉。"③

比之上文提到的郭实腊对厦门人口20万的估算,再来看看国人的记录。据清代官方的记载,至道光十二年(1832),"查照门牌甲册,除僧、尼、道领县牒照仍归县造并无屯丁竈丁外,核实土著居民大小男女共十四万四千八百九十三名丁口;内男八万三千二百二十九丁,女六万一千六百六十四口"。④ 虽则郭实腊的人口估计有较为夸张之嫌,但考虑到地方官府未录入僧、尼、道等人士,加之不少有可能未实报纳税之人,相信人数已相当可观。

---

① 吴锡璜,林子增:《同安县志》卷10《赋税》,1929年版。
② (清)吴宜燮等:《龙溪县志》卷5《赋役》,乾隆二十七年(1762)版。
③ (清)周凯:《道光厦门志》卷2《分域略》,台湾大通书局1984年版。
④ (清)周凯:《道光厦门志》卷7《关赋略·户口》,台湾大通书局1984年版。

值得注意的是,其中男女人口数量的差异多达两万余人。考虑到传教士所记录当时盛行的父权至上、重男轻女的杀女婴习俗①,则可以想见当时此俗之恶,当为其主要原因。

彼时由于厦门一地的海洋事业的兴盛,不少泉、漳的技工、匠人、船民均向厦门移民,这也促进了城市人口的增长与当地经济的发展。此外,清代厦门习水之家颇多,已有专门的水上人家,虽妇幼而不惧波涛,"玉沙坡钓艇,家人、妇子长年舟居;趁潮出入,日以为常。十岁童子,驾轻舸鸣榔下饵,掀舞波涛中无怖;计其获利,殆视耕倍也"。其实这就是沿海的疍民,本地人称之为"白水郎"者,他们居于"港之内,或维舟而水处,为人通往来、输货物;浮家泛宅,俗呼曰'五帆'。五帆之妇曰'白水婆',自相婚嫁;有女子未字,则篷顶必种时花一盆。伶娉女子,驾橹、点篙、持舵上下如猿猱然,习于水者素也"。② 咸丰时施鸿保《闽杂记》卷九之《五帆船》中也记载说,"兴、泉、漳等外海汉中,有一种船,专运客货与渡人来往者,名五帆船。其中妇人名白水婆,自相婚配,从不上岸。或有女子未字者,船头裁(栽)时花一盆,称为报喜花"。

所谓"梯航既通,南琛北赆,百货丛阗,不胫而走。第地窄人稠,物价数倍",③由于城市人口增长,原本地窄人稠的厦门,自然物价也随之高涨。

由于长期从事海洋贸易,风险系数很大,沿海人家除了在族内兄弟间进行过继之外,另多有养子习俗,例如同安洪塘纪氏,其族中不仅过继者颇多,且有多户有养子或养女。如十一世秉艺,生于康熙甲戌年(1694),卒于乾隆壬午年(1762),姚方氏,生于康熙庚辰年(1700),卒于乾隆甲辰年(1784),生一子安,又养一子信圭;第十二世洪登,生雍正癸卯年(1723),卒乾隆丙寅年(1746),姚陈氏生一子饮,养一子丁;洪联,生雍正乙巳年(1725),姚陈氏,元出,养一子庭;十三世德□,讳欻,生乾隆戊戌年(1778),

① Karl Friedrich August Gutzlaff.*Journal of Three Voyages along the Coast of China in 1831,1832,& 1833 with notices of Siam,Corea,and the Loo-Choo islands*,London:Frederick Westley and A.H.Davis,1834,p. 177 and p. 188.

② (清)周凯:《道光厦门志》卷15《风俗记·俗尚》,台湾大通书局1984年版。

③ (清)周凯:《道光厦门志》卷15《风俗记·俗尚》,台湾大通书局1984年版。

姚洪氏,生乾隆丙午年(1786),卒咸丰戊午年(1858),生一子眼,养一子取;德礼公,讳知,生乾隆甲午年(1774),卒于咸丰年,姚陈氏生乾隆己未年(1739),卒咸丰庚申年(1860),生三子绸、界、便,又养二子耍、选;十四世方其,讳上,生乾隆己巳年(1749)卒道光己酉年(1849),姚苏氏,生乾隆丙午年(1786),卒道光己巳年(1849),养二子择、庚;方潘,生嘉庆辛酉年(1801),卒咸丰甲寅年(1854),养一子召,生三子相、勇、定,一女引;方移,讳徙,生嘉庆乙丑年(1805),卒道光戊申年(1848),姚方氏,生嘉庆丁卯年(1807),生四子拿、埕、东、能,将东承继四弟,养一子都;三叔方琼,讳瑶,生嘉庆甲戌年(1814),三婶陈氏,生嘉庆己卯年(1819),卒光绪戊戌年(1898),养一子注,生二子博、志,一女莲;十五世,隆玉讳树,生嘉庆丁丑年(1817),卒道光丁未年(1847),姚陈氏,生嘉庆己卯年(1819),养一子荐,生一子禁,一女桃;①其中有养一子或两子的,有抱养孩子后自家又有生育的,以男孩居多,女孩只是个别。

所谓"闽人多养子,即有子者,亦必抱养数子。长则令其贩洋赚钱者,则多置妻妾以羁縻之,与亲子无异"。②

不过,在士大夫眼中,养子之俗也带来了一些弊端,"分析产业,虽胞侄不能争,亦不言。其父母既卖后,即不相认。或借多子以为强房。积习相沿,恬不为怪。夫于'礼'曰'乱宗',于例断宜归宗;宗支紊乱,何其不之察也! 数传而后,并不知为谁氏子孙矣"。③

清代,厦门的水仙宫一带已成为港口船运以及贸易的中心地区,当地洋行、商行林立,船只棋布,庙宇众多,热闹非凡。池显方《洪济山顶》中说,"二担东西浪入天,贾舶渔帆连蚁队;潮鸡初唱扶桑红,日观何须登泰岱"。④清人陈迈伦《水仙宫》一诗中有言,"鹭门禹庙落成初,胜景层开接太虚。斜磴人来悬壁上,危亭极目大荒余。近城烟雨千家市,绕岸风樯百货居。泽国

---

① 同安后麝六大祖宫:《同安纪姓族谱》,1982年重修本。
② (清)周凯:《道光厦门志》卷15《风俗记·俗尚》,台湾大通书局1984年版。
③ (清)周凯:《道光厦门志》卷15《风俗记·俗尚》,台湾大通书局1984年版。
④ (清)周凯:《道光厦门志》卷9《艺文略·诗》,台湾大通书局1984年版。

久无烽火警,一声长啸海天舒".① 从中可以一瞥厦门在清代承平之时,当地市场繁荣、货物充盈、城市兴旺的一片海国都市景象,因久无烽火之忧,都市发展,亦有新建庙宇散布其间。

道光时任泉州府厦门同知的许原清著有《快园记》,其中说,"厦门咫尺地,据漳泉之交,扼台澎之要,为全闽门户,番舶之所往来,海运之所出入;商贾翔集,则奸宄易生;物产麇至,则稽察匪易;国家特设水师提督官驻扎其地,谓其险也。……闽自台阳入版图,因粮为食,民以丰足。海滨弛迁界之禁,外夷得通市之乐。雨旸时若,烽火无闻。此得于境者之快也。厦门介漳、泉而无漳、泉纷纭扰攘之习,民气安恬,讼狱稀少,朝而理焉日可食,夕而理焉夜可寝,又快之独得于厦门者也"。② 这为我们提供了一幅开海后厦门一地通市贸易的兴旺景象。当时的快园为水师提督官邸的附园,为福建著名园林之一。

随着生活水平的提高,清代厦门岛上的花园庭院已相当普遍,养花造园蔚然成风。大大小小的园林点缀各处,极大地丰富了厦门的市井风光。由于厦门气候宜人,遍种诸花,并出现了家传的专以养花为业的人家,"城东之靖山、禅师岭、超然洞、洌水山庄、白鹿、虎溪山足一带,多花园;花时烂熳映带,馨香不绝。……亦有番种;居民不种五谷,世以花为业"。③《厦门志》之《旧事·丛谈》曾记载:"厦门,旧有小杭州之目。洪和长诗:'锦绣烟花自一洲,无边风景似杭州';言风物之华丽也。而纪石青先生则直题以'古桃源';如云'元鬓青衫犹汉代,桃花流水岂秦人'!以及'花源今可得,此亦一桃源'",④可见当时厦门风物之美,早已成为世外桃源、海上花都,故历代文人多有吟咏。

厦门港在清代发展极为迅速,成为当地翘楚,其地位远超一般海港,由于各种地方行政、军事机构的移驻,其地位甚至超过当时的马巷厅、同安县和泉州府,成为清初的特区。与此同时,接续了漳州月港、安海港以来的发

---

① (清)周凯:《道光厦门志》卷9《艺文略·诗》,台湾大通书局1984年版。
② (清)周凯:《道光厦门志》卷9《艺文略·记》,台湾大通书局1984年版。
③ (清)周凯:《道光厦门志》卷15《风俗记·俗尚》,台湾大通书局1984年版。
④ (清)周凯:《道光厦门志》卷16《旧事·丛谈》,台湾大通书局1984年版。

展后序,自明末清初地位上升,顺利成为厦门湾的明星城市,也带动了周围港口的发展,成为以厦门港为中心的厦门湾港口群。

由于港口城市发展迅速,泉、漳等地技工、匠民、船户等纷纷移民至厦门。人民生活富足,市民阶层地位上升。出现了不少新兴行业,如世代为业的花户,外来的讼师等等。此外,畜婢、赌博、迎神赛会、卖良为娼等不良活动也纷纷兴起,如当时,"赌博盛行;奸民开设宝场,诱人猜压,胜负以千百计。初由洋舶柁师、长年等沾染外夷恶习,返棹后群居无事或泊船候风,日酣于赌;富贵子弟相率效尤,逐成弊俗。耗财破家,害不胜举。近因商贩失利,例禁日严,此风渐息。第恐日久玩生,仍难净绝"。①

又如好鬼习巫,"吴越好鬼,由来已久。近更惑于释、道,一秃也,而师之、父之;一尼也,而姑之、母之。于是邪怪交作,石狮无言而称爷,大树无故而立祀;木偶漂拾,古柩嘶风,猜神疑仙,一唱百和;酒肉香纸,男妇狂趋。平日扪一钱,汗出三日,食不下咽;独斋僧建刹、泥佛作醮,倾囊倒箧,罔敢吝啬。盖释氏以一'忏'字愚人,谓福可求而罪可免"。② 作为地方官员的周凯认为,梁武帝、唐太宗等人是心有惭德,才为释、道所惑;"人惟修德行仁可以消灾免祸,彼释、道奚能为哉? 与其施钱于寺观,孰若散吾乡里亲故之贫者;亦可为贪痴者解惑矣。"又如隔三岔五举行的迎神赛会、王醮等活动,"满地丛祠,迎神赛会,一年之交且居其半。有所谓王醮者,穷其奢华,震镝炫耀;游山游海,举国若狂。扮演凡百鬼怪,驰辇攒力,剽疾争先,易生事也;禁口插背,过刀桥、上刀梯、掷刺球,易伤人也;赁女妓,饰稚童肖古图画,曰台阁,坏风俗也;造木舟,用真器,浮海任其所之或火化,暴天物也。疲累月之精神,供一朝之睇盼;费有用之物力,听无稽之损耗。圣人神道设教,而流弊乃至于此,犹曰得古'傩'遗意,岂不谬乎?"③此外,"女闾随在有之;厦门五方杂处,此风尤盛。……间有无赖之徒,蓄婢数口,认为假女;长则置之青楼。买良为贱之律,宜严究。"④蓄婢与女闾彼此相系,使人真假难辨,助长

①　（清）周凯:《道光厦门志》卷15《风俗记·俗尚》,台湾大通书局1984年版。
②　（清）周凯:《道光厦门志》卷15《风俗记·俗尚》,台湾大通书局1984年版。
③　（清）周凯:《道光厦门志》卷15《风俗记·俗尚》,台湾大通书局1984年版。
④　（清）周凯:《道光厦门志》卷15《风俗记·俗尚》,台湾大通书局1984年版。

了地方上的不良之风。凡此种种,均为钱财及人力、物力之奢靡浪费,更教人伦理道德之败坏。

明后期以至于清代,由于海外贸易日久,对外交流频繁,厦门湾沿岸诸多"番银"流入,成为当时的流通货币,如西班牙本洋、墨西哥鹰洋、香港银元、日本龙洋、美国贸易银元,还有荷兰、智利、越南银元等等。闽南地区流通最多的是鹰洋和本洋。①

如前文所述,明代厦门湾各地流入各国"番银",自西属"块币"(锄头锞仔银)之后,明末至清代又继续流入"双柱双地球银币"和有西班牙国王的头像币(民间俗称为"佛银"、"佛头银"、"鬼脸钱")。此外还有荷兰的"马剑"银币等。1821年墨西哥脱离西班牙独立后,"头像币"停铸,1823年墨西哥开铸"鹰洋"。"鹰洋"在1854年后大量流入我国,并成为各大中城市的标准货币,据清宣统二年统计,流通中的"鹰洋"数量占外国银元的1/3。②

图46　鹰洋③

---

①　福建省情资料库:《银元》,2008年10月1日 http://www.fjsq.gov.cn/ShowText. asp？ToBook＝171&index＝14&。

②　参见林南中:《漳州历史上的"番银"》,2006年4月17日,http://www.mnrb. net/Html/fjzz/news/whzl/08572631149.htm。

③　韩联芳:《墨西哥1860年鹰洋T.H》,2014年7月17日,中国文物网,http:// bbs.wenwuchina.com/forum.php？mod＝viewthread&tid＝634780。

图 47　佛头银之一种①

图 48　日本龙洋②

　　以上国外银币作为当时世界贸易的主要结算币,在明清之际,通过海上丝绸之路涌入我国的东南沿海地区,且逐渐深入内陆。从清中叶至民国初期,厦门湾沿岸包括官方以及民间交易、纳税、商业记账等的经济活动,大都以"番银"作为结算币,比如漳州一地,当时的银票、地契、文书上多有"佛

<hr>

①　1807 年西属墨西哥卡洛斯四世头像银币,"佛头银"中的一种,漳州市博物馆藏。参见高炳文:《漳州海丝"番银"赏析》,2013 年 4 月 7 日,http://wenku.baidu.com/link？url = JCRrA1BEJEKaTBhXTLX4 _ rLH5XnrcguE2FAWLI _ ZDu81zeYMzykwbd-nMG2KLcjbmNkaY6Zx54heLE0a-CHRN5D2cpF0h5WStWnHY1drSKK。

②　明治三十六年为公元 1906 年。王家年:《日本的龙洋攀升》,《闽南日报》2015 年 3 月 9 日。

银"、"佛头银"等称谓,可见"番银"曾大量流通于漳州。各类"番银"的铸造样式和重量,也影响到"漳州军饷"等我国早期地方银元的铸造。① 据《厦门志》记载,"厦门率用番钱",不过因"银肆取巧,挖凿至破烂不堪,大为人累"。② 乾隆三十三年(1768)晋江刘暹一案中,刘父"许给黄氏番银一百大圆","向蔡耀银店借出番银一百大圆,先交黄氏十大圆"。③ 说明当地早就通行"番银"了。

乾隆二十三年(1758)有上谕说:"如系向来到厦番船,自可照例准其贸易",东南亚各国的商船多至厦门等地进行贸易,其中就携带大量番银。例如乾隆四十六年(1781)、四十八年(1783)、五十一年(1786),嘉庆十二年(1807)、十四年(1809),就分别有西班牙商人万梨落、郎码叮、郎安敦、牛黎美亚、郎万雷、郎吧兰、郎棉一等人先后来厦,随带燕窝、苏木等特产,每次多带番银十余万余元来厦门进行贸易,而后运回大量的中国土产回程。④ 又如清廷于乾隆五十四年(1789)十二月,由闽浙总督伍拉纳在福建沿海设立厦门、福州南台、泉州蚶江三个官渡口,其收费标准亦是以番银为准:"官渡商船,由厦门至鹿耳门,每名许收番银三圆。由南台至八里坌,蚶江至鹿仔港,每名许收番银二圆,不准多索。"⑤嘉庆二年(1797),闽浙总督魁伦、福建巡抚姚棻曾在奏折中提到:"因南风将发,恐洋匪窜至台郡,雇募乡勇,堵缉巡防,应给口粮,银两不足,赴省请领,谕令经承林钦筹款垫发,林钦因无项可动,怂恿沉扬派令停泊各商船,每船捐出番银八圆,以充公用。该船户等因官为保护,亦各情愿捐缴。"⑥可见虽然保护船户是朝廷的职责,但由于公家一时无钱可垫用,亦可因公之名先由商船捐款摊派费用。又如在阿林

---

① 林南中:《漳州历史上的"番银"》,2006 年 4 月 17 日,http://www.mnrb.net/Html/fjzz/news/whzl/08572631149.htm。

② (清)周凯:《道光厦门志》卷15《风俗记·俗尚》,台湾大通书局 1984 年版。

③ 第一《历史档案》馆:《清代土地占有关系与佃农抗租斗争(下册)》,中华书局 1988 年版,第 686 页。

④ (清)周凯:《道光厦门志》卷5《船政略·番船》,台湾大通书局 1984 年版。

⑤ 《清高宗实录》卷 1345,第 25 册,中华书局 1986 年 4 月影印本,第 1237 页。

⑥ 《宫中档嘉庆朝奏折·第三、四辑·闽浙总督魁伦、护福建巡抚姚棻奏折》,嘉庆二年二月五日,第 703—705 页。

保、张师诚的奏折中提到因厦门、大担门以及镇海、料罗一带洋面为商货往来之所，故也是洋盗劫掠之地。行商金天德等人呈请捐造巡船二十只，添募兵丁八百名，并每年公捐番银四万元作为兵丁、舵水等月饷米折口粮，以及清洗船只、修换篷索之费用。① 足见商船主为了本身的安全捐款给朝廷造船，并增加兵力，借此得以受保护，其捐款之巨，的确不在少数。

明代以降，尤其是清代以来厦门湾沿岸银币的大量使用，也充分体现了当时亚洲市场上白银作为流通货币的职能。滨下武志先生的研究，为我们提供了自朝贡贸易以来形成的以中国为核心的亚洲经济圈特点。到 18 世纪中叶为止，西方国家向中国、印度、日本等东方国家输入的大量白银，都促进了亚洲各国对白银的需求。白银为此在亚洲不仅作为民间流通和贮藏的手段，且作为政府（朝廷）征税的支付手段发挥作用。其中，作为贸易结算货币的白银在当时是依存于民间的习惯和贸易习惯进行流通的。包括厦门湾在内的亚洲区域内贸易当时已形成了一定的白银结算秩序，且从西方流入的白银都改换为依照亚洲惯例进行流通。②

尽管以西班牙银元为代表的西方白银在中国流通时，是先按中国价值单位的两、钱单位进行称量，再按其含银的纯度进行换算后才进行交易，③但具体到各地的运用交易时，一些地方会加付贴水，但还是难免鱼目混珠。成色90%左右的外国银币大量地向闽南输入，与成色95%以上的国内纹银等量流通，导致纹银外流，利权外溢，严重损害了明清时代的国家权益，同时也加速了封建社会及其币制的崩溃、刺激了中国币制的改革。为此，至道光十年（1830），厦门一地"饬各行商公议厦秤七钱二分为一圆，计重不计数；俾奸者毋所用其巧，其事乃已"。④

至道光时，最重要的外来流毒则当属随英国等殖民国家带来的鸦片，

① 《宫中档嘉庆朝奏折》第十七辑，《闽浙总督阿林保、福建巡抚张师诚奏折》，嘉庆十三年正月十八日，第 346 页。

② 参见［日］滨下武志：《近代中国的国际契机：朝贡贸易体系与近代亚洲经济圈》，朱荫贵、欧阳菲译，中国社会科学出版社 1999 年版，第 65—70 页。

③ ［日］滨下武志：《近代中国的国际契机：朝贡贸易体系与近代亚洲经济圈》，朱荫贵、欧阳菲译，中国社会科学出版社 1999 年版，第 67 页。

④ （清）周凯：《道光厦门志》卷 15《风俗记·俗尚》，台湾大通书局 1984 年版。

"鸦片烟,来自外夷;枯铄随髓,有性命之虞"。虽则官府坂禁令,"买食者杖一百,枷号两个月;不将贩卖之人指出者,满杖;职官及在官人役买食者,俱加一等;兴贩、种卖、煎熬者,充军;开设烟馆者绞监候,地保邻右俱满徒"。而愚民不醒,性命以之。周凯曾痛陈其九大流弊,"曰丧威仪、失行检、掷光阴、废事业、耗精血、荡家资、亏国课、犯王章、毒子孙。……甚有身被逮系,求缓须臾,再一啜吸者;愚滋甚矣。……初食时,受人引诱,殆以为戏;渐至不能暂离,引至而不得,有甚于死"。①

清代,厦门湾贸易在前期至中期都有相当地发展与兴盛,但同时,清朝廷也进行了相当的限制。

从清代的海禁情况来看,1655 年下令禁海,至 1684 年开海,1717 年禁止南洋贸易,1727 年再开海禁,至 1840 年两次禁海,而两次议而未果。总计禁海时间为 40 年,约占 1840 年以前清朝统治时间的 196 年之 1/5;从1727 年以后至 1840 年,在 113 年中则未发生过禁海之事。清朝廷最初对海洋贸易有较多限制,但后来也逐步放宽,且从 1742 至 1754 年间形成了较为宽松适应的中外直接贸易及船运政策。樊百川先生认为,就总体而言,清朝的对外政策并不是"闭关"的。单纯地责备其实行"闭关政策"而阻碍了中国的进步发展,这是不公平的。而同期,正是西方殖民国家于 1840 年前后的两三百年里以"大炮和刀剑"进行海盗式殖民,不断掠夺各国、勒索居留地之时。当时的英国产业革命也尚在进行之中,对东方的贸易和航运尚未发生实质性影响。应该说,西方的海盗式"贸易"初期未能在中国得逞,直至 1840 年后方才奏效。②

当然,我们可以从清代渔船的规格来探讨一下当时的限制情况。

清代对渔船的出入与规格有严格限制,据大清会典,康熙四十六年(1707),准闽省渔船与商船一体往来。欲出海洋者,将十船编为一甲,取具连环保结:一船有犯,余船尽坐。桅之双、单,并从其便。嗣后造船,责成船主取澳甲户族里长邻右保结:倘有作奸事发,与船户同罪。康熙五十三年

① (清)周凯:《道光厦门志》卷 15《风俗记·俗尚》,台湾大通书局 1984 年版。
② 参见樊百川:《中国轮船航运业的兴起》,四川人民出版社 1985 年版,第 9—16页。

(1714)，覆准渔船出洋，不许装载米、酒；进口，亦不许装载货物。违者，严加治罪。其守口各官不行盘查者，照失察奸船出入海口例罚俸一年。乾隆十二年(1747)，福建省胖仔头船桅高篷大，利于走风，未便任其置造，以致偷漏；永行禁止，以重海防。①

乾隆二十年(1755)，清朝廷因怀疑英殖民者的武装人员船只，故下令关闭以往的通商口岸，只留广州一口；推行闭关政策；次年又复准外洋船只到厦门贸易，清廷这种对海外贸易的关口进行多次反复开闭，对厦门港口的发展产生了负面影响。乾隆五十五年(1790)，总督伍拉纳奏：厦门白底艍欲赴鹿仔港贸易者，令由厦门同知编号挂验放行，仍于船旁大书"厦门赴鹿仔港"字样，并令兴泉永道于牌照内加用关防验放。按省例，白底艍为一种渔船，定例不准经商。当时此类渔船经商开了先河，后仍被禁止。②

又据省例，嘉庆九年(1804)，浙藩详细规定：闽省渔船越浙捕鱼，止准收泊镇、象、定三县，查收船照，换给官单；一俟汛毕，缴单换照，驱逐回籍。嗣后务将在船舵水年貌、姓名、箕斗于照内填明，移关三县查办。据兵部则例，渔船福建许用双桅，别省只许单桅。据省例，嘉庆十七年(1812)，奉督宪文行闽省：单桅、双桅渔船本省出鱼稀少，许往浙江舟山等处采捕；不许越赴江南省。违者治以越境之罪，船只变价入官。据吏部则例，渔船私载货物接渡入口，汛口官不行查禁，罚俸一年。省例又规定，商、渔船只，梁头七尺以上者归关征税，七尺以下者，归县，即渔税也。据《中枢政考》，出海商、渔船只，自船头起、至鹿耳梁头止并大桅上截一半，各照省分油饰；船边两睛，刊刻某省某州某县某字某号；其篷上大书州县船户姓名，每字大径尺，不许模糊缩小。如遇剥落，填写油饰。沿海汛口及出洋舟师，实力稽查。无讹者，即系民船；如无油饰、刊刻编号及字样涂改刻削情弊，即系匪船，拘留究讯。商船出外洋者，准带头巾、插花所竖桅尖；内洋商、渔船只概行禁止。如有私带出口者，该官罚俸一年。福建渔船之桅，听其用双、单；各省渔船，止许单桅。其梁头均不过一丈，舵水不得过二十人。……厦门渔船属鱼行保

---

① （清）周凯：《道光厦门志》卷5《船政略·渔船》，台湾大通书局1984年版。
② （清）周凯：《道光厦门志》卷5《船政略·渔船》，台湾大通书局1984年版。

结,朝出暮归,在大担门南北采捕;风发,则鱼贯而回。往浙江采捕之渔船,在石浔、灌口一带收泊,先赴县城盐馆配盐为腌鱼之用,方准出口。①

从朝廷政策来看,清代规定船只最大载重不能超过五百石。明代万历二十五年(1597),远航东南亚的私人帆船就有137艘,而在清代一直过了223年后的嘉庆二十五年(1820),远洋船数才达到295只,②仅为其两倍略多;况且清代船只大小元不及明代,载重的总吨位也增加不了太多。比之同时代的英国,在1660年制定的《航海法》里,英国商船就得到了诸多商业特权,如制造大船可以领到补助,出入口岸可以宽免关税;英政府同时禁止出卖坚固且具作战能力的战船给外人,严惩遭遇外船不战而降的英船,且以制造坚船利炮作为爱国公民的职责。在这样的政策之下,商船成为国家舰船的后备力量,国家舰队与民间商船合而为一。③ 在如此有利的环境下,英国航海业迅速壮大。在清朝廷重新放开南洋海禁时,中国船舶吨位及航运能力已经处于劣势,"番人造船比中国更固",④且"外国船大,中国船小"。⑤这种差距,在晚清则更为明显。从第一次鸦片战争英军宣扬其武功的绘画中,就可以一瞥中外船制的大小。而此时的中国,离郑和最后一次下西洋仅四个世纪,离露梁海战和料罗海战仅两个多世纪。

对比当时西班牙统治者在吕宋制造的夹板船,大者可载重两万余石;小者亦可载一万余;英国的则更大。尽管至19世纪上半叶,不少国家船只有渐向小船发展的趋势,美国的对华贸易船只从二三百吨至四五百吨,而英国的商船平均载重仍在1200—1300吨左右,散商船只平均也在600吨左右。⑥ 至19世纪上半叶,众多西方国家在航海及造船技术上都已超过中国,在国际船运中占据了优势。

---

① (清)周凯:《道光厦门志》卷5《船政略·渔船》,台湾大通书局1984年版。

② 参见田汝康:《中国帆船贸易与对外关系史论集》,浙江人民出版社1987年版,第40页。

③ 巴波尔(V.Barbour):《十七世纪的英荷商船》,转引自田汝康:《中国帆船贸易与对外关系史论集》,浙江人民出版社1987年版,第41—42页。

④ 蓝鼎元:《鹿洲初集·卷三·论南洋事宜书》,厦门大学出版社1995年版。

⑤ 《皇朝文献通考》卷33,乾隆十二年(1747年)版,第12页。

⑥ 樊百川:《中国轮船航运业的兴起》,四川人民出版社1985年版,第29页。

图 49　英国军舰进攻厦门图（局部,1841 年 8 月 26 日）①

　　至道光朝,"如福建之厦门码头,本为内地贩洋商船聚泊之所,后因陋费繁重,屡次禁革,乃愈禁则愈甚,遂至洋行歇业,洋贩不通,幸系内地商人,可以任其所之,不致激成事端"。② 一方面沿海居民成分渴望通洋各国,另一方面,朝廷与官府的规条繁多,税费沉重,双方矛盾难免容易造成激化。

　　由于朝廷的限制以及天灾人祸,共同造成了厦门商船的日渐减少。据《厦门志》记载,厦门商船对渡台湾鹿耳门原本向来千余号,配运兵谷、台厂木料、台营马匹、班兵台饷、往来官员人犯,海外用兵所需尤甚;然皆踊跃从事。嘉庆十一年(1806)后,因台地物产渐昂,又因五口并行,并以鹿耳门沙线改易,往往商船失利,日渐稀少,以致渡台商船,仅剩四五十余号。此外,因道光十一年(1831)七月在浙江之普陀山飓风,商船半伤,沉船七十余号;

---

　　①　此图为民船,跟官方的战船相比肯定有相当差距,不过当时中外船制规模以及性能在晚清已经有极大差距。此图源自 Richard Borough Crawford(act. 1814—1849) (artist) ,Henry A.Papprill(1816—1896) (engraver) ,View of the Capture of Amoy,on the Coast of China,on the 26th August,1841(Plate 2) ,Ackermann & Co.,London:September 1,1842,http://www.georgeglazer.com/prints/vista/amoy.html。

　　②　(清)贾桢等:《筹办夷务始末·道光朝》卷 64·第 5 册,中华书局 1979 年版,第 2538 页。

计丧资百余万。鹿耳门沙线改易，南风不能泊，多失事；又人心不古，出海昧心，故意沉失，遂致不复重整。民间商船因无利可图，多窥避配运兵谷，皆改商为渔。①

　　以下来看看当时国外的记录材料，比郭实腊稍晚来到厦门林赛（H. Hamilton Lindsay，即当时化名"胡夏米"（Hoo Hea Mee）的英国船主）在其1833年的报告中说，"这个繁荣城市的所在地是全中国最贫瘠的地区之一，因而也就没有什么东西可资出口。此地甚至连生活必需品也要信赖邻近的台湾岛，该岛夙来很恰当地被称为中国东海岸的粮仓。这地方尽管有这些不利条件，然而中国没有一个地方像厦门那样聚集了这许多有钱的能干商人。他们分散在整个中国沿海各地，并且在东印度群岛的许多地方开设了商号。被人称为'青头'的木帆船大多是厦门商人的船只。……对外贸易的极大部分是由厦门地方的一些资本家所经营的。他们在马尼拉虽然遇到了极高的关税和恼人的歧视，但他们和这个岛屿依然继续维持着商务关系。他们和东京及印度支那半岛的贸易并不多，但是每年也至少有四十艘大帆船前往暹罗的首都曼谷。前往婆罗洲、孟加锡、巴达维亚以及苏禄群岛去的福建帆船都是最大型的，其中有的载重达一万二千担，即将近八百吨……大量装载一般被称为'海峡土产'的货物。这些船只也有很多每年在新加坡停泊，装载鸦片和英国的制造品"。② 可见直到道光初期，厦门在外国人看来，仍是中国最有吸引力的港口之一。

　　具有如此商贸活力的港口为何后来衰退了呢？林赛认为，"统治王朝对于这些富有进取心的福建居民很少支持或鼓励。他们是最后屈服于满洲统治的人，而且根据我所见到的情况来看，他们最终将最早乘机摆脱这个沉重的压抑着人民的商业活动力的清朝枷锁。为制止厦门蒸蒸日上的繁荣，清政府（朝廷）……首先取消它的对外贸易，然后对当地的船只课以重税。根据郭士立（K. Gützlaff，即郭实腊）……的记录来看，载重两千担的小帆船每次进港时，除了要向皇帝进贡像燕窝之类的物产外，还要缴纳一千多块银

---

① 参见（清）周凯：《道光厦门志》卷5《商船》，台湾大通书局1984年版。
② 姚贤镐：《中国近代对外贸易史资料：1840—1895》第一册，中华书局1962年版，第249—250页。

元的正税,除非他们运来的是大米,才能免缴关税。地方政府非正规的勒索性的苛征暴敛,近年来使得厦门的许多大商人迁移到上海、广州以及其他地方去了,他们在那里利用从家乡来的船只和人员经营贸易"。① 一船进港,便有如此多的重税,可以想见为何当"阿美士德号"前来时,有多少人渴望并暗中与外国人交往。

勤劳勇敢的厦门商人们没有被海洋的大风大浪所吓倒,但却在统治者的苛政重税下避而远之了。林赛的材料反映,正是朝廷的政策与地方政府的勒索才是导致厦门港衰落的主要原因。当然在他看来,商人远走他乡,这也是借以摆脱清朝苛政的一种有效办法。

第二节　西岸的移民社会

承启明代月港的繁盛,清代的厦门湾西岸已有相当发展,清代的厦门湾也持续了自明代以来的出国潮,尤其是清初移民成为自明末郑芝龙与郑成功父子以后的又一次高潮。雍正五年(1727)浙闽总督高其倬向清廷的一份奏文中披露:"查从前商船出洋之时,每船所报人数,连舵手、客商总计,多者不过七八十人,少者六七十人。其实每船皆私载二三百人。到彼之后,照外多出之人,俱存留不归。"

当时厦门湾沿海搭船出洋已是平常之事,不少家族的男丁成年后都有前往外洋的经历,以厦门湾西岸就有多族、多宗之人前往外邦。"更有一种嗜利船户,略载些须货物,竟将游手之人偷载至四五百人之多,每人索银八两至十两,载往彼地,即行留住。此等人大约闽省居十之六七,粤省与江浙等省居十之三四。"②自然,出洋者要交纳相当数量的费用给船主,但比之在外邦更容易赚得大钱的将来,这点暂时的银两也就不为人所顾惜了。

17 至 19 世纪,厦门湾沿岸以漳泉地区移居菲律宾的移民为最,据格雷

① 姚贤镐:《中国近代对外贸易史资料:1840—1895》第一册,中华书局 1962 年版,第 250 页。

② 郝玉麟:《朱批谕旨第 46 册》,上海点石斋 1887 年本,第 26—27 页。

戈里奥·F.赛义德所著《菲律宾共和国:历史、政府与文明》第 10 章统计,1603 年菲律宾的华侨已有 3 万人,1747 年增至 4 万人,至 1886 年便增 6.7 万人。① 这其中,由厦门一地出洋者相信必不在少数。由于两地切近,水程不过 12 更,在这三个世纪中,闽南地区人民移居吕宋(菲律宾)的最多。下洋至吕宋及南洋等地经商已成为不少家族的传统,清代仍有大量厦门湾人民前往,其势不减。

清代,厦门湾沿岸人民仍然保持了直航吕宋这一传统,他们多在每年冬季,乘着东北刮季风,自厦门扬帆出海,通过台湾岛西岸,沿吕宋岛以西南下,经由马尼拉、班乃岛等地下到苏禄。由厦门运去的多为锅、碗、盆、布、丝、瓷、糖及各种金属器具,以日常生活用品居多,从当地贩回的则多为苏禄群岛土产,如黑、白海参,黄蜡、珍珠、燕窝、玳瑁、乌木、丁香、肉桂、檀香、贝壳、樟脑等物,以香料、食品居多。不少物品还经由厦门转运至全国各地。

当时厦门湾沿岸人民多有移居吕宋者,而经营其航线贸易的多为漳泉海商,而其中又以厦门湾西岸为多。如乾隆年间,地方官员的奏折中就列有往返苏禄的船户名单,其中有厦门湾西岸龙溪县的吴德金、林大顺、黄万金、柯逢源、刘合兴、郭元美、方长兴、马金成,海澄县的林长盛,东岸晋江县的杨大成、蔡兴、蔡长茂等人。② 当时中国与苏禄的贸易主要就是与厦门湾沿岸人民的贸易,而且苏禄人多搭乘厦门湾沿岸商船前来贸易。从交易成本及到达后售价来看,销到苏禄的商品可以高于原价 1/4 至其 2 倍的价钱在当地销售,而苏禄特产在厦门的交易也为高于原价 1/3 至 3 倍以上的价钱销售。③ 可见这种贸易对双方来说都是互利互惠的。

由于当时清廷限制,这些移民多属非法移民。厦门湾沿海因有地利之便,港口众多,前往外邦者每年不下七八万人。由于华侨出洋后多能吃苦耐劳,历经一番打拼后有不少人在南洋等地成为富商巨贾,加之亲族与邻里的

---

① 参见中国人民政治协商会议漳州市委员会:《出国史话》,2005 年 11 月 22 日,http://www.fjsq.gov.cn/showtext.asp? ToBook = 26&index = 10。

② 厦门港史志编纂委员会:《厦门港史》,人民交通出版社 1993 年版,第 56 页。

③ 参见厦门港史志编纂委员会:《厦门港史》,人民交通出版社 1993 年版,第 57—58 页,据其中 1776 年 1 月由厦门航往苏禄以及回航的中国商船所载商品清单进行折算。

提携与帮助，所以不少地区形成同姓、同村、同州县、同府出洋的热潮。这在厦门湾西岸各处有不少实例，如厦门海沧新垵的邱氏、石塘的谢氏、祥露的庄氏、马銮的杜氏、青礁的颜氏等等。其中有至东南亚诸国发展的，有至台湾发展的，与明代相比，清代有更多的厦门湾人去往海外，同时已有部分人士在外乡、外邦建立功业，当时有漳州人许芳良任噶喇巴甲必丹，龙溪石美人陈豹卿等人任过三宝珑甲必丹。法国学者苏尔梦女士1981年曾在爪哇泗水发现曾任泗水甲必丹的漳州华侨韩振泗于乾隆四十三年（1778）所立的墓碑。据泗水《韩氏家谱》记载："韩振泗的父亲韩松是漳州龙溪天宝路边社人，康熙十二年（1673）出生，乾隆八年（1743）于爪哇捞森（Lasen）去世。"经她考察后认为"石头肯定是从福建来的……碑文跟内地的也一样。"①据《同安县志》卷三十六的《人物录·垦荒篇》记载，清同治年间（1862—1874），翔风十一都（今厦门同安县新店乡洪厝村）洪思返、洪思艮等11人在苏门答腊东部海岸罗干河下游的巴眼亚比（Bagansiaipapi）开发渔场。他们不仅在经济、政治、习俗、信仰等方面影响了移居地，更对本乡、本土产生了诸多回馈影响。

青礁颜氏便是其中一例。青礁村原属漳州府龙溪县（后改海澄县）第三都之永昌保，三都因地近海，当地人沿海村落一直有前往外邦打拼的传统。以颜姓为大姓的青礁村在清代也承继了前朝的传统，不仅努力在当地修宫建室，营造信仰与文化气氛，更有族人持续不断前往海外。

据青礁当地《重修慈济祖宫碑记·青礁东宫记》记载：

> 保生大帝，漳之祖宫也。宫为漳之祖，或建或修，成之于颜氏，宫址歧山。歧山者，颜氏聚族之村也。颜氏董其成，而漳之人踊跃捐资乐助马者，敬其祖也。漳之宫，非漳人亦罔不踊跃捐资乐助焉者，敬其神也。基地恢郭，殿阁宏敞，自宋迄国朝，修葺始末，前已勒于石，故不复云。
>
> 乡进士、拣选知县、武安蔡画山盟手拜撰。塘颜清杨敬书。

---

① 政协漳州市委员会：《漳州古今》，2005年11月22日，http://www.wenhuazz.com/ShowArticle.asp? ArticleI…。

赐进士出身授朝议大夫郑元捐银式佰大员,太学生陈廉植捐银壹佰大员;(下略,共 77 人)……嘉庆十九年蒲月榖旦,董事颜仲英立石。

当然,在慈济宫以后的维修及重修过程中,颜氏以外的他姓族人及有关宫庙也有捐款。如与上一碑文同时的嘉庆十九年的碑文《重修东宫碑记》中,就有如下记录,

岱洲慈济宫捐银贰佰大员;青礁颜可仲捐银贰佰大员;院前颜大英捐银贰佰大员;圣龙宫捐银壹佰贰拾大员;叮叽宜共捐银壹佰贰拾大员;心田官捐银陆拾捌大员;昭灵宫捐银伍拾贰大员;正顺庙捐银伍拾大员;大隐堂捐银肆拾大员;庆丰堂揭银肆拾大员;谢石塘捐银肆拾大员;温厝社捐银叁拾壹大员;吉连丹共捐银叁拾壹人员;银堂宫捐银叁拾大员;柯井社捐银叁拾大员;竹林宫捐银贰拾陆大员;朝天堂捐银贰拾陆大员;鳌头宫捐银贰拾肆大员;进福堂捐银贰拾肆大员;南园宫捐银贰拾肆大员;长春内宫捐银贰拾贰大员……(下略)

嘉庆十九年蒲月榖旦,孚美龙聚堂董事颜仲英立石。

从捐款者情况来看,其中不仅有当地热心人士,更有各处庙宇宫庵等 150 多处捐资。而这一捐资活动,又是由颜氏族人发起的,其董事为颜家的族老。从两碑所提供的资料来看,颜氏能够召聚如此众多的人员及庙堂为其捐资,可见其在当地的号召力是相当大的。同时,也反映了吴真人信仰在当地流传范围的广布与发展。

关于当地的社会发展,有关的一则碑刻的记载颇有意义:

昔宋绍兴辛未,尚书定肃颜公之始建祖东宫也,捐俸奏请,德云懋矣。至淳熙己巳间,承事郎唐臣公复为恢廓其制,基址壮丽,费以巨万。盖未尝不叹其善述定肃公之志,而隆神庥于无穷也。辛丑播迁,庙成荒墟,公之子姓复捐募重建,营立殿阁,架构粗备,未获壮观。赖吧国甲必丹、郭讳天榜、林讳应章诸君子捐资助之,一旦乐睹其成,焕然聿新,虽

图 50　吧国缘主碑记

默鉴有神，启佑无疆，然颂功德而扬盛举者，当不在二公之下矣。是宜勒石志之，以垂不朽。

赐进士第吴钟撰书

甲必丹：郭讳天榜舍银陆拾玖两；林讳应章舍银叁拾两；王讳应瑞舍银拾捌两；郭讳居鼎舍银叁拾陆两；黄讳廷琛舍银叁拾两；马讳国章舍银陆拾两，林讳元芳舍银拾贰两，蔡讳宗龄舍银陆拾两，林讳万应舍银陆两，陈讳炯赏舍银拾贰两，林讳祖晏舍银陆两，蔡讳凤翔舍银陆两，王讳绍睿舍银贰拾肆两，林讳儒廷舍银陆两。

信士：陈烨壮、傅宗旺、何日章、郭彬孝、王士转、叶梦魁、陈国良（以上一栏）……（下略数十人，共 108 人）

甲必丹林讳应章、美锡甜马讳国章同议，将吧国三都大道公缘银丑、寅二年共交银肆佰贰拾两。劝缘颜铭益、颜忠鹏、吴维琛、林自谟、陈玉官。

康熙三十六年岁在丁丑孟冬吉旦　首事颜仲英仝立石。①

此碑表明，在明清之交，已有不少当地颜氏族人移民至东南亚，且继续支持本乡本土的建设。募资海外一事，可以看出几个特点，一则颜氏及当地其他宗族早已有相当数量的人员移民海外，二则当地宗族已在东南亚有所发展；三则能向在海外的作为华人首领的甲必丹等人募资，也说明已有部分颜氏族人在东南亚的发展上升至管理层面；四则反映了颜氏族人在国内及海外的组织号召能力以及青礁慈济宫的吴真人信仰在东南亚的传播情况。

再看漳州龙溪林氏，该族自明末有族人移民台湾，至乾隆十九年（1754）续修族谱时，林氏移居台湾、澎湖、金门者已有百余人之多，多数集

---

① 《吧国缘主碑记》，位于海沧开发区之慈济东宫内。

图 51　纪念青礁慈济宫吴真人诞辰 1026 周年庆典

中于淡水。以后族人移民台湾者更多,尤以其十四世林侯六偕子安邦(号石潭,字平侯)于乾隆末年渡台开基台北新庄、板桥为最。林平侯最终成为台湾发达财团的主人,对开发台湾大嵙崁、淡水以及噶玛兰等地贡献颇多。①

林平侯,名安邦,号石潭,龙溪县人。16 岁随父移居台湾淡水新庄,在米商郑谷家帮佣。数年后在郑谷资助下独开米店,因"善书算,操其奇赢,获利厚"。后又与竹堑林超贤合伙经营全台盐务,"复置帆船,运货物,往贩南北洋,拥资数十万。年四十,纳粟为同知,分发广西,署浔州通判,摄来宾县。嗣调桂林同知,署柳州府。有干才,大府重之。嘉庆十九年,大学士蒋攸铦督两粤,有短平侯者,密揭其私。……寻引疾归"。② 林平侯可以说是典型的与台湾的开发共同成长的家族领袖。嘉庆二十三年(1818),林平侯

---

① 参见庄为玑、王连茂:《闽台关系族谱资料选编》,福建人民出版社 1985 年版,第354—363 页。

② 连横:《台湾通史》卷 33《林平侯列传》,商务印书馆 1983 年版。

举家迁往大科坎（今桃园县大溪镇），垦田开荒，成为富甲一方的大地主，岁入谷数万石。不仅如此，林平侯还热爱乡梓，在淡水置义田赈济故里乡亲，并在龙溪设"永泽堂林氏义庄"，又捐资助学，倡修淡水文庙及东海书院。①

生于1838年的林维源，经过上辈林国华和林国芳的锐意经营，到了他这一代仍不断进取开拓，世代经商，到了同治年间，至板桥林氏第三代，林家由林维让、林维源两兄弟主持家计，由于深得林家长辈的赏识，最后总管了林氏家政，此时的林家已富甲于乡里，以后经林维源40年悉心经营，其家族在台湾已财力丰厚，声名远播，成为台湾首富，田园数量居全台第一。② 林氏一族从厦门湾移居台湾，最终又因国难从台湾回厦门，一族数代人多次在国家危亡、人民有难时挺身而出，扶危济贫，助学兴院，造福乡梓，成为厦门湾人造福国家与回馈乡梓的代表。

除此之外，厦门湾西岸还有诸多家族移民外乡、外邦。以下，本书从几个具有代表性的宗族活动来具体进行分析。

一、全方位移民的石塘谢氏

石塘村位于今厦门海沧区，明代属漳州府海澄县三都石塘社。目前约有人口4000余人，最早为谢姓单姓村，后陆续迁来王、陈、吴、潘等姓氏，至今谢姓仍为当地大姓。

从《谢氏家乘》来看，其移民台湾及海外的人口都有相当数量，至迟在明代万历年间已有族人相继迁居台湾。其后不断有族人继续迁居，人口流动频繁且活跃，谢氏族人不仅开发了台湾岛的南北各地，此外也有相当多的族人移民国内其他地方；同时移居国外的族人也有相当数量。

① 漳州市图书馆：《台湾的漳籍人物》，2000年11月8日，http://www.zzslib.org.cn/htm/zzytw/3.htm。

② 中日甲午战争清廷战败后，被迫将台湾割让给日本。时任台湾垦抚兼团防大臣的林维源不敢逆旨，于1895年全家内渡，定居于鼓浪屿。此前林维源还曾捐银一百万两助抗日军民，随即携眷回厦门居住。其子林尔嘉曾任厦门保商局总办兼厦门商务总会总理，并在鼓浪屿仿造自家的台北板桥别墅，并参照江南名园修建了菽庄花园。林氏父子不专享其财，以其全部的爱国热忱回报国家和社会，赢得了后人的景仰，参见连横：《台湾通史》卷33《林平侯列传》，商务印书馆1983年版。

以移民台湾情况来看,谢氏各房派多有移台族人,具体人等如下:

孝公派下,谢氏第十四世有多人移民台湾,即正端长子第世挺,生康熙三十五年(1681),卒乾隆十四年(1749),葬台湾坎仔脚—高雄凤山;二子腾,讳澄奋,生康熙四十三年(1704),卒雍正乙卯年(1735),葬台湾中路六重盘后;及三子倦,讳澄勤,生康熙庚寅年(1710),卒乾隆己卯年(1759),葬台湾;宸楚传子第十四世澄槐,生康熙壬子年(1672),卒康熙乙未年(1715),生子五,一战二江三山四明五历;澄槐三子第十五世山,生康熙丙戌年(1706),卒雍正甲寅年(1734),葬台湾府南门外仙草寮—嘉义县,生子一继盛;蓝四子第十五世眼,生雍正十一年(1733),卒乾隆庚戌年(1790),葬台湾坎仔脚,生子一皆;每传子第十五世鹤,讳世文,生乾隆戌年(?),卒乾隆壬辰年(1772),葬台湾鹿仔港—彰化,生子一广富;共 7 人,生子8 人。①

睦公派下,有第十二世奇一传子尾出居台湾,字汉科,卒葬石塘深沟顶,配陈氏生万历庚辰年(1580),卒万历庚申年(1620),在台湾生子二长立次标;仲字应相,生康熙庚戌年(1670),出居台湾,生子四长四次时三八四节;第十四世中,有畴次子朝字应恭,葬台湾承天府三块厝—屏东恒春,生子二长陈次程;固字应泰,生于康熙庚寅年(1710),卒乾隆庚子年(1780),葬台湾庄瑶潭诉,生子一有;第十五世有朝长子陈字启明,生乾隆戊午年(1738),卒乾隆戊子年(1768),葬台湾,次子程字启敬,生乾隆辛酉年(1741),住台湾;固传子有字启基,生乾隆壬申年(1752),卒乾隆癸丑年(1793)葬台湾坎仔脚谢厝寮;长子第十六世卒葬台湾,配陈氏,葬海乾河仔顶,生子兴在。合三子第十六世学,生乾隆元年(1736),卒乾隆戊申年(1788),葬台湾,生子四,长清次深三□四侍;涌次子第十七世景,生乾隆甲申年(1764),卒乾隆辛亥年(1791),葬台湾水堀头,嗣子宗保(泽次子);共10 人,生子(嗣)14 人。②

任公派下,第十二世一堵传子辰,生卒失载,葬台湾,生子二长正次二;

---

① 厦门海沧《石塘谢氏家谱》,同治元年(1862)重修本。
② 厦门海沧《石塘谢氏家谱》,同治元年(1862)重修本。

六次子显明生万历四十六年(1618)，卒康熙五年(1666)，葬台湾康里岑仔，生子三长日尚次日贤三日雄；六四子显尾字藏修生天启元年(1621)，卒康熙辛亥年(1671)，葬台湾，生子仕明；第13世中，吕长子吉念生崇祯辛亥年(辛未年？1631)，卒康熙甲辰年(1664)，葬台湾桶盘，生子三长酉次惟三爱；吕次子吉美，生崇祯八年(1635)，卒失载，葬台湾；心碧四子宗哲，生崇祯八年(1635)，卒康熙十九年(1680)，葬台湾目加留湾，生子二长元和次兴；嗣振六子心字思敬，生康熙三十九年(1700)，卒乾隆十九年(1754)，葬台湾山坎仔脚；守世传子圣，生卒失载，传子三位均住台湾；继盛子思容，生康熙辛未年(1691)，卒雍正己酉年(1729)，葬台湾，嗣子一成祖；第十四世中有琏次子兴宗，生康熙丙子年(1696)，卒乾隆乙丑年(1745)，葬台湾，生子二，长妈朝次大韬；宗哲次子兴，住台湾；汝泽三子猷字先谟，生康熙五十九年(1720)，卒乾隆四十七年(1782)，葬台湾，生子四长凤次銮三祥四就；汝慎三子王字先代，生雍正十三年(1735)，客死台湾；佛勇长子旺，字□生康熙壬年(？)，卒失载，住台湾，生子一喜；佛勇三子洁，生康熙丙申年(1716)，住台湾；又道四子兆鼎，生卒失载，殁于台湾淡水，生子一开生；仕明四子安字克恭，生失载，卒乾隆元年(1736)，葬台湾，生子二长天鳞次秃灏；第十五世中，彩三子联信字玉顺，生康熙辛巳年(1701)，卒台湾，嗣子一宝鬆；意三子联隆，生雍正甲寅年(1734)，卒乾隆癸未年(1763)，葬台湾，生子一天奇；裕三子联谨，生康熙辛丑(1721)，卒乾隆庚午年(1750)，葬台湾中路；典次子联□，生康熙丙申年(1716)，卒乾隆壬戌年(1742)，葬台湾中路；典四子联□，生雍正甲辰年(1724)，卒乾隆己亥年(1779)，葬台湾中路；鹏次子段，住台湾；十六世中，感长子宗成，生乾隆丙寅年(1746)，卒乾隆庚子年(1780)，葬台湾太西，生子一传生；沛传子健，生乾隆丙辰(1736)，卒乾隆甲寅年(1794)，葬台湾北路次子脚，生子一位正；耀次子邹，生雍正壬子年(1732)，卒失载，葬台湾；耀三子斟，生雍正甲寅年(1734)，卒失载，葬台湾；宝嗣子葵，生乾隆乙亥年(1755)，卒葬台湾；降次子圣贤，生乾隆戊子年(1768)，卒失载，葬台湾坎脚仔，嗣子一治；露长子佛荫，生卒年月失载，葬台湾；露次子麒，生康熙丙子年(1696)，卒乾隆壬年(？)，葬台湾坎子脚僚头，生子三长赵次朝三揆；露三子傅，生康熙己卯年(1699)，卒葬台湾，生子二长俊次妹;露四子预、五子语、六子夺生卒均失载,住台湾;巷传子孝,住台湾;三传子长,住台湾;宏礼长子光秀,生卒失载,住台湾殁;三友长子胜驾,生乾隆戊年(?),卒乾隆四十九年(1784),葬台湾坎仔脚颜厝僚;畴四子士彪讳俊秀,生雍正乙巳年(1725),卒乾隆己酉年(1789),葬台湾萧桃下管社北,生子一景行住台湾诸罗县;鹏长子俊荣,生康熙乙未年(1715),卒嘉庆己未年(1799),生子三长庆次欣三发,均住台湾漳化县学甲番社口;十七世中,长茂嗣子世琰,生乾隆戊寅年(1758),卒乾隆乙卯年(1795),葬台湾西门外冢山,嗣子一观泽;勤次子应珩,生康熙丁酉年(1717),卒乾隆辛巳年(1761),葬台湾新庄,嗣子一道系胞弟机三子;槿三子应利,生乾隆甲子年(1744),卒葬台湾,生子二长慊;俊长子应守,生乾隆丁丑年(1757),卒葬台湾;国让长子郁文、次子宗老俱往台湾;雄祖长子应运,生乾隆辛酉年(1741),戊午年(? 1738)住台湾;雄祖三子宗林宗应怀,生乾隆辛酉年(1741),卒乾隆乙酉年(1765),葬台湾,生子一鼠;罢三子瞻,字应运,生乾隆壬年(?),卒葬台湾;宽次子嵩字天佑,生子东宁,往台湾;第十八世,文郁传子住台湾;文宗传子住台湾;嵩山传子名金海住台湾;共61人,生子(嗣)约46人。①

恤公派下,第十四世,汝传子意生康熙乙酉年(1705),父子出居台湾;仪长子筑,出居台湾;第十五世,腾伟子珍,生康熙庚子(1720),住台湾;弘次子国,巽才字孝臣,生康熙甲申年(1704),卒乾隆乙酉年(1765),葬台湾北路坎仔脚谢厝僚,生子二长二山次三寅,住台湾中港;领长子石祇,生嘉庆丙辰年(1796),次子石佛,生嘉庆戊午年(1798),均住台湾;第十六世,恺四子风讳文达,生乾隆三十七年(1772),卒嘉庆五年(1800),葬台湾;第十七世武传子钦,住台湾;共9人,生2子;②

道举公派下,第十二世,一阳长子昌潢字先赞宇,生万历甲寅年(1614),卒康熙庚午年(1690),葬前山配李氏,葬台湾鬼仔山草僚三角园边,生子一合;第十四世,在次子林之字光珍,生康熙乙酉年(1705),卒乾隆

---

① 厦门海沧《石塘谢氏家谱》,同治元年(1862)重修本。
② 厦门海沧《石塘谢氏家谱》,同治元年(1862)重修本。

丁巳年（1737），葬台湾坎仔脚谢厝僚，生子一天庇；保传子详，生雍正丙午年（1726），卒乾隆年间，葬台湾西螺，配王氏，生子一龙；隆次子恬，生康熙戊戌年（1718），卒乾隆乙巳年（1785），葬台湾谢厝僚，配林氏，生子一水；琳次子秋湖，生乾隆丁丑年（1757），卒乾隆乙酉年（1765），葬台湾，生子一闰盛；第十五世，文英长子天赐次子天成三子天吉均生于乾隆年间，卒失载，兄弟三人俱住台湾北路西螺街；石次三子双喜，生康熙丙戌年（1706），卒台湾北路西螺街，配万氏，生子二长茂盛，次秀郎；亮，生雍正乙巳年（1725），卒葬失载，住台湾北路西螺街，生子二长九次连宗；郡三嗣子齐，生乾隆丁卯年（1747），卒乾隆辛亥年（1791），葬台湾北路坎仔脚颜厝塞边与胆坟毗连，配周氏，生子一斌，住台湾；偕长子端郎，生乾隆戊午年（1738），卒葬台湾，配皇亭林氏，葬湖尾，生子二长侍次行，住台湾；偕次子胆，生乾隆乙丑年（1745），卒乾隆丙午年（1786），葬台湾北路坎仔脚颜厝僚，配吴贯林氏，生子一光六，住台湾；偕四子进，生乾隆乙亥年（1755），卒葬台湾，配杨氏，生子二长辉次濯住台湾；偕五子来，生乾隆己卯年（1759），卒台湾，配陈氏，生子一忆枝，住台湾；泽长子千，生雍正丙午年（1726），卒失载，葬台湾坎仔脚谢厝僚，生子一济老；泽次子教，生乾隆戊午年（1738），卒失载，去台湾坎仔脚谢厝僚；[①]共 22 人，生子 17 人；

从以上资料来看，石塘谢氏去台人员，共计有 109 人，生子 87 人；以任公派下裔孙去台者为最多，达 61 人，生子亦达 46 人；其次为道举公派下，共 22 人去台，生子 17 人；最少的孝公派也有 7 人去台；谢氏最早去台时间应在明末，其中睦公派下有第十二世奇一，传子尾，出居台湾，卒葬石塘深沟顶，其妻陈氏生万历庚辰年（1580），卒万历庚申年（1620），且在台湾生子。谱中虽未言明尾的生卒年分，但从其妻的生卒来看，其移民台湾时期早在荷兰人据台之前。谢氏去台人员，除最早的明代几位先民以外，少数卒于嘉庆年间，而多数在康、乾、雍三代去台并卒葬当地。从分布上看，谢氏移民主要分布于台湾岛西岸各地，从台南的凤山至台中南部的嘉义，中部的彰化县，直到北部的淡水地区均有谢氏族人生息繁衍的足迹。可以说，在台湾的北

---

① 厦门海沧《石塘谢氏家谱》，同治元年（1862）重修本。

路、中路直至南路各处均有谢氏族人居住,除了住地不详者外,谢氏比较集中居住地则是属于凤山的北路坎仔脚地区(今高雄市附近),有谢氏十余人均安葬在当地。相信初到台湾进行开拓的谢氏族人必定是聚族而居,这也从侧面折射出谢氏一门对早期台湾开发作出的相当贡献。

图 52　谢氏家庙外景

　　下面来看看谢氏移民海外情况,其一,由家谱资料一种提供数据①表明:

　　自十一世起,包括其孝公、友公、道举公、任公、恤公等各派下子孙移民情况。其中,移民地包括吕宋(今菲律宾)、槟榔屿(今马来西亚城市)、咬留吧/吧东/吧城(今印度尼西亚雅加达)、暹罗国(今泰国)、吉礁(今马来西亚城市)、马六甲(今马来西亚主要港口)、实叻(今新加坡)、安南(今越南)、苏禄(今菲律宾南部城市)、望加锡(今印度尼西亚城市)、香港、澳门、仰光(缅甸)、丹老(缅甸南部城市)、日本、沙浪、六昆(泰国城市)以及台湾诸罗县等地,另有移居地不详的番邦或外域有 40 人。

---

　　①　本部分内容参见厦门海沧《石塘谢氏家谱》,同治元年(1862)重修本,以及谢茂祥、谢聪民整理:《石塘谢氏后裔远播中外先人搜引》,2004 年版。

图 53　康熙三十年谢氏《重修祖庙碑记》

具体统计其谢氏自十一世以来的移民情况如下：

其中，葬地或迁至吕宋的有，孝公派下，第十三世渐卒吕宋；第十三世泗讳婴治，住吕宋；道举公派下，第十一世学礼字士节、一镇字英权，殁吕宋；第十二世弘业，淹殁吕宋；鸣鸾，葬吕宋；第十四世光裕以及粪，葬吕宋；第十五世先，葬吕宋八连仙塔林；苞，住吕宋；第十六世柑字乾江，卒葬吕宋；恤公派下第十二世维字惠薰，殁吕宋；次八讳仲，葬吕宋；十三世，久讳而卫字英毅、十四世准讳国圭、虎讳德字升启东，十五世兴葬吕宋；共17人。

葬地或迁居地在槟榔屿的有孝公派下的第十七世湛、光兴、富贵、第十八世妈爱、光愠第十九世淼葬槟榔屿；第十七世美、汝翼外亡槟榔屿；友公派下第十七世志字辉道，葬槟榔屿；道举公派下第十五世腾水，十六世朝龙、有定讳得成、三仲、怡字继元、辇、尧、宽柔，皆再葬槟榔屿；十六世广、协殁槟榔屿；奇长子名失戴，住槟榔屿；十七世等君殁槟榔屿；云、纯江、果珍讳兆璧、沧耳、夺魁、有义、雀、光道葬槟榔屿；霞卒槟榔屿；十八世信殁槟榔屿；光杼、传书、初喜、本恒改名本自葬槟榔屿；十九世起璋葬槟榔屿每乾；茂葬槟榔屿；任公派下第廿世，淑如葬槟榔屿；恤公派下第十五世贯、士俊、士锦、绿葬槟榔屿；典使卒槟榔屿；十六世连，葬槟榔屿遇港山；缉讳文灿字仲熙、如松讳文茂、卢会、著、简字居敬、志、孕、必、和尚、光田、子骞、宗义字亦新（？）、文华字国祥、方员字纯甫、清源、子平、修，葬槟榔屿；十七世宝王字蕴山、融、姜葬槟榔屿;十八世涯,葬槟榔屿塚亭石边;又化、素位字所居、天注、有才、顾安字适情,葬槟榔屿;共 71 人。

葬地或迁居地在番邦的有孝公派下第十七世赞、力、由、公文、知讳不便丽水、阵第十八世绵盛葬在番邦;第十八世真,外亡浮炉番邦;友公派下第十七世天然字辉理,葬存浮炉;道举公派下第十六世腾舜、自当、言语、冉有、光正、图葬番邦;光爱卒番邦;十七世榜、志诚、六谋葬番邦;六谅葬番邦金山;十八世启明、启澄、明泮、集成讳锡玉、敦伦书锡纪,葬番邦;恤公派下第十三世天祥字君章,葬番邦龙雅;十四世榜,卒番邦;荐,葬番邦;十六世行,葬番邦;十七世藕水、亲,葬番邦比仔闽;十八世火祥字献瑞、佑,葬番邦;共 32 人;葬地或迁居地在异域的有孝公派下第十八世笑葬异域;恤公派下第十四世壮讳国瑾,葬外域新坵;十六世保、来、光谋、育、振仍字丕基,葬外域;共 7 人;则番邦及异域的共 39 人。

葬地或迁居地在咬留吧(今雅加达)的有孝公派下第十五世,兴讳世安字静夫,葬咬留吧;道举公派下第十五世全葬咬留吧塚山、艺葬咬留吧;十六世恩求字玉璐,葬咬留吧;十八世祧葬咬留吧引入;恤公派下第十四世,衍讳旱字叶五,葬咬留吧;度讳□字伯昭,葬咬留吧望谬山;十六世坚讳文焰字启容葬咬留吧;共 8 人;葬地或迁居地在吧城的有道举公派下第十三世、品、阵葬吧城;十五世亚,葬吧城西塚中路;十五世张字世昌,十六世君恩,十八世恩恭字添贺,葬吧城;共 6 人;葬地或迁居地在吧东的有道举公派下第十七世茂、五桧,葬吧东;五湖讳兆平,葬吧东鬼仔蛮;恤公派下第十六世长苙,葬吧东;光为,葬吧东猫抵;共 6 人;共计 20 人。

葬地或迁居地在暹罗国(泰国)的有友公派下第十五世,坤字成斐,葬在暹罗国;恤公派下第十四世禄,葬暹罗内;十五世崙讳慕葵字在雍,葬暹罗望武;举讳绍宗葬暹罗;十六世莅,往暹罗;十七世光卿字国佐,往暹罗外亡;孝,葬暹罗;共 7 人。

葬地或迁居地在番邦吉礁(马来西亚城市)的有友公派下第十六世次、雍、隆字世良、德字世仁,十七世陈字辉善、熙讳辉康,葬番邦吉礁;道举公派下第十四世邦,十五世赐葬吉礁;十五世奇葬吉礁加央;十六世锦字成仁、阳午,葬吉礁;恤公派下十五世六讳伯荣字毅果、着讳大喜、前、态讳慕芝字贯朱,十六世晚、鳌漏、笑讳长粲、订、雅、彦讳文寿、光科,十七世拴葬吉礁;十五世辖讳士达、澳均卒于吉礁;暨、秦、带、勇字由仁、畧、诰使葬吉礁;共31人。

葬地或迁居地在马六甲的有道举公派下第十六世,文惠字玉玻,葬马六甲;恤公派下十五世月讳大星、狱讳慕莐字连山、敬,葬嘛/马六甲;深讳土造,卒马六甲;十六世宰葬马六甲;共6人。

葬地或迁居地在安南的有孝公派下第十九世陶葬安南;道举公派下第十七世发地葬安南本港;恤公派下第十七世石麟讳逢祥,葬安南;共3人。

葬地或迁居地在实叻(今新加坡)的有道举公派下第十七世九如葬实叻;十八世传经葬实叻;恤公派下第十七世三狗字锡见,葬实叻;共3人。

葬地或迁居地在丹老的有恤公派下第十八世敏,葬丹老;共1人。

葬地或迁居地在六昆的有恤公派下第十七世薹;1人。

葬地或迁居地在沙浪的有恤公派下第十八世莱、邑,葬沙浪;2人。

葬地或迁居地在马臣的有恤公派下第十五世润,葬马臣;1人。

葬地或迁居地在沙里的有恤公派下第十五世赐、蒲,葬沙里;2人。

葬地或迁居地在稣禄的有恤公派下第十六世琴讳焯别名妹,葬稣禄;1人。

葬地或迁居地在丹老(缅甸城市)的有十七世敏,1人。

葬地或迁居地在宋脚的有道举公派下第十六世敏;任公派下第十七世应时葬宋脚杉桥山;2人。

其二,家谱另一资料注明"移居国外"者①如下:

第十一世侍凤至吕宋;十三世汝才讳思贤、汝辅字程生、士忠字净卿,葬在吕宋;建德葬在吕宋班隘;十四世元绿殁于吕宋;春讳朝逊葬吕宋州仔岸;豫讳基兴、绍,卒吕宋;秉国以及十五世棋字廷宣,葬吕宋;十五世德衿字克纮葬吕宋甲马力,德袖字克纳,殁在吕宋;共13人。

十四世光明、光耀住吉礁;郯字国榕、实基字国梃葬在吉礁;十八世水苗

<hr>

① 本部分内容参见厦门海沧《石塘谢氏家谱》,同治元年(1862)重修本,以及谢茂祥、谢聪民整理:《石塘谢氏后裔远播中外先人搜引》2004年版。

字彦洪,葬吉礁;十九世夏以,葬吉礁;共6人。

十三世汝升讳妙、又遂字刚夫,葬咬留吧吉力石;又远字淡远葬在咬留吧;十四世邦字国梁住吧城;邦基字月郎殁于吧城;佛字民协,卒咬留吧;十五世贵字时哉,联讳嗣苞,十六世回、答、惟,葬在吧城;十六世南讳正阳,卒吧城;十四世崇陛、拨字山仲葬咬留吧;笃,(字□)北伟,往咬留吧;十五世鸣瑶居咬留吧桶岸、锡珍居咬留吧埔头;云字玉盛,琴字声一,渲字天,德祜字笃周,永老字绵远,魁字贵元,葬咬留吧;仰字向高,葬咬留吧旧冢;十六世弼字秀三、光讳廷芷、琼讳廷葵、登记字乃祥、轲字守谦、轩讳光时,时葬咬留吧;普字树百,时葬咬留吧大桥头;十七世让字世瑗、显讳应聪、胡讳应祥、梅讳应让,葬咬留吧;十八世大川字一济,葬咬留吧东新基;夺,葬咬留吧;银水,葬咬留吧东新坟;光武,葬咬留吧东;十九世顶钦,葬咬留吧;十九世尽字思孟,葬吧东鬼仔闽;共计有41人。

十五世随,住暹罗;秦讳联国,及讳时迈,葬在暹罗;十六世国才居暹罗土山,高钟字良驹,十七世绒讳世瑶,葬暹罗,开讳应梁,住暹罗;十九世苏,葬在暹罗;共计8人。

十五世乔字荣迁,客死安南;异字略卿,葬安南;十八世瑞鹏,葬安南;计3人。

十五世旺、周,住马六甲;畴字洪范,葬在马六甲;十六世旺四子节、动长子福全居马六甲;洁字希一、奉字天瑞、通喜字良乡、突讳仁佐,葬马六甲;鲤讳廷荣,时殁马六甲;十七世朝光居马六甲;学圣,葬嘛六甲;仙,葬马六甲;13人。

十六世纪长子阴居槟榔屿,王宽字于恭、治、水讳光全、志贤讳光艳、琏讳光蒲、令讳光肃、喜、应拨字世显、十七世川位字君赐、俨然字文威、栋字君有、顺字君通、妈利、澄桥字志洪、春宇、荣、庶民、联捷讳国齐、光荣讳国琳、光琏讳国用、联彩讳国平、斗讳国坚、仰讳仕碧、应得讳仕能、新洲、通文、光耀、法之次子、九、光址、祈应,葬槟榔屿;十七世仰止字君明,葬槟榔屿本头公;十八世的允、成、添,居槟榔屿;必魅、绍充、守卜、春、妈猜、光财、砖、光沛、锦云、光秋字守金、光名、一义、潭水字一河、树兰、仁泽、木笑、管仲、允恭、石字士珍、元芳字士兰、总字士林、缘、述字继芳、华珍字士瑶、仕狮、水萍、笃生、锦衣讳尚绣，葬槟榔屿；绍周字惟新，葬在槟榔屿猫抵万章；光转，葬在槟榔屿过港；妈益字守谦，夫妇三人葬在槟榔屿；蒋、充，卒葬槟榔屿；十九世光声、正勤、正寻、正本、广财、光明、九梅、得露、丹成、掌、夏烟、允应、允达、登香、奶雍、坑、朗、保，葬槟榔屿；从，葬槟榔屿过港；计89人。

十七世宝荣字仕显，十八世妈阴，葬食叻；十八世安琼，住食叻；十九世夏盆、兴、正荣，葬在实叻；计6人。

十七世钟讳世寿，葬番邦；十八世相、懺，葬番地嗵扣；十九世嘉喜，葬在番邦；计4人。

十七世宗讳世，葬日本；1人。

十八世余庆字一贺，葬澳门白石村福建塚；十九世沛长子，住澳门；2人。

十八世彩字文焕，葬望加锡；1人。

十九世鸟钟，葬在仰光山；1人。

综合以上两种谢氏出国人员资料，其总人数如下：

以槟榔屿人数最多，达160人左右，其次为咬留吧/吧城/吧东者58人，吉礁37人，吕宋30人，马六甲19人，暹罗15人，实叻9人，安南3人，沙浪、沙里、澳门各2人，丹老、六昆、马臣、苏禄、日本、望加锡、仰光山各1人；此外，地点不甚明了的番邦或异域的有43人等等，合计约387人。

此外，石塘谢氏移民国内情况如下：

孝公派：9人。

第九世相，字朝助，出居漳城南门外桂林村；第十世，相之子璋，出居漳城南门外桂林村；第十一世璋之子奇，复移居浦邑杨村；第十四世，派出居江西，祥之子□亦出居江西；十四世，阵寓居福州府；第十三世，正参名治字淑舆，葬长泰县东门外溪东大岸尾，又有正雍，葬同一地；第十五世，正赐字君锡，葬长泰县东大斤尾；共9人。

友公派下：约12人以上；

第五世成德，迁居同安东林，后复迁中孚后头埔；第八世中，元吉迁居乌石浦，后居周山窑，伯弘有儿孙迁往南澳；第十一世，钦锡之子名三哥，寄育在白石林家；又有钦老长子忠迁居天津卫，次子二忠七岁寄养石码；又有世

图54　谢氏家庙匾额

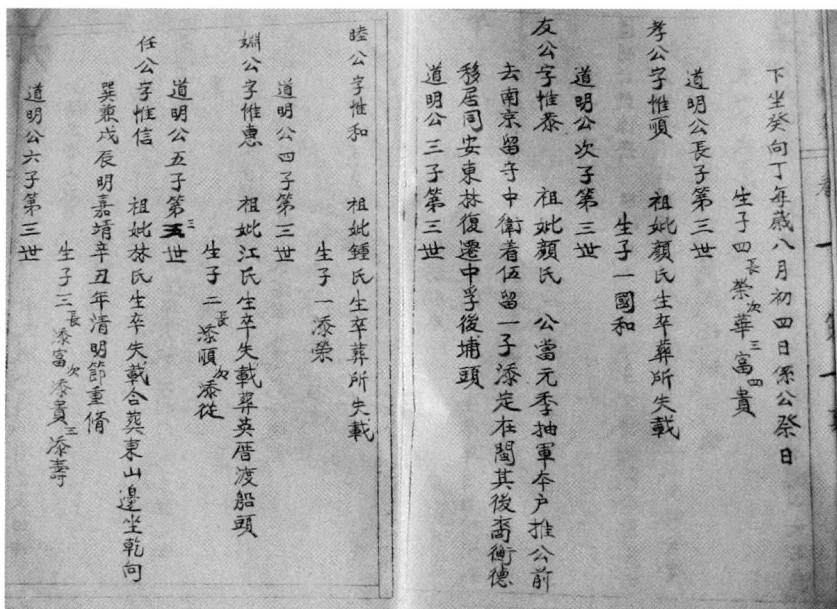

图55　谢氏族谱之一面

合移居沈宅上庭；第十二世，让信移居南安，葬南安山中；又有让恭，兄弟叔侄俱移居□胡头；共9人以上。

道举公派下：92人。

第三世华公，当兵北京，寓居嘉禾；第六世晚进，出居漳州城东门外；添郎，居同一地；丕爵，葬长泰三峰院前；第七世，更派寓居岑兜即下尾角；广诚，出居程溪；扁，出居浙江；第八世，武英，寓漳城东门外，武备出漳城东门外；廷官，出居漳州城；子和、佛生出居高浦；铿字世季子佛娘，出居长泰白帆岭内跳头；朝良、朝文出居程溪。

第九世，惟达殁广东。

第十世，月德出居潮州泥浦；日休寓苏州；日明寓镇江；玄字汝聪，葬兴化。

第十一世，学智出居漳州城北门外；学渊字士邦，葬漳城门外南山寺后馆山；承芳葬泉城；长出、盛出、祥出居福州省城陈衙巷；宽、瑞升出居长泰白帆岭内跳头；应鹤字进洋，寓居同安小（山）西门杨坂社；应举、应祥居同一地。

十二世，启传、启仕、启付三兄弟同居同安小西门杨坂社；昌祚及配，合葬建阳县水南黄华山岩仔岭；第十三世，虑因迁移被掳北京；朝庆寓漳州东廓宫；允聪、允明、允璇、志、迎兄弟五人俱出居建阳。

第十四世，祈福葬感化里大岭山娘妈宫；祈禄葬中仑大叠山；国光葬建阳水南羊厨山里；添字次施，寓居漳城；需郎讳光型，出居十一漳州城东门外。

第十五世，士麟讳冬晚字思谦，葬金门鸡埯山宋长者地里；士凤，讳成物字思让，葬金门大妈宫前；二人与士鹤兄弟三人由同安小西门外杨坂社移居金门后浦街；又有廷柱、廷梁、廷松三人住建阳；善讳纯德，葬石门内长坑仑。

十六世聪明，葬漳城南门外莲花社口；夏讳玉珍，葬漳城东门廿六都六保湖内流斗潭；伯训讳玉岑，葬漳城北门外南坑庵后山；佑字玉□，葬漳州东门外廿七都山石梯；联守，葬漳州东门外山狗墓郑水观坟前；广信字玉玢，葬南坑对面山金交椅；登阴，住三沙；登兴、起均葬梵天中仑；登高葬感化里岭亭保花厝山；锦字成仁，葬雉鸡山墓亭仑小路尾东山边；权，讳世宏，在南澳身亡；天池讳元液字玉波，葬广东澳门福建义山福兰棣；心安讳之虑字静夫，葬广东北门外白涌坑；济时讳元中，葬广东漳州义山下景泰石界边；汉龙，出居东度。

第十七世，七叶字时茂，葬广东省城茂阴；西南，出居广西怀远县；启贤，葬鹭门太平岩；泽清字宝泉，葬漳城；勇瑞字碧山，葬漳城北门外路头社，土名蔡坑亭；春炎、春敬、春意葬营后塚粪箕湖顶；春怨、春茗葬营后旗杆仑；入俏讳兆列，葬广东；宣化，葬漳浦辖龟镇山。

第十八世，赐荣名登渊讳夺魁，葬漳城北门外路头社蔡坑亭；赐洪字柔温，葬漳城东门外廿七都乌石社，土名长尾礼；育水葬漳城北门外南坑社土名癸丁山；树姚，葬广东北门外白涌坑；邦忠讳锡敬，邦哲讳锡贤，兄弟二人俱寓居广东省城；邦继讳锡爵，葬广东。

十九世，（邦继子）文涛寓居广东省城；光裕，光泽县为义民。

恤公派下：45人。

第八世福，寓居永春县。

第九世，骞字世通，出居同安山南洋；安字世重，以配合葬同安；长伯弘、次伯川，兄弟出居同安杨坑仔；伯秀，出居同安东澳洪前山仔；伯材出居同安兜坑尾；伯珍出居贯口刺林内；伯旺出居永春县；却字仍华一字应宵，出居漳浦县铜山铜钵，避乱迁潮州，复迁南澳，隶籍在诏安县五都三图二里甲班谢仁。

第十世，玄字弥靖，出居同安南洋新宅等社；耀，移居嘉禾二十一都宫路下；长油、次滓、三失载寓居同安；章浦，寓居同安港园。

第十一世，长应墀、次二墀兄弟二人俱出居同安；圭，寓居泉州。

第十二世铨字矜贤，葬南安三都九峰岭上，土名蔡田卿兹内山顶仑；标范，讳土检，住居建宁府；保，出居同安县内，后移外江。

第十三世必献字纯厚，葬泉州晋江东岳后，土名武厝围左畔河东界址石边；聘，住建宁府；双，流寓省城（福州）；连、基，出居淮安府安东县。

第十四世，裕美字芳星，迁居同安；龙，住建宁府；卫讳国璋，葬南澳虾尾礁上山窝；田讳国珍，出居江西；赞讳国瑛，住江西新榆县；璠、爵、陈讳庸均居江西；英，住新岱石家。

第十五世,阵、寿,出居江西新榆县;果使,葬广东。

第十六世,三才讳云连字希哲号午亭,葬同安梵天头仑青洋员石前左边;四美讳联魁字希成号宝亭,葬同安东山庙顶;拔讳邦振字子超,葬广东省福建场;佋讳邦辅,殁宁波。

第十七世,祖兴讳泽隆,葬同安梵天山东关常后,土名顶圭心;第十八世,允禄,葬广东。

以下根据《谢氏家乘》提供资料:16人。

第十世有协公,出居南京;有量公,出居温州;其子住江西。

十二世奇鸿传子,出居海丰长洲圳墟;台传子汉泉,出居泉州南内;映瑞,在长泰。

第十三世,陈传四子、富、孟、五哥俱住泉城。

第十四世,京傅子鹰,出祖监州移居南京。

第十五世,弟在长泰县古洋社;鸣秋,漳城南门外铜山;第十七世,深泉,葬杏林,过海西边。

第十八世,自武、至此俱在长泰。

又据《世谱卷》整理:约110人。

第十八世,珍器,漳州双路口;尚,远之子宗文,出居漳州。

第九世,台字大都,出居广东;珍器之子宣德,出居同安县内东门兜;昧生子清迟,出居同安;盘禄讳助生,出居同安港园。

第十世,佑字天相,同安长兴二都安岭;川长子月溪,募众重建楼山庙?;清迟,敦贤居同安;续生,漳州东门外潮阳;盘禄四个子,同居同安港园。

第十一世,元祖,出居海澄月港;应宾,同安县长兴里二都;待俸字元珍,同安白石乡连厝社;侍辰,福州府长乐上湖;敦贤传子,分居同安县。

第十二世,仲春字挺宇,葬潮州三海瀣东门赤涂埼;华国字光荣,葬同安白石乡牛角垅;瑞中,居同安中山。

第十三世,耀字其慧,同安郭坂;莹字元琇,江西建宁府水杉园;入之子一魁,住江西新榆县;志之子一兰,住公泽水口;青阶字赠宇,与青基葬灌口白石刘厝牛角垅;宸选字宝山,葬漳城;士攀字朝龙,葬在建阳县王墩社;维新字日初,葬在同安深青;莲、菊、梅,傅子,出居广西全洲。

第十四世静住江西赣州府南外；益讳克昌，住浙江嘉兴府五店镇；志传子，住光泽水口；震茂字玉苑，住朝洲汀海县蓬州；元圭字萃紫，葬江西新城县汤家；元珍字萃玉，葬永春县公孙寨下；超聪字听德，夫妻三人葬在建宁府南香；超明字视德，原配高氏，葬在建宁府三门社；攀（字？）朝弼，出居兴化府北门；周，出居建宁；怨，住江西省城内；润字象仲，葬漳城南门外万善庵后；答字良叔，元配陈氏，葬漳城；劝字克隆，葬广东高州吴川县梅鹿。

第十五世，左傅之子角，住江西赣州府南门外；一爵，住漳州城北门外茶园高坑社；静子兄弟三人，俱在江西赣州西门；富字联兴，出居上愚县（上虞县？）；益子兄弟七人，居浙江嘉兴王店镇；兰传之子，住公泽水口；麟字质仁，葬广东省；陈字振山，葬广东北门荔谷山；爵字世袭生子和，住漳州北门高坑；兴讳登凤，葬漳州北门外大坑头；宗庇字振岩，葬漳洲北门珠宝源；显荣夫妇，合葬漳城北门北边高山；古保，葬漳城南门外一面旗山上。

十六世，角传子，住戆洲南门外；鸣岐、高扳，寓居上愚县（上虞县？）；久字其旋，葬漳城北门外；宽字子弘，葬漳城南门外竹仔桥；任字用三，葬漳城一面旗山；团讳应球，葬漳南院后；钟葬南门金面；峰，葬漳城南门外内寮山；英，葬漳城南门内山；昆玉，葬漳城北门外礜山占仔山。

十七世，拔字文萃、章字迁衍，葬广东；光淘、有宗，浙江嘉兴五店镇；有详字有细，广东老龙山；振讳敦朴，葬塔头社；双桃讳仕寮，随母往安溪山内；文旦讳仕彰，广东省漳州义山；文雅字应朝、宗泰字应山，住台湾诸罗县萧垅下营社；燕字天祈，葬漳城金后大园角；暖，葬漳城南门外南山寺后山；碧，葬漳城南门外实说璞鼎金；贵，葬漳城南门外竹仔桥杨厝山；田、伯字仁智，葬漳城南门外一面旗路下；浩，葬漳城南门外间仔坑；祥，葬漳城南门外土名石矸山。

十八世，妈要字一约、大哲字一明，葬在广东；杖，葬广东省白云山脚下景泰门口；强清，葬漳城南门外实说璞鼎金；清水，葬漳城西门外。

十九世，起成葬广东。

总计，谢氏国内移民中，大陆各省总计约为 284 人；以其道举公派下的 92 人为最。

从以上移民情况综合分析石塘谢氏移民具有以下特点：

石塘谢氏从明清两代移民人数是相当多的,其中,国外约为 387 人,国内在 393 人左右,其中大陆各省总计约为 284 人,谢氏去台人员共计约为 109 人,以任公派下裔孙去台者为最多,达 61 人。大陆方面,从移民地域来看,涉及多个州、府、县,包括漳州者约 51 人,同安者 41 人;海澄月港 1 人;建宁(府)者 9 人;建阳者 9 人;泉州者 6 人;南安 2 人、晋江者 1 人;福州(府)5 人;永春者 3 人;江西赣州、新城、新榆等地 19 人;广东各地如海丰、高州、北门、潮州、澳门、香港等共 31 人;淮安府 2 人;广西全洲 4 人、怀远 1 人,共 5 人;浙江嘉兴府、温州、上虞等地 15 人;江苏的苏州、镇江各 1 人,南京 2 人,共计 4 人;另有至天津、北京等地者以及本地附近中孚后头埔、乌石浦、周山窑、白石、石码、贯口(灌口)、塔头等地者多人。可见其中谢氏国内移民中省内主要集中在漳州、同安等地,省外则主要集中于广东、江西和浙江三省。

当然有的移民地点也在不断移动,最多者如谢氏恤公派下第八世的却,字仍华一字应宵,出居漳浦县铜山铜钵①,避乱迁潮州,复迁南澳,隶籍在诏安县五都三图二里甲班谢仁;如此频繁的迁移,很难给其一个确切的定位。但也说明了移民情况的复杂性。

谢氏出国人数约为 387 人,在国外遍布于吕宋(菲律宾)、吧城(巴达维亚,今雅加达)、槟榔屿(马来西亚城市)、马六甲(马来西亚城市)、暹罗(古泰国)、安南(古越南)、吉礁(马来西亚城市)、丹老(缅甸城市)、日本、望加锡(印尼城市)、实叻(新加坡)、苏禄(菲律宾)等地,其中以槟榔屿人数最多,达 160 人左右,其次为咬留吧(吧城)58 人,两地为谢氏最为集中的移民地区。

两相比较,可见石塘谢氏在明清两代不仅移民数量很多,且地域分布广泛。其中,从总体数量上看,国内移民与国外移民总体数量相当。但对比谢氏国外移民与国内大陆移民,其国外移民从数量上看更趋集中,其向单个城

---

① 据厦门海沧《石塘谢氏家谱》同治元年(1862)重修本可以确定,明嘉靖年间由海沧石塘迁居铜山的一世祖为谢却,迁台祖谢光玉系东山铜钵谢氏五常堂九世祖,他们都是台湾政坛名人谢长廷的祖辈。参见陈成沛:《谢长廷祖籍地应在海沧石塘》,参见《厦门商报》2012 年 2 月 13 日。

市移民的规模更大,族人的结合也应更紧密。由于葬台湾者,大多数人员地点不详,不便作进一步推断。

从谢氏族人移民情况来看,仅这一单姓一族一村,在明末清初记录在册的就有近400人至国外,而国内移民亦与此相当。可见当时移民大潮之甚!谢氏族人向国内及国外的全方位移民,反映出明清之交至清前期厦门湾移民的旺盛势头,活跃的国际国内移民潮不仅使移出地缓解了田地、口粮压力,也为移入地区、国家带来了青壮劳力与资本流动。谢氏族人对台湾及国内各地的开拓,对东南亚各国的开发,一方面反映出当时社会的人口迁移的频繁变动,另一方面也反映出当时厦门湾对台湾及东南亚海洋运输及贸易业的活跃。

图 56 石塘谢氏家庙内景

与谢氏家族的移民同时发展的,还有以其田产为特点的家族经济。

目前,谢氏家庙中仍保存有两块碑文,分别是乾隆二十六年(1761)的《建立祀田碑记》以及光绪七年(1881)的《重修世德堂碑记》。其《建立祀田碑记》中言：

"世之为子孙者多矣，惟承继祖德，建立宗庙者为足称焉，而宗庙之建，尤莫重于立祀田，以为馨香永禛之资。爰念我祖自东山以来箕裘日扩，文风丕振，其子孙有志未建者甚多。时惟十五代孙饶老职莅温、台，臣职为重，仍复利谟念切，遂将伊父诰赠广威将军谓和，与长房十四代亿万，及次房十三代主衡三人合置楼山垛田，桥东桥西堘，实耕乙石五斗八升；鱼河五口；秧田乙所；内外海仔及盐田两片；向义充入大宗祀田。向义充入大宗祀田，其立志远大，为何如也。虽歉歉然以未能树大勋、建弘业者自怅。而有此义举，亦我祖之所式凭，而吾族之所观型者也，是为记。"①

该碑于乾隆二十六年（1761）由谢氏姻眷林翼池所书。从碑刻记载来看，谢氏最迟已于乾隆二十六年（1761）由其长房十三代以及次房十四代合建祭祀族产若干，包括楼山、垛田、桥东桥西四处；鱼河五口；秧田一所；内外海仔及盐田两片；可见其族产祀田已有相当多的数量与面积。

谢氏族人在清初已有不少移民海外，据谢氏的《重修世德堂记》记载，谢氏世德堂家庙建自清初的康熙三十六年（1682），至雍正间曾经修葺。至光绪年间，因家庙已百有余年，行将倾坏，故有族人至海外募捐重修。"于是，传胪航海至槟榔屿，以募族人之贾于屿中者，佥曰：'此美举也。'时则有允协、启种、德顺、愿安、乌浅、和泰、有莱、妈作、开第、顺意、如上等欣然踊跃，共相劝捐以襄厥事，可谓千里一心者矣。爰择吉鸠工庀材，兴作于本年四月初九日，落成于本年葭月十七日，并庆成进主。共糜费英银壹万有奇，除捐项外，不敷者皆赖福侯公补足焉。兹则庙貌壮观，式凭不爽，荐频献藻，俎豆倍觉其馨香，合谟帏爱，入庙谁不思敬哉！谨将捐名勒石，以垂不朽，而当事者向元索序，是以忘其固陋，据事直书，以俾后之览者咸知食德不忘云尔。"②

该碑立于光绪七年（1881），其后记有捐款人名，以谢氏德和捐英银壹千伍百元为首，至波观、放观、光第各捐 2 元止，共 67 人，合计捐英银

---

① 《建立祀田碑记》碑刻，现存厦门海沧石塘村谢氏家庙世德堂内。

② 《重修世德堂记》碑刻，现存厦门海沧石塘村谢氏家庙世德堂内。

4560 元。

清末以来,石塘谢氏海外移民后代中有不少在异乡成为特出人士,如有多人在马来西亚等地成为当地商界翘楚。①

自明代以来,谢氏族人出国热潮一直延续,在清代时达到高潮,以后仍陆续有族人出洋,直到新中国成立以后才几乎停止。谢氏海外移民与国内祖地的关系,自明、清两代以来一直有所保持。②

二、新垵邱曾氏的本土与海外

关于新垵的发展,本书以当地大姓邱曾氏的发展作为代表。新垵村位于马銮湾南岸,粪箕山以麓。据说最早居民从厦门岛曾厝垵迁移过来,为曾姓新辟聚落,故名"新垵"。该村以邱姓为主,但仍有角落地名为"上曾"。

由于当地的邱姓与厦门岛的曾姓曾有的不解之缘,至今当地人说,以前家族中的灯笼就是内里写"曾",外面写"邱"。如今当地以农为主,兼养殖对虾。

新垵古属漳州府龙溪县。明嘉靖四十五年(1566)划归海澄县。旧为霞阳新垵保。

新垵人很早有出洋通番的传统,明清时代多有出洋人流,以清代为最,本地人多至南洋做米、盐生意。

曾氏入闽后,分籍多处,有同安嘉禾里曾处垵(今曾厝垵)及海澄三都新安保新江社(新垵)等处。明末清初时,曾氏在新垵已蔚为大宗,建有祖祠以及各小宗。

---

① 其中代表如吉打中华总商会创办人、吉打商会主席谢敦禄医生、著名企业大亨谢丕雀等人。

② 至今,在当地谢氏家庙中,还可见"海澄豆巷谢氏祖庙维修捐资"名单,其中就包括马来西亚槟榔屿谢氏福候公司多位谢氏成员的捐资,款金均为马币。据作者调查,至 2005 年,谢氏福候公司仍每月寄来约 700 余元人民币,一年合计约一万元左右。资金多用于替祖宗上香及演戏娱神费用,如有不足,由当地石塘村村民们再捐。所演戏为歌仔戏,多为才子佳人,帝王将相一类剧目。自 1949 年以来,当地村民多以务农耕植为主。由于政府自 1991 年起便将当地土地征拨,现在当地村民主要以做生意为主。

图 57　邱氏祖祠

图 58　邱氏小宗之一

来看一下邱曾氏海外移民情况,据族谱资料的记载,自明嘉靖六年(1527)新埠第一位移民至文莱开始,到族谱记载的清同治丁卯年(1867)止,在340年之内,该族谱中有名有姓下南洋人丁即达2226人,移居国家及地区达32个。其中,以乾隆、嘉庆和道光时期(1736—1851)出洋人丁数最多,达到2073人,占出洋人数的93%强。这些人大多移居槟榔屿、台湾、吕宋、马六甲,以及三宝垄等地。其中,以槟榔屿为最,达817人,占移居南洋总人数的36.8%。①

当地人遇到修宫建庙等出钱出力之事,多有向海外亲朋募捐的习惯。嘉庆廿三年(1818)的一则碑文《重修正顺宫碑记》②也可提供一些佐证:

> 正顺新宫,甘棠旧庙,庙祀晋广惠尊王暨姪谢将军,人爱其德,故曰"甘棠"。有明以来,以宋吴大帝善保民生,乡崇其祀,因与广惠尊王同庙。东山霖雨,文圃毓奇,名正而言顺,正顺宫之号,其由此而更之,与宫极巍峨。海棼播迁后,庙貌几毁,碑碣无存,以故募建创修之士,名氏不传。兹际升平,百废俱兴,族蒙神惠,咸踊跃而喜重修,善信捐题,共襄厥事,增旧制、扩丕基,宇峻墙雕,楹丹柱砻,焕然一新。视昔更壮观瞻矣。明禋永奠,神之福庇宁有涯乎?功成勒石,共垂不朽。几所捐题名次以及费项银两,各列于后:
> 大使爷槟城公银百贰员。大使爷台东港公银五拾员。
> 弟子岁进士候补儒学邱威敬撰。弟子邑庠生邱炳元书丹。

以下有邱光明等5人,董事邱长流等9人,乡耆邱煌鸿等4人,均为邱姓。

该碑刻不仅提供了所供奉的数位神灵的名号,更提供了19世纪初新埠邱氏至海外募捐的情况,这种以神灵的名义进行神庙集资的情况也成为厦

---

① 刘昭晖:《超越乡土社会——一个侨乡村落的历史文化与社会结构》,民族出版社2005年版,第91页。

② 该碑现今仍存于厦门海沧投资区新埠村正顺庙内,保存完好。

门湾沿岸各地的常见现象。且这种集资现象还一直持续下去。① 碑刻还表明，当地人很早就去到马来西亚，"大使爷槟城公"的说法证明，新埠人在明代嘉庆年间已有在槟城为官的。据张少宽先生对槟榔屿墓冢的研究，认为当时的闽南一带移民与槟榔屿的开埠息息相关。在清嘉庆十年时，当时的福建帮会，已正面与资本主义国家之间建立了密切关系。如嘉庆十年（1805）的公冢碑记云："我闽省踵斯贸易，舟楫络绎不绝。"而当时的福帮社群，又以厦门湾一带的聚族而居的"五（六）大姓"邱、杨、谢、林、陈、（曾）等宗族为首。据研究，曾姓在道光年以后逐渐式微，由杨姓取而代之。漳泉人在经济领域中，约在1826年前后已开始出头，五大姓在咸丰六年（1856）之后，具体地在帮群内积极地参与活动，并树立起独特的形象，至1870年间，已有显著成就，形成了一股有力的经济力量，因而有能力在地产上进行投资，甚至建立家冢。如较早的姓辜冢，属漳系峰山派的甲必丹辜礼欢的茔墓就建于道光五年。② 这在客观上反映了当时福帮社会在华人社会中所扮演的领导角色。③

在对福建公冢职员派系的调查中，以漳系的族人凝聚力为最强。以邱、谢、杨、林四姓为代表的家族，几乎同属漳州海澄县的三都堡。推测其先辈在槟榔屿开埠初期早已抵达当地谋生。漳系族人至当地后，势力大大超过泉系的宗族。不少华人南来，多至荷属各岛居住，包括噶罗巴（雅加达）、三宝垄、泗水、望加锡、勿里洞、日里、文岛等。光绪十二年（1887）两广总督张之洞在上疏请设领事馆时曾述及南洋荷属各岛华工聚落情况，当时华人已有20余万。而荷兰人也通过华侨中有才能及声望者管理当地事务。如委任甲必丹、雷珍兰等职务代政府征收捐税，承包生意等。五大姓宗族代表也受命管理当地事务。如光绪十年（1884）任甲必丹的谢崇义，光绪二十六年

---

① 据当地人说，新埠正顺宫在21世纪初的大修就集资150万马币。还同时修了宗祠和楼房作为宗族的会址。其中有部分添油钱以出租房资获得。

② 张少宽：《东南亚史料丛刊（5）·槟榔屿福建公冢暨家冢碑铭集》，新加坡亚洲学会1997年版，第87页。

③ 参见张少宽：《东南亚史料丛刊（5）·槟榔屿福建公冢暨家冢碑铭集》，新加坡亚洲学会1997年版，第10—12、33页。

（1900）任甲必丹的谢如仁；光绪十一年（1885）任雷珍兰的邱珍兰及光绪十九年（1893）任雷珍兰的邱登果；光绪二十二年任雷珍兰的林安顿以及光绪二十六年任甲必丹的林德水等人。①

除了在当地为官外，宗族领导还同时负责管理地缘及血缘性社团（如公冢、公司及堂会等机构）、寺庙以及超帮群的社会公共事业（如会馆、宫庙、义学）的领导职务。除了实际意义的管理事务之外，由于中国人长期以来对名誉长盛不衰的追求，封荫捐官之风也在槟榔屿颇为盛行。据目前发现的资料，其中以咸丰七年（1875）林泗川祖母周宜人墓为最早。②

据当地人传说，明代整个厦门岛有108村，而海沧镇和灌口镇都是其中较早出现的镇。这些集镇的兴起，与月港的安边馆的影响大有关系。从郑和下西洋，至以后郑芝龙、郑成功控制闽粤沿海，以后收复台湾，倭寇对沿海的骚扰，其实都与当时沿海的对外贸易活动有关。直到清初，在当地，"通番"仍为一大罪状。

新坡当地出洋人数众多。厦门地区最早的就是元代新坡的邱毛德。清初出洋称为"闽番"，与海外贸易，外汇往来。这其中，一直贯穿着当地移民与西洋人的抗争。例如当地很早就有民间结义组织"三点会"，发展到清中后期移至南洋成为"小刀会"，与洋人抗争。由此当地人才能在南洋站住脚。当地口语称出洋为"抢番"，当然不一定指"抢"，也包括到外面去做苦力，做工的。总之，明清以来，新坡人大都有到外地去打拼的传统，在外抗争的对象主要是针对西洋人，而与南洋当地人有友好交往。以后在外面定了居，也与南洋当地人进行通婚。至清代，有道光丙午科第八名的武举人邱曾新继续维持明代传下来的抗倭民间堂会大觉堂的活动。③ 在此之后，新坡

---

① 参见张少宽：《东南亚史料丛刊（5）·槟榔屿福建公冢暨家冢碑铭集》，新加坡亚洲学会1997年版，第12—22页。

② 参见张少宽：《东南亚史料丛刊（5）·槟榔屿福建公冢暨家冢碑铭集》，新加坡亚洲学会1997年版，第15页。

③ 参见邱大昕：《重修大觉堂碑记》，现存于厦门新坡村大觉堂内，该堂复建于2004年农历二月，于当年六月后竣工。

人也一直保持着习武争胜的传统。①

新坆当地经济主要以男性为主导。由于明代邱氏家族逐渐形成，有相当的族中男丁下到南洋等地。到了清代，新坆的经济则主要靠侨汇来支撑，这在厦门是很具有代表性的。当地人一直认为出洋去打拼才有出息，称作"出外"或"过番"。就算以后再从国外回来，也被称为"流过黑水的（人）"，在本地会受人尊敬。其实所谓"黑水"也就是沿东南亚海域北上绕台湾海峡而至日本海域的黑潮。由于本地男丁的屡屡出洋造成的耕地人力短缺，则多由从安溪、漳浦、南安、惠安等地迁来的人加以补

图 59　新坆大觉堂

充。以前不少古大厝居住的多为招赘而来的外地人。

新坆村与邻近霞阳村的争斗很早就有听说。当地习武之人在乾隆时称为"拳匪"，到了嘉庆年间朝廷允许自治，产生"宋江队"或"宋江阵"，两村各为派别，分为拥清派与反清派，皆与姓氏有关。当地人说，以邱姓为代表的新坆属"包派"（以红缨包住旗尖头），主要坚持反清，崇祀佛教三宝；而以杨氏为代表的霞阳则属"齐派"（旗头无尖，是齐的），主要坚持拥清，崇道教三清。②

由于自清代以来，新坆人一直都较霞阳人富裕，自然要"财大气粗"些。

---

①　据当地访谈资料，清代后期，小刀会回唐山（大陆）反清复明，后来失败后又带领很多人出洋，与洪秀全遥相呼应。太平天国打进漳州时驻地就在新坆。而本地正顺宫就为小刀会的总部。与青礁的东宫受帝王册封不同，本地的正顺宫却被视为策反之地。当地民间至今还有传说，"文圃山前是造反地"，这种在移民时期造就的传统至今仍发挥着重要的作用。

②　根据对新坆村人邱大昕先生的访谈。

图 60　新坡清代民居

包括一些年节性的游神活动时都要以鞭炮以及游行队伍的气势压倒霞阳。

　　尽管新坡与霞阳有一些过节，但明清时出洋后二村仍属一个同乡会，而且两村还有不少联姻。在拥清与反清问题上，两村虽然曾有过矛盾，但到了后世已打成一片。①

　　新坡有名的佛寺为石寺院，据称为唐朝的 72 院之一。当地人认为新坡长期比霞阳人口多一些，土地也一样。清代本地有可能属石寺院，据说当时武僧走到哪里，土地就扩展到哪里。清代新坡当地因为习武之风很盛，部分还随着移民传入台湾、南洋等地，其宋江阵、五祖拳等武术传统一直留传至今。新坡当地至今还存有称为"空手"的拳术，是闽南的代表拳术之一。以后，"空手"流传至日本，逐渐发展为日本的"空手道"。

　　明清两代，不少新坡人在南洋辛苦打拼，赚了钱就寄回家乡。新坡当地

———————————

　　①　至今，当地两村已经同属"新阳工业区"。

人说,在清代,从南洋写信回来,均要写"厦门过水,三都新垵社",不然收不到。新垵虽属海澄,但地处四方交界,在海外移民的心目中,新垵早已与厦门连在一起了。①

三、祥露庄氏与马銮杜氏

祥露位于马銮湾西岸。位在后柯以南,新垵以西。自唐长兴四年(933)同安建县后归其管辖。宋时同安设三乡,即永丰、明盛及绥德,祥露属明盛乡积善里十八都的六保之一。从五代至明清近千年时间里,其归属基本不变。

据查高雄市庄氏宗亲会有关资料,祥露庄氏自森公入闽以来,分支繁衍,历代迁往外地及海外族人颇多,其中以清代为高潮,有如下人等:

朴质公于清康熙廿二年(1683)自浯州(今金门县)入垦台南县学甲镇;延兴公,康熙年间入垦高雄市前镇草衙佛公;可曲公,汪术公,先后于雍正及乾隆年间入垦台中县梧栖镇;应麟公,乾隆初叶年间入垦台北县八里;亲公,乾隆中叶时间入垦台北市建成区;瑞充公,嘉庆年间迁居彰化县鹿港;汪苔公,道光年间迁居台南市;另有时间不明的迁台者数人,即土齐公,入垦台北县三重埔;肃曳公,入垦台北市;联乐公,入垦嘉义市;允权公,入垦彰化县西;信直公、端睦公、春香公、执中公,先后入垦彰化县鹿港;允奥公,入垦彰化县溪湖镇;②共计有 17 人;合计高雄宗亲会提供资料为 19 人迁入台湾、澎湖、金门等地。

此外,庄氏旧族谱中的资料记载如下:

士安公,勤励公裔孙,于顺治年间徙居台湾;有彦襄公,康熙年间往台湾;士编公,勤励公裔孙,康熙年间带第二、第三子往台湾,不回;浚勤公,康熙年间住居台湾,浚登、浚三往台湾定居;俊阵公,勤励公裔孙,于康熙年间徙居台湾;士壮公,士朝公于康熙年间偕子往台湾;彦蟾公,勤励公裔孙,尔端公之三子,康熙年间往台湾;彦平公,字彦正,勤励公裔孙,尔唐公之子,于

---

① 类似情况在厦门湾周边地区较为常见,比如位于龙海市港尾镇的浯屿岛,至今邮件写"厦门浯屿岛"仍可以收到。

② 祥露庄氏祥溪堂:《同安县锦绣祥露庄氏族谱》1994 年版。

图 61　庄氏清代梳妆楼

图 62　梳妆楼残存部分

康熙年间往台湾;彦豪公,名英,尔明公之子,康熙年间往台湾;士洄澜(?),彦若之子,于康熙年间往台湾;士旋公,彦和之长子,于康熙年间往台湾;士番公,讳芸,于康熙年间往台湾;俊鍼公,于康熙年间往台湾;彦要公,于康熙年间往台湾,逝于台,葬在斗六门;士智、士信、士全三兄弟均于雍正年间往台湾;约 24 人。

迁往时间未注明的有士明公,往台湾住树林头村;士若公,讳景,偕四子,长俊埜、次陈、三卫、四邹迁徙,台湾住址未详;士义公,往台湾,逝于台。生子,长俊典、次俊元俱在台湾;从代际上推断约在明末至雍正年间迁往台湾,计有 9 人。

此期仅有彦悖公,尔端公之次子,康熙年间未婚往南洋。

另外,谱中还记载,勤励公十六世温叶公于民国初往新加坡,抗日前每年均与温蚶通信,抗日军兴断绝至今。该后辈在新加坡发祥,人丁数十,生活甚佳;又有三房崇义公派下"石坊柱"之裔孙,名失详(十年动乱中谱被湮没),据族传是去台湾淡水县开基为始祖,有待进一步考证。

勤励十三世及其以后各房裔孙繁衍如下,十三世哲议、哲肃、哲泰兄弟三人往台湾,不回;十三世哲长、哲寝、哲花、哲来、哲交,计五人往台湾,不回;十三世哲返、哲俨、哲超、哲品计四人往台湾或南洋,下落不明;勤励十四世文看、文附兄弟二人往台湾,不明(和房裔);十五世明早、明晏、明再、明摇、明鲁,计五人往台湾,不详;十五世明持、明竹兄弟二人往台湾或南洋,下落不明;十五世明宾、明超、明呶,往台湾或南洋,下落不明;十五世明道遁于1890 年十月十一日,往台湾找胞史明晏,不幸逝世,葬在台湾鸡粪头山;十六世温琴往仰光;十八世孝就往仰光。①

---

① 以上抄自该村旧族谱,不全。其后附注曰:"台湾高雄市宗亲庄恭仁先生于一九九三年三月十九日回乡谒祖时,言及其曾祖称,世系'文'字,旅居台湾高雄市,迄今数世,人丁繁衍。未知属何房分派。并建议重修族谱,慷慨解囊捐款。嗣(事?)后又寄来简谱一份,标明是曾祖父文作公于一八七三年间(即同治十二年间)徙居高雄市,迄今已有一佰二十一年之历史,传裔六代,奕叶茂盛,因本宗族谱年久失修多被流失,幸存几本又被虫蛀,字迹损没不明,几经详细查谱牒,在旧谱字迹幸存上,未查到文作公徙居高雄之记载,推测已被虫蛀没,故将简谱,先纂在族谱的勤励公传承段录栏目内,以备查考及补载。"

图 63　庄氏清代老屋窗饰 1

图 64　庄氏清代老屋窗饰 2

图 65　庄氏清代老屋(残存)

清代,庄氏移民秉承前朝的移民潮,继续入海开拓。清初的顺治至雍正时期庄氏就有至少 50 人迁入台湾及周边岛屿,而同期前往南洋的仅为 1 人。庄氏的移民,基本上也是符合明末清初厦门湾的移民大潮的走向,其中不仅有随郑成功入台者,亦有在清前期前往台湾开创者,更有不少移居缅甸、新加坡及东南亚各国并建功立业者。①

马銮历史上归泉州府同安县管辖,宋为安仁里统于明盛乡,清及民国期间为安仁里十六都马銮保。历属同安县安仁里。②

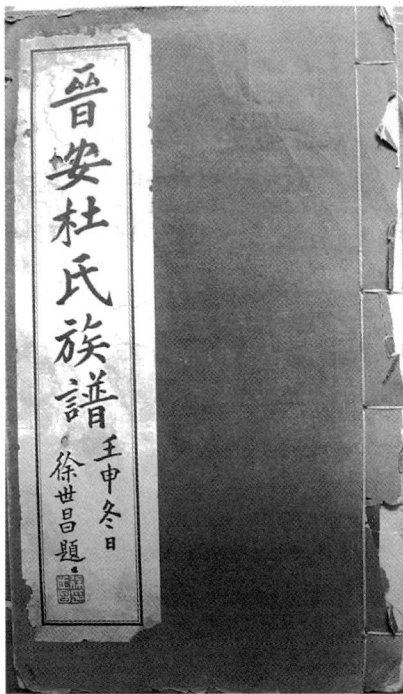

图 66 民国杜氏族谱封面

杜氏祠中有康熙五十一年(1712)的碑刻《马銮杜氏清理海利屯地等税碑记》,该碑记载说:

……辛丑播迁,族众移居内地,而宗宇因以倾颓。及至癸亥年东土输诚,人归故地。甲子年,族众谋盖数椽,以奠神主。乃议族中每斗产米出银壹钱,每成了出银两钱,义举乐助,在外共得百余金,暂盖祠之后室以奉明禋。继而祠前一片海荡及新安渡头,皆势豪所掌,于我族人实不利焉。绵载谋之仕梁等鸠众创置,共有八分,众得五分,已归大宗,中椒得三分,立字原契中,乐输大宗,以祀蒸尝。此亦中椒孝思之志也。计海渡屯业地税,年以祭费外,所存者议以微息薄贷,庶有生长。自甲子年这迄庚辰年,

---

① 庄氏勤励公派下自十五世以后已历晚清,其移民过地点已从以往的台湾、澎湖、金门等地转往新加坡、仰光以及南洋,移民地域更为广阔。其清末移民的杰出代表诸如英遑时期马来西亚华人家族经济集团的缔造者庄清建、缅甸华侨总会会长、民国元勋庄银安、菲律宾富商庄天来等人。

② 参见厦门市民政局:《厦门市地名志》,福建省地图出版社 2001 年版,第 57 页。

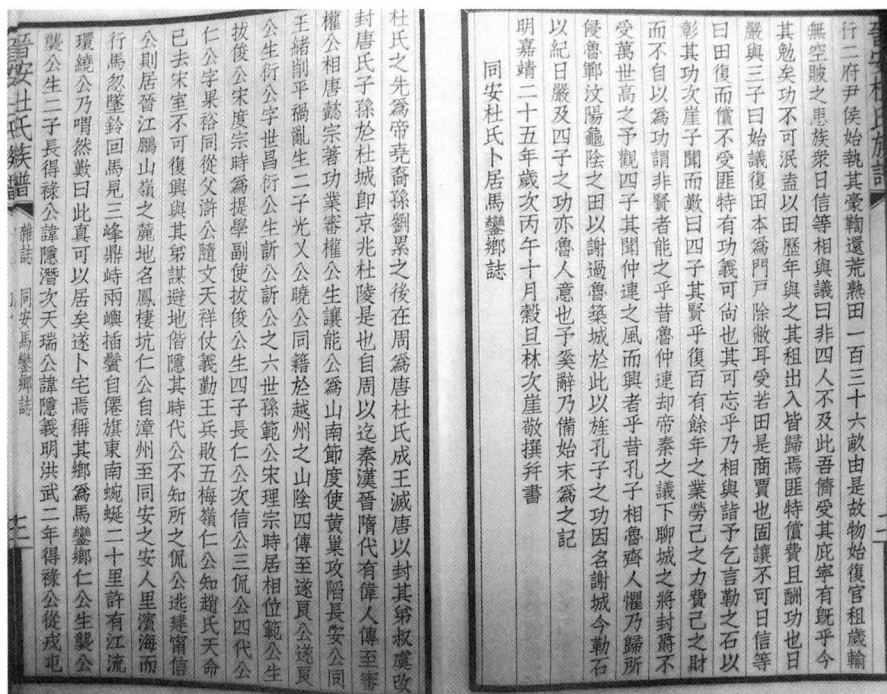

图 67　杜氏族谱内文

十有七载,共得子母银贰百六十余两。出入之数,悉绵载力主其事,经营无错。于是遂议照旧起盖祠宇,不足者议每成丁出银三钱乐助义举,亦在外。自庚辰年十月经始,至辛巳年七月告成。共计费肆百余金而祖宇依然如旧。觌今日之庙貌,思昔时之经营,亦可以见绵载竭诚报本,为功于祖宇者大矣。未数年而绵载谢世,其海利、屯地等税及原欠账目自乙酉年至壬辰年,皆未尝清理,则利日啬而数纷更,族议每房公举一人出理公其事,宽旧数而谋更新,依昔成例,轮房收贮,银契原规薄贷利息生长,庶为谟远,大增其式廓,有继前人之功于不衰云。谨记始末梗概,俾后者知其详悉尔。

家长杜兴扶、梦墀、禹趾、毓璧、华伟、中椒,太学生国瑶、国琅,举人奇英,生员盈科、崇料、日风、承业、志高、镐生。

生员世锡顿首拜撰文。①

从此康熙年间的碑刻来看，其中言其祖自唐入闽，与族谱记录稍有冲突，从民国其族裔杜蓬时修谱来看，当以宋时较为准确。除此之外，谱中所记，应基本属实。两者均记载杜氏先是卜居同安海滨清銮里，以后逐渐繁盛，聚族、建祠，再有族人至德化，屯田置产。后为豪强霸踞，以后控回。从杜氏族人在宋代聚族立祠，且至外地屯田置产来看，当时家族已有相当强的经济实力。

据明代任广东按察司金事、前两京大理寺丞的本地名士林希元所撰的《马銮杜氏复业记》的记录情况与上面的又有所差异，前者讯记宋代杜氏到德化，而此碑刻则载其因先世杜得禄在明代宣德中从戎至当地屯田。正德十三年，军余杜楚又顶种其田，田尽没于豪右，而族人却轮输其税粮。嘉靖十九年（1540），族老杜日严号召族人，有乔绎、汝椿、庸朝三人共同出力去诉讼此事，历经羁累三年艰难终于夺回被占土地。所失租金亦得以补偿。

据杜氏族谱记载，其移民状况如下。②

杜氏瓜枣角派本清公分出超銮绎让公派系，即超銮派。其二十三世绎让公，生万历乙亥（1575）十一月，卒顺治戊戌（1658）正月，字恒兴，号超銮，仰胤长子，手置陈家地基一所，捐观音堂为佛室，又置潮窑丕山林园地基一所，可收石余，种以营寿域。③

杜氏超銮派下二十五世中有伯敏公，讳志高，字虑谦，考明次子，豪侠好义，台湾府学武生员；又有伯捷公，讳志远，考明三子，里人称言忠信，行笃敬，生康熙甲子（1684）八月，卒辛丑（1721）十一月，娶鼎汉（溪？）黄氏……子昭拐；又娶番女，子昭撞；公卒葬马辰。其二十六世中，即有昭撞公，居马辰。二十七世中有昭老四子兹得公，往南洋（待考）。④

---

① 此碑存杏林区马銮村杜氏大宗祠内，现状完好。
② 因杜氏自二十七世以后基本跨入 19 世纪中叶，故材料不予录入。
③ 杜祖贻等：《晋安杜氏族谱马銮续编》，晋安杜氏族谱续编编辑委员会 1990 年版。
④ 杜祖贻等《晋安杜氏族谱马銮续编·銮裕纱厂合议约》，晋安杜氏族谱续编编辑委员会 1990 年版。

杜氏本清公分出标銮绎谊公派系,其二十四世中,有考彰公,字桂偖,绎谊子,年少贩番,满载荣归。置城北基地一片,久遗子孙。①

又有本明公分出东山兜日昇公、日宠公派系,仍称本明派。其二十六世中有昭论公,为伯清子,迁台湾(待考),昭镇公,伯安三子,迁台湾赤山秀才庄;其后此派中又有多人移居台湾。

本杰公派,其二十四世中有考晦公,讳尚迪,绎尹次子,性嗜学、好弦歌。康熙丙辰丁巳(1676)间有仙旗剧贼十八日剽掠为患,公集亲族子弟严谨守御,远乡逃难者赖以安。同辈有考宣公,绎裕三子,葬台湾,无传;考杨公,绎裕四子,公葬台湾演武亭城边;考文公,绎丙次子,迁台湾,待考;其二十五世中有伯津公,名承业,考晦长子,同安学武生员,修祖坟、建祖宇,修本房支谱;二十六世中,有昭历公,伯蒋三子,迁南洋,待考。②

崛里派中,有二十三世绵载公,乳名潘官,讳景履,号华岳,慎然长子。为人善经营,家丰望重。自迁内地,祖宇邱墟,嗣后重新(兴)祖业,创置海荡。甲子岁(1684)重建祖宇,奉神主仍归祖祠,实公之功。……康熙五十一年(1712),族人禹趾等为文立石纪功于祖宇壁上,并奉公主入祠。二十四世中,有考赞公,绵长子,往台湾康郎,待考;考珎公,讳及政,字呈国,绵载次子,雍正辛亥(1731)本房欲建小宗祠,以地狭小,将己地凑充,因得成祠,后房长公议奉公主入祀。又买陈家左边地起盖房屋,与小宗祠并列;二十六世中,有昭君公,伯苗长子,往番邦宋脚,娶本地女子一,失考;启明公,伯元子,往番邦,失考。③

山母头派,十九世中有日严公,缵孝长子,具有才知。德化县屯田,被土豪占没,赖公讼诉,复回。祠内立碑,林次崖先生叙文纪功,名曰《复业记》。④

---

① 杜祖贻等《晋安杜氏族谱马銮续编·銮裕纱厂合议约》,晋安杜氏族谱续编编辑委员会1990年版。

② 杜祖贻等《晋安杜氏族谱马銮续编·銮裕纱厂合议约》,晋安杜氏族谱续编编辑委员会1990年版。

③ 杜祖贻等:《晋安杜氏族谱马銮续编》,晋安杜氏族谱续编编辑委员会1990年版。

④ 杜祖贻等:《晋安杜氏族谱马銮续编》,晋安杜氏族谱续编编辑委员会1990年版。

　　大井头派中,二十二世光五公出番邦,卒海洋;二十三世中有绎明公兄弟同往番邦马辰,待考;二十五世中有伯敬公,兄弟同往台湾,待考;二十六世中有昭某公,兄弟同往台湾,待考;良玑公,往番邦三宝垅,待考;二十七世中有兹艳公,讳奇英,元龙次子,康熙乙酉科武举人;该派于民国初有多人迁居香港、新加坡、印尼、仰光、澳门等地;存义派,二十九世中有光栋公兄弟出洋,待考;三十世有青莲公葬新加坡麟记山;有数人居新加坡;静庵派中三十世以后亦有数人居仰光、香港等地;张塘派下二十六世,有昭面公兄弟往台湾,待考;守杨派下,二十五世中有果孔公往台湾,待考;二十六世昭赞公,往台湾,待考;白灰角派,有二十五世果彩公往番邦,待考;果秀公,往台湾,待考;二十六世,昭蒲公,往台湾,待考;由白灰角派分出的果皓公派,有后代居住马来亚槟城;由白灰角派分出的果笃公派,亦有后代居南洋。①

　　杜禄户派分出存信公世系,二十世鹏南公,万历癸酉科举人,历任四川双流县、灌县知县,广东万州知州,朱昌运军门赠以"清白吏"匾额,生嘉靖甲辰十二月,卒万历甲辰年七月;二十二世光参公,清康熙二年任广东水师总兵,官右都督,继任云南水北等处总兵官;光翼公,任广东右都督,授荣禄大夫,康熙十九年以不从吴逆,同弟光振殉难;朴庵公分出扶摇允汉公派系,其中二十六世有昭闹公往台湾,待考。②

　　杜氏又有缅甸仰光派系,包括晋江马甲派、马銮派、山后张派、灰窑派、杜棣派、黄庄派、灌口派、山兜内林派和广东梅县派。

　　此外,杜氏族中还有不少迁往本地灌口、蔡林、东孚、杏林、鼓浪屿、店前、海沧、集美、高浦、山后张、祥露、同安洒洲、大嶝、厦门以及漳州葱园、泉州、长泰、兴化、三明、福州、建宁、广东高州、海南、云南、上海、天津、北京等地以及外出地不详者。③

---

　　① 杜祖贻等:《晋安杜氏族谱马銮续编》,晋安杜氏族谱续编编辑委员会 1990 年版。

　　② 杜祖贻等:《晋安杜氏族谱马銮续编》,晋安杜氏族谱续编编辑委员会 1990 年版。

　　③ 杜祖贻等:《晋安杜氏族谱马銮续编》,晋安杜氏族谱续编编辑委员会 1990 年版。

据吴遐功先生的研究,在台湾二层行溪流域下游的文贤、永宁里,即今台南市区湾里、喜树、鲲鯓各部落,台南县仁德乡大甲、二行村,高雄县茄萣乡及湖内文贤地区。其可能于荷兰殖民时期来台者,计有湾里的杜、叶二氏,鲲鯓的陈氏、薛氏,喜树的蔡氏,大甲山仔头的陈、许二氏,二行村土库的宗氏等八例;其中,湾里的杜氏,原籍泉州府同安县马銮乡十九都,来台祖杜高銮卒于永历元年(1647)(墓碑)来台时间应在荷兰据台时期,甚或荷兰人据台之前。① 这可以说是杜氏,也是厦门湾较早的确切向台湾移民的例证。

从基本情况来看,杜氏族人各房中有多人自明末以来尤其是清后期移民台湾、仰光、香港、澳门、新加坡、印尼、马来亚、菲律宾澳门等地;而其中,其族人迁居地以至台湾、缅甸以及新加坡者为最多。其迁入南洋及留在本土人士中,才俊辈出。②

从祥露庄氏与马銮杜氏的发展来看,这两大家族的发展都有相似之处:

其一,两家族自宋代以来先后迁居厦门湾沿岸,经历几百年发展,至明末清初,已蔚为大宗,经济实力雄厚,且族人又多向外迁移;

其二,两家族族人移民台湾时间都较早,远在荷兰人据台之前;且在清代两族均承继了前朝的移民传统,更有将移民地扩大的趋向;

其三,两家族在国内或海外都有族人建功立业,成为当地翘楚,并有部分人士回乡建设,造福桑梓。

基本说来,祥露庄氏与马銮杜氏的发展,也代表了厦门湾西岸家族向台湾及海外移民的典型。

第三节　北岸的发展

一、集美大社陈氏

集美原是福建省东南沿海的一个小渔村,原名"尽尾",位于同安湾与

---

① 吴遐功:《荷兰时期二层行溪流域的汉人移民》,2005 年 3 月 24 日,http://lib.chna.edu.tw/e_resource/chnabulletin/P…。

② 杜氏在晚清时出了多位名人,如香港的富商杜四端,执掌海容、肇和两舰的清末海军高级将领杜锡珪等人。

杏林湾交界的大陆尽处;又名"浔尾",即浔江之尾。历史上,从明朝以降,500多年都属于同安县明盛乡十一都仁德里明盛乡。宋、明时称集美。据说是因明末大社陈文瑞进士及第,认为"尽尾"、"浔尾"不雅,遂改称"集美"。① 清代,都里不变,改称"浔尾保"。

清初,郑成功据有金、厦二岛以抗清复明。清顺治、康熙年间,福建沿海曾遭受两次海禁。集美人民被迫迁入内地。战争结束后,陈姓有回故里重整家业者,亦有分居于现东坪、城内、官任、洋宅湖等地,永久居住的。抗日战争前后,集美乡包括:兑山村、板桥村、英村、孙厝、集美社五个部分。1953年集美改隶厦门市,称集美镇,不包括另四村。以往的浔尾、尽尾、秦美、集美,本是同一个地名,都指渔村集美。自民国初年侨领陈嘉庚在家乡集美兴学以来,为国家培养了大量人才,当地遂被称为"集美学村"。②

集美大社的发展,以陈氏为最。不仅陈氏在人口中据有大部,更因陈氏一族的历史,也集中体现了开拓发展大社一地的历史。集美大社陈氏分为七个房角,即渡头、二房、上厅、后尾、塘墘、清宅尾、向西。加上岑头、郭厝、内头(许厝已废)。③ 陈文瑞属二房角,陈嘉庚、陈敬贤兄弟属后尾角,陈文确、陈六使兄弟属村宅尾角。从陈嘉庚这一房来看,其二世祖以后的繁衍如下:

三世祖思首,基祖之长子,娶杨氏生男三,长朝珪次朝璧三朝琏。

四世祖朝璧,思道次子,娶林氏,生男二,长可赞次可参。

五世祖可赞,朝璧长子,娶林氏,生男四,长宜珍次家宝三宜珠四宜玉;因陈氏五世以前的先祖久未行祭祀,族人遂在乾隆辛巳年(1761)"鸠集众议举行祭祀,定于每年正月初二日、七月十六日春秋二祭。议每次十二人拜祖、合饮,但费出于私房,分人丁多寡之不同,不能均齐;而出而豪等亦区处

---

① 参见黄秋苇、卢建端:《古风犹存社里尚缺点睛之笔——集美大社明朝进士陈文瑞遗迹寻踪》,《厦门晚报》2004年8月27日。

② 厦门市集美区政务信息中心:《集美镇古今杂谈》,2006年1月10日,http://www.jimei.gov.cn/myoffice/documentComm.do? docId=D6687。

③ 厦门市集美区政务信息中心:《集美镇古今杂谈》,2006年1月10日,http://www.jimei.gov.cn/myoffice/documentComm.do? docId=D6687。

于其间。长房四人、二房二人,三房四人,四房二人。又思费已恐久而自废,再立为久远之计,将墓后地典掛员银六大员,将银付四房头轮流祭祀之人收存。议每员每年伸利钱壹佰文,俾春长繁多,则祭祀之议有所赖而祖与祖妣之祀无所失矣"。①

六世祖宜珍,可赞之长子,娶吴氏生男一,讳德字体。

七世祖体敦,讳德,宜珍之子,娶胡氏,生男三,长讳振玉次振石三振安。

八世祖振玉,体敦之长子,生男三,长国达次国尊三国礁,俱无嗣;振石祖,体敦之次子,娶林氏,生男一,字国节;振安祖,体敦之三子,娶叶氏,生男一,字国浩。

九世祖国节,振石之子,娶吕氏,生男四,长存兴次存誉三存映四存明;谱载国节"幼而敦敏长而端方,儒业不事寻章摘句,惟修天爵理学。……不愿外倦仕,进而乐隐处效伯夷太公居浔江海侧,采于山而美;可饱钓于水而鲜可食。或什芳晨命巾车以寻,眺逢月夜泛孤舟以溯游。有古君子之风。……"

十世祖存兴,国节长子,娶黄氏,生男一,字君直;存誉国节之次子,娶口氏,生男五,长讳一绩次讳一绵三讳一荣四讳一道五讳十吉;一绩传有春孙第五,十吉传有载民,其余二三四俱无传。

十一世祖字君利,谥昌裔,存誉之五子,娶南山吕氏,生男一,名贤讳先觉字戴民号东海;夫妻二人"治家勤俭,处于海滨,耕渔自乐,创有田园石余,种作后美之间,又移住于回龙庄之宅……遭迁移,田园荒芜,宅宇坵墟,流寓内地,睹葛藟之绵绵,赋他人之我昆"。又言其妣至外家南山,因病而殒,葬于园之后沟,至康熙甲午年(1714)十一月初四日迁葬于漳州龙溪县廿七都万松关内杉仔。

十二世祖戴恩讳戌,生崇祯辛未年(1631),卒康熙丙申年(1716),君兰之长子,娶后谢龙窟袄纪氏,生男七,长讳猷字元嘉,次讳丑字元癖(外为门),三讳攀字元亲,四讳定字元静,五讳专字元纯,六讳是字元津,七讳炮字元震;夫妻以"渔耕自乐"。

---

① 陈厥祥:《集美志·颍川开集美族谱》,侨光印务有限公司 1963 年版。

十三世祖元伦,讳五,生崇祯癸未年(1643),卒于康熙丙申年(1716),戴义之四子,娶虽氏,生男一,讳孝字士友。

十四世祖世友,讳孝,生康熙癸酉年(1793),卒乾隆丙申年(1776),元伦之子,娶康氏,生男一,讳才字盛德;康卒又娶花氏,生男五,长讳锷字盛寨;次讳权字盛衡;三讳 岳字盛崧;四讳 突字盛来;五讳叟字盛耆;族谱称其"博史通经,自强不息"、"宜富且贵,寿而昌矣"。

十五世祖盛衡,讳权,士友五子,生雍正壬子年(1732),卒乾隆甲辰年(1784),娶吕氏,生男,长讳 赐字时钦,次讳调字时和,三讳仲字时伯,四讳宠字时爱,五讳蔡字时英,六讳夺字时争,七讳典字时文;而时钦出嗣与盛寨为子;此十五祖"治家克勤克俭,创有田园石余,种厝宅数余间"。

十六世祖时钦,讳赐,盛衡长子,亦盛寨之嗣子,生乾隆甲戌年(1754),卒道光丁酉年(1837),娶颜氏,生男三,长讳霖字簪雨,次讳集字簪聚,三讳华字簪奢;是为"耕渔自乐、忠信勤谨之人也"。

十七世祖簪聚讳集,时钦之次子,生乾隆乙卯年(1795),卒咸丰丙辰年(1856),娶张氏,生男三,长讳 节字缨忠,次讳酌字缨斟,三讳杞柏字缨如,松为簪雨之子;谱载其"家处于海滨,耕渔自给,有君子之遗风。所幸三子俱皆成人,志向远大,往于外夷经商为业,各能衣锦荣归,振作家风,以耀门间……"

十八祖缨斟,讳酌,簪聚祖之次子,生道光戊戌年(1838),卒光绪丙子年(1876),诰封六品修职郎官,娶魏氏,生男四,长讳有善次讳 有逊三讳有谋四讳有谅;谱载其"自少壮之年奋志往夷邦,以商为业,经营于实叻坡开设米铺,至今于后世鸿业振作,克昌厥后,显耀门间,斯其勿替焉耳"。

缨祖如松讳杞柏,簪聚祖之三子,簪雨祖之嗣子,娶孙氏,生二男,长讳嘉庚字科①,次讳敬贤字科,如夫人苏氏生二子讳天乞讳亚峇,又一养子

---

① 陈嘉庚(1874—1961),又名甲庚,字科次。陈嘉庚不仅是集美人的骄傲,也同样是厦门湾人、福建人和中国人的骄傲。他不仅以厦门湾人特有的勤勉与智慧在南洋拓展出一片商业天地,更回国引领了国人教育事业,尤其开创了中国航海教育,同时坚持爱国爱乡,多次在国家民族危亡之关头力挽狂澜,曾被毛泽东主席誉为"华侨旗帜,民族光辉",这是非常中肯的评价。

孟庚。

从族谱材料来看,陈氏早期明文记录的就有从第九世起的数代"耕渔自乐"者,这也符合陈氏族人居于小渔村的特点;自十七世起,则改变了这一"耕渔"传统,连续数代人都"往于外夷经商",同时陈氏后代能够将这一传统承继、发扬下去。至其十八世时杞柏时已经发迹于新加坡,其后代更有大的作为。集美大社陈氏自其十八世以后得以迅速发展,最终显赫于十九世,使得集美从一个小渔村发成为少见的书香之地,影响了其近代以后的发展历程。

二、兑山李氏

兑山位于集美区东南,杏林水库以北。宋初,属明盛乡的仁德里。元代里下分设都,兑山属于仁德里下面的十二都,以后直至清后期,里、都及所属都没有改变。

李氏移居兑山以后,各房子孙各自开发,另立分支,长房六世普旺及其后裔为西珩、大井祖,五房祖普兴长子庆玄为烟墩兜祖,次子庆质为垅尾井祖,三子庆禹为大学祖,四子庆让为可湖祖,五子庆郁及其裔孙为陈坂、马坂祖;二房普显为大亨泥祖。到康熙末年,兑山李氏已发展到十七世,此时散居各地的五山后裔已是"丁且数万"。

其后历经百年,至康熙末年李氏已传至十七世,"蕃育千有余丁",不过"经大兵乱之后,吾族人迁者、亡者、迁而徙者,不可胜记"。其中一些后代"颇知本宗之由来,支派之攸分",但也有一些"莫识祖考之世次与其生卒之日月坐处,是忘其本根而无为人之实也"。[①] 后经族人推选,以五经举茂才的十四世孙执中进行修谱。执中有志于继祖承宗之事,"采辑旧闻,订正前谱","上自仲文公起,下至本年,别其派而理其分,信者仍之;间有疑焉者、缺者,逐门挨索,或即祖以系孙,或即孙而寻祖,俾条贯详明,支分发析。而凡列祖之事迹德业,绅紱之昭昭,与夫生死卒葬,盖殚三年间,靡朝靡夕一手

---

① 李执中:《重修地山李氏族谱序》,载李氏族人:《兑山李氏烟墩兜房族谱》,光绪乙酉年(1885)版。

之经营而后成也"。① 于是自康熙六十年（1721）至雍正二年（1724），进行了第四次修谱。至乾隆二十二年（1757），李氏族人又议修谱之事，以执中之子第十五世孙允升、允飞兄弟负责编修。兄弟二人视之为重中之重，因其"承宗绪、绵世泽、化事迹以及卒葬传续之书也，洵其为传宗之宝也"。在原谱之上多有增删，"因先公之旧传，辑现在之丁数，盖比辛丑之额则三加矣。虽云仍旧贯乎，而简帙浩繁，所费滋多，当必动经数岁而后可成"。此外，还"著有义例，以补其缺。且编为通族字行为十六字，以绍世次"。基字行为"孝友隆芳，文章永世，懿德常怀，家声可继"。② 到了乾隆五十九年（1794）春，李氏族人行春祭于太庙，决定由十六世孙光辉再次修谱。于是"检阅旧谱，前仍其旧，后增其新。字行归于划一，支衍谨其本真，无挂漏，无溢辞，洋洋大观"。并以此"睹斯谱也，不忘乎祖，并不忘乎所共出于祖，孝悌之心有不油然而生者乎"。③ 是为兑山李氏第五次修谱。此后，从嘉庆初至清后期，李氏再没进行续修全谱，而是各房支派自修支谱。

康熙二十二年（1683）台湾归清，闽台平靖，生活安定，社会经济得以恢复发展，人口增长较快。至七十多年后的乾隆二十二年（1757），李氏"丁数盖比辛丑之额则三加矣。"至乾隆五十九年（1794）间，"族之日大，众之蕃，视前尤加数倍"。不过由于兑山人多地少，统一后的台湾正有待开发，自康熙末年起，兑山李氏便向台湾成批移民垦殖。

有关李氏向台湾移民的记载，李氏各族谱都有不同程度的记录。综合李氏各族谱及陈在正先生提供的资料，以下对李氏移台情况进行分析。

卒葬或渡台地点在观音山者，共计 57 人：

最早的有十五世中的伯谟（1701—1791）1 人；

后有十六世中有寿侯（1742—1817）、丰侯（1768—1801）、丰侯妣康氏（1748—1828）、收侯妣陈姓娘（1725—1812）、博侯妣王氏（1712—1806）、腾

---

① 李元升：《重修族谱序》，载李氏族人：《兑山李氏烟墩兜房族谱》，光绪乙酉年（1885）版。

② 李元升：《重修族谱序》，载李氏族人：《兑山李氏烟墩兜房族谱》，光绪乙酉年（1885）版。

③ 李光辉：《续修族谱序》，载《兑山李氏烟墩兜房族谱》，光绪乙酉年（1885）版。

侯（1732—1811）、静侯妣陈氏（1737—1794）、进侯妣蔡氏（1761—1851）、进侯妣黄惜娘（1856—1878）、畅侯（1737—1816）、畅侯妣陈氏（1738—1844），计男妇11人；

十七世中有公庇（1767—1833）、公庇妣陈氏（1775—1822）、公材（1773—1832）、公材妣陈氏（1782—1813）、公培（1776—1845）、公林（1765—1839）、公泰（1751—1825）、公泰妣魏佑娘（1765—1785）、公泰继娶林海娘（1774—1840）、公均（1761—1813）、公均妣魏吉娘（1768—1836）、公理（1766—1836）、公耀（1738—1800）、公赐妣张氏（1744—1829）、公宝（物华，1754—1823）、公盛（1763—1829）、公察（1750—1817）、公秋（1751—1817）、公秋妣张氏（1753—1832）、公春（1754—1817）、公春继娶王氏（1764—1833）、公正（1767—1807）、公正妣（1771—1804）、公永（1758—1826）、公志（1762—1830）、公淡（1765—1832）、公蓁妣杨金娘（1773—1813）、公郁（1762—1839）、公郁妣陈氏（1771—1808）、公勉（1765—1824）、公勉妣蔡氏（1775—1830）、公含妣陈氏（1775—1794）、公山（1767—1786）、公贵（1772—1826）、公德（1774—1820）、公德妣黄却娘（1783—1839）、公沛妣吴氏（1789—1842）、公仰（1776—1811）、公虾（1753—1794）、公卜（1759—1832），计男妇40人；

十八世中的心夫（1805—1827）、助夫（1775—1801）、铁夫妣张窗娘（1815—1836）、占夫（1797—1838）、衷夫（1805—1884）、衷夫妣吴好娘（1817—1848）等人，计男妇5人。

卒葬或渡台地点在芦洲者，共计17人：

十五世的伯明（1713—1741）、伯捷（乾隆初）、伯东（乾隆初）、伯西（乾隆初）、伯继（乾隆中叶）、伯进（乾隆中叶），计6人；十六世的平侯（1741—1789）、菱侯（年代不详）、仁侯（乾隆中叶）、长侯（乾隆中叶）、亿侯（乾隆末叶）、天侯（乾隆末叶）、杉侯（乾隆初叶）、续侯（乾隆末叶），计8人；十七世中的公蓁（讳桃，1764—1818）、公喜（1781—1806）、公藉（1774—道光）、公赞（嘉庆年间）、公敏（嘉庆年间）、公石（讳岩，1767—1839）、公成（讳秋，1769—?）等7人。

卒葬或渡台地点在淡水者有17人：

十五世的伯基（年代不详），计 1 人；十六世的魁侯姚李氏（1742—1824）、熙侯（顶下淡水，年代不详），计 2 人；十七世中有公期（1792—1849）、公附（1787—1835）、公彰姚康氏（1769—?）、公布（1760—1822）、公伟姚陈氏（1783—1830）、公耀姚林元傅（1745—1836）、公端（1772—1790），计 7 人；十八世仁夫（1802—1851）、德夫（1810—1850）、进夫（1790—1852）、成夫姚陈氏（1791—1851），比夫（年代不详）5 人；十九世的士求（1817—1856）1 人。

裔孙居住地点在台北县、屏东的有十五世的伯唐（年代不详）、伯发（年代不详）、伯尝（年代不详）共计 3 人。

卒葬或渡台地点在漳化的有十六世的少侯（1736—1788）以及十七世的公强（年代不详）和公由（年代不详）共 3 人。

卒葬或渡台地点在和尚洲的有十六世起侯姚张氏（1737—1808）、青侯（1724—1787）、进侯（1747—1808），十七世公常（1779—1826）、公断（1734—1815）、公茂（1758—1805）、公羽（1770—1789），十八世拥夫（1799—1817）等共计 8 人。

卒葬或渡台地点在嘉义的有十六世的至侯（1729—乾隆年间），十七世的公腾（1782—?）、公鸣（1785—?）3 人。

卒葬或渡台地点在八里坌的有十六世的羡侯（1726—1794）、羡侯姚张缎（1729—1798），十七世公昌（1754—1833）、公昌姚施池娘（1767—1851）、公华（1780—1834），十八世提夫（1790—1835）、静夫（1795—1817）、玩夫（1795—1836）、铁夫继娶黄氏（1809—1885）等人，共计 9 人。

卒葬或渡台地点在万丹的有十七世的公助（年代不详）、公部（年代不详），十八世的论夫（1799—1831）以及十九世的士担（1823—1849），共计 4 人。

另外，还有卒葬或渡台地点在坑前堡庄仔社的十五世伯谟姚周氏（1706—1743）1 人；卒葬或渡台地点在大窠坑的有十七世公贵姚杨氏（1777—1857）1 人；卒葬地点在三重埔的有十七世公直（1768—1823）1 人；卒葬地点在摆接嵌顶埔墘家的有十七世公正继娶王氏（1780—1836）1 人；卒葬地在大隆同保安宫的十七世公直姚高氏（1784—1807）1 人；葬地在洲仔冢的十八世记夫（1793—1864）1 人；卒葬地在溪尾的有十七世的公含（1762—1827），公佑（1770—1853）、十八世记夫妣陈焘娘（1811—1888），香夫（1820—同治），计 3 人；另有卒葬或渡台地点不明的十五世的三义（年代不详）和伯益（年代不详），十六世的盈侯（年代不详），十七世的公伟（1771—？），公石妣杨西娘（1782—1860）、公成妣王素娘（1779—1848），十八世铁夫（1808—1886），共 7 人。①

从上述统计中可以得知，兑山李氏向台湾移民共计为 142 人，其中就目前资料显示最年长者为十五世伯谟（1701—1791），按生卒来看，当在康熙四十年至乾隆五十六年；推其入台时间约在康熙末雍正初年，李氏至清代后期仍有不少入台者。其中，卒葬或渡台地点在观音山者，共计 52 人；卒葬或渡台地点在芦洲者，共计 18 人；淡水者有 19 人；台北县、屏东的 3 人；漳化的有 3 人；在和尚洲的 8 人；嘉义的 3 人；八里垄的 9 人；万丹的 4 人；在溪尾的有 2 人；坑前堡庄仔社的、大窠坑的、三重埔的、大隆同保安宫的、洲仔冢、摆接嵌顶埔墏冢的各有 1 人；另有卒葬或渡台地点不明者 7 人。以世系计，其中十五世中入台者为 14 人，十六世为 29 人，十七世 76 人，十八世 21 人，19 世 2 人。

其中有明确生卒年份者有 115 人，康熙朝 4 人，雍正朝 6 人，乾隆朝 90 人，嘉庆朝 12 人，道光朝 3 人。以乾隆、嘉庆年间为最移民入台高潮期。

可以看出，乾隆、嘉庆年间是兑山李氏渡台的高潮期。乾隆时期入台者 80 人，占渡台总人数 142 人的 56.34%；嘉庆年间渡台 41 人，占渡台总人数的 28.87%。乾嘉时期合计渡台人数 121 人，占渡台总人数的 85.21%。印证了"福建、广东向台湾移民的高潮在乾隆、嘉庆年间，至了嘉庆十六年（1811），台湾人口已近 200 万，取得耕地已不容易，移民的人数也就下降了"。②

李氏在移民的同时，也把当时同安的一批地方神祇带到了台湾，例如李公正渡台时携带保生大帝与广泽尊王。广泽尊王供祀于田野美李氏祖屋，

① 参见陈在正：《同安兑山李氏宗族的发展及向台湾移民》，载《台湾研究集刊》1995 年 3—4 期。

② 陈孔立：《清代台湾移民社会研究（增订本）》，九州出版社 2003 年版，第 12 页。

保生大帝祀于民舍。① 诸如保生大帝、广泽尊王、池王爷这类神祇都是同安的地方保护神，随着当地人民进入台湾一同携带入台，由此转变为台湾移民的保护神。这种对神灵的分香移植，也成为厦门湾沿岸信仰移植台湾的普遍现象，成为大陆移民开发台湾的见证之一。

就兑山李氏分布来看，移民台湾后，历经几百年不断的发展，人口繁衍，今已遍布台湾。从现代统计数字来看，仍可见其始迁地的脉络影响。据陈绍馨的研究表明，按1956年1/4人口抽查统计，兑山李氏移民集中区域如在云林县元长乡，为该乡第二大姓，仅次于吴姓；在李氏五千余族人中，就有不少是兑山李姓公腾、公鸣的后人。而屏东万丹乡为该乡第一大姓。李氏族人中不少为兑山李伯唐、伯发、公尝、论夫、士担等人后裔。台南盐水镇亦有相当多的李姓人口。②

三、同安各宗族

清代的同安，各宗族不仅继续向国内的浙江、广东以及台湾等地移民，同时各宗族也在入科举、武绩、文教、商业等行业有所发展，涌现了不少各界精英。

同安侯亭陈氏，其二世妃振派下有族人于清雍正、乾隆年间迁移台湾，定居北投区一带，至今已繁衍裔孙数万丁。又有泖洲陈氏，有陈瑞九世孙士朝之子大碧、大刘、大永、大山、大权、大六等六人于清顺治十三年迁居台湾，先住溪沙尾，后分居头前庄及溪洲底等处；后一支迁北投；另一支迁浙江洞头；三房一去迁广东海陆丰石壁。③

---

① 至宣统二年（1910），李氏七角头即楼仔厝、溪墘、土地公厝、水湳、三重埔、崙仔顶、八里垒等地族人李树华、李种玉等22人倡议修建保和宫于保和村，由此成为当时芦洲、八里、五股、三重等地区香火鼎盛之庙宇。此外，另有泉州陈氏族人将同安的地方保护神池王爷分香至芦洲，并于咸丰三年（1853）在水湳（今保佑村）盖保佑宫崇祀。参见陈在正：《同安兑山李氏宗族的发展及向台湾移民》，载《台湾研究集刊》1995年3/4期。

② 参见陈在正：《同安兑山李氏宗族的发展及向台湾移民》，载《台湾研究集刊》1995年第3—4期。

③ 陈加锥、林勤石：《同安陈姓源流》，载政协厦门市同安区委员会文史资料委员会：《同安文史资料同安姓氏专辑》，2000年版。

　　清代同安九牧龙山琼头派林氏,其派下十三世向荣,字战志,号龙江,于道光十三年(1833)入伍,因缉盗有功,先后任金门镇千总、海门参将、闽安副将、碣石镇总兵、台湾总兵。同治元年(1862)三月,台湾戴万生起事,向荣受命进讨,因大雨粮断,退驻盐水巷,遭革职;后嘉义被围,向荣驰书至家,倾家资七千金,募勇五百人赴援,遂解围。八月又被围,因兵粮无援,向荣督战阵亡,年49;其弟林向皋,次子林张成等487人皆壮烈殉职。台湾府城及原籍地立专祠,从死者一体附祀。九牧井头派林氏,至十世有林君陞者,字圣跻,号敬亭,由行伍授偏裨,继而升黄石游击、广东提督、福建提督、江南提督、卒后谥温僖,诰赠三代。其子以培,任云南昆明县典史;以植,荫任南京大理寺右寺丞;以根,太学生;① 又有九牧六林莲塘派林氏,康熙后期,林盛联子林芳德以经商发家,成为马巷大富,号称林百万。雍正七年(1729)由监生捐职州司,为人急公好义,捐献百金重修梵天寺"文公书院",乾隆九年(1744)捐资助修生分马巷文昌阁;乾隆十二年(1747)又捐资倡改岳口"理学名宦"石柱木坊。其子中桂,溪李太史光奥之女,建"栖云楼"(梳妆楼)。芳德六子,分居同安各处,有孙28人,世称"六子廿八孙",遂成马巷主望族。其后裔中另有乾隆时附贡林添筹、武举人林长膏等人。②

　　西河四口圳林氏,有林三光于清初渡台,居台湾府樣仔林,其子国然移居彰化,其子勋文移居淡水竹堑城,期间又曾回四九圳,出资千银修建祖祠。勋文子绍贤,曾授封资政大夫;绍贤孙占梅,因办团练抵御外侮有功,以贡生迁知府,复加布政使,县志为此还作传。四口镇林氏后裔,因兵荒马乱,相继外移。

　　清代,厦门湾北岸林氏延续明郑时期的移台大潮,有多人迁台。如新店镇山头村,有林潜、林遵、林哲等于清中叶去台,聚居于彰化番仔圪王爷宫,以后繁衍至台中县蔗廓乡,今已有四五千人;西柯镇下山头村二房六路派下

　　① 其十五世金殿,生光绪五年,年十四随父亲迁洽往新加坡,以驳船业起家,晚清以后成为巨富。

　　② 同安林氏世谱编写组:《同安林氏世系谱略》,载政协厦门市同安区委员会文史资料委员会:《同安文史资料同安姓氏专辑》,2000年版。

有林氏兄弟二人于清代移居台湾,肇基台中县瑞井、龙岗村;新民橄榄树村为官浔分派,其十一世林霍的后裔林生辉之子世仪,于嘉庆年间渡台,居台南幸妇妈庙街,书香传世,繁衍成族;马巷井头村,有二世林朝仁,移居台湾艋舺;二房八世有克静移居台湾;十二世有佐齐、佐我移居台湾南路万丹;十三世有德彪移居台湾竹堑,其祖居五落,叔父居麦寮;马巷龙田派中,有三田世系廿二世林钟栋于乾隆年间渡台,居彰化王宫四块厝庄;有西柯镇官浔村十世林益邦,行伍出身,官台湾镇总,其后代留居台湾;内厝镇莲塘村,十三世林元于乾隆间举家移台;林佳,名皆,渡台居竹堑,生四子,惠、庇、锡,幼子锡早夭;惠长子振看移居宝斗;庇移往王宫;庇五子振番移居新竹;廿四世清科也渡台。[①]

同安叶氏,其佛岭派下在清代有多人移居台湾,如十世以长后代中有路坂尾推迁公一支派于清代移居台湾;十五世老官举家迁台;十九世寿波迁台;以直长子光祖派下第廿一世转英于顺治年间举家迁台;光祖派下廿三世永忽及其子守己于乾隆年间迁居台湾大埤庄丰兴、斗南等地十世以临裔孙中先后迁台的有兴发、云波、楚卿、丰、概昌、保、崇、总、咏、育和、得、祈德等20多支派,人口约20000多人。以实长子顺祖派下有廿一世源兆派、廿二世莱补派、廿三世叶阮派,德意及其子寮、卫一派、叶柔派、廿四世叶楚派、松麟派、叶炮派、叶皎派以及廿五世叶聪派等皆迁居台湾;以实四子嗣祖派下有廿四金钗派、仕蕊派迁居台湾。

据《台北县志稿开辟志》载,嘉庆五年(1800)同安人叶天佑入垦台北县八里乡古庄村山猪窟,同年叶聘入垦台北县三峡镇硕石里鱼寮子;嘉庆末年叶薯、叶委与张体合垦今台北县石碇乡格头村。此外,康熙末年,又有同安人叶仲勤入垦今彰化市,叶雄入垦今台北市;雍正年间(1723—1735),叶猛入垦今苗栗竹南;乾隆末年,叶再入今台北市土林区,叶天祈、叶志入垦今台北市;嘉庆年间,叶继茂入垦今台北市,叶通殿入垦今台北,叶乌治入垦今台北板桥,叶英入垦今彰化和美;道光年间,叶士拱、叶松麟入垦今台北市中山

---

① 同安林氏世谱编写组:《同安林氏世系谱略》,载政协厦门市同安区委员会文史资料委员会:《同安文史资料同安姓氏专辑》,2000年版。

区,叶邦入垦今高雄阿莲。晋江县人叶求,乾隆末年,入垦今高雄楠梓。安溪县人叶砂,道光年间,入垦今台北市。平和县叶田人乾隆末年,入垦今桃园市,叶海入垦今南投竹山,后裔移垦鱼池。海澄县人叶思,道光年间,入垦今竹南。①

明末清初,叶氏族人有不少追随郑成功入台,至清代康乾雍三朝,应募参与台湾开发者人数甚众。据不完全统计,叶氏有数百个支派先后入台,开派八至十四代,为台湾20个大姓之一。其中,如高雄旗津中洲的叶天良一系,即出自同安佛岭郡马府派下。台湾叶氏支派,如仕蕊、雍正、超、士进、寿、弟、福全、恒、开鸿、仲勤、混珠、混饶、万东、士昭、元庆、来兴、妈生、桃、世映、尾、蝉、曲、仁生、羊等派系,均出自同安。叶姓在同安另有"莲溪"派。自乾隆年间,元潾后裔有多支派先后渡台。叶氏至二十二世,有瑶头人叶时茂,为乾隆癸未(1763)武探花,官至新大副将,有《得溪诗集》传世,至今在瑶头仍有探花第,后裔仍保存有其用过的瓷碗及战甲等遗物。又有同世叶廷梅,号兰春,岭下人,为乾隆乙酉(1765)举人,好公益事,修文庙(孔庙),倡浚铜鱼池,改拓儒学大门,建"观澜亭"于明伦堂城墙,重建梅山寺"梅亭",于轮山建"书舍"、"轮山西轩"等文化设施,另修东关外石桥,使行人称便。著作有《抒篋诗集》、《灞溪文集》等传世。②

此外,叶姓另有分居同安各地以及数支迁至浙江洞头县、杭州,广东海丰、陆丰、归善、番禺、潮阳各地,漳州、南靖、诏安、平和、东山、长泰、兴化、福鼎、福清、南安、泉州、晋江等地。

同安洪姓,在同治年间,曾有柏埔二十世洪思返等11人泛舟海外,冒险开辟当时荷兰人的殖民地,位于今天印尼的峇眼亚比,使一荒岛成为当今印尼重要城市及天然良港。另有其二十一世洪思燃、洪尔彰等9人,开垦印尼赤礁、盐水港等地。此外,洪氏后裔还有多支至台湾的台北、彰化等地开拓,

① 参见叶氏族人交流站:《叶氏起源》,2006年7月21日,http://hi.baidu.com/叶氏/blog/item/70826860c9d28...。
② 参见同安叶姓族谱修编组:《同安叶姓概况》,载政协厦门市同安区委员会文史资料委员会:《同安文史资料同安姓氏专辑》2000年版。

为台湾的开辟作出了贡献。①

晋江青阳蔡姓在同安有乌山（帽山）蔡姓分支，其中有十开世蔡卿畅、蔡日焛迁居台湾，十二世蔡正徙居澎湖，闻名华人界的富豪蔡万霖、蔡万春兄弟就是该支派的后裔。同安东蔡社蔡姓的一支，是由清初蔡兴旺于晋江金井东田头航船至大嶝东埕村东蔡社海域，因遇台风避风当地，由此在当地定居的。其后又分衍双沪村，灯号济阳。清代蔡氏有平林人蔡攀龙，军伍出身，历任厦门把总、金门守备，于乾隆五十一年（1786）因平定林爽文起义有功，升台湾总兵，官至福建陆路提督、江南提督，有"虎将"之称，赐"强都健勇巴图鲁"名号，蔡氏以之为"祖王"，建庙奉祀。②

同安傅氏有傅臣于道光年间由泉州浮桥携眷迁民安里十一都马巷四甲街，经营纺织业，商号"织锦"。当时傅氏拥有纺纱织布、过光、漂染等系列设备，另开有布店，是当时马巷巨贾之一，傅臣亦为马巷傅氏开基祖。其后裔中有傅有财、傅有德兄弟迁台谋生。至清代，傅氏还出了贡生傅藻文。③

第四节　东岸的移民

一、清代安海

清代，安平镇恢复安海镇旧称。至顺治十三年（1656）焚毁，顺治十八年（1661）迁界。至康熙二十三年（1684）复界，以浦边巡检司带管当地。后移古陵把总驻镇，于龙山寺以西建汛。雍正七年（1729），设户部税官，关榷称"鸿江澳"。次年，增设守备一员。十年，改守备为都司，建汛防都司于市

① 洪氏后代中还有著名的法学家，如二十一世的洪福增，为日本投降后临时高级军事法庭的五位专家之一。参见洪树勋：《同安洪氏宗支派系源流》，载政协厦门市同安区委员会文史资料委员会：《同安文史资料同安姓氏专辑》2000年版。

② 参见蔡云山等：《同安蔡姓渊源》，载政协厦门市同安委员会文史资料委员会：《同安文史资料同安姓氏专辑》2000年版。

③ 洪树勋、林水蓊：《同安傅氏渊源》，载政协厦门市同安区委员会文史资料委员会：《同安文史资料同安姓氏专辑》2000年版。

东寨内。乾隆三十一年(1766)以晋江县贴堂县丞移驻石狮,兼管安海。三十五年,改驻安海镇。至道光咸丰年间,厦门被辟为五口通商之一,安海则有轮船与厦门通航。清后期在当地设有海关厘金机构。①

至明末清初(1656),安海市镇遭毁,顺治辛丑(1661)迁界,安海几成废墟,海港由此封闭。直至康熙二十三年(1684)复界,清廷建海关于厦门,闽南海贸转以厦门为中心。此期,施琅以彰明旧规,建简陋民房,收四季税。安海市镇渐有恢复。②

安平施氏,其中著名者有施世榜,世榜字文标,康熙三十六年(1697)凤山学贡拔生,选寿宁教谕,嗣迁兵马司副指挥,后定居台湾,热心公益,多有义行,如兴修水利,开圳筑陂,发展台湾的农业生产。《台湾通志》载其开凿八堡圳后,费时20余年,"以彰邑十三堡半之田,而此圳足灌八堡也。岁征水租数万石,施氏子孙累世富厚,食其泽"。其灌溉面积达1900甲,约20余万亩。③

据有关资料,施世榜原名司城,世榜为其官名,垦号常龄。福建省晋江县安海人,生于清康熙十年(1671),卒于清乾隆八年(1743),享年七十三岁。邵十随副施启秉(鹿门)移台落籍鹿港施厝,投资开凿八保圳。圳原二水箱的八堡圳第一圳(施厝圳又名浊水圳)凿圳者施世榜先生,对彰化平原的贡献人尽皆知,圳原二水乡鼻仔头特别在八堡圳分水门旁建庙予以奉侍供人礼拜纪念。当时的施厝圳自二水流今田中、社头、员林、花坛、秀水、福兴、鹿港等乡镇,灌溉面积进一万多田地。建圳将近300年,名列台湾三大人工圳渠,流经彰化县八个乡镇。④ 由于八堡圳的开凿成功,加速了彰化平原的垦拓开发,为其农业发展奠下基础,使彰化平原在前清时代,成为台湾的谷仓。

---

①　安海志修编小组:《安海志》,福建晋江《安海志》修编小组 1983 年版。

②　参见安海志修编小组:《安海志》,福建晋江《安海志》修编小组 1983 年版。

③　参见王连茂、庄为玑:《闽台关系族谱资料选编》,福建人民出版社出版 1984 年版,第 153 页。

④　台湾学生网:《施世榜》,2003 年 2 月 14 日,http://library.taiwanschoolnet.org/cyberfair2003…。

施世榜先后娶妻六人，生子九人，发达后，曾在家乡安海石狮巷建有九座大厝，富甲一方。据《安平施氏四房家谱》记载，施世榜一族中有不少迁居台湾。如施榜之父，十六世鹿门，以平台军功官授左都督，生崇祯庚辰，卒康熙间，配曾氏，侧室范氏；"十七世澹亭，名世榜，讳寅，字文标，号澹亭"，这就是施世榜，在其之后，施氏族中又有嘉道年间的廿一世琮房（1797—1847），葬台湾府彰化县武西保崙仔脚；道光至同治年间有廿二世至廉（1823—1847）、至鹏（1825—1850）、传家（1827—1866）均葬彰化县。①

再看安海颜氏，至清代，颜氏族人秉承前朝移民传统，继续大量向台湾移民。其移民主要集中于清前期的康熙、雍正及乾隆三朝，少数延及嘉庆、道光年间，典型地体现了厦门湾人在清前期移民台湾的高潮。据《安平颜氏族谱》记载：

其东北镇房，十三世，钟勋，字常猷，号雄信，克瑞次子，生顺治丙申（1656），卒康熙丙子（1696），葬台湾府演武亭前左畔，姃雷氏，子三；十四世，福昌，钟枢次子，生雍正丙午（1726），往台湾；洪俞，名宋，钟钦嗣子，生康熙癸未（1703），卒台湾；钟玳，钟勋次子，生康熙辛酉（1681），卒乾隆癸亥（1743），葬台湾；式双，字迪美，号朴轩，钟科三子，生康熙乙酉（1705），卒乾隆丁亥（1767），葬台湾，配陈氏，子三；世范，字迪箕，号穆亭，名仍，钟玉三子，生康熙辛巳（1701），卒乾隆丙戌（1766），葬台湾彰化县东门外打炮坑八卦亭，碑"晋江考穆亭颜公"，配杨氏，承子一；式缨，钟绍子，生康熙乙未（1715），往台湾；洪福，字迪景，钟鼎长子，生康熙丁亥（1707），卒乾隆（年间？），葬台湾彰化县，配王氏，子二；十五世，时赐，名妈赐，式才长子，生乾隆丙辰（1736），往金门；时枢，名天枢，式才次子，生乾隆癸亥（1743），往台湾；时皇，号敦美，式双长子，生雍正庚戌（1730），卒乾隆辛未（1751），往台湾；时都，号敦邑，式双次子，生雍正乙卯（1735），卒台湾；时训，字谷循，世范嗣子，生雍正乙巳（1725），卒台湾；时玑，字谷璇，号肇栋，洪鸣次子，生康熙甲申（1704），卒乾隆壬辰（1772），葬凤山县番仔寮港西里北势坡，配侯

---

① 参见王连茂、庄为玑：《闽台关系族谱资料选编》，福建人民出版社1984年版，第153页。

氏,嗣子一;时岩,字谷南,号希三,洪鸣三子,生康熙戊子(1708),卒乾隆壬辰(1772),葬冈山县番仔寮港西里南畔,配杨氏,继室李氏,子三;时旺,字谷茂,洪禄三子,生乾隆己未(1739),葬台湾。

西长房派:十二世,开誉,字启符,号著寰,廷撰长子,生万历辛亥(1611),卒康熙壬寅(1722),葬(晋江)三十三都紫帽山,配节勤蔡氏,生万历乙卯(1615),卒康熙壬申(1692),葬台湾大南门外水蛙潭瓦窑,子二;十三世,耀,字常英,号裕昆,名定,开誉长子,侨居台湾,遂世居其地。生崇祯戊寅(1638),卒康熙庚午(1690),葬台湾大南门外下林仔水蛙潭瓦窑下,碑"安平颜公墓";配俭懿黄氏,生崇祯癸未(1643),卒康熙庚戌(1670),葬郡东门外观音亭前;继室慈慎谢氏,生顺治庚寅(1650),卒乾隆戊午(1738),寿八十九,葬台湾大南门外下林仔山城边,子三;燸,字常酌,号玉斋,名腊,生顺治甲申(1644),国学生,配陈氏,葬台湾;十四世,贤,燸子,往台湾;弘珍,字迪待,号朝聘,耀长子,生康熙壬寅(1662),卒康熙癸酉(1793),葬台湾下林仔仙草寮;弘道,字迪远,号恂仁,名三,耀次子,生康熙乙卯(1675),卒雍正甲寅(1734),葬台湾大南门外新冢二嵩山,碑"安平颜公墓";配德淑陈氏,生康熙戊午(1678),卒乾隆庚申(1749),葬台湾大南门外演武亭前三嵩山,碑"安平颜门陈氏墓";弘德,字迪馨,号本立,名周,耀三子,生康熙己未(1679),卒雍正丙午(1726),葬台湾大南门外鬼仔山郭厝墓后左边,碑"安平颜公墓",配杨氏,子一;弘猷,字迪谟,燸子,生康熙甲寅(1674),卒葬台湾新昌里仙草寮前,配孝直黄氏,继室孝恭蔡氏,生康熙戊寅(1698),卒乾隆己未(1739),葬台湾大南门外大山头中嵩,子三;十五世,国英,字谷敏,号广怀,名猴,式榜四子,生乾隆丙寅(1746),卒乾隆乙卯(1795);台郡庠生,配林氏;考年五十,葬台湾府小南门米粉坡;时贺,字谷迈,号寅都,式琅三子;生乾隆癸未(1763),卒乾隆庚戌(1790),卒于台湾府,寄葬彼处,年久难稽;时楠,字谷昭,铝程,鹏翼三子;生雍正乙卯(1735),葬台湾北路八里分(坌);时俊,字谷秀,名探,弘道长子;生康熙辛巳(1701),卒失,葬台湾大南门外城边头嵩仔顶;配黄氏,继室钟氏,子六;时昌,名博,弘猷次子;生雍正甲辰(1724),卒乾隆己未(1739),未婚卒,葬台湾大南门外南坛后。

西房巷口房:十二世,克豫侧室周氏,生顺治丁亥(1647),卒康熙丁巳

(1677)，葬台湾；十三世，钟彝，字常达，克豫三子；生康熙壬戌(1682)，卒康熙庚子(1720)，葬台湾鬼仔山，配郑氏；子一；十四世，式谒，字迪暹，号志孟；生康熙壬戌(1682)，未婚卒，葬台湾，承子一；式最，字迪缵，号亦远，钟洪长子；生康熙乙酉(1705)，卒雍正己酉(1729)，葬台湾铁线桥北梁德威竹园宅内。

东西巷房：十三世，钟昆，克佳三子，生康熙壬戌(1682)，葬台湾；钟峻，字常德，克鲁次子；生康熙癸酉(1693)，卒乾隆壬戌(1742)，卒台湾，葬北路佳兴里子龙庙社边。

东上房：十三世，钟第，克缵次子，生康熙年，卒乾隆癸亥(1743)，葬台湾左营营盘前，碑"西畴颜悌老墓"；十四世，式五，钟呈五子，生乾隆庚午(1750)，公往台湾婚娶，生有三男；十五世，时黄，名堆，式虎长子；生乾隆壬午(1762)，往台湾；时秋，字谷梅，号逸亭，名秋菊；生乾隆戊子(1768)，卒嘉庆壬申(1812)，葬台湾阿里港，配郑氏。

东后房：十四世，式籍，钟顾次子；生康熙戊寅(1698)，卒葬台湾；

东霞亭房：十二世，克璟，字启岗，号瞻云，名文，廷瑞长子；生崇祯乙亥(1635)，卒康熙己卯(1699)；皇清诰授奉政大夫，任浙江严州府同知，康熙丙午(1666)以军功题授，戊申(1668)丁艰回家；葬六都甘棠乡，继配恭慈谢氏，生顺治己丑(1649)，卒康熙庚申(1680)，葬台湾山，皇清诰封宜人，子三；十三世，梦琏，字常华，号季卿，克英五子；生康熙丙午(1666)，卒雍正癸丑(1733)，葬南安四十一都；台湾府庠生，配温氏，子三；文珍，字常持，号砺轩，名临，国祯长子；生顺治辛丑(1661)，卒康熙戊戌(1718)，葬南安四十一都，配蔡氏，在家先聘后娶；继室悼懿沈氏，生康熙乙巳(1665)，卒康熙癸亥(1683)，在台后聘先娶，子三；钟埙，字常墀，名宇，克璜养子；生康熙丁亥(1707)，卒乾隆己未(1739)，葬台湾州仔尾，配许氏，子一；十四世，式玉，字迪阳，文瓒次子，生康熙壬戌(1682)，未婚卒，葬台湾南路下淡水赤山；式曦，梦琦长子，生记康熙戊申(1668)，卒乾隆辛酉(1741)，葬台湾；式榆，字迪宽，号永吉，名俊，钟浩三子，生康熙辛未(1691)，卒乾隆庚申(1749)，葬台湾笨港大崙土名崙仔山，配苏氏；十五世，时秉，字谷丰，名团，式嵒四子；生康熙戊戌(1718)，侨住台湾水仙宫边；配林氏，子一；十六世，惇高，名源，字诒本,号淑添,时伯四子,全家往台湾彰化县,后不知如何;元配黄氏,继配肖氏,俱葬崎岑山,子一;惇霞,号诒霞,时屏三子,生乾隆癸未(1763),卒台湾,配郑氏;嗣子一;十七世,叙商,名农,字庆士,号追远,惇亦次子;生嘉庆庚申(1800),卒道光戊戌(1838),葬台彰化县城东南冢山;叙醋,惇高子,在台;郡庠生,配吕氏,子二,俱往台;叙油,字庆谦,号建忠,惇物嗣子;生嘉庆庚申(1800),卒在台湾,葬在朱罗山钮仔林,配蔡氏,子二;十八世,际应,号应盛,叙扬次子;生嘉庆庚申(1800),卒台湾;丹桂,叙醋长子,住台;思种,叙醋次子,住台;十九世,遇海,名沧海,际萍三子,生道光丙申(1836),卒在台湾,配陈氏,子二。

从安海颜氏的移民情况来看,其家族的对台移民也多在明末清初,尤其以清初的康熙、雍正、乾隆三朝移民人数为最,这与厦门湾西岸及北岸对台移民情况相吻合。

二、清代的东石

东石镇,地处厦门湾东岸的围头湾内,旧属晋江的十都,与安海镇、南安市石井镇互为犄角,它"得鳌山之钟秀,摄东海之雄威,据山川之险峻,占水陆之优势",自古为军事要塞和商业富埠。东石与台湾隔水相依,两地之间历来就存在着密切的关系。明天启年间(1621—1627),以颜思齐、郑芝龙为首的海商集团占据台湾。崇祯元年(1628),郑氏就抚于明廷后,以安平港作为其对东西贸易的重要基地,东石港曾作为安平港副港成为大陆连接台湾的重要中转站。郑成功抗清时,曾于东石建寨,并屯兵于附近的白沙城。东石人民曾大力支援郑成功进行抗清活动,其后还有不少人追随郑氏大军挥师东征,成为开发台湾的先驱。

对于清初野蛮的"迁界"政策造成的大劫难,时人多有记录。江日昇《台湾外记》就记载提到当时守界兵丁的横行霸道,"时守界弁兵最有威权:贿之者,纵其出入不问;有睚眦者,拖出界墙外杀之。官不问,民含冤莫诉。人民失业,号泣之声载道;乡井流离,颠沛之惨非常! 背夫、弃子,失父、离妻,老稚填于沟壑,骸骨暴于荒野"。其中还附诗以为证,东旭曰:"堂空野鹤呼群立,门蹋城狐引子蹲。坠钿莫思悲妇女,路隔何处泣王孙?""盗残兵惨频相连，一旦徙移意外传。鸟雀啄场农事少，麦黄生土主人迁。""屋残鬼亦无家哭，烟冷鸦应忍饥过；计却当年筹画者，书生无泪代悲歌。"①阮旻锡《海上见闻录》称，顺治十八年因迁导致的"百姓失业流离死亡者以亿万计"。《东石汾阳郭氏族谱》则记载，"迨至大清顺治庚子十七年（1660），兵燹，迁都，门庭鞠为茂草，堂所尽属秽荒，父子兄弟，流离失所"。生动地展现了当时荒凉破败的景象。

清朝统一台湾后，台湾经济从破败中复苏，百业俱兴，大陆人民纷纷前往台湾从事贸易活动。乾隆四十九年（1784）和五十七年（1792），清廷先后开辟了泉州蚶江、台湾鹿港、福州五虎门和淡水八里岔进行对渡，闽台之间的交通贸易更为畅通、频繁，极大促进了两岸经济。

明末清初，不少东石人移居台湾，在开发当地时，也将东石的地名带到台湾并命名于当地，表达了东石人思乡的情结。台湾许多地名包含大陆移民史的内容，闽台血缘关系从中可见一斑。据何振良的研究，台湾有许多贯姓和贯籍地名，正是闽、台"血缘"（贯姓）与"地缘"（贯籍）密切关系的体现。据调查，台湾此类地名共有 200 多个（贯姓地名 100 多个，贯籍地名 80 多个），主要源自泉州、漳州地区移民的姓氏、地籍，是明末清初泉州一带大批移民往台聚族而居所形成的。当移民们背井离乡，来到遍地瘴烟的台湾岛进行开拓时，多以其姓氏或籍贯地来命名所居住的村落，以不忘祖地，因此在台湾出现了许多贯姓或贯籍地名。东石各姓氏的族谱显示，当地各族先人的足迹遍及台湾的布袋嘴、新塭、郭岑、虎尾寮、笨港、东港、白沙、麦园、型厝和嘉义、彰化、台南、高雄等沿海地区。而郭岑、白沙、麦园、型厝、东石镇、东石乡、东石里、东石寨，均直接沿用故乡的原地名。当地谱牒中就有不少证明：

东石镇白沙村，以周姓为主，郡号为"汝南衍派"、"濂溪衍派"，堂号有"爱莲堂"、"理学传芳"。其先祖源自河南汝南，唐末五代时入闽，居宁化石壁乡，至周宗贵移居永定，生子十一，第四子周闻古移民晋江碧沙乡，自立堂号"爱莲堂"，是为白沙周姓的开基祖。白沙即碧沙，又名碧江，世居于此的

---

① （清）江日昇：《台湾外记》卷6，台湾大通书局1987年版。

周闻古派亦称"碧江周氏"。清代,他们传下了字行:"尚念忠厚祖留贻,梁栋本为华国器";讳行:"仕伯公卿衡正笃,珪璋长隐海滨材。"在台湾众多的"汝南周"中,碧江周氏占有一席之地。据白沙《碧江家谱》记载:"始祖绍基公有维城、维潮两子,长子维城居于白沙东南的围头村,次子维潮定居白沙。"维潮传到第十世懋心,有汝轩、汝功、汝策、汝得四子,第四子汝得又生大正、大殿、大宝、大钦,清康熙年间,周汝得率派下四子全房过台湾,开拓了嘉义县布袋嘴,以周姓命名为布袋嘴周氏。此即为贯姓地名的典例。①

清初,郑成功据东石一带沿海抗清,蔡氏子孙蔡秉元(又名惟景,字炳寰),本是明末一位号称百万的大海商,郑氏起义,即捐资助饷,并将他在凉下的埭田,捐为郑军的屯田,后又献船率族人随郑军东渡台湾,在台湾定居,成为开发台湾嘉义县布袋嘴的先驱。从此,布袋嘴成为东石十蔡族亲的聚居点。移台后,东石蔡氏移民把所居住地的村名取名为东石乡,即为今日嘉义县的东石镇。此后,玉井蔡氏在台湾迅猛发展,蔚然而成为大族。在他们所居住的村落,又见有"东石寮"、"东石里"等贯籍地名。②

又如汾阳郭氏居东石镇郭岑村(即沧岑),其开基东石沧岑者是郭洪泰。明末清初,沧岑郭氏已有人出居台湾凤山。清乾隆三十四年(1170)修谱时,五房分派台湾的子孙已达67名,可见人数之多。该姓族人多分布在今彰化、嘉义、高雄三县沿海地区。在这三个地区,有多处称为"东石寮"、"郭岑寮"的村名,即为郭姓族人迁台后以原籍地村名为所居地命名的地名。③

在台湾众多的贯籍地名中,统计起来竟有数十个源自东石一镇,让人惊叹。这些地名也成为东石移民怀念故土的遗存,是闽台同胞血亲的见证,足见东石人以他们辛勤的劳动对开发台湾作出的巨大贡献。

① 何振良:《略论明清时期福建人对台湾的开发和经营——以晋江东石人为例》,2006年8月17日,http://www.qzwb.com/qzx/content/2006-08/16/content_2161461.htm。
② 何振良:《略论明清时期福建人对台湾的开发和经营——以晋江东石人为例》,2006年8月17日,http://www.qzwb.com/qzx/content/2006-08/16/content_2161461.htm。
③ 何振良:《略论明清时期福建人对台湾的开发和经营——以晋江东石人为例》,2006年8月17日,http://www.qzwb.com/qzx/content/2006-08/16/content_2161461.htm。

明末清初的东石移民，大多聚居于今台湾嘉义、彰化、台南、高雄一带。

大批无家可归的沿海居民，部分被迫内徙，部分则下到南洋，另一部分则追随郑氏政权渡海前往开发台湾。作为郑成功抗清复台的基地的东石，自然在当时有数以千计的东石籍官兵士、民户随同，分赴台湾各地开荒耕垦、繁衍奠基。至清代的乾嘉时期，东石再次出现父子、兄弟、夫妻，甚至举家迁徙台湾的局面。其中，主要迁台族系、人数等列举如下：

《东石玉井宫西蔡氏长房三延科公派家谱》载其族人自十一世至十五世往台湾 220 多人，时间约在康熙末年，迁台族人多分布于嘉义县的布袋、新堰、东石、郭岑寮、虎尾寮等处，闻至今已有四万多人。[①]《东石玉井蔡氏长房三惟谅公派下家谱》载其族人从十二世至十八世往台湾 36 人，最早迁台时间约当康熙末年，从族人葬地看，该房子孙居住地点，除布袋嘴庄外，还有嘉义、笨港、台南、东港等处。[②]《东石玉井蔡氏二房长守庆公派系谱牒》载其族人往台 68 人，而这支谱系的人丁不上百人。《东石玉塘吴氏三房家谱》载其族人迁台的有 30 人，该族移居台湾的时间比东石其他族姓来得迟，约在清乾、嘉时，始有十七世吴声养父子等人往台，住箔仔庄。《东石汾阳郭氏族谱》载其族人迁台的有 150 人，移台始于明末清初，分布于台湾北路、南线、凤山、大埔、坑头、砖仔窑埔、金京潭瓦窑沟埔、漳化、盐水港、淡水、台甲新庄、承天府、台湾府、凤山、中港、台甲营等地。[③]

移台的东石居民，有的举家迁台，如东石附近的后湖村，从其族谱中发现，这个总人数不过数百人的小村庄，从雍正后期到道光初年去台者达 126 人。其中兄弟两人或多人去台的就有 17 家。此外，有移民的还带去家室，如东石郭岑村郭一里（乳名四，号厚斋）偕室吴氏；郭一程（乳名双，号毅斋）偕室林氏、继室吴氏同往；其五房分派"十三世一景，茂华三子，号直斋。生

---

① 参见王连茂、庄为玑:《闽台关系族谱资料选编》，福建人民出版社 1984 年版，第 115—130 页。

② 参见王连茂、庄为玑:《闽台关系族谱资料选编》，福建人民出版社 1984 年版，第 130—133 页。

③ 参见王连茂、庄为玑:《闽台关系族谱资料选编》，福建人民出版社 1984 年版，第 136—145 页。

万历癸丑(1613),卒康熙辛亥(1671),葬凤弹山"。直斋公的继妣生于天启乙丑(1625),也葬在台湾。另一些则在台湾建立家庭,如《东石玉井宫西蔡氏长房三延科公派家族谱》提供的资料显示,其家族移台人员,自乾隆年间始,在台湾娶妻者有80人,继娶者9人。如其第十二世中,世构,往台南路竹仔港汕岸顶居住。生乾隆二十四年(1759),卒嘉庆十八年(1813)。在台娶三块厝许氏女,名澄娘,号纯慈,生乾隆三十四年(1769),卒道光十一年(1831),墓葬嵌脚,生男四。"十三世中,文荣,住布袋嘴庄。生乾隆四十一年(1776),卒道光二十五年(1845)。先娶龙蚝郑氏女,名座娘;继娶新庄刘氏女,名密娘。承男一";"文挺,住鹿港庄。在唐先娶苏氏女,名俭娘,早殁;在台再娶某氏女,名溅娘。生男一"。十四世,章蜡,"生嘉庆十八年(1813),卒同治二年(1863),在台身故,葬五股。娶下村乡张却娘,又在台娶侧室陈香炽。养男四,生男一";章层,"生道光元年(1821),卒同治元年(1862)。在台身故,墓葬鼋皴。娶台郭脸娘,生男二";章杭,"生嘉庆廿一年(1816),在台身故。先娶前头吴蜂娘,七岁未成婚而亡;再娶桂林乡许静娘,同夫往台,养男一。"十五世中,懋遇,"生道光廿九年(1849),先娶许西坑乡许间娘,继娶台湾王氏女,名嫌娘。生男四";懋鱼,"生咸丰五年(1855),卒光绪廿一年(1895),在台身故。妣台湾东石寮吴氏女,名狯娘,号孝勤,生咸丰九年(1859),卒光绪廿一年(1895),墓葬沙岗,生男二"。[①]

早期的台湾开发,充满了艰辛。东石移民在台湾定居后,即积极投入到开荒垦殖、建设家园的生产活动中去。《台湾区姓氏堂号考》记载:"晋江碧沙乡周闻古支派,康熙四十九年(1710),周大铟、周大钟入垦台中清水;周大养入至今台中沙鹿;周尚悦入垦台中大安;稍后,周明入垦今台南市安平;周应满入垦彰化伸港。雍正年间,周白智入垦今台南盐水;周守宽入垦今嘉义布袋。嘉庆年间,周朝兹、周道皆、周态九等入垦今伸港;周朝章入垦今台北林口。"

除了从事垦殖业外,玉井蔡氏等族人还在布袋嘴从事渔业,另有东石移

---

① 参见王连茂、庄为玑:《闽台关系族谱资料选编》,福建人民出版社1984年版,第117—128页。

民从事手工业生产。台湾的山胞原本不懂得晒盐技术,后来由东石人迁台后传授过去。由于东石自宋即属浔美盐场,数百年前即为产盐之地,故而迁台后的一些族人即以晒盐为生,如玉井蔡氏即是。移民的迁往,也促进了台湾晒盐业的发展。

不少东石人迁居台湾后努力开拓,经营得法,经过数代人的发展,到清末已成为经济实力雄厚的家族。东石玉井蔡氏的一支,其七世祖蔡文由于乾隆二十四年(1759)往台开发,后率5位兄弟联手经营,居住于嘉义县布袋栈寮东安(东石安居之意)村,于嘉庆年间创办"源利"商号,拥有99艘对台贸易的大帆船,创办有典当、药材、布厂、盐埕等,富甲一方。玉井蔡氏后裔至今仍珍藏有清道光二十一年(1841)的台湾护照,为其早期先辈蔡志愿前往台湾时所用。①

从总体上看,迁往台湾的东石移民,包括了士农工商、百工杂艺,均"竞趋之以谋利"。他们移民台湾,开荆斩荆、艰苦创业,两岸人民也为此形成了割不断的骨肉亲情。

厦门湾的漳泉两府,明清时一直为缺粮区,东石也不例外。《泉州府志·风俗志》说,"泉州地隘而硗瘠,濒海之邑耕四而渔六……谷入少而人浮于食……晋邑所概,尤啬他县"。县志载,"晋地斥卤而瘠,趋海多,力田少。其力田者水旱不时,水淫则成巨浸,旱燠则尽石田。巨浸而泻水莫停,石田而忧旱孔急"。可见其地力之贫,不足以养民。为此必须进行多种经营,"幸得雨旸顺而丰稔登,薯米麦豆收成,野外可以充饥,城中亦得告饱"。③

---

① 参见万代辉:《清代台湾"护照"现东石》,2005 年 8 月 3 日,http://news.sina.com.cn/o/2005-08-03/16516602832s.shtml。

② 该护照由蔡氏后人蔡书剑先生提供,为宣纸木板印刷。"护照"上书:"调署嘉义县苯港分县彰化县五条港务加一级记录十次易。"内容为"据禀给照事,今据蔡志愿禀称来台生理,现欲由五条港口搭船内渡回籍。粘结请照等情,据此除批示准保险放外,合给护照,为此照给蔡天愿遵往搭配使船渡回原籍。凡有经过关津隘口验明放行,毋得刁难阻滞,到即将照缴销,该蔡天愿不得夹带禁物,致干查究毋违须照"。参见万代辉:《清代台湾"护照"现东石》,2005 年 8 月 3 日,http://news.sina.com.cn/o/2005-08-03/16516602832s.shtml。

图 68　清代东石玉井蔡志愿的台湾"护照"①

　　为解决缺粮之急,清代每年均需从台湾购进大米和其他副食品,如雍正二年(1724)下旨,"饬发台湾仓谷每年辗米五万石,运赴漳、泉平粜"。《晋江县志》也有"稻米菽麦,今皆取给台湾"的记载。东石原为海商活跃的地区,清初福建对台贸易,在东石设有专航的船舶,每船可装货物三五百担。因而购运台米,大大刺激了东石造船、航运业的发展,东石一带商人纷纷介入两岸贸易。商贩从台湾运进台米、台糖及台湾的土产,以台米台糖为多,而台米尤冠。为了储存米谷,沿海包括安海(东石)一带设立谷仓,据县志记载,乾隆十八年(1753)"先后议建三十七社(仓)",其中就有安海、深沪、永宁、蚶江、龟湖等处,"将谷暂贮社长家。每岁春借秋还,于民为便"。② 由于厦门湾沿岸的漳、泉等地粮食多不能自给,朝廷还曾多次下令蠲免钱粮。如康熙朝就曾于十五年、二十五年及四十九年三次疏免福建钱粮;雍正六

---

①　(清)周学曾等:《晋江县志》卷72《农事》,福建人民出版社1990年版。
②　(清)周学曾等:《晋江县志》卷13《仓厫》,福建人民出版社1990年版。

年、乾隆十三年，均因晋江、南安、同安等地遇秋旱而蠲免钱粮；至嘉庆朝仍有一些蠲免，其中以乾隆朝次数最多。① 朝廷的这些蠲免，也在一定程度上缓解了当时厦门湾沿岸的灾情。

明清时代，从东石外运台湾的货物，主要是陶瓷、铁器、药材、茶叶、丝织品等大陆土特产，甚至有泉州特为台湾编印的"日历"、"通书"。于此可见台米内销，台湾也成为泉、漳等地的米粮供应地，稍不接济立即影响厦门湾沿岸的民生。

由于晋江一地生计之艰辛，清代当地人又"习植蔗煮糖，农人利溥而商贩亦可转运他方懋迁为事"。② 其中有不少人就从事商业贸易，"而屯籴稻谷，鬻贩渔盐，种种有之。濒海之民，又复高帆健舻，疾榜击汰，出没于雾涛风浪中，习而安之，不惧也。趋利之多，自昔为然"。③ 许多东石人就以从事对台贸易为致富捷径。当时，东石一带居民赴台"大小商海，往来利涉，利之所在，群趋若鹜。"如周、蔡两姓为东石望族，皆以海上贸易致富著称，而周姓尤多运销台米。故周氏族谱，对此尚留有一鳞半爪可供参考。据《东石鳌江周氏五福房族谱》载，周仕鼎（乾隆三十七年至道光二十四年，1772—1844）墓志铭称："……泉州粮食半需台湾，适乙未（道光十五年，1835）间，台米额限，内地米价日增……"史称"太平盛世"的乾隆朝，"泉州粮食半需台湾"，可见台湾在清前期已成为厦门湾的谷仓。又据《逊祥周府君墓志铭》记载："道光初年，省会大饥，君闻，遣数艘运台米入省，与其兄逊哲、逊成君平粜，省赖以安。……"④当时福州发生大饥荒亦得依赖台米接济，可见周姓经营台米范围甚广。当时晋江之民，"上吴下粤，舟车所至，皆可裕生涯"。厦门湾周边省份以及台湾海峡，都是他们经营的地方。

台米贸易，也刺激了台湾岛内农副业的生产发展。施琅曾奏称，台湾"野沃土膏，物产利溥，耕桑并耦，渔盐滋生……舟帆四达，丝缕踵至，实肥

---

① 参见（清）周学曾等：《晋江县志》卷 25《蠲政志》，福建人民出版社 1990 年版。
② （清）周学曾等：《晋江县志》卷 72《农事》，福建人民出版社 1990 年版。
③ （清）周学曾等：《晋江县志》卷 72《商贾》，福建人民出版社 1990 年版。
④ 何振良：《略论明清时期福建人对台湾的开发和经营——以晋江东石人为例》，2006 年 8 月 17 日，www.qzwb.com/gb/content/2006-08/16/conten...。

沃之区,险阻之域"。当时与大陆对渡的不少台湾渡口也因为输送台米而得以发达,据《台湾私法商事编》云:"乾隆末年,三郊(泉郊、厦郊、鹿港郊)名著。嘉庆十二年(1809),万商云集,各途生理,皆为继起三郊公号为主。道光初年至咸丰末年,商业大兴。"①所谓郊者,商会之名也。清代在台湾形成的三郊即指台南之大西门城外北郊、南郊、港郊之总名目。而其中,"配运于上海、宁波、天津、烟台、牛庄等处之货物者,曰北郊……配运于金厦两岛、漳泉二州、香港、汕头、南澳等处之货物者,曰南郊……熟悉于台湾各港之采籴者,曰港郊"。② 当时与厦门湾沿岸对渡的正是属于南郊的诸多台湾商号。

为此,台南的鹿港成为"舟车辐辏,百货充盈"的台湾第二大市镇。由此带来的双边贸易,也促进了台湾商业发展与兴盛,连横《台湾通史·商务志》亦云:"泊乾隆间,贸易甚盛,出入之货岁率数百万员(元)……(商贾)各拥巨资,以操胜算……舳舻相望,络绎于途。"随着双方贸易的扩大,两地人民往来频繁,厦门湾沿岸各市镇与台湾的两岸亲情更加巩固,随之又进一步推动双方贸易的持续发展。

可见,明清之际,正是由于大量福建人尤其是厦门湾沿岸移民渡海移居宝岛,与台湾各族同胞共同开发,才有力地推动了台湾社会经济的迅速发展,使蛮烟瘴雨之地变成了富庶美丽之乡。两岸人民的互动、移殖,台厦兵备道等机构的设立,台运米粮的实施,也使台湾成为厦门湾的谷仓,更不用说长期的经济、文化交流,终使台湾与祖国大陆完全融为一体。

① 台湾银行经济研究室:《台湾私法商事编·商事总论·郊》,台湾大通书局 1987年版。

② 台湾银行经济研究室:《台湾私法商事编·商事总论·郊》,台湾大通书局 1987年版。

第六章　结　语

　　厦门湾一地,唐以前人烟稀少,聚落多呈零散布局,以后随着社会经济的发展,移民聚落逐渐向海湾周边聚集;至宋代,因朝廷偏安江南,福建得以大面积开发,此期也是大多数厦门湾族谱记录的移居开基本地的时期。厦门湾周边各地因生产活动的初步兴盛得到进一步开发,整体经济水准也有一定的提升。此外,这一阶段厦门湾文教之风兴盛,特别是朱熹的影响,使厦门湾成为文教昌明之地。元代,在泉州港兴盛的同时,也曾带动附近的南安、晋江等地的发展,这为厦门湾即将到来的兴起提供了条件。

　　明代,厦门湾港市接踵而起,月港、安海作为厦门湾的两翼都曾一度辉煌,成为厦门湾最早兴盛之地。国内,在明末特殊的历史背景之下,厦门湾地区成为一片政治管理的真空地,由于南明小朝廷对此无法进行实际控制,而清廷的实际控制势力又尚未达到沿海,郑氏政权正好因着这一有利条件积极拉动沿海商务,发展对外贸易。此期,正值西方葡萄牙人、荷兰人以及后期的英国人东来,试图在亚洲寻找据点之时,郑氏几代人纵横四海,打败西方人,果断地抓住机遇,积极发展与东南亚诸国、日本以及欧洲等国的贸易;建立了以厦门为中心、以台湾为中转站的厦门湾辐射网,有组织地进行大规模海外贸易活动,带动了自明末以来就兴盛的月港、安海等港口共同发展。郑氏兴盛之时,不仅控制了厦门湾沿岸以及台湾海峡,更北联北方各港,东达江浙,东北至日本、朝鲜等国,南系吕宋、暹罗、交趾等东南亚诸国,西通西洋的葡萄牙、西班牙、荷兰、英国等国,拉动了厦门湾及其腹地、以致邻省与国外进行贸易。由此,郑氏成为日本—台湾海峡—南中国海等广大海域的实际掌控者,而在其控制下的厦门湾及台湾地区,也成为明末清初东西方贸易的桥头堡。由于郑氏时期在统治上的一体化,也形成了厦门湾在管理上的合一。

清代,厦门湾兴起,带动了周边港口群的发展。厦门湾人民承继了明代延续下来的开拓海外的经历,继续进行海洋贸易活动,并为此成为东南沿海海洋贸易的主要力量,在继续开发台湾、进行台运、对外移民、开发侨居国等方面扮演了先锋与核心角色。而厦门港通洋正口的地位,也主要反映在明末至清代,并且依靠明末清初的经济积累和拓展,厦门湾基本形成了以厦门为中心的经济实体。

笔者通过对厦门湾地区的考察,溯古及今,深感决策的重要性。决策者的观念若能顺应时代发展,则会给国家、地区带来变革与进步;而一旦决策失误,则不仅延误发展,更容易造成民生的疾苦与社会整体发展进程的倒退。总之,大政方针的制定,对该国、该地区的政治、经济、文化等各方面将产生重大而深远的影响。

考察厦门湾的发展历程,从民间行为来看,以明清两代的经济发展尤为显著,整个海湾对外贸易以及移民活动非常兴盛,尤其在明末至清前期达到高潮。厦门湾人沟通海内外,不断进行商贸活动并移居各处,拓荒台湾、国内各地以及海外各国,随之带动了移居地的开发、繁荣并国内外贸易活动的活跃。而与此相应的也带动了移出地的厦门湾各港口、城市的兴荣,整个海湾的经济实力也得以提升。不过民间的势头虽盛,但反观同期统治者的理念,明清两代均呈现出渐向保守的趋向,对民间活动的打压与政策的关卡重重,显示出朝廷自身的怯弱与短见,显然与历史发展的趋势背道而驰。

从朝廷行为来看,有明一代,前期有郑和七下西洋的豪迈壮举,荡海寇,肃逆贼,声震海内外,惜乎只在"怀柔远人"的大国骄傲中辉煌一时;中国海洋壮歌的最强音在郑和时代达至顶峰,但此后明朝官方力量却渐淡出海洋,中国的海洋政策日趋保守、内敛,从原本的世界海上大国开始倒退,甚至明廷还有人还将郑和下西洋的全部资料付之一炬,可见利益集团的短视。明廷的北迁,也正是这种保守观念的呈现。由此带来南方沿海防卫的松懈。而明清之交,正是世界各国重视海洋、开发海洋的海潮时代,拒绝了海洋,也就拒绝了与外界的交流与往来;拒绝了海洋,也就拒绝了新时代的发展机遇。

　　对比同时期的西方诸国，正当中国的朝廷向内陆收敛、进行自我约束之时，也正是西方世界向海洋扩张、进行对外殖民之时。明清之交，东西遭遇，西方殖民者向印度洋和太平洋沿岸拓展殖民，所向披靡。南中国沿海成为东西方较量的舞台，而厦门湾沿岸更是其短兵相接的海上战场。值得一提的是，正当明朝官方从海上退缩之时，中国南方沿海的民间力量悄然兴起。当时先后纵横于海上的"海盗"、海商集团（实为武装化海商集团）有王直、吴平、曾一本、林道乾、林凤、郑芝龙、刘香等人。正是这样一批人，他们勇敢地挣脱了大陆思维的束缚，开拓了万里海疆的视野。此时，自日本以南至南中国海，群雄并起，硝烟不断，一如当年的中原逐鹿，所不同的是，参战的是来自多国的勇士，昔日尘嚣的黄土战场，此时化作了惊涛骇浪。不幸的是，各路枭雄或为朝廷或为西人或为相互战争所剿灭，唯一集大成者乃郑氏一族。

　　以郑氏家族为代表的民间海上力量在这场国际国内大角逐中历战多年，谋略得当，逐渐脱颖而出。崇祯六年（1633）郑芝龙于料罗湾的明荷海战战胜荷兰人，开创了中国人战胜西方列强之先河，独得东亚海上贸易控制权。至此，郑氏羽翼丰满，奠定霸业，一跃成为东南沿海的"海上长城"。而郑成功凭借其父亲手下曾经积聚的力量，号召组织明军的散兵游勇，在一路的争战中建立起强大的海军力量，一举打败荷兰人，收复台湾，更创伟业。此后郑成功、郑经在台湾建立府、县制，开发当地农业、普及教育；不畏清廷各种封锁，积极发展海上贸易，使台湾成为真正的宝岛。连清统治者也不得不承认：郑氏乃明室之孤臣，而非清朝之乱贼。正是郑氏数代人对厦门湾沿岸以及台湾的开发，在数百年前就发展了整个海湾的经济、文化，使得月港与安海形成了厦门的两翼，形成了以厦门岛为中心的海岸城市带。可以说，这也是厦门湾得以初步整合的一个先例。

　　明郑时期，郑氏一族从政治、军事、经济、文化等各方面对整个海湾地区进行了整合，例如在行政上，虽有部分时段的与清廷的拉锯，但从明末清初的大部分时段来说厦门湾地区仍为郑氏所掌控；从军事上，郑氏势力也基本控制了厦门湾沿岸。经济上，郑氏则主导了当时南中国对日本及东南亚国家的海外贸易。值得一提的是,郑氏家族在其统治期间,对日本以南海域、台湾海峡,以及南中国海海权的控制,郑氏成为东亚以及东南亚海域的掌控者,也反映了海洋文明之间竞争的规律,即制海权决定商业贸易权。其经验至今值得书写与借鉴。文化上,郑氏对厦门湾各地的开发和文化机构设置延及台湾,也从基本文化层面对海湾进行了整合,为后世奠定了基础,可谓功不可没。可以说,在明代末期朝廷海上势力渐消的情势下,郑氏却驰骋于中国东南沿海,通过频繁的海外贸易及部分国内贸易活动,保持了与东连日、朝,南及吕宋、交趾、暹罗诸国,西接葡、荷、西、英诸国的贸易航线,形成了一段时期厦门湾地区一枝独秀的兴盛局面。

由此来看,厦门湾早在明末已形成初步整合,但主要地还是在民间与地方性政权的层面上,尤其在地方的经济贸易活动中呈现,但在整体行政管理机构并未上升至朝廷(国家)层面得以合一,例如当时的统治阶级有各自的利益划分,此外漳、泉之间仍有很强的地域分割观,不时发生械斗等,为此不难理解为何龙溪与海澄可以合一,而当初的安海县为何难产。这些表现,其实都未能适应厦门湾一体化的总体发展趋向。可以说,整个海湾在经济活动层面上是有整合的趋向,这种趋向的结果在明末特殊的时代背景下,在郑氏那里得到了初步的实现。推及今日之考量,在目前社会发展的新阶段,在全球经贸合作的大背景下,厦门湾一体化的进程离高效的组织管理仍尚有距离。

为此,本书力图提出,在回顾以往历史发展进程的基础上,厦门湾各地区应当敢于打破行政区划的范围,建立起统一的经济辐射圈,建立起一种跨海、跨地区的联系合作带,姑且可以称之为"厦门湾模式"①。其设想就是在经济发展以及地区管理上,从整体的厦门湾区域社会的历史及地区优势去考量,以各区域的人力、物力以及区位优势为基础,建立适宜于地区及整体厦门湾发展的一体化发展规划。以此进行区划定位,使各部分资源得以优

---

① 厦门、漳州、泉州同城化进程已在2012年出台,即《厦漳泉大都市区同城化总体规划》,但可惜的是其后自2014年以来又出现挫折。参见孙春燕、唐璇:《2020年厦漳泉融为一城"同城化总体规划"浮出水面》,2012年10月23日,http://www.fjsen.com/d/2012-10/23/content_9654032.htm。

化配置,以避免浪费与重复建设的覆辙。同时在建设过程中必须注意到可持续发展的需要,注意到经济社会与人文环境的和谐发展,注意到物质文明与精神文明的齐头并进,建立徜徉于蓝色厦门湾的生态海岸,花园海湾! 在"厦门湾模式"的具体设计与操作上,需要多学科、各部门、各方面力量的通力合作,进行跨学科、跨地区、跨团体、跨组织机构以及跨国等合作,注意吸取先进地区与先进国家的经验,在多方调研、综合考查的基础上加以规划。应当看到,厦门湾的建设,不仅是要在经济上提升整个海湾地区的综合实力,更是要从政治、经济、文化等社会生活各个层面进行深入发展,并使各部分良性互动,实现合理布局规划、动态监测环境生态,在生态人居、资源循环、对外交流、扩大经贸、科技开发、人文建设、古迹保护、海洋旅游、灾害防治等方面齐头并进。

　　回溯厦门湾的肇始、发展与初现的过程,无一不跟当时的社会发展、朝代更迭以及国际背景有关。厦门湾一体化的进程,注定是漫长与曲折的,在长期的历史发展进程中,有时候还免不了倒退。从清王朝的发展来看,初期确有其拓展的雄心与壮志,但后期则逐渐转向保守与萎缩。从其自身最初游牧性的生计模式转向入主中原后的农耕文明,陆地领域得以极大拓展,但其强势也就在占有大片土地的满足中到此为止。毕竟浩渺的海外,不是山鹰飞翔骏马驰骋的地方;而驾舟扬帆,更令其鞭长莫及。① 面对海洋,清廷有限的能力在征讨郑氏、追剿"逆贼"、"叛民"中空耗多年。当衰残的南明小王朝逐一凋谢后,清廷对于唯一称雄于南中国海的郑氏力量只有采取剿杀政策。而原本可以更好地发展海洋经济事业,拓展海洋领域的郑氏,也在多年的"迁界"、"围剿"、策反、内乱中被招安剿灭,进而使中国丧失了明末重振以来形成的海洋大国主动权。由此,原本在郑氏时期已经初步一体化

---

　　① 清初文人张廷玉在编撰《明史》时,居然称"佛郎机(葡萄牙),近满剌加"。其实,明代已有不少人知道佛郎机国在欧罗巴。不少人如邹维琏、方以智、杨廷筠等人已知道地球经纬度等基本知识,知道欧洲离中国地数万里,与中国昼夜相反。到了清代,修史的专家尚有如此见解,可见清人对海洋的认识反而有了倒退。参见庞乃明:《大西欧罗巴:明人对欧地理认知新突破》,《西南大学学报(社会科学版)》2011 年第 3 期以及黄庆华:《对明代中葡关系研究中几个问题的考察》,《故宫博物院院刊》2005 年第 6 期。

的厦门湾不得不戛然而止,思明州的撤销,复属同安县,对于厦门湾一体化的进程来说,无疑就是直接的倒退,为此两翼衰残,月港、安海风华不再。厦门虽有清初的兴盛,一度小有特区的风貌,但毕竟势单力薄、孤掌难鸣;清廷的限制,使沿海商民不能主动扬帆海外,大大限制了港口及城市规模的发展,即便有明末延续下来的地区繁荣,但也只能在清初昙花一现,无法形成整个地区、整个海湾的合力。由此也导致五口通商以后厦门发展的平淡与低潮。在五口通商之后,厦门港虽然有了一点小小的转机,不过此时已沦为其他港口的附属,与明末清初时的盛况相比,早已辉煌不再。

清统治者固有的生计模式,也导致了他们简单的陆地型思维模式。即便在最终将台湾纳入版图后,清廷仍心有余悸,多方阻挠民众出海。比之同时期诸多西方国家,如葡萄牙、西班牙、荷兰、法国和英国等等,其王权对民间航海事业的支持与开拓可以说全力以赴,不仅能以大量资金支持,甚至有时不惜为此发动战争!在欧洲,勇于开拓者被称为"航海家",被视为当地的英雄,历代受到人们的尊崇;而反观中国,自明末,尤其是清代以来,王朝对民间海洋事业的开拓不仅没有全力支持,反而以抑制、剿杀为主,少数勇于逐波海上者,却被冠之"海寇"、"乱贼"之名,遭到屠杀与覆灭的命运,这不能不说是一种反动,一种遗憾。这种与社会历史潮流背道而行、不顾民间疾苦的做法可谓贻害无穷!最终,在沿海人民的一片叹息与无奈中,中国再次退出外洋,而不少沿海人民也不得不背井离乡,流落异邦。这种于国于民的惴惴之势,无疑将招致一个半世纪后鸦片战争不幸的结局。

厦门湾今日的融合,除了行政区域的分割有待进一步合一,民间的融合仍然也是一个不容忽视的问题。人与人之间的因素,始终是最主要的。漳泉之民历史上的械斗与争执,也对合一的进程有相当的影响。如何尽释前嫌,打破故步自封的"小麻雀式"的心理,为一体化的进程进行充分合作,这也是凝聚厦门湾所必须解决的问题。

欣喜的是,厦门湾的融合进程尽管曾面临诸多的曲折,但仍在这种曲折中不断前进。改革开放以来,随着特区的设立与扩大,厦门湾周边城市带得以兴起,城市化过程得以加快。不过,城市带的兴起,对于建立周边的原材料加工、农产品生产等基地等建设,也随之起步。如何合理规划,使资源得以合理利用,这也是相当重要的一环。发达国家城市带的兴起,也带来了诸如交通堵塞、污染、公害、供水困难以及人员就业安排等问题。这不但是经济与政治规划问题,同时也是绿色发展观对城市发展的挑战。厦门湾如何进行有机地整合,同时又在整合中进行资源优化、管理得当、人员完善,在全球化进程中提升整个海湾的竞争能力,这也是对本区保持科学发展的治管能力的综合考验。

从现代国家的发展来看,工业化国家在二战后都不约而同地出现了城市带的发展。1957年,法国著名经济学家让·戈特曼(Jean Gottmann)教授提出"大都市圈"理论:认为由一两个大城市或特大城市作为一定行政区域的核心,辐射并带动周边范围内的一批中小城市,连接成为世界范围内有一定影响力、竞争力的区域城市群或城市带。此后,世界经济前两位的美国和日本的城市群发展被国际专家视为是对这一理论的有力证明。如美国GDP主要来自三大组团式的城市群,即大纽约区、大芝加哥区和大洛杉矶区,其GDP的贡献率达67%。日本GDP也主要来自大东京区、坂神区和名古屋三大区,GDP贡献率占到70%。现在的中国,一些地区已初步形成了城市带,如珠江三角洲地区、长江三角洲地区、京津环渤海地区。但是中国的城市圈在经过20年的发展后,仍然没有达到人们预期的高度。[1] 地方保护主义的盛行,传统区划的强势,往往导致地区资源与效能得不到优化,各地重复建设与浪费频繁,多为"麻雀式"的小而杂机制,成为制约地区发展的主要因素。如何将这些小麻雀加以集合,改编,成为令人瞩目的"凤凰",则就看各地区是否有打破传统,大胆整合的决心与实效了。

地理区域上看,厦门湾沿岸,本身就是山海之间、两江之间的一片地域。她面朝大海,背负戴云山脉与博平岭的南端,左拥九龙江右揽晋江两大河流域,南临台湾海峡,山海交融,构筑了在此领域间的整片地域。由于有山与海的阻隔,比之外界,这片土地刚好形成一个地理区域上相对独立的整体。从镇海卫上溯至围头湾,诸多的城市闪亮登场,从镇海、港尾、浮宫、石码、芗

---

① 参见杨一帆:《地方保护主义等三大矛盾阻碍中国城市群建设》,2004年12月15日,http://www.zjol.com.cn/05delta/system/2004/12/15...。

城、郭坑、角美、海沧、东孚、杏林、集美、西柯、洪塘、马巷、新店、石井、水头、东石、英林、金井直至围头,更不用说厦门、金门、海澄、安海等重要城市。但历史上,厦门湾各地由于行政区划和经济区划的不重合,造成了今天的不平衡局面。过度的竞争造就了地方保护主义的盛行,在其背后的则是区域协调机制的缺失。长期以来,海湾内各区多各自为政,缺乏联合,在产业项目、基础设施、港口等在内的各方面都有相当的内部竞争,造成了资源、技术、人才等各方面的浪费。目前的厦门湾的发展情势,仍然是一个有待整合的半湾。如何将厦门各部以及漳州、南安、晋江沿海区域,以至金门加以凝聚整合,形成整个厦门湾的地区合力,这可以说是以后厦门湾是否崛起的关键。令人欣喜的是,厦门湾最近一些年的改革进程有了长足的长进。比如对厦门港新的区域划分,目前已经将漳州港区进行了整合;而对同安、翔安的地区新定位,使厦门不仅在的区域面积上得以大面积扩展,更合理优化了各区之间的功能配置;近几年厦门东、西通道的拓展,翔安海底隧道的贯通,厦漳跨海大桥的建成,以及正在建设中的地铁,都为将来的一体化进程提供了初步的准备。

2013年9月和10月,国家主席习近平在出访中亚和东南亚国家期间,先后提出共建"丝绸之路经济带"和"21世纪海上丝绸之路"(简称"一带一路")的重大倡议,得到国际社会高度关注。① 对于曾经参与明末至清代"丝—银"贸易并扮演重要一角的厦门湾,如何参与并建设好"21世纪海上丝绸之路",如何最优地发挥"核心区"的作用,这将成为厦门湾人新的努力方向。②

面对全国各地城市带的兴起、全球一体化的大潮,"一带一路"的新愿景,这样的形势既是挑战又是机遇。就目前的发展来看,厦门湾是否能真正崛起,关键要看海湾内各方是否能抛弃前嫌,更多地采取分工合作的方式,尊重各区域个性化发展和多样化的选择,在强化各自优势之时,推行功能化

① 观察者:《中国发布"一带一路"路线图》,2015年9月25日,http://www.guancha.cn/strategy/2015_03_28_314019.shtml。
② 人民网:《"一带一路"最终圈定18省 福建和新疆成核心区》,2015年3月28日,http://fj.people.com.cn/n/2015/0328/c350394-24309395.html。

分区,将整个海湾有机地加以凝聚、整合;尤其是如何综合各方经济力量,在整体实力上进一步扩大地区竞争力;保存、继承并拓展优秀的"海丝"文化传统;在社会整体上,应宣扬厦门湾的整体形象、加强城市间的协调、紧密合作与共同繁荣;在环境上,应力图打造可持续的生态型海岸带,借鉴世界各大城市带以及国内大城市带的优秀管理经验,避免多走弯路。如此,才能建设起商业、文化集中于一体的港口海岸带,在将来的竞争中立于不败之地。

区域发展的结果,最终是要走向一体,一体化也可以说是厦门湾地区进行现代化的一个方向。厦门湾的一体化建设的方向,就是要从"城在海中"发展为"海在城中"！自然,各地区各城市整合的质量及其进程,直接关系着厦门湾将来的发展以及地位。如何在磨合中前行,如何在协调中发展,成为考验厦门湾的新课题。厦门湾发展了一千年,但现在仍在一体化进程的初级阶段。如果周边地区仍然不能形成合力,仍然故步自封、一盘散沙,将来的结果则不容乐观。考察目前初级阶段的发展,虑及将来要达到的整体海湾的完全一体,尚需要几代人的努力;如何实施一体化,并且加快一体化的建设,这将是未来厦门湾走向现代化进程的新的重任。历史的一课让我们知道,萎缩与后退,害怕与压制,将永远没有发展出路。相反,如果能主动开放,打破条框,主动投身于这场世界海洋市场的竞争中去,今日之闽海也就不独为闽海,而为世界之海了。以往的历史经历只落得人感叹"闽天不长闽海长",让人在叹息中空遗恨。但愿今日之决策者们真能抓住发展海洋事业的大好时机,全然投入于21世纪的海洋竞争大业中去。待几十年后回首,不要于此有遗珠之恨。

远望滔滔闽海,状如扇贝的蓝色厦门湾,人们不禁要感叹这物产丰富,美丽如画的好地方。厦门、金门两岛,不正是这湾中熠熠生辉的两颗明珠吗？据说两岸当地有一对联说"厦门、金门,门对门;你心、我心,心连心(族同、情同,同安同)",横批是"都是中国人"！是啊,台海一家,都是中国人！两岸割不断的血缘与历史,至今厦门湾各地存留的诸多族谱、碑刻、宫庙、传说、语言、习俗,有多少数不完的一致？有多少你中有我,我中有你？文化上的一体,也需要经济与政治上的一体。只有多方面的并进,才能带动整体海湾的发展。而作为整个厦门湾的发展,若缺了金门的合作与发展,绝对是不完整的;厦门湾的崛起,金门不能落单。尽管目前海峡两岸因为诸多原因仍然暂时无法合一,笔者仍期待在不远的将来两岸真正融合的图景。只有两岸中国人齐心合力,中华民族统一之日,厦门湾才能真正辉煌。从整个中国海洋发展史来看,唯有台海两岸统一后,厦门湾才能扫除发展中的障碍,成为两岸交流的直接平台,从根本上焕发生机。也只有两岸人民加强互动,两岸中国人进行通力合作,才能一致对外,发挥侨、台、特、海的优势,整体提升厦门湾的聚合力与向心力,提升厦门湾的综合实力与国际竞争力。到那时的厦门湾,则不仅仅是福建的厦门湾,两岸中国人的厦门湾,而且更是世界的厦门湾!

回望厦门湾的历史,多少欢喜,多少辛酸,……过去的历史总有太多的遗憾与不堪。然而,过往的历史是没有"如果"的! 如今,卸下记忆的包袱,厦门湾人可以展望未来,因为,那里有诸多可能的选择!

参考文献

参考书籍

[1] 傅衣凌:《明清时代商人及商业资本》,人民出版社 1956 年版。

[2] 傅衣凌:《明清社会经济史论文集》,人民出版社 1982 年版。

[3] 傅衣凌、杨国桢:《明清福建社会与乡村经济》,厦门大学出版社 1987 年版。

[4] 傅衣凌、杨国桢、陈支平:《明史新编》,人民出版社 1993 年版。

[5] 傅衣凌:《傅衣凌治史五十年文编》,厦门大学出版社 1989 年版。

[6] 杨国桢:《明清土地契约文书研究》,人民出版社 1988 年版。

[7] 杨国桢、陈支平:《明清时代福建的土堡》,台北国学文献馆 1993 年版。

[8] 杨国桢、郑甫弘、孙谦:《明清中国沿海社会与海外移民》,高等教育出版社 1997 年版。

[9] 杨国桢:《闽在海中:追寻福建海洋发展史》,江西高校出版社 1998 年版。

[10] 杨国桢:《东溟水土:东南中国的海洋环境与经济开发》,江西高校出版社 2003 年版。

[11] (明)胡宗宪、郑若曾、邵芳:《筹海图编》,哈佛大学燕京学社汉和图书馆藏本。

[12] (明)茅瑞征:《万历三大征考》(附东夷考略),民国二十三年(1934)燕京大学版。

[13] (明)严从简:《殊域周咨录》,中华书局 1993 年版。

[14] (清)印光任、张汝霖:《澳门纪略》,台北成文出版社 1968 年版。

[15] (清)王朝:《甲申朝事小纪》。

[16] (清)钱甹等:《甲申传信录》、《闽事纪略》、《遇变纪略》、《闽中纪略》、《甲乙日历》合订本,载《台湾文献史料丛刊·第六辑》,台湾大通书局 1987 年版。

[17] (清)周亮工《闽小记》,福建人民出版社 1985 年版。

[18] (清)徐葆光:《中山传信录》,康熙六十年(1721)二友斋刻本。

[19] (清)李元春:《台湾志略》道光版。

[20] 梁方仲:《梁方仲经济史论文集补编》,中州古籍出版社 1984 年版。

［21］张炎宪:《历史文化与台湾》,台湾风物杂志社 1988 年版。

［22］陈支平:《近五百年来福建的家族社会和文化》,上海三联书店 1991 年版。

［23］郑振满:《明清福建家族组织与社会变迁》,湖南教育出版社 1992 年版。

［24］刘俊文、栾成显、南炳文:《日本学者研究中国史论著选译》第六卷,中华书局 1993 年版。

［25］［美］费正清(John King Fairbank):《剑桥中国晚清史》,《中国社会科学》出版社 1985 年版。

［26］王赓武:《南海贸易与南洋华人》,姚楠译,中华书局香港分局 1988 年版。

［27］［荷］包乐史(Leonard Blusse):《中荷交往史 1601—1989》,庄国土、程绍刚译,荷兰路口店出版社,1989 年版。

［28］［美］牟复礼(Frederick W.Mote)、［英］崔瑞德(Denis Twitchett):《剑桥中国明代史》,《中国社会科学》出版社 1992 年版。

［29］［美］A.T.马汉(A.T.Mahan):《海权对历史的影响:1660—1783》,安常容、成忠勤译,中国人民解放军出版社 1998 年版。

［30］［美］施坚雅(G.William Skinner):《中国封建社会晚期城市研究:施坚雅模式》,王旭等译,吉林教育出版社 1991 年版。

［31］［美］施坚雅(G.William Skinner):《中华帝国晚期的城市》,叶光庭等译,中华书局 2000 年版。

［32］［英］莫里斯·弗里德曼(Maurice Freedman):《中国东南的宗族组织》,刘晓春译,上海人民出版社 2001 年版。

［33］［美］克利福德·格尔兹(Clifford Geertz):《文化的解释》,纳日碧力戈等译,上海人民出版社 1999 年版。

［34］［美］黄仁宇:《万历十五年》,三联书店 1997 年版。

［35］［美］黄仁宇:《十六世纪明代中国之财政与税收》,阿风等译,三联书店 2001 年版。

［36］［美］黄宗智:《长江三角洲小农家庭与乡村发展》,中华书局 1992 年版。

［37］［美］黄宗智:《中国研究的范式问题讨论》,社会科学文献出版社 2003 年版。

［38］费孝通:《中国绅士》,惠海鸣译,中国社会科学出版社 2006 年版。

［39］［英］安东尼·吉登斯(Anthony Giddens):《民族—国家与暴力》,胡宗泽、赵力涛译,三联书店 1998 年版。

［40］［美］孔飞力(Philip A.Kuhn):《叫魂:1768 年妖术大恐慌》,陈兼、刘昶译,上海三联书店 1999 年版。

［41］王家范:《中国历史通论》,华东师范大学出版社 2000 年版。

［42］钱乘旦、许洁明:《英国通史》,上海社会科学院出版社 2002 年版。

［43］［美］杜赞奇(Prasenjit Duara):《从民族国家拯救历史》,王宪明译,社会科学文献出版社 2003 年版。

［44］［美］塞缪尔·亨廷顿(Samuel P.Huntington)、彼得·伯杰(Peter L.Berger):《全

球化的文化动力》，康敬贻、林振熙、柯雄译，新华出版社 2004 年版。

[45][美]爱德华·W.萨义德（Edward W.Said）：《东方学》，三联书店 1999 年版。

[46][美]克利福德·格尔兹（Clifford Geertz）：《文化的解释》，上海人民出版社 1999 年版。

[47][日]小野和子：《明清时代の政治と社会》，京都大学人文科学研究所 1983 年版。

[48][日]渡边欣雄：《中国风水与东亚文明》，载王铭铭、潘忠党：《象征与社会：中国民间文化的探讨》，天津人民出版社 1997 年版。

[49][日]渡边欣雄：《汉族的民俗宗教》，周星译，天津人民出版社 1998 年版。

[50][日]渡边欣雄：《风水思想与东亚文化》，杨昭译，台北地景企业股份有限公司 1999 年版。

[51][日]濑川昌久：《华南汉族的宗教·风水·移居》，钱杭译，上海书店出版社 1999 年版。

[52][日]松浦章：《清代台湾海运发展史》，卞凤奎译，台北博扬文化事业有限公司 2002 年版。

[53]邓晓华：《人类文化语言学》，厦门大学出版社 1993 年版。

[54]王世庆：《清代台湾社会经济》，台北联经出版社 1994 年版。

[55]吴春明：《中国东南土著民族历史与文化的考古学观察》，厦门大学出版社 1999 年版。

[56]韩振华：《航海交通贸易研究》，香港大学亚洲研究中心 2002 年版。

[57]韩振华：《南海诸岛史地论证》，香港大学亚洲研究中心 2003 年版。

[58]谢必震：《中国与琉球》，厦门大学出版社 1996 年版。

[59]谢必震：《明清中琉航海贸易研究》，海洋出版社 2004 年版。

[60]邢永福、谢必震：《清代中琉关系档案五编》，中国档案出版社 2002 年版。

[61]邢永福、谢必震：《清代中琉关系档案六编》，中国档案出版社 2005 年版。

[62]王铭铭：《社会人类学与中国研究》，三联书店 1997 年版。

[63]王铭铭：《想象的异邦：社会与文化人类学散论》，上海人民出版社 1998 年版。

[64]李伯重：《江南的早期工业化（1550—1850 年）》，社会科学文献出版社 2000 年版。

[65]周宁：《中西最初的遭遇与冲突》，学苑出版社 2000 年版。

[66]汤锦台：《大航海时代的台湾》，台北果实出版社 2001 年版。

[67]汤锦台：《开启台湾第一人——郑芝龙》，台北果实出版社 2002 年版。

[68]王日根：《明清民间社会的秩序》，长沙岳麓书社 2003 年版。

[69]许毓良：《清代台湾的海防》，社会科学文献出版社 2003 年版。

[70]李伯重、周生春等：《江南的城市工业与地方文化：960—1850》，清华大学出版社 2004 年版。

[71]陈国栋：《东亚海域一千年——历史上的海洋另与对外贸易》，山东画报出版社

2006 年版。

[72]郭志超:《闽台民族史辨》,黄山书社 2006 年版。

[73]彭信威:《中国货币史》,上海人民出版社 2007 年。

[74][葡、西]伯来拉、克路士等:《南明行纪》,何高济译,中国工人出版社 2000 年版。

[75][法]阿兰·佩雷菲特(Alain Peyrefitte):《停滞的帝国——两个世界的撞击》,王国卿等译,生活·读书·新知三联书店 1998 年版。

[76][葡]曾德昭:《大中国志》,何高济译,上海古籍出版社 1998 年版。

[77][美]伊曼纽尔·沃勒斯坦:《现代世界体系》(三卷),罗荣渠等译,高等教育出版社 2000 年版。

[78]邢永福、谢必震:《清代中琉关系档案五编》,中国档案出版社 2002 年版。年版。

[79][美]何伟亚:《怀柔远人》,邓常春译,社会科学文献出版社 2002 年版。

[80][美]彭慕兰:《大分流:欧洲、中国及现代世界经济的发展》,史建云译,江苏人民出版社 2004 年版。

[81]樊树志:《晚明史》,复旦大学出版社 2003 年版。

[82]万明:《中国融入世界的步履:明与清前期海外政策比较研究》,社会科学文献出版社 2003 年版。

[83]邢永福、谢必震:《清代中琉关系档案六编》,中国档案出版社 2005 年版。

[84]王卫平:《明清时期江南社会史研究》,群言出版社 2006 年版。

[85]李隆生:《清代的国际贸易——白银注入、货币危机和晚清工业化》,秀威资讯科技股份有限公司 2010 版。

[86]Karl Friedrich August Gutzlaff. *Journal of Three Voyages along the Coast of China in 1831,1832,& 1833 with notices of Siam,Corea,and the Loo-Choo islands*, London:Frederick Westley and A.H.Davis,1834.

[87] J. J. De Groot. *The Religious System of China (six vols.)*, Leiden:E. J. Brill, 1892—1910.

[88]Cecil A.V.Bowra, *Amoy*, Arnold Wright and H.A.Cartwright, *Twentieth-Century Impressions of Hongkong,Shanghai,and other Treaty Ports of China*, London:Lloyd's Greater Britain Publishing Co.,1908.

[89] Rev. Philip Wilson Pitcher. *In and about Amoy*, Shanghai and Foochow:The Methodist Publishing House in China,1910.

[90]W.Campbellm, *Formosa under the Dutch:described from the temporary records*, London:Kegan Paul,Trench,Trubner & Co.Ltd,1903.

[91]James W.Davidson, *The Island of Formosa:Past and Present historical view from 1430 to 1900:history,people,resources,and commercial prospects*, London:Macmillan & co.,1903.

［92］Inez de Beauclair，*Neglected Formosa*，*a translation from the Dutch of Frederic Coyett's Verwaerloosde Formosa*，San Francisco：Chinese Materials Center，Inc.，1975.

论文

［93］傅衣凌、陈支平：《明清福建社会经济史料杂抄》，《中国社会经济史研究》1986年第1期—1988年第3期。

［94］杨国桢、陈支平：《傅衣凌晚年中国社会经济史学思想的发展》，《中国社会经济史研究》1991年第1期。

［95］杨国桢：《关于中国海洋社会经济史的思考》，《中国社会经济史研究》1996年第2期。

［96］杨国桢：《洋商与大班：广东十三行文书初探》，《近代史研究》1996年第3期。

［97］杨国桢：《海洋迷失：中国史的一个误区》，《东南学术》1999年第4期。

［98］杨国桢：《论海洋人文社会科学的概念磨合》，《厦门大学学报》2000年第1期。

［99］杨国桢：《洋商与澳门：广东十三行文书续探》，《中国社会经济史研究》2001年第2期。

［100］杨国桢：《傅衣凌先生的明史情缘》，《中国社会经济史研究》2001年第4期。

［101］杨国桢：《海洋人文类型：21世纪中国史学的新视野》，《史学月刊》2001年第5期。

［102］杨国桢：《中国船上社群与海外华人社群》，载《海外华人研究论文集》，《中国社会科学》出版社2002年版。

［103］杨国桢：《十七世纪海峡两岸贸易的大商人——商人Hambuan文书试探》，《中国史研究》2003年第2期。

［104］杨国桢：《葡萄牙人Chincheo贸易居留地探寻》，《中国社会经济史研究》2004年第1期。

［105］杨国桢：《从涉海历史到海洋整体史的思考》，《南方文物》2005年第3期。

［106］杨国桢：《人海和谐：新海洋观与21世纪的社会发展》，《厦门大学学报》2005年第3期。

［107］杨国桢：《郑成功与海洋社会权力的整合》，《（台南）第五届中国近代文化解构与重建学术研讨会论文集》2003年版。

［108］钱稻孙：《日支交涉史话》，《清华学报》1935年第3期。

［109］［日］大庭脩：《日清贸易概观》，《社会科学辑刊》1980年第1期。

［110］严中平：《丝绸流向菲律宾，白银流向中国》，《近代史研究》1981年第1期。

［111］［日］斯波义信：《宋代福建商人的活动》，《中国社会经济史研究》1983年第1期。

［112］林仁川、陈杰中：《试论明代漳泉海商资本发展缓慢的原因》，《中国社会经济史研究》1982年第1期。

［113］林仁川、陈杰中：《清代台湾与祖国大陆的贸易结构》，《中国社会经济史研究》1983 年第 2 期。

［114］林仁川：《试论明末清初私人海上贸易的商品结构与利润》，《中国社会经济史研究》1986 年第 1 期。

［115］林仁川：《明清私人海上贸易的特点》，《中国社会经济史研究》1987 年第 3 期。

［116］林仁川：《论十七世纪中国与南洋各国海上贸易的演变》，《中国社会经济史研究》1994 年第 3 期。

［117］林仁川：《清初台湾郑氏政权与英国东印度公司的贸易》，《中国社会经济史研究》1998 年第 1 期。

［118］林仁川：《评荷兰在台湾海峡的商战策略》，《中国社会经济史研究》2004 年第 4 期。

［119］陈柯云：《从朝鲜李朝文献看郑氏集团的海外贸易》，《安徽师大学报（哲学社会科学版）》1985 年第 1 期。

［120］田培栋：《明代后期海外贸易研究——兼论倭寇的性质》，《首都师范大学学报》1985 年第 3 期。

［121］钱江：《1570—1760 年中国和吕宋贸易的发展及贸易额估算》，《中国社会经济史研究》1986 年第 3 期。

［122］林金枝、张莲英：《论明代华侨对中菲社会经济发展的作用》，《中国社会经济史研究》1986 年第 1 期。

［123］［日］松浦章、郑振满：《清代福建的海外贸易》，《中国社会经济史研究》1986 年第 1 期。

［124］［日］松浦章、冯佐哲：《乾隆年间海上贸易商人的几件史料》，《历史档案》1989 年第 2 期。

［125］［日］松浦章、李小林：《明清时代的海盗》，《清史研究》1997 年第 1 期。

［126］［日］松浦章：《明代末期的海外贸易》，《求是学刊》2001 年第 3 期。

［127］陈小冲：《十七世纪上半叶荷兰东印度公司的对华贸易扩张》，《中国社会经济史研究》1986 年第 2 期。

［128］钱江：《1570—1760 年中国和吕宋贸易的发展及贸易额的估算》，《中国社会经济史研究》1986 年第 3 期。

［129］李金明：《明代海外朝贡贸易实质初探》，《中国社会经济史研究》1988 年第 2 期。

［130］李金明：《清嘉庆年间的海盗及其性质试析》，《南洋问题研究》1995 年第 2 期。

［131］李金明：《Zaitun 非刺桐而是缎子》，《历史研究》1998 年第 4 期。

［132］李金明：《明代后期的海外贸易与海外移民》，《中国社会经济史研究》2002 年第 4 期。

［133］廖大珂：《试论封建势力的压迫与南宋中后期海商资本的衰落》，《中国社会经济史研究》1989 年第 2 期。

［134］岳成驰：《郑成功军事制度初探》，《军事历史研究》1990 年第 2 期。

［135］［日］渡边欣雄：《与中国风水文化学研究者的交流随感》，胥山一男译，1993 年 9 月 23 日，http://house.focus.cn/showarticle/1233/8057.html。

［136］黄顺力：《明代福建海商力量的崛起及其对海洋观的影响》，《厦门大学学报》1994 年第 4 期。

［137］陈培坤：《从清宫档案看清政府对琉球的优惠保护政策》，《福建师范大学学报》1994 年第 1 期。

［138］聂德宁：《明末清初中国帆船与荷兰东印度公司的贸易关系》，《南洋问题研究》1994 年第 3 期。

［139］杨彦杰：《闽台文化关系的形成及其特征》，《福建师范大学学报》1994 年第 4 期。

［140］吴建雍：《18 世纪的中西贸易》，《清史研究》1995 年第 1 期。

［141］吴建雍：《清前期中国与巴达维亚的帆船贸易》，《清史研究》1996 年第 3 期。

［142］吴承明：《16 与 17 世纪的中国市场》，《货殖：商业与市场研究》1995 年第 1 期。

［143］葛剑雄：《福建早期移民史实辨正》，《复旦大学学报》1995 年第 3 期。

［144］戴逸：《近代中国人口的增长和迁徙》，《清史研究》1996 年第 1 期。

［145］廖大珂：《元代私人海商构成初探》，《南洋问题研究》1996 年第 2 期。

［146］吴元丰：《清初册封琉球国王尚质始末》，《历史档案》1996 年第 4 期。

［147］吴春明：《晋江、九龙江流域新石器和青铜时代文化遗存》，《南方文物》1996 年第 3 期。

［148］黄新宪：《琉球的"闽人三十六姓"后裔在华留学考述》，《教育研究》1996 年第 2 期。

［149］赖正维：《论福建在明清中琉关系史上的地位》，《福建论坛》1997 年第 4 期。

［150］罗焜：《郑成功与天地会》，《中国史研究》1997 年第 4 期。

［151］陈支平：《中国社会经济史学理论的重新思考》，《中国社会经济史研究》1998 年第 1 期。

［152］黄顺力、叶赛梅：《略论清代前期沿海地区士人对世界的认识——以闽、粤、浙为例》，《中国社会经济史研究》1998 年第 1 期。

［153］龙登高：《施坚雅的〈中国社会经济史研究〉述评》，《国外社会科学》1998 年第 2 期。

［154］曾少聪：《明清海洋移民的两类宗族组织发展比较》，《厦门大学学报》1998 年第 2 期。

［155］谢必震：《福建文化在琉球的传播与影响》，《东南文化》1996 年第 4 期。

［156］谢必震：《明清士大夫与琉球》，《福建师范大学学报》2002 年第 4 期。

［157］张燕清：《英国东印度公司对华贸易中心从厦门转向广州的原因》，《学术研究》1999 年第 8 期。

［158］林国平：《论闽台民间信仰的社会历史作用》，《福建师范大学学报》2002 年第 1 期。

［159］林汀水：《福建人口迁徙论考》，《中国社会经济史研究》2003 年第 2 期。

［160］陈支平：《福建向台湾移民的家族外植与联系》，《中国社会经济史研究》2004 年第 2 期。

［161］李金明：《闽南文化与漳州月港的兴衰》，《南洋问题研究》2004 年第 3 期。

［162］郑瑞明：《清领初期的台日贸易关系（1684—1722）》，《台湾师大历史学报》2004 年第 32 期。

［163］刁书仁：《顺康时期李朝与清朝关系探析》，《吉林大学学报》2005 年第 2 期。

［164］孙卫国：《试论入关前清与朝鲜关系的演变历程》，《中国边疆史地研究》2006 年 6 月第 16 卷第 2 期。

［165］费孝通，李亦园：《从文化反思到人的自觉——两位人类学家的聚谈》，《战略与管理》1998 年第 6 期。

［166］李亦园：《人类学本土化之我见》，《广西民族学院学报》1998 年第 3 期。

［167］李亦园：《新兴宗教与传统仪式——个人类学的考察》，《思想战线》1997 年第 3 期。

［168］李亦园：《关于海外华人研究若干问题的思考——在 2002 年海外华人研究国际研讨会的小结》，《广西民族学院学报》2003 年第 1 期。

［169］李亦园：《中国人类学的口述史——〈人类学世纪坦言〉序》，《西南民族大学学报》2003 年第 12 期。

［170］李亦园：《族群关系脉络的反思——序王明珂〈羌在汉藏之间〉》，《广西民族学院学报》2004 年第 1 期。

［171］乔健：《民族多元与多元文化》，《广西民族学院学报》1999 年第 4 期。

［172］陈志明：《华裔族群：语言、国籍与认同》，《广西民族学院学报》1999 年第 4 期。

［173］郝瑞：《再谈"民族"与"族群"——回应李绍明教授》，《民族研究》2002 年第 6 期。

［174］王铭铭：《小地方与大社会——中国社会的社区观察》，《社会学研究》1997 年第 1 期。

［175］王铭铭：《社会人类学的中国研究——认识论范式的概观与评介》，《中国社会科学》1997 年第 5 期。

［176］王铭铭：《超越文化局限，建构中国人类学》，《广西民族学院学报》1997 年第 3 期。

［177］王铭铭、王斯福：《关于中国人类学发展取向的对话》，《广西民族学院学报》1996 年第 1 期。

[178]王铭铭：《他者的意义——论现代人类学的"后现代性"》，《广西民族学院学报》2000 年第 2 期。

[179]覃德清：《海外汉学人类学：方法抉择与价值取向》，《广西民族学院学报》1999 年第 1 期。

[180]王赓武：《单一的华人散居者》，赵红英译，《华侨华人〈历史研究〉》1999 年第 3 期。

[181]王赓武：《从历史中寻求未来的海外华人》，钱江译，《华侨华人〈历史研究〉》1999 年第 4 期。

[182]陈孔立：《有关移民与移民社会的理论问题》，《厦门大学学报》2000 年第 2 期。

[183]李明欢：《20 世纪西方国际移民理论》，《厦门大学学报》2000 年第 4 期。

[184]麻国庆：《全球化：文化的生产与文化认同——族群、地方社会与跨国文化圈》，《北京大学学报》2000 年第 4 期。

[185]胡鸿保、定宜庄：《虚构与真实之间——就家谱和族群认同问题与〈福建族谱〉作者商榷》，《中南民族学院学报》2001 年第 1 期。

[186]中国第一历史档案馆：《清代广州"十三行"档案选编》，《历史档案》2002 年第 2 期。

[187]曾少聪：《闽南的海外移民与海洋文化》，《广西民族学院学报》2001 年第 5 期。

[188]曾少聪：《全球化与中国海外移民》，《民族研究》2003 年第 1 期。

[189]曾少聪：《民族学视野中的海外华人——两岸三地民族学海外华人研究述评》，《民族研究》2003 年第 5 期。

[190]赖正维：《清康乾嘉时期的中琉贸易》，《中国社会经济史研究》2005 年第 3 期。

[191]赖正维：《清代中琉册封贸易述略》，《宁德师专学报》2005 年第 2 期。

[192]王秀丽：《海商与元代东南社会》，《华南师范大学学报》2003 年第 5 期。

[193]孟庆梓：《明代的倭寇与海商》，《承德民族师专学报》2005 年第 1 期。

[194]陈支平、卢增荣：《从契约文书看清代工商业合股委托经营方式的转变》，《中国社会经济史研究》2000 年第 2 期。

[195]卢建一：《从东南水师看明清时期海权意识的发展》，《福建师范大学学报》2003 年第 1 期。

[196]温广益：《福建华侨出国的历史和原因分析》，《中国社会经济史研究》1984 年第 2 期。

[196]徐晓望：《明代福建市镇述略》，《史林》1999 年第 1 期。

[198]徐晓望：《关于人类海洋文化理论的重构》，《福建论坛》1999 年第 4 期。

[199]徐晓望：《试论清代东南区域的粮食生产与商品经济的关系问题——兼论清代东南区域经济发展的方向》，《中国农史》1994 年第 3 期。

[200]徐晓望:《论 17 世纪荷兰殖民者与福建商人关于台湾海峡控制权的争夺》,《福建论坛》2003 年第 2 期。

[201]徐晓望:《晚明福建与江浙的区域贸易》,《福建师范大学学报》2004 年第 1 期。

[202]郑学檬:《宋代福建沿海对外贸易的发展对社会经济结构变化的影响》,《中国社会经济史研究》1996 年第 2 期。

[203]万明:《明前期海外政策简论》,《学术月刊》1995 年第 3 期。

[204]张钰梅:《简论明初的朝贡制度》,《云南教育学院学报》1995 年第 1 期。

[205]杨雪芹:《略论清朝的朝贡制度》,《龙岩师专学报》1995 年第 2 期。

[206]韩昇:《清初福建与日本的贸易》,《中国社会经济史研究》1996 年第 2 期。

[207]郑以灵:《浅论郑芝龙的海上商业活动》,《史学集刊》1996 年第 1 期。

[208]王剑:《明清时期官僚经商的文化透视》,《史学集刊》1996 年第 1 期。

[209]黄顺力:《清代海商眼中的世界——〈海录〉》,《中国社会经济史研究》1996 年第 4 期。

[210]陈尚胜:《清代的天后宫与会馆》,《清史研究》1997 年第 3 期。

[211]甘满堂:《明清时期福建商人在国内活动探略》,《福建论坛》1998 年第 2 期。

[212]晁中辰:《明代海关税制的演变》,《东岳论丛》2000 年 3 月号。

[213]魏华仙:《论明代会同馆与对外朝贡贸易》,《四川师范学院学报》2000 年第 3 期。

[214]侯杰:《明清时期的商人与儒家思想观念》,《南开学报》2000 年第 5 期。

[215]陈伟明:《明清粤闽海商的海外贸易与经营》,《中国社会经济史研究》2001 年第 1 期。

[216]洪佳期:《试论明代海外贸易立法活动及其特点》,《法商研究》2002 年第 5 期。

[217]樊树志:《全球化视野下的晚明》,《复旦大学学报》2003 年第 1 期。

[218]陈建标:《明末清初厦门港的崛起与陶瓷贸易》,《南方文物》2004 年第 2 期。

[219]戴一峰:《清代长崎的同安商人及其贸易网络》,《中国社会经济史研究》1996 年第 4 期。

[220]戴一峰:《18—19 世纪中国与东南亚的海参贸易》,《中国社会经济史研究》1998 年第 4 期。

[221]戴一峰:《近代环中国海华商跨国网络研究论纲》,《中国社会经济史研究》2002 年第 1 期。

[222]宫宝利:《清代会馆、公所祭神内容考》,《天津师范大学学报》1998 年第 3 期。

[223]常建华:《二十世纪的中国宗族研究》,《历史研究》1999 年第 5 期。

[224]科大卫、刘志伟:《宗族与地方社会的国家认同——明清华南地区宗族发展的意识形态基础》,《历史研究》2000 年第 3 期。

[225]吴慧:《会馆、公所、行会:清代商人组织演变述要》,《中国经济史研究》1999

年第 3 期。

[226]庄国土：《16—18 世纪白银流入中国数量估算》，《中国钱币》1995 年第 3 期。

[227]庄国土：《论 17—19 世纪闽南海商主导海外华商网络的原因》，《东南学术》2001 年第 3 期。

[228]庄国土：《论早期海外华商经贸网络的形成——海外华商网络系列研究之一》，《厦门大学学报》1999 年第 3 期。

[229]王日根：《明清时代会馆的演进》，《历史研究》1994 年第 4 期。

[230]王日根：《明清会馆与社会整合》，《社会学研究》1994 年第 4 期。

[231]王日根：《试析明清商人的自我管理组织——会馆》，《云南财贸学院学报》1996 年第 5 期。

[232]王日根：《明清基层社会管理组织系统论纲》，《清史研究》1997 年第 2 期。

[233]王日根：《清代前期福建地域间基层社会整合组织的比较研究》，《东南学术》1997 年第 5 期。

[234]王日根：《元明清政府海洋政策与东南沿海港市的兴衰嬗变片论》，《中国社会经济史研究》2000 年第 2 期。

[235]王日根：《明清海洋管理政策刍论》，《社会科学战线》2000 年第 4 期。

[236]王日根：《明清东南家族文化发展与经济发展的互动》，《东南学术》2001 年第 6 期。

[237]王日根，李娜：《试论明清东南沿海海洋经济模式的演迁》，《社会科学辑刊》2001 年第 6 期。

[238]王日根：《傅衣凌对中国社会经济史学的贡献及启示》，《西南师范大学学报》2001 年第 4 期。

[239]王日根：《论明清乡约属性与职能的变迁》，《厦门大学学报》2004 年第 2 期。

[240]高美娥：《试论明末泉州安平海商郑芝龙的海外贸易活动》，《福建广播电视大学学报》2001 年第 1 期。

[241]常建华：《明代宗族祠庙祭祖礼制及其演变》，《南开学报》2001 年第 3 期。

[242]汪毅夫：《试论明清时期的闽台乡约》，《中国史研究》2002 年第 1 期。

[243]张明富：《试论明清商人会馆出现的原因》，《东北师大学报》1997 年第 1 期。

[244]赵毅，张明富：《传统文化与明清商人的经营之道》，《东北师大学报》1998 年第 1 期。

[245]陈志强：《明代漳州月港续论》，《漳州职业大学学报》1999 年第 3 期。

[246]魏华仙：《也谈洪武年间的"海禁"与对外贸易》，《常德师范学院学报》2000 年第 2 期。

[247]陈伟明：《明清粤闽海商的构成与特点》，《历史档案》2000 年第 2 期。

[248]翁佳音：《十七世纪的福佬海商》，2001 年 6 月 14 日，http://www.riccibase.com/docfile_gb/0203-g.htm。

[249]许正文：《论历史时期大陆向台湾的移民与往来》，《中国历史地理论丛》2001

年第 9 期。

[250]卢建一:《试论明清时期的海疆政策及其对闽台社会的负面影响》,《福建论坛》2002 年第 3 期。

[251]陈东有:《试论明代后期对外贸易的禁通之争》,《南昌大学学报》1997 年第 2 期。

[252]陈东有:《论明清海洋经济中权力与金钱的交易》,《南昌大学学报》1998 年第 2 期。

[253]陈东有:《明清东南海商压抑心态初探》,《南昌大学学报》1999 年第 1 期。

[254]陈东有:《明清时期东南商人的神灵崇拜》,《中国文化研究》2000 年第 2 期。

[255]陈东有:《略论 16 至 19 世纪中国东南中外贸易带》,《南方文物》2005 年第 3 期。

[256]陈东有:《论明清海洋经济中权力与金钱的交易》,《南昌大学学报》1998 年第 2 期。

[257]蓝达居:《论闽东南港市的人文心态》,《宁德师专学报》1999 年第 2 期。

[258]蓝达居:《论明清时期福建中心港市的发展》,《南方文物》2005 年第 3 期。

[259]南炳文:《"朱成功献日本书"的送达者非桂梧、如昔和尚说》,《史学集刊》2003 年第 2 期。

[260]刘新华、秦仪:《略论晚清的海防塞防之争——以地缘政治的角度来考察》,《福建论坛》2003 年第 5 期。

[261]靳维柏:《论沿海文化——兼论以郑成功为代表的郑氏政权的文化特征》,《东南文化》2004 年第 1 期。

[262][韩]李和承:《明代传统商人与职业神》,《中国社会经济史研究》2002 年第 1 期。

[263]林拓:《福建文化地域格局的演变及其机制》,《人文地理》2001 年第 3 期。

[264]王冠玺:《台湾历史观的拨乱反正》,《湖北大学学报(哲学社会科学版)》2005 年 9 月第 32 卷第 5 期。

[265]庞乃明:《明人佛郎机观初探》《兰州大学学报(社会科学版)》2006 年第 1 期。

[266]江树生:《郑成功在台南》,"海洋台湾与郑氏王朝学术研讨会"论文,2007 年。

[267]邓孔昭:《从"东都"、"承天府"到"东宁"——明郑时期一个不同政治背景下的地名故事》,"海洋台湾与郑氏王朝学术研讨会"论文,2007 年。

[268]郑永常:《郑成功海洋性格之研究》,"海洋台湾与郑氏王朝学术研讨会"论文,2007 年。

[269]陈信雄:《从欧洲沉船探索十七世纪东方海域的争夺兴替》,"海洋台湾与郑氏王朝学术研讨会"论文,2007 年。

[270]陈延杭:《郑成功中军帅船船型分析》,"海洋台湾与郑氏王朝学术研讨会"论文,2007 年。

[271]朱泫源:《热兰遮城日记中的船只》,"海洋台湾与郑氏王朝学术研讨会"论文,

2007 年。

［272］曾树铭、王世婷、陈政宏：《明郑时期船舰外型与性能之初步研究》，"海洋台湾与郑氏王朝学术研讨会"论文，2007 年。

［273］庞乃明：《大西欧罗巴：明人对欧地理认知新突破》，《西南大学学报（社会科学版）》2011 年第 3 期。

［274］徐兴庆：《朱舜水与德川水户藩的礼制实践》，《台大文史哲学报》第 75 期，2011 年 11 月。

［275］李明倩：《英国航海法的历史变迁》，《河南教育学院学报》2011 年第 2 期。

［276］陈学霖：《"华人夷官"：明代外蕃华籍贡使考述》，香港中文大学《中国文化研究所学报》2012 年第 1 期。

［277］刘晓东：《〈虔台倭纂〉的形成——从"地方经验"到"共有记忆"》，《历史研究》2013 年第 1 期。

［278］陈波：《明福建遗民林上珍、何倩甫之海外播迁》，《海交史研究》2014 年第 1 期。

［279］陈尚胜：《论日本江户幕府对清朝统一台湾问题的关注——以〈华夷变态〉为中心》，《福建论坛·人文社会科学版》2014 年第 2 期。

后记1（原博士学位论文后记）

首先要感谢我的导师杨国桢教授，如果不是杨先生坚持不懈地督促、点拨和不断地鼓励，单凭己力是绝不可能完成这样的长篇的！有很多次几乎都到了山穷水尽之境，好在有先生的指点，绝境处又见柳暗花明！门生真是佩服得紧！先生的涵养与风度，总能将内在的博大与细节的精深结合得恰到好处，而且他跳跃性的思维总是与时俱进，让人叹服！此外，翁师母每次热情的接待与亲和的话语也让人倍感温暖，如沐春风，这是要特别感谢的！

几年当中承蒙各位师长、朋友的帮助，在此表示衷心的感谢：

感谢厦门大学台湾所陈在正教授，感谢历史系诸多师长，他们是郑振满教授、王日根教授、吴春明教授、黄顺力教授、王荣国教授。他们或提供资料，或提出意见，对本书的写作提供了相当的帮助！

感谢厦门大学人类博物馆副馆长邓晓华教授。邓教授不仅是本人的硕士生导师，也在我攻读博士期间给予了大量的帮助与支持，非常令人敬佩。感谢厦门市博物馆、厦门郑成功纪念馆原副馆长何丙仲先生，同时感谢原同安县文化局局长颜立水先生，两位先生为本人的论文写作提供了丰富的资料以及中肯意见，并在本人田野调查时也给予了诸多帮助！

非常感谢在几年的调查期间自己先后拜访的诸多厦门湾人士，他们或提供资料，或引导调查，或提出意见。感谢马巷元威殿管理委员会原主任许培坤先生，马巷刘应年先生，刘五店刘石雨、高宜牙、高加南先生，青礁颜明远、颜继新先生，洪塘纪俊彦先生，祥露庄有乾先生，吴冠林刚毅先生，石塘谢茂祥、谢福坤先生，高浦郑武成先生，新坡邱大昕先生，浦尾陈

· 367 ·

丽水、陈金乾先生，泉厦高速公路同安征管所林晋先生，以及很多不知名的各界朋友！他们也是在这片土地上生长、培养出来的文化精英，不仅亲身体验并见证了厦门湾的发展过程，也为厦门湾传统文化的继承与发展做出了相当的贡献。

感谢日本渡边欣雄教授惠寄有关书籍，感谢小熊 诚教授的帮助！感谢台湾林瑶棋先生几年来不遗余力的举荐与帮助！感谢厦门城市职业学院陈仲义教授的支持。感谢 Russell 夫妇（Dr.Gene Russell and Gail Russell）多年来对我的关心爱护与精神上的督责教诲，感谢他们以及 Fischer 夫妇（Jennifer and John）和好朋友 Daniel Vanslett 在翻译上的帮助；感谢师弟刘海峰、张连银几年来在生活、学业上对我的帮助与支持！感谢师兄杨强、李文睿，刘朝晖博士；感谢好朋友郑文彪、朱良才在制图方面的帮助；感谢王晶博士、叶海辉博士、苏宁博士以及潘峰小师弟！也感谢诸多学生在几年教学生涯中带给我的欢喜快乐！

需要说明的是，由于论文结构以及篇幅的考虑，原本对厦门湾有相当论述的文化部分已被删去，只待以后再作打算。当然，由于时间，更主要是缺乏经济支援的缘故，本人对整个厦门湾的调查还显不够，很多地点尚未涉足，殊为憾事！以后若有可能，力当查缺补漏。

回想几年来的历程，令我最开心的就是去到乡下，去到渔村进行调查的经历。乘着大巴、小巴、摩的等各种交通工具，或者徒步，感受穿行在田埂便看见野花的畅快，踏进盐场和海荡领略村民劳作与收获的辛勤，目睹他们把祖传的族谱小心捧出来的虔诚，体会他们热情待客悠然闲谈的淳朴，欣赏他们纵情投入庙会演出的热烈……当然，这种时刻，什么学说、什么理论都可以暂时抛开。拥抱乡土，享受乡土，这就是我的轻松时刻！忘不了马巷的走街串巷、刘五店的辛勤往返、浯屿的风浪颠簸、青礁的鼓阵和庆典、漳泉路上的惊喜与失落。一点一滴，历历在目。只是，历经困苦，仍然要说感谢！感谢造物主所赐我在厦门湾的青春岁月！

最后，感谢我的父母与妹妹永远的支持，虽然知道这篇论文还有诸多的瑕疵与错漏（均由本人负责），但还是愿意在自己博士生涯的第五个春天，将这初熟的果子献给他们！

谨将此文献给辛勤耕耘在这片土地上的厦门湾人,献给所有爱我并我
所爱的人!

余　丰

2007 年 3 月 21 日于厦大白城

后记 2

　　九年后的 2016 年,当我再次回头来一读当年的后记,心中感慨颇多。

　　当年风雨无阻,每每辗转数次到乡间渔村调查,虽然一身尘土,但也乐在其中。那些年,为了撰写论文,有多少人一直持守单身,多少年一直孤灯窗影,多少年一直熬更守夜!记不清有多少次,写至凌晨三四点,临窗而望,看见对面楼的窗灯还有不少依然亮着,一下又觉得从个人打拼的孤独中找到了勇士般战斗的力量!原来,还有那么多人同样在奋斗!

　　可惜的是,当 2007 年论文完成后的喜悦还来不及细细体味时,我便在下一年的春寒中永远失去了母亲!有什么样的痛能与失去至亲相比?有什么样的遗憾能与忽略家人时的自责相比?

　　感谢那创造生命的至高者!一宿虽有哭泣,早晨便必欢呼!因为将来的至美与和乐是超越今生的!2008 年底我得以遇到生命中唯一的伴侣,并在次年立下海誓山盟,在牧师、亲朋、弟兄姊妹的见证下,在天高海阔的温馨厦门一起走入婚姻的殿堂!而今,时光飞逝,在德州灿烂的阳光下,当我们回望一起走过七年的时光,还忍不住常常追溯那段美丽的厦门岁月!……

　　论文的成书,也同样历经几次反复,最终得以提交给人民出版社。感谢在论文修改的最后阶段,郭明璋先生、戴佳村师姐、段小梅老师、王晶老师帮忙查阅和提供了不少资料,感谢郝伯乐(Philip Hallstrom)先生在制图方面的帮助。当然,也要感谢本人夫君嘉博(Robert)几个月来的耐心与鼓励!

　　由于本人着手修改时间比较仓促,文中有不少地方尚未修改到位,疏漏与错误之处尚请读者指正!

　　也许,人生就是这样,"不经一番寒彻骨,那得梅花扑鼻香?"也许,多年的等待,就为了这最美的一次绽放!

回望生命中的每一段,虽历经苦难,却日日感恩!感恩!感恩!

余 丰

2015 年 6 月 17 日于达拉斯家中